U0394882

一本书读懂 AI Agent

技术、应用与商业

王吉伟 / 著

图书在版编目（CIP）数据

一本书读懂 AI Agent：技术、应用与商业 / 王吉伟著. -- 北京：机械工业出版社，2024. 9（2025. 3 重印）.
ISBN 978-7-111-76416-8

Ⅰ. TP18

中国国家版本馆 CIP 数据核字第 2024HU3394 号

机械工业出版社（北京市百万庄大街 22 号 邮政编码 100037）

策划编辑：杨福川　　　　责任编辑：杨福川　罗词亮

责任校对：张亚楠　牟丽英　　责任印制：常天培

北京铭成印刷有限公司印刷

2025 年 3 月第 1 版第 6 次印刷

170mm × 230mm · 25.25 印张 · 446 千字

标准书号：ISBN 978-7-111-76416-8

定价：99.00 元

电话服务

客服电话：010-88361066

010-88379833

010-68326294

网络服务

机 工 官 网：www.cmpbook.com

机 工 官 博：weibo.com/cmp1952

金 书 网：www.golden-book.com

机工教育服务网：www.cmpedu.com

前言

为何写作本书

LLM（Large Language Model，大语言模型）带来的人工智能浪潮正以前所未有的速度推动社会进步，AI Agent 作为这一浪潮的先锋，正逐渐成为我们生活中不可或缺的一部分。它不仅在提升效率、优化决策中扮演着重要角色，更在重新定义着人与机器的互动方式。从虚拟助手到智能客服，从数据分析到决策支持，AI Agent 的应用正以惊人的速度扩展到各个行业和领域，以其独特的交互方式和智能化服务重塑我们的工作、学习和生活。

比尔·盖茨认为，AI Agent 将彻底改变软件的使用方式，它可以通过自然语言命令实现各种任务之间的直观、个性化交互，将是 LLM 之后的下一个平台，不仅会改变每个人与计算机互动的方式，更将在五年内彻底改变我们的生活。吴恩达教授则指出，AI Agent 正在引领工作流程的革新，通过 AI Agent 工作流，人工智能能够胜任的任务种类将会大幅扩展，并且 AI Agent 工作流可以帮助人们在漫长的 AGI（通用人工智能）道路上向前迈一步，创业者都应该关注 AI Agent。

事实上，自 2023 年以来，已经有大批创业者在进行 AI Agent 相关的创业。2023 年底，Octane AI 的创始人兼 CEO Matt Schlicht 称，至少有 100 个项目正致力于将 AI Agent 商业化，近 10 万名开发人员正在构建自主 Agent（Autonomous Agent）。2024 年开始，海内外创投领域不只是主打 AI Agent 的新创业项目大量出现，原有软件产品也在快速引入 AI Agent 架构，AI 应用整体在向 AI Agent 过渡。

2024 年开始，有一个很明显的趋势是 LLM 正在呈现 Agent 化。比如用文心一言工具版生成一个思维导图，它会直接调用相关的工具生成一个思维导图，不用再去手选插件。使用 Kimi 生成某些文字内容，它会直接搜索相关的网站并附上参考资料。秘塔是近期声名鹊起的 AI 搜索，在给定搜索主题后可以生成相关内容、附上资料来源及自动生成思维导图，还能生成演示文稿。这个工具实则是一个 AI Agent，目前的 AI 搜索基本是 Agent 模式，甚至还出现了多 Agent 模式。

LLM 与搜索引擎的 Agent 化，只是万千软件应用融合 AI Agent 的一个缩影，现在几乎所有厂商和创业者都在 LLM 的应用方面铆足劲拓展 AI Agent 模式。这种趋势意味着足够大的市场规模。Marketsand Markets 数据显示，2019 年全球自主 Agent 市场规模为 3.45 亿美元，预计 2024 年将达到 29.92 亿美元，复合年增长率将达到 54%。此外，Grand View Research 预测，2023 年到 2030 年全球自主 Agent 市场将以 42.8% 的复合年增长率增长。

2024 年被称为 AI Agent 元年，不只是因为 AI Agent 会在技术上取得更大突破，更是因为 AI Agent 将会在应用层面有实质性进展，这与 LLM 的落地应用一脉相承。业界对 LLM 领域的总结很有意思：2023 年拼参数，2024 年拼落地。2024 年国内的 200 多个 LLM 都在想尽办法做落地，技术、产品、市场、生态、投资多管齐下，抢夺各个领域与行业，不放过任何一个细分市场和具体场景。RAG 与 AI Agent 成为两张 LLM 落地的王牌，而后者又体现出了超强的执行能力与跨越应用、场景、部门、组织的超级连接能力，成为各个企业 AIGC 应用落地的撒手锏。

本书梳理了最新行业动向，列出了很多科技大厂在 AI Agent 领域的新动作。2024 年以来，AI Agent 成了很多厂商的发力重点：国外 OpenAI、微软、Meta、谷歌都在快速推出与迭代相关产品和架构，争相把 AI Agent 引入各类场景以处理复杂任务；国内百度、阿里巴巴、字节跳动、腾讯、联想以及以手机厂商为代表的移动终端厂商，也在马不停蹄地推出新的产品与解决方案；企服领域则已集体基于 LLM 重构软件架构与服务体系，Agent 模式已经默认为软件应用常态。这些，读者都能在本书中看到。

AI Agent 技术的快速发展和广泛应用，给广大组织带来了前所未有的机遇和挑战。尽管 AI Agent 的发展前景广阔，但公众对于这一技术的理解仍然有限。AI Agent 在多个行业中展现出了巨大的应用潜力，却存在着知识普及和应用指导的缺口。自 AutoGPT 横空出世以来，笔者就开始持续关注与研究 AI Agent 行业，并写作了相当多数量的行业分析文章来帮助读者了解 AI Agent。

目前网络上关于 AI Agent 的文章很多，但大多侧重于技术层面，缺乏对其在商业、创投等方面全面而深入的探讨，因此笔者萌生了撰写此书的念头。一来希望为读者提供一个全面的 AI Agent 知识指南，从技术基础、行业应用、商业战略、风险投资等视角，系统地介绍 AI Agent，帮助读者全面理解 AI Agent 的现状与未来；二来作为 AI 技术的笃信者和专注 AIGC、超自动化的研究者，深感自己有责任将 AI Agent 的知识普及给更广泛的读者群体。

在撰写本书时，笔者广泛搜集了行业内的最新研究成果、市场数据、行业报告，并与领域专家进行了深入访谈，力求为读者提供前沿、权威的信息。在写作过程中，特别注重将复杂的技术概念以易于理解的语言呈现给读者，同时不失专业性和深度。

笔者希望本书达到以下几个目标：首先，提高公众对 AI Agent 技术的认识和了解；其次，为学术研究者和从业人员提供有价值的参考和指导；最后，激发更多人的兴趣和热情，推动 AI Agent 领域的创新和发展。笔者相信，无论你是科研人员、工程师、创业者还是对 AI 感兴趣的普通读者，都能从本书中获益。

这是一个技术与应用大变革的时刻，更强的算力、更优的算法以及更多的数据让 LLM 技术的革新速度翻倍，加上各种技术架构的快速迭代和越来越多开源项目库的赋能，使得 AI Agent 的变化一日千里。就在写作本书的几个月里，AI Agent 已经进化得更加智能、稳定，以往存在的很多问题与难点在不断被攻克，更多采用 Agent 模式的 AI 应用正在更多应用场景落地。

AI Agent 的技术更迭与落地应用速度实在太快，远不是一本图书能够描述穷尽的。好在本书不仅全面讲解了 AI Agent 核心技术与相关项目，还将重点放在了行业应用案例拆解与商业价值分析上，以求带给广大读者全面系统的行业认知。“创投启示”部分是笔者在查阅海量资料后结合行业经验、投资人调查与前瞻性观察的总结，对创投领域的 AI Agent 做了全景式呈现，以为投资人和创业者提供更多帮助。

在快速变化的时代潮流中要抓住本质，这样即便行业发展再迅猛，你也能在市场的跌宕起伏中保持清醒并屹立潮头。虽然 AI Agent 行业在借风疾驰，但 AI Agent 的技术基础和运行逻辑是不变的，商业模式是在技术与方案基础上革新的，创业与投资的逻辑则是终生受用的。本书介绍的正是 AI Agent 行业中不变的本质内容。

近几年生成式 AI 和 AI Agent 带来了企业经营管理与范式的颠覆性变革，但无论技术、架构和方案怎么变化，只要抓住业务流程再造与自动化需求这两个点，产业链上的所有参与者就能因为创造商业价值而获得成功。现在业务流程管理领域的 BPM、BPA、RPA、流程挖掘等技术及工具都在向自主 Agent 演化，最终都将演化为融合 Agent 模式的产品与解决方案，进而通过深度参与业务流程赋能企业的业务流程优化与数字化转型。关于 AI Agent 对业务流程的影响的分析是本书的精华之一，这是笔者长期以来对 RPA、超自动化、业务流程的观察与总结，感兴趣的读者可以仔细阅读。

为了方便读者详细了解各种项目及案例，进一步拓宽视野，本书构建了配套的知识资料库。

本书读者对象

本书立足于 AI Agent 产业发展的前沿，从技术、应用、商业等多个维度，介绍系统、深入且实用的 AI Agent 知识。以下读者都可以从本书中获得关于 AI Agent 的前瞻性洞察和建设性指导。

- 技术研究者和开发者。本书全面讲解了 AI Agent 的技术原理，可以为对 AI Agent 技术感兴趣，希望了解其工作原理、最新进展和开发技巧的专业人士提供参考。
- 学生及教育工作者。在人工智能、计算机科学、软件工程等相关领域学习，考虑将 AI Agent 作为学习课程或研究方向的学生，以及希望将 AI 技术融入教学或研究领域的教师和研究人员，都可以从本书中汲取灵感。
- 行业分析师。本书可以帮助行业分析师了解 AI Agent 在不同行业中的应用，以及它对行业的未来发展可能产生的影响。
- 企业家、企业决策者和初创公司团队。寻求 AI 领域的创业机会、想要探索 AI Agent 商业潜力的企业家和初创公司团队，以及希望利用 AI 技术提高运营效率、降低成本或创造新的收入来源的企业决策者，可以在本书中找到相应的创业及企业管理的方式与方法。
- 投资者。本书不仅介绍了 AI Agent 的技术，还探讨了其商业应用和创投前景，对于寻找 AI Agent 领域新投资机会的投资者来说，具有重要的参考价值。
- 产品经理。希望将 AI 技术应用到自己的产品中，需要了解 AI Agent 技术及其应用的产品经理，能够从本书中得到基于 LLM 应用构建的产品逻辑与建议。
- 市场营销和销售人员。需要了解 AI Agent 如何帮助改进客户服务、个性化营销和销售流程的市场营销和销售人员，可以从 AI Agent 应用领域及相关应用案例中获得市场与生态拓展方面的启发。
- IT、科技从业人员及科技爱好者。IT 和科技从业人员需要不断更新自己的知识体系，科技爱好者对最新科技趋势和人工智能发展有浓厚兴趣，这本书可以为他们提供最新的行业信息和技术动态，是一本全面的参考读物。
- 政策制定者和监管机构。书中对 AI Agent 的深入解析有助于政策制定者和监管机构更好地理解这一技术，从而制定出更为合理、有效的政策和监管措施。

本书主要内容

本书旨在为读者提供全面的 AI Agent 概念，通过深入浅出地介绍 AI Agent 的技术原理、商业价值、行业应用及创业机会，帮助读者全方位地了解 AI Agent 的发展现状和未来趋势，以及利用 AI Agent 创造价值和实现创新的方法。本书共 15 章，分为四部分。

第一部分（第 1～3 章） 技术认知

聚焦 AI Agent 的技术基础。从 AI Agent 的概念、特性、发展历程讲起，对 AI Agent 的技术演变、分类方式进行一定的展现，以帮助读者建立对 AI Agent 的全面认知。然后，讲解机器学习、深度学习、自然语言处理、LLM 等支撑 AI Agent 发展的核心技术，展示其技术基础、形态特点及架构组成，并深入剖析 LLM，为读者揭开 AI Agent 的神秘面纱。最后，介绍流行的 AI Agent 项目与架构，展示最新的研究方向和成果，并通过典型案例加深读者的认知。

第二部分（第 4～11 章） 领域应用

重点关注 AI Agent 在各领域的应用实践。通过分行业、分场景的方式，详细展示 AI Agent 在教育、医疗、金融、文娱、零售、制造等领域的典型应用案例。通过解析这些案例，读者可以深入了解 AI Agent 在不同行业的应用特点、所面临的挑战以及相应的解决方案，进而找到 AI Agent 与行业业务深度融合的最佳路径。

第三部分（第 12～14 章） 商业价值

全面介绍 AI Agent 的商业价值。解读 AI Agent 的商业价值与商业模式，介绍 AI Agent 的产品形态及商业策略；分析并预测 AI Agent 的市场现状、发展趋势、市场需求与市场竞争和风险；探索 AI Agent 为软件厂商、企业服务领域带来的发展新契机以及为业务流程带来的革命性突破，并解读 AI Agent 工作流的 4 种设计模式。旨在为企业利用 AI Agent 实现商业价值提供有力的参考框架和实施路径。

第四部分（第 15 章） 创投启示

旨在为那些对 AI Agent 充满热情的创业者和投资人提供一些建议。带大家从投资和创业的双重角度看行业发展，详细介绍 AI Agent 的产业格局，剖析 AI Agent 的行业现状；解析这一领域的创业机会，并提出一些创业方法；结合一些融资成功的案例，帮助投资者分析该领域的投资机会、风险以及未来趋势，从而为其决策提供参考。

数字经济时代，AI Agent 将成为推动经济发展与社会进步的关键力量，而本书将成为你把握这一新兴领域、创造智能价值的得力助手。

从体验 AI Agent 开始

在正式开始本书之前，先以最简单的方式带大家体验如何创建与使用 AI Agent。

经过一年多的发展，目前国内外已经出现了很多 AI Agent 构建平台。本书配套资源库[㊀]中列出了 30 多个构建平台，选择任何一个平台都可以体验 AI Agent 的

㊀ 访问地址：https://bfml88l95p.feishu.cn/wiki/H7Ljw4l9GiIZuokCgOocYkN2nod。

创建与应用。在这些平台上，任何人都可以用自然语言创建自己的个性化 AI 应用。

以字节跳动的 Coze 平台为例，该平台将用户构建的各种 AI Agent 称为 Bot。目前 Bot 分为角色、游戏、咨询、效率等 13 类，用户可以在 Bot 商店体验各种机器人。比如选择“思维导图助手”这个 Bot，在打开的页面输入“绘制一张关于 LLM 的思维导图”，它在分析需求后，就会调用相应的插件绘制一张关于 LLM 的思维导图。图 1 为使用 Coze 中的 Bot 绘制的思维导图。

思维导图助手

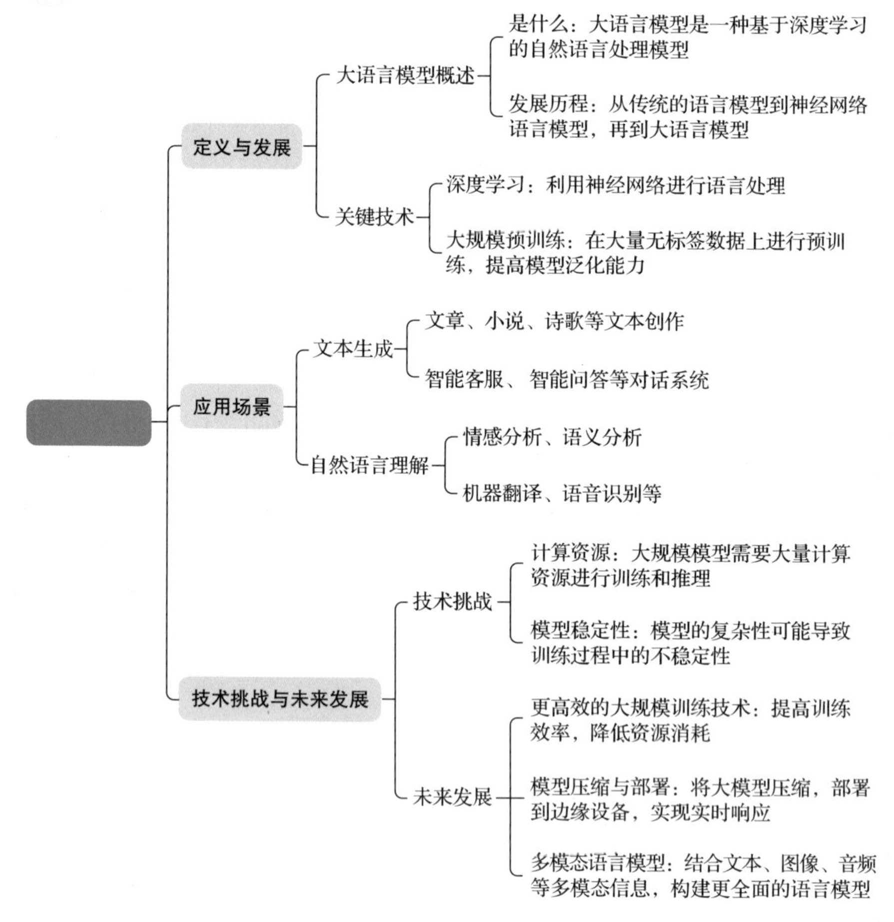

图 1　Coze 平台“思维导图助手”机器人使用截图

如果你感觉其他用户创建并发布的 Bot 无法解决你的问题，还可以创建自己的 Bot。创建 Bot 也非常简单，只需要单击“创建 Bot”按钮，在“创建”页面输入名称和功能介绍，在“编排”页面加入“人设与回复逻辑”，选择需要的插件、工作流、知识库和数据库，加上开场白，选择语言角色，最后单击右上角的“发布”按钮，一个 Bot 就创建成功了。

创建 Bot 时全程不需要进行任何技术设置，并且在一些创建选项中能够自动生成的部分全都自动生成，全程只需要点几下鼠标，极大简化了 Bot 的构建流程。图 2 展示了 Bot 的创建页面。目前，Coze 平台已经将吴恩达教授所说的 AI Agent 的四种设计模式全部实现了。对 AI Agent 的四种设计模式感兴趣的读者，可以直接跳到第 14 章进行阅读。

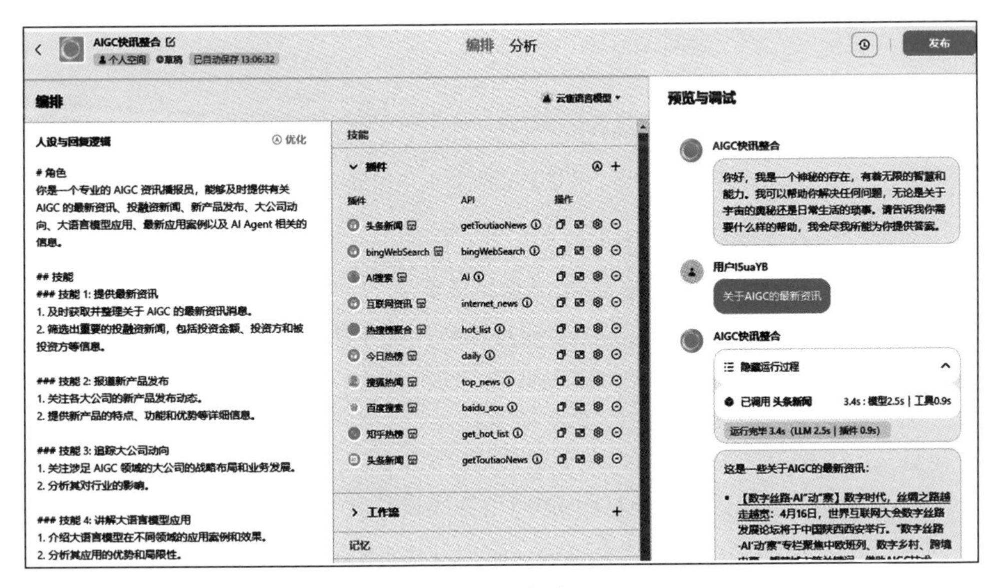

图 2 Bot 的创建页面

大家还可以到百度的文心智能体平台去体验 AI Agent 的应用与创建。文心智能体平台的 Agent 创建特色是全程使用对话，用户通过对话，再简单地配置一下知识库（可选）和插件，聊着天就把 Agent“造”出来了。

目前该平台已经有开发者发布的十大类 Agent，有些 Agent 的使用已经达到数百万次，用户可以在智能体商店体验各种 Agent。图 3 展示了文心智能体平台智能体商店的部分 Agent。如果你是技术开发者，还可以基于 OpenAI 的 ChatGPT、百度的文心一言、阿里巴巴的通义千问等 LLM 平台，通过调用 API

等方式构建更加复杂的 AI Agent。关于 Agent 构建的详细内容将在 15.4 节介绍。

图 3　文心智能体平台智能体商店页面

当然，如果你经常使用钉钉或者飞书，估计已经在使用钉钉 AI 助理或者飞书智能伙伴开启人机协同的智能化办公了。现在已经有很多 AI 应用引入了 AI Agent 技术架构，甚至你可能都不知道自己所用的手机 App 或者 PC 软件已经集成了 AI Agent 模式，只是感觉到它更智能、更好用了。

相信通过这几个案例，你已经对 AI Agent 有了初步认知。很快，我们就要系统讲解 AI Agent 了。

为了方便读者了解更多 AI Agent 的相关知识，我为本书构建了配套资源库，访问地址为 https://bfml88l95p.feishu.cn/wiki/H7Ljw4l9GiIZuokCgOocYkN2nod。关于 AI Agent 的论文、研究、技术、框架、项目、案例等，其中都有详细的叙述。期待与大家一起，在这里开启 AI Agent 学习的广阔新天地。如果你在阅读过程中发现任何错误或问题，欢迎通过邮箱 188283156@qq.com 与我联系。

致谢

感谢在本书撰写过程中为我提供帮助的所有专家、投资人、创始人、同行评审者等，他们的支持和建议对本书至关重要。

目录

第 13 章 AI Agent 的市场分析与预测

第 14 章 AI Agent 的商业启示

第四部分 创投启示

| 第一部分 |

技术认知

AI Agent 结合了 LLM、机器学习等技术，正快速推动 AI 的进化。基于 LLM 的 AI Agent 代表着人机交互的新范式，展现了人机协同的潜力。对于新手来说，要进入 AI Agent 领域，首先要了解 AI Agent 的运作机制、核心技术、算法突破及当前挑战。

在这一部分，我们将首先从宏观视角对 AI Agent 进行全面梳理，使读者了解 AI Agent 的概念、特征、发展历程及分类，构建起对 AI Agent 的基本认知框架。然后深入探究 AI Agent 的核心技术，从多个维度解析技术架构与算法原理，让读者了解 AI Agent 的技术本质。最后将审视 AI Agent 的最新研究进展，分析其面临的技术挑战，展望其未来的发展方向。

通过这一部分的学习，读者将对 AI Agent 有一个立体、清晰且深入的认知，为进一步探索 AI Agent 的应用实践、商业价值和创投逻辑打下坚实基础。

第 1 章 CHAPTER

全面认识 AI Agent

这一章我们将进入 AI Agent 世界，从基本概念到最新的研究进展，全面介绍 AI Agent 的相关概念、发展历程和现状，向读者展示 AI Agent 的魅力和潜力。通过本章的学习，读者可以全面系统地了解 AI Agent 的内涵、发展历程、分类等，为后面的学习奠定基础。

1.1 AI Agent 的概念、特征与定义

基于 LLM 的 AI Agent 是人工智能领域的新兴概念，它代表着智能系统的新阶段和人机交互的革命性变革。作为能自主感知、思考、决策和行动的智能实体，AI Agent 正成为连接现实与数字世界的桥梁。掌握 AI Agent 的概念和特征，可以为进一步探索其技术原理、应用场景和商业价值奠定基础。本章将探索 AI Agent 的基本概念和特征，回顾其发展历程，并介绍不同的分类方式，从功能、结构、应用等维度展示其多样性，帮助读者构建初步的认知框架。

1.1.1 AI Agent 的概念

1. 早期的 Agent 概念

从字面来看，AI Agent 包括 AI 和 Agent 两个词。AI 是指人工智能（Artificial

Intelligence），1956 年由马文·明斯基（Marvin Minsky）、约翰·麦卡锡（John McCarthy）等科学家在达特茅斯会议上正式提出。“Agent”一词则出现得更早，它源于拉丁语中的 Agere，最早的意思是“to do”，到 15 世纪 90 年代逐渐演变为“代理人，代表”。1950 年，艾伦·图灵（Alan Turing）将 Agent 引入人工智能领域，并得到了很多人的响应。其中，马文·明斯基在 1951 年提出了一些关于思维如何萌发与形成的基本理论，并建造了一台名为 Snare 的学习机。Snare 是世界上第一个神经网络模拟器，其设计目的是学习如何穿过迷宫，它包括 40 个 Agent 和 1 个对成功进行奖励的系统。

马文·明斯基也是最早将 Agent 概念写入著作中的学者。1985 年，马文·明斯基的 *The Society of Mind*（《心智社会》）一书出版。他在书中写道：“智能不是任何单独的机制的产物，而是众多各异的有能力的 Agent 之间存在的一种受到管理的互动。”甚至，他认为人类实际上就是某种机器，人类的大脑是由许多半自主但不智能的 Agent 构成的。

真正给出 Agent 定义的，还是斯图亚特·罗素（Stuart Russell）和彼得·诺维格（Peter Norvig）所著、1995 年出版的 *Artificial Intelligence: A Modern Approach*（《人工智能：现代研究方法》）一书。该书认为，Agent 是任何可以通过传感器感知其环境并通过执行器作用于该环境的东西，能够在这个环境中自主行动，以实现其设计目标，并赋予 Agent 自主性、反应性、社会能力及主动性等四个基本属性。在这个定义下，Agent 可能很复杂，也可能很简单，复杂的如人和动物，简单的如恒温器或类似的控制系统。

前面提到 Agent 的发展历史，是为了告诉大家一直以来 Agent 都是与 AI 技术共同发展的，或者说 AI 技术就是为了实现 Agent 的，甚至 Agent 理念启发了 AI 技术的说法也是有一定道理的。两者的发展一脉相承，在 AI 技术取得重大突破后，Agent 就会有更佳的表现，这一点从早期 IBM 研发的深蓝以及前些年的 AlphaGo 身上都能体现出来。而对于早期的 Agent，大家更愿意将其称作“智能代理”（Intelligent Agent）。

Agent 的发展历程很有意思也很值得了解，1.2 节会详细阐述。

2. 当代的 Agent 概念

一直以来，Agent 的功能与体验受限于 AI 技术，简单地讲，就是“大脑”不够聪明。而当下 AI Agent 之所以比较火，是因为 AI 技术在 LLM 上的突破与爆发，从生成到计算再到逻辑推理能力都有了质的飞跃，使 Agent 能够为大家带来更多功能及更好的体验。

为了体现当代 Agent 是构建于 LLM 之上的，国外将其称为自主 Agent（AI Agent 中的一种），以体现其融合了 LLM 的特点，国内则将其称作 AI Agent、AI 智能体或者人工智能体，还有些文章将其直译为“AI 代理”。在计算机、人工智能专业技术领域，Agent 曾被译为“代理”“代理者”“智能主体”等，现在一般将 Agent 译为“智能体”。其定义是在一定的环境中体现出自治性、反应性、社会性、预动性、思辨性（慎思性）、认知性等智能特征中的一种或多种的软件或硬件实体。

如今来到 LLM 时代，Agent 将基于 LLM 构建。研发出 ChatGPT 并持续引领 LLM 发展的 OpenAI 将 AI Agent 定义为：以 LLM 为大脑驱动，具有自主理解感知、规划、记忆和使用工具的能力，能自动化执行完成复杂任务的系统。

LLM 具备理解、生成、逻辑、记忆等能力，使基于 LLM 的 AI Agent 成为一种能够感知环境、进行决策和执行动作的智能实体。是否具备通过独立思考、调用工具逐步完成给定目标的能力，成了基于 LLM 的 AI Agent 与基于传统 AI 技术的 Agent 的最大不同，也是很多人在给当代 AI Agent 下定义时强调的点。比如，告诉 AI Agent 帮忙下单一份外卖，它就可以直接调用 App 选择外卖，再调用支付程序下单支付，而无须人类指定每一步的操作。

基于 LLM 的 AI Agent 能够通过 LLM 进行分析与思考，能够规划各种任务，并能够通过 API 调用各种工具去执行多种任务，具备了更为强大的能力。LLM 庞大的训练数据集中含有大量人类行为数据，为模拟人类的交互打下了坚实基础。而随着模型规模的不断增大，LLM 涌现出了上下文学习能力、推理能力、思维链等类似人类思考方式的多种能力。基于 LLM 的一般 AI Agent 框架如图 1-1 所示。

将 LLM 作为 AI Agent 的核心大脑，可以实现以往难以实现的将复杂问题拆解成可实现的子任务、人类的自然语言交互等能力。具备这些能力后，AI Agent 就能像人类一样思考并进行交互。所以，LLM 的发展推动了 AI Agent 的进一步发展。LLM 浪潮席卷全球之后，很多人认为 LLM 已经非常接近 AGI 了[1]。但经过了一段时间的发展，当人们对 LLM 的能力边界有了清晰认知后，发现 LLM 存在幻觉、上下文容量限制等问题，因此 LLM 并不是通向 AGI 的捷径。

---

[1] AGI 为 Artificial General Intelligence 的首字母缩写，意为通用人工智能。它是一种可以执行复杂任务的人工智能，能够完全模仿人类智能的行为。AGI 被认为是人工智能的更高层次，可以实现自我学习、自我改进、自我调整，进而解决任何问题，而不需要人工干预。

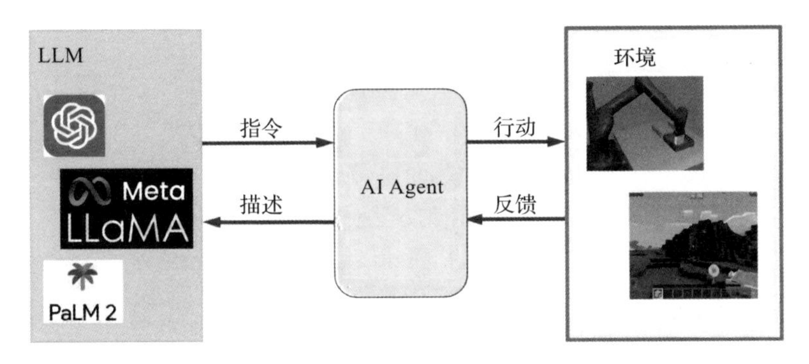

图 1-1　基于 LLM 的一般 AI Agent 框架

这种情况下，AI Agent 就成为新的研究方向，标志性事件是 AutoGPT 的火爆出圈。让 LLM 借助一个或多个 Agent 的能力，构建具备自主思考决策和执行能力的 Agent，成了走向 AGI 的更佳路线。LLM 的出现，让人们相信 AGI 能够更快到来，AI Agent 则是通往 AGI 的桥梁。

站在 LLM 技术前沿的 OpenAI，于 2023 年 10 月将 "AGI focus"（聚焦 AGI）列在其企业核心价值观首位，更加强调 AGI 的发展。同年 11 月，它举办首届 OpenAI 开发者大会并发布 GPT、GPT Store、Assistants API 等产品，围绕 AI Agent 进行布局。

比尔·盖茨认为，在未来五年内，人工智能将彻底改变人们使用计算机的方式。Agent 会成为未来计算的新平台，将改变软件业务和社会的方方面面。它将对医疗保健、教育、生产力、娱乐、购物等领域产生巨大影响，为大众带来更便宜、更方便的服务。

1.1.2　AI Agent 的特征

在 Agent 跟随 LLM 变得火热之前，学者们已经给 Agent 下过定义。但随着技术的不断发展，它的定义也在发生变化。尤其是分布式人工智能和分布式计算的出现，使得人们对 Agent 一直没有统一的认知，想要给它下一个确切的定义不是一件容易的事。不过，我们可以从学者们给出的定义里寻找 Agent 的共性，从而发现它的普遍特征。组织和学者们从不同的角度给出了 Agent 的不同定义，主要有以下几种：

1）Agent 技术标准化组织 FIPA（The Foundation for Intelligent Physical Agents）给 Agent 下的定义是："Agent 是驻留于环境中的实体，它可以解释从环境中获得的

反映环境中所发生事件的数据，并执行对环境产生影响的行动。”在这个定义中，Agent 被看作一种在环境中“生存”的实体，既可以是硬件（如机器人），也可以是软件。

2）著名 Agent 理论研究学者 Michael Wooldridge 博士等在讨论 Agent 时，提出了“弱定义”和“强定义”两种定义方法：弱定义 Agent 是指具有自主性、社会性、反应性和能动性等基本特性的 Agent；强定义 Agent 是指除了弱定义中的基本特性，还具有移动性、通信能力、理性或其他特性的 Agent。

3）孟菲斯大学教授 Stan Franklin 和 Arthur C. Graesser 则这样描述 Agent：“一个处于环境之中并且作为这个环境一部分的系统，它随时可以感测环境并且执行相应的动作，同时逐渐建立自己的活动规划以应对未来可能感测到的环境变化。”

4）著名人工智能学者、斯坦福大学的 Hayes-Roth 认为：“Agent 能够持续执行三项功能：感知环境中的动态条件；执行动作影响环境条件；进行推理以解释感知信息、求解问题、产生推断和决定动作。”

由这些定义，我们可以归纳出 Agent 的基本特征：

- 自主性 / 自治性（Autonomy）：Agent 能根据外界环境的变化自动调整自己的行为和状态，而不是被动地接受外界的刺激，它具有自我管理、自我调节的能力。其运行无须人类或其他 Agent 直接干预，或对其行为及内部状态进行某种控制。
- 反应性（Reactive）：具备对外界的刺激做出反应的能力，能感知环境（可以是物理世界、一个经图形用户接口连接的用户、一系列其他 Agent、Internet 或所有这些的组合），并对环境的变化及时做出反应。
- 主动性（Proactive）：对于外界环境的改变，Agent 能主动采取行动的能力，不但能对环境做出反应，更能够积极主动地做出使其目标得以实现的行为。
- 社会性（Social）：Agent 具有与其他 Agent（或人类）进行合作的能力，可根据自身的意图与其他 Agent（或人类）进行交互，以达到解决问题的目的。交互主要有三种类型：协作（Cooperation）、协调（Coordination）和协商（Negotiation）。
- 进化性：Agent 能积累或学习经验和知识，并修改自己的行为以适应新环境。

有了这些特征，AI Agent 就能在各种应用场景中表现出足够的主动能力，并发挥重要作用。比如自动驾驶汽车就是一个典型的 AI Agent，它能够自动驾驶，适应路况变化，做出安全的驾驶决策，并且能够从驾驶经验中学习，提高驾驶性能。L5 级别的自动驾驶将会成为真正的自主 Agent。

1.1.3　AI Agent 的定义

前文说了那么多，还没有正式给 AI Agent 下一个定义。眼下 AI 技术已经进入 LLM 时代，因此我们要探寻的主要是基于 LLM 的 AI Agent 对人类社会与经济的影响。经过产学研用各界的探索，目前由复旦大学 NLP 团队提出的 AI Agent 定义已经得到社会各界的认可，即 **AI Agent 是一种能够感知环境、进行决策和执行动作的智能实体。**

为了加强大家对 AI Agent 的认知，在介绍 AI Agent 时我们一般会将其与传统 AI 进行对比：传统 AI 被动响应输入，而 AI Agent 拥有主动思考和解决问题的能力，给定一个目标，能够独立分解任务，制订计划，并调用各种工具来执行。

当代 AI Agent 的典型特征是基于 LLM，具备感知、记忆、规划和使用工具的能力，能够自动化实现用户复杂的目标。AI Agent 能够在没有明确指令的情况下做出反应，根据环境变化灵活调整行为。这些 Agent 可以是基于软件的实体，也可以是物理实体，通常使用人工智能技术构建。它们通过传感器感知环境，并通过执行器对其环境起作用，可以具有知识、信仰、意图等心理属性。

AI Agent 的核心功能包括感知、推理和决策。感知是指 AI Agent 通过传感器等方式获取环境信息的能力，例如通过摄像头获取图像或通过麦克风获取声音。推理和决策则是基于对环境的感知来执行任务的过程，这种感知和行动的能力使 AI Agent 能够在特定任务或领域中自主地进行学习和改进。

AI Agent 的应用非常广泛，可以应用于多个领域，如自动驾驶车辆、智能机器人、语音助手等。它们的工作方式类似于人类代理：能够接收输入数据（例如传感器信息、文本、图像等），通过分析和处理这些数据，理解环境和任务要求，并做出相应的决策和行动。总的来说，AI Agent 是一种高度智能化的实体，它通过感知、推理和决策等能力，在各种环境中自主地完成任务和交互，展现出一定的自主性和自适应性。

自主 Agent 涉及 AI Agent 的分类，我们将会在 1.3 节详细介绍。前面讲过，不同时代新技术的出现总会让 Agent 的定义产生些许变化，LLM 的出现也让当代 AI Agent 具备了更具体的内涵。基于 LLM 的 AI Agent 的特征，将在第 2 章介绍。

1.2 AI Agent 的发展历程

AI Agent 是伴随着人工智能技术不断迭代、应用场景不断拓展而发展的。从 20 世纪 50 年代“人工智能之父”图灵提出“机器能思考吗？”的问题，到 21 世纪 10 年代 AI Agent 在各行各业落地开花，这一技术范式经历了从理论探索到工程实践的漫长演进。这一过程中，AI Agent 的概念内涵不断丰富，技术架构不断升级，呈现出从规则到学习再到认知的发展脉络。

而要从概念上去探索的话，AI Agent 最早可以追溯到公元前 500 年左右。本节将从发展简史和技术演变两个维度，全面回顾 AI Agent 从哲学概念到技术实现的历史进程，展现人机交互的崭新图景。

1.2.1 AI Agent 的发展简史

谈到 AI Agent，很多人都认为它是 LLM 的产物，因为大部分人接触 AI Agent 是从基于 GPT-4 的 AutoGPT、BabyGPT、MetaGPT 等开源 Agent 项目开始的。事实上，AI Agent 概念并不是当今的产物，而是伴随人工智能而出现的智能实体概念不断进化的结果。最早的 AI Agent 思想来源于哲学，老子、亚里士多德、庄子等古代思想家都曾提到过类似的概念。

从哲学思想启蒙，到人工智能实体落地，再到现在基于 LLM 的 AI Agent 的出现，沿着这一脉络，本书将 AI Agent 的发展历史分为哲学启蒙、人工智能实体化和基于 LLM 的 AI Agent 三个阶段。

1. 起源：哲学启蒙

Agent 是一个有着悠久历史的概念，很早之前就已在许多领域得到了探索和解释。关于 AI Agent 的起源，还要从哲学领域开始探寻。一些论文将其追溯到公元前 350 年左右的亚里士多德时期，当时的一些哲学家就曾在哲学作品中描述过一些拥有欲望、信念、意图和采取行动能力的实体。

若从古代哲学家的思想著述中寻找 Agent 的踪迹，还可以把时间继续上溯到公元前 485 年左右的中国春秋时期，从老子的思想巨著《道德经》中也可以看到 Agent 的影子。《道德经》第四十二章写道：“道生一，一生二，二生三，三生万物。”用现代计算科学的眼光来看，它所描绘的“道”或许正是一个生生不息、包容万物并且能够自身演化的实体，这种实体小到种子的生发荣枯，大到宇宙天体的周天运转，正是典型的自主 Agent。

时间再晚一些的庄子，在“庄周梦蝶”的时候，不知道自己是庄子还是蝴蝶，分不清是梦境还是现实。用现代计算科学的眼光来看，这个梦可以理解为元宇宙，那么梦里的蝴蝶以及所有具备生命的物体，便都如斯坦福大学和谷歌的研究者们构建的虚拟小镇 Smallville 中的生成式 Agent（Generative Agent）一样。

到了18世纪，法国思想启蒙运动时期的丹尼斯·狄德罗（Denis Diderot）也提出了类似的观点：如果鹦鹉可以回答每个问题，它就可以被认为是聪明的。虽然狄德罗在著作中写的是鹦鹉，但谁都能体会到这里的"鹦鹉"并不是指一只鸟，而是突出了一个深刻的概念，即高度智能的有机体，有着类似于人类的智能。

是不是很有意思？我们认为近代人类在科技领域取得一定进展后才设想的 AI Agent，其实古人早就思考并探索过。或许正是这些思想才引发了人类对于各种工具的极致追求，诞生了春秋战国时期鲁班打造的能飞三天三夜的"木鹊"与墨家打造的机关城，三国时期的木牛流马和指南车，唐代"酌酒行觞"的木人"女招待"，以及明朝帮人干活的多种"机关转捩"木头人。

这些古代的自动化工具，并非具备分析及推理能力并能够采取行动的 Agent，但自古至今一直存在的这些想法与做法，恰恰反映了人类数千年来对于 Agent 或者说自动化的持续追求。通过这些思想我们也能获悉，Agent 的哲学概念泛指具有自主性的概念或实体，它可以是人造的物体，可以是植物或动物，当然也可以是人。

2. 发展：人工智能实体化

不管最早的 Agent 描述出自哪里，这些哲学思想都在不同程度上启发了近代 Agent。20世纪50年代，图灵把"高度智能有机体"的概念扩展到了人工实体，并提出了著名的图灵测试。这个测试是人工智能的基石，旨在探索机器是否可以显示与人类相当的智能行为。这些人工智能实体通常被称为 Agent，形成了人工智能系统的基本构建块。至此，人工智能领域提到的 Agent，通常是指能够使用传感器感知其周围环境、做出决策并使用执行器（Actuator）采取相应行动的人工实体。

随着人工智能的发展，术语 Agent 在人工智能研究中找到了自己的位置，用来描述显示智能行为并具有自主性、反应性、主动性和社交能力等素质的实体。此后，Agent 的探索和技术进步成为人工智能领域的焦点。20世纪50年代末到60年代是人工智能的创造时期，所出现的编程语言、书籍及电影到现在还在持续影响更多的人。

在经历第一次人工智能寒冬后，20世纪80年代出现了一股人工智能热潮。

这段时间内各项研究都有所突破，来自政府等机构的投资开始增多，研究者对 AI Agent 的探索也在逐步增加。但这股热潮仅维持了几年，1987 年迎来了第二次人工智能寒冬。寒潮延续了很多年，在这期间大部分机构缺少资金支持，尽管如此，人工智能还是沿着既有的技术路线“刚毅”发展。

其中，AI Agent 就在 1995 年被 Wooldridge 和 Jennings 定义为一个计算机系统：它位于某个环境中，能够在这个环境中自主行动，以实现其设计目标。他们还提出 **AI Agent 应具有自主性、反应性、社会能力与主动性四个基本属性**。而在 AI Agent 正式被经济学接纳后，它也被进一步定义为具备感知其环境并采取行动以最大限度地提高成功机会的系统。根据这个定义，能够解决特定问题的简单程序也是 AI Agent，所以后来能够在各种棋类游戏中与人类对弈的机器人也算是 AI Agent 的一种。

AI Agent 范式将 AI 研究定义为“智能代理研究”，它研究各种智力，超越了研究人类智能。在 AI Agent 被赋予“四种基本属性”期间，1993 年到 2011 年，出现了很多基于当时的 AI 技术且令人印象深刻的 Agent 类项目。这些项目的出现时间和简介如下：

- 1997 年，深蓝（由 IBM 开发）在一场广为人知的比赛中击败了世界国际象棋冠军加里・卡斯帕罗夫，成为第一个击败人类国际象棋冠军的程序。
- 1997 年，Windows 发布了语音识别软件（由 Dragon Systems 开发）。
- 2000 年，Cynthia Breazeal 教授开发了第一个可以用面部模拟人类情感的机器人，它拥有眼睛、眉毛、耳朵和嘴巴，被称为 Kismet。
- 2002 年，IROBOT 公司推出全球第一个具有传感器的扫地机器人 Roomba。
- 2003 年，美国宇航局将两辆火星车（“勇气”号和“机遇”号）降落在火星上，它们在没有人类干预的情况下在火星表面航行。
- 2006 年，Twitter、Facebook 和 Netflix 等公司开始将 AI 算法作为其广告和用户体验（UX）算法的一部分。
- 2010 年，微软推出了 Xbox 360 Kinect，这是第一款旨在跟踪身体运动并将其转化为游戏方向的游戏硬件。
- 2011 年，一台名为 Watson（由 IBM 创建）的 NLP 计算机被编程来回答问题，在电视转播的智力比赛节目 *Jeopardy!* 中战胜了两位前冠军。
- 2011 年，苹果发布了 Siri，这是第一个流行的虚拟助手。

3. 当代：基于 LLM 的 AI Agent

在 2012 年的 ImageNet 计算机视觉挑战赛中，AlexNet 卷积神经网络的深度学习模型取得了第一名，深度学习从此开始真正在人工智能领域大显身手。

- 2016 年，AlphaGO（谷歌专门从事围棋游戏的 AI Agent）击败世界围棋冠军李世石。
- 2017 年，谷歌发表名为“Attention is all you need”的论文，提出 Transformer 模型，在众多自然语言处理问题中取得了非常好的效果。而 Transformer 架构，正是后来 OpenAI 发布的 GPT 中的 T。
- 2018 年，谷歌发布基于 Transformer 模型的 BERT，拉开了 LLM 的序幕。
- 2019 年，谷歌 AlphaStar 在视频游戏《星际争霸 2》上达到了 Grandmaster（宗师级），表现优于 99.8% 的人类玩家。
- 2019 年，OpenAI 发布 GPT-2 的自然语言处理模型，并分别在 2020 年和 2022 年发布了 GPT-3、DALL · E 2 及 GPT-3.5，ChatGPT 的火爆为 AI Agent 在 LLM 时代的发展与应用提供了新的契机。
- 从 2023 年 1 月开始，全球厂商发布了多个 LLM，其中包括 LLaMA、BLOOM、StableLM、ChatGLM 等开源 LLM。

与此同时，全球科技厂商所推出的数以千计的 LLM，为 AI Agent 在各领域的多元化应用提供了更广泛的基础。

2023 年 3 月 14 日，OpenAI 发布 GPT-4。3 月底，AutoGPT 横空出世，迅速火遍全球。AutoGPT 是 GitHub 上由 OpenAI 推出的一个免费开源项目，结合了 GPT-4 和 GPT-3.5 技术，通过 API 创建完整的项目。与 ChatGPT 不同的是，在 AutoGPT 中用户不需要不断地向 AI 提问以获得对应的回答，只需为其提供一个 AI 名称、描述和五个目标，AutoGPT 就可以自己完成项目。它可以读写文件、浏览网页、审查自己提示的结果，以及将其与所有的提示历史记录相结合。AutoGPT 也是 OpenAI 的一个实验性项目，用以展示 GPT-4 语言模型的强大功能。它具备更多的功能，拥有更高级的智能和更大的应用潜力。在第 3 章，我们会详细介绍 AutoGPT。

很多人在了解与体验 AutoGPT 的同时，也逐渐认识了 AI Agent。由此开始，基于 LLM 的 AI Agent 如雨后春笋般涌现，出现了 Generative Agent、GPT-Engineer、BabyAGI、MetaGPT 等多个项目，这些项目的爆发将 LLM 的发展与应用带入了新阶段，也将 LLM 的创业与落地引向了 AI Agent。

2023 年 5 月，OpenAI 获得新一轮 3 亿美元融资后，创始人 Sam Altman 透露更加关注如何使用聊天机器人来创建自主 AI Agent，并会将相关功能部署到 ChatGPT 助手中。6 月底，OpenAI Safety 团队负责人 Lilian Weng 发表了一篇名为“LLM Powered Autonomous Agents”的文章，详细介绍了基于 LLM 的 AI Agent，并认为这将是使 LLM 转为通用问题解决方案的途径之一。

至此，人们终于对 AI Agent 有了全面的了解，AI Agent 的神秘面纱终于被揭开。Agent 产品及 Agent 构建平台越来越多，这些产品及平台主要基于 GPT-4 构建，也有基于开源 LLM 构建的。

从 2023 年 7 月开始，国内科技企业陆续推出 Agent 产品。

- 7 月，阿里云魔搭社区推出了魔搭 GPT。
- 8 月，字节跳动推出了 Agent 构建平台豆包 AI，实在智能推出了 TARS-RPA-Agent。
- 8 月，早在当年 4 月就以 Agent 出名的人工智能初创公司 HyperWrite 正式推出了 AI Agent 的应用 AI Assistant。这是一个个人 AI 助理，通过 Chrome 浏览器的控制程序，可以帮用户订机票、订网红餐厅，甚至自动订外卖。
- 9 月，来自清华大学、北京邮电大学和腾讯的研究人员提出了一个多 Agent 框架 AgentVerse，该框架可以让多个模型进行协作，并动态调整群体的组成，实现 1+1>2 的效果。
- 10 月，智谱 AI 推出 ChatGLM3，该模型集成了智谱 AI 自研的 AgentTuning 技术，激活了模型智能体能力。
- 11 月，OpenAI 举办其首个开发者大会，发布其 LLM 最新版本 GPT-4 Turbo，推出 GPT 定制化服务、用于创建和管理 GPT 的 GPT Builder 与便于企业构建 Agent 的 Assistants API，并发布了 GPT Store（GPT 商店）。

GPT Store 的推出，让很多简单模仿、套壳 OpenAI 的项目估值一夜归零。而超低的“准 Agent”创建门槛以及和苹果 App Store 一样的商业模式，必会让 OpenAI 快速构建 GPT 生态。大家可能好奇 GPT 为何会被称作“准 Agent”或者 Agent 的早期版本，本书会在第三部分探讨这个问题。

OpenAI 推出 GPT，展示了其 LLM 的技术实力，也预示着个性化 AI 助手将成为我们日常生活中不可或缺的一部分。OpenAI 开发者大会以后，比尔·盖茨在其博客上发表了一篇名为“AI is about to completely change how you use computers”的文章，该文章很快刷屏国内外媒体，并将 AI Agent 的探索、开发与应用推向一个新的高潮。

- 2023 年 12 月，腾讯、百度、华为、联想、360、昆仑万维等国内公司发布了 Agent 相关产品及项目。同时，也有一些 AI Agent 相关创业项目相继宣布获得融资。

- 2024 年 1 月，OpenAI 宣布正式推出 GPT Store 和 ChatGPT Team 服务。两个月之后，全网 GPT 数量已经超过 300 万个。
- 2024 年 2 月，微软推出了名为 UFO[㊀]的 Windows Agent。这是一款用于构建用户界面（UI）交互智能体的 Agent 框架，能够快速理解和执行用户的自然语言请求。
- 2024 年 3 月，DeepMind 宣布推出可扩展可指导多世界智能体（Scalable Instructable Multiworld Agent，SIMA），这是首个能在广泛 3D 虚拟环境和电子游戏中遵循自然语言指令的通用 AI Agent，可根据自然语言指令在各种电子游戏环境中执行任务，成为玩家搭档，帮忙干活打杂。
- 2024 年 4 月，谷歌推出 Vertex AI Agent Builder，这是一个帮助公司构建和部署 AI Agent 的新工具，使用户能够轻松创建和管理生成式 AI 驱动的 AI Agent。

AI 领域对于 AI Agent 的探索从未停止过，在每个 AI 技术获得全新突破之后都会有组织将其探索与应用纳入新课题。以 AlphaGo 为代表的深度学习与神经网络技术崭露头角后，就出现了基于深度学习及神经网络的 Agent，被应用于游戏、医疗等诸多领域。而近几年 LLM 获得突破，在谷歌发布 BERT 及 OpenAI 发布 GPT-2 后，很多组织都开始与其合作开始打造基于 LLM 的 AI Agent。

相对而言，基于更先进的 LLM 以及超前的技术，AI Agent 在海外的发展更快一些。我们还在谈论 AI Agent 的时候，海外已经出现很多 AI Agent 框架与产品。比如在 2023 年 8 月底完成 1500 万美元融资的 Voiceflow，已是最受开发者欢迎的 AI Agent 构建平台之一，有超过 13 万个团队在这里高效协同、构建自己的 AI Agent。从越来越多的 AI Agent 构建平台来看，已经有不少组织正在或者已经构建了自己的 AI Agent，且每个组织都可以构建面向不同业务场景的多个 AI Agent。

从哲学衍生出 Agent 概念，到 Agent 被引入 AI 技术，再到现在基于 LLM 的 AI Agent，中间有几千年的跨度。而 AI Agent 能够在最近 70 多年的时间里从概念发展为越来越智能的智能硬件、智能家居、智能汽车、智慧助手、机器人等实体产品，不仅在于 AI 技术承载了 Agent 的实现路径，更在于 AI 技术的飞速发展。

㊀ 见论文“UFO: A UI-Focused Agent for Windows OS Interaction”，访问链接为 https://arxiv.org/abs/2402.07939。

1.2.2 AI Agent 的技术演变史

AI Agent 离不开 AI 技术的支撑，每个时代的 AI Agent 形态差异都取决于相关技术的突破与应用。因此了解技术演变史，有助于我们更好地理解 AI Agent。AI Agent 的技术演变或者说技术趋势，在复旦大学 NLP 团队发表的论文“The Rise and Potential of Large Language Model Based Agents：A Survey”[㊀]中被分为以下五个阶段。

阶段一：符号 Agent

在 AI 研究的早期阶段，主要采用的方法是符号 AI，其特点是依赖于符号逻辑。该方法使用逻辑规则和符号表示来封装知识并促进推理过程。早期的 AI Agent 基于这种方法构建，主要关注两个问题：转导问题和表示 / 推理问题。这种 AI Agent 旨在模仿人类的思维模式，拥有明确且可解释的推理框架，也因为符号性质展示出很高的表达能力，其中一个典型例子是基于知识的专家系统。

然而，符号 Agent 在处理不确定性和大规模实际问题方面面临限制。此外，由于符号推理算法的复杂性，寻找能够在有限时间内产生有意义结果的高效算法是很大的挑战。这些也是 AI Agent 技术演变的重要部分。

阶段二：反应型 Agent

反应型 Agent 与符号 Agent 有所不同，它并不依赖复杂的符号推理。相反，它更关注 Agent 与环境之间的交互，强调快速和实时响应。反应型 Agent 主要基于感知 – 行动循环，有效地感知环境并做出反应。这种 Agent 的设计优先考虑直接的输入 / 输出映射，而不是复杂的推理和符号操作。它通常只需要较少的计算资源，能够实现更快的响应，但也存在一定的局限性，比如可能缺乏高级决策和规划能力。

阶段三：基于强化学习的 Agent

随着计算能力和数据可用性的提高，以及自身对模拟智能 Agent 与其环境之间的交互的兴趣的增长，研究人员开始利用强化学习方法来训练 Agent，以应对更具挑战性的复杂任务。这个领域的主要关注点是如何使 Agent 通过与环境的交互来学习，使其能够在特定任务中获得最大的累积奖励。

最初，强化学习 Agent 主要基于基本技术，如策略搜索和价值函数优化。随

㊀ 论文链接为 https://arxiv.org/pdf/2309.07864.pdf。

着深度学习的兴起以及深度神经网络和强化学习的整合，深度强化学习随之出现。这使 Agent 可以从高维输入中学习复杂的策略，从而取得众多重大成就，如 AlphaGo 和 DQN（深度 Q 网络）。这种方法的优势在于，能够让 Agent 在未知的环境中自主学习，无须进行人工干预。这使得它在游戏、机器人控制等多个领域中都有广泛的应用。但强化学习也面临着训练时间长、样本效率低、稳定性问题等挑战，特别是在应用于复杂的现实环境时。

阶段四：具有迁移学习与元学习的 Agent

用传统方法训练一个基于强化学习的 Agent，需要大量的样本和较长的时间，且缺乏泛化能力。因此，研究人员引入了迁移学习，以加速 Agent 在新任务上的学习。迁移学习减轻了新任务训练的负担，促进了知识在不同任务之间的共享和迁移，从而提高了学习效率、性能和泛化能力。

AI Agent 也引入了元学习（Meta Learning）。元学习关注的是学习如何学习，使 Agent 能够从少量样本中快速推断出处理新任务的最优策略。在面对新任务时，这样的 Agent 可以利用已获得的一般知识和策略快速调整学习方法，从而减少对大量样本的依赖。当源任务和目标任务之间存在显著差异时，迁移学习的有效性可能无法达到预期，并可能出现负迁移。此外，元学习所需的大量预训练和大量样本使建立通用学习策略变得困难。这些都是 AI Agent 技术演变的重要部分。

阶段五：基于 LLM 的 AI Agent

由于 LLM 展示出令人印象深刻的能力并获得了巨大的热度，研究人员开始利用 LLM 来构建 AI Agent。具体来说，他们将 LLM 作为 AI Agent 的大脑或控制器的主要组成部分，并通过多模态感知和工具利用等策略扩展它们的感知和行动空间。这些基于 LLM 的 AI Agent 可以通过 Chain-of-Thought（CoT）、问题分解等技术展示出与符号 Agnet 相当的推理和规划能力。

基于 LLM 的 AI Agent 还可以通过从反馈中学习和执行新的行动，获得与反应型 Agent 类似的与环境交互的能力。LLM 在大规模语料库上进行预训练，并展示出少量样本和零样本泛化的能力，允许在任务之间无缝转移，无须更新参数。基于 LLM 的 AI Agent 已经应用于各种实际场景，如软件开发和科学研究。自然语言理解和生成能力使它们可以无缝地交互，引发多个 Agent 之间的协作和竞争。研究亦表明，允许多个 Agent 共存可以产生社会现象。

以上五个阶段构成了 AI Agent 的技术演变史。不同阶段的 Agent 形态不同、作用不同、能力不同，因而功能不同，并被应用于不同的业务场景中。从中也能发现，基于 LLM 的 AI Agent 做到了集之前各类 Agent 之所长，更接近于专家学者所定义的理想 Agent 形态。

基于 LLM 的 AI Agent 是本书的重点，我们将在第 3 章集中讲解。

1.3 AI Agent 的分类方式

目前常见的 AI Agent 分类主要有罗素和诺维格早期提出的五种方式，以及基于 LLM 衍生出的新方式。根据感知能力与作用目标、Agent 的自主性能、Agent 数量与协作能力、业务流程复杂程度，以及功能、任务与应用场景，本节将按照五种方式对 AI Agent 进行划分，以便读者更好地认知与理解 AI Agent。

1.3.1 根据感知能力与作用目标划分

随着 AI 技术的发展，至 2000 年左右，Agent 已经衍生出不少种类。根据 Agent 感知的智能和能力水平的高低，在 Agent 技术演变的基础上，罗素和诺维格在 *Artificial Intelligence: A Modern Approach*（《人工智能：现代研究方法》）一书中将 AI Agent 分为五类。而随着 LLM 的发展与应用，分层 Agent 正在成为 Agent 应用的主要分类。所以，根据感知能力与作用目标，可以将 Agent 分为以下六种。

1. 简单反射 Agent

简单反射 Agent（Simple Reflex Agent）是一种简单的 Agent 类型，它基于当前的感知而不基于感知历史的其余部分。这种 Agent 的问题包括智力非常有限、对状态的非感知部分一无所知、生成和存储规模巨大以及无法适应环境变化。简单反射 Agent 的架构如图 1-2 所示。

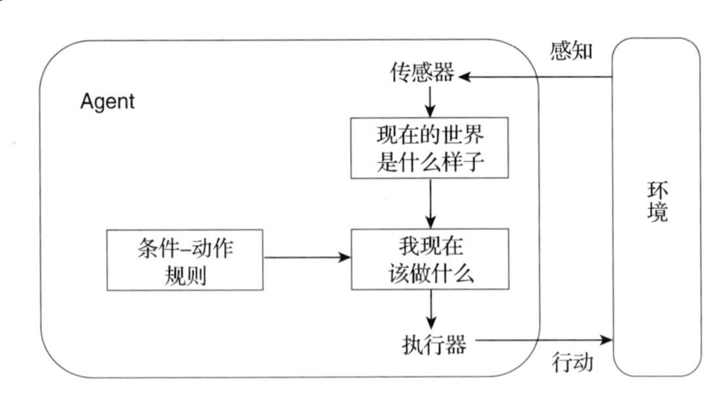

图 1-2　简单反射 Agent 的架构

简单反射 Agent 是一个遵循预定义规则做出决策的人工智能系统，仅对当前情况做出反应，而不考虑过去或未来的影响。它适用于具有稳定规则和直接操作的环境，其行为纯粹是反应性的，并且对即时环境变化做出响应。简单反射 Agent 一般遵循条件 – 动作规则来行动，该规则指定在特定条件下采取什么动作。

简单反射 Agent 的优点如下：

- 易于设计和实现，需要最少的计算资源；
- 实时响应环境变化；
- 在提供输入的传感器准确并且规则设计良好的情况下高度可靠；
- 不需要大量培训或复杂的硬件。

简单反射 Agent 的缺点如下：

- 如果提供输入的传感器有故障或规则设计不当，则容易出错；
- 没有记忆或状态，这限制了适用范围；
- 无法处理未明确编程的部分可观察性或环境变化；
- 仅限于一组特定的动作，无法适应新的情况。

2. 基于模型的反射 Agent

基于模型的反射 Agent 遵循条件 – 动作规则，可以在部分可观察的环境中工作并跟踪情况。它通常由两个重要因素组成，即模型和内部状态。它可以通过获取有关世界如何演变以及 Agent 的操作如何影响世界的信息来更新 Agent 的状态。图 1-3 展示了基于模型的反射 Agent 的架构。

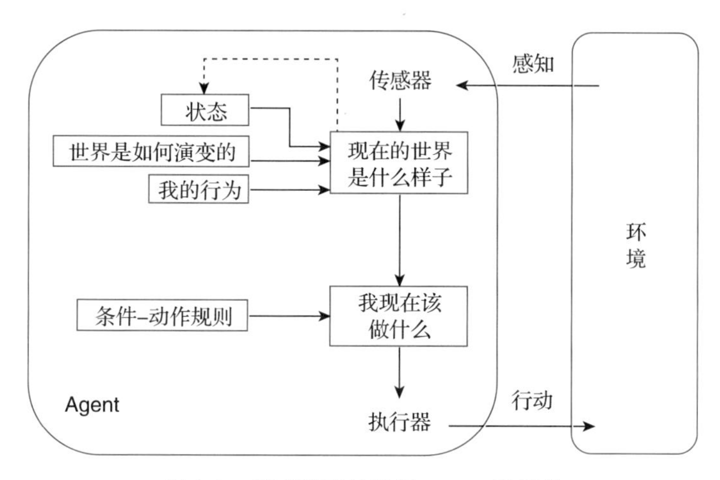

图 1-3 基于模型的反射 Agent 的架构

基于模型的反射 Agent，根据当前感知和代表不可观测世界的内部状态执行操作。它根据两个因素更新内部状态：一是真实世界如何独立于 Agent 而演化，二是 Agent 的行为如何影响真实世界。这种 Agent 也遵循条件 – 动作规则，但与简单反射 Agent 不同，它还利用内部状态来评估决策和行动过程中的状况。基于模型的反射 Agent 分四个阶段运行：

1）感知：它通过传感器感知世界的当前状态。

2）模型：它根据所看到的内容构建世界的内部模型。

3）原因：它使用世界模型来决定如何根据一组预定义的规则或启发式方法采取行动。

4）行动：它执行所选择的动作。

Amazon Bedrock 可以看作基于模型的反射 Agent 的最佳案例。它是一项使用基础模型来模拟操作、获得洞察并做出明智决策以进行有效规划和优化的服务。依靠各种模型，Amazon Bedrock 获得洞察、预测结果并做出明智的决策。它利用真实世界的数据不断完善模型，使其能够适应和优化运营。它能够针对不同的场景进行规划，通过模拟和调整模型参数来选择最佳策略。

基于模型的反射 Agent 的优点如下：

- 基于对世界的理解快速高效地做出决策；
- 通过构建世界的内部模型，做出更准确的决策；
- 通过更新内部模型来适应环境的变化；
- 通过使用内部状态和规则来确定条件，做出更明智的战略选择。

基于模型的反射 Agent 的缺点如下：

- 构建和维护模型的计算成本可能很高；
- 模型可能无法很好地捕捉现实世界环境的复杂性；
- 模型无法预测可能出现的所有情况；
- 模型需要经常更新以保持最新状态；
- 模型可能在解释和理解方面带来挑战。

3. 基于目标的 Agent

此类型根据其目标或理想情况做出决定，以便选择实现目标所需的操作。这种 Agent 需要进行搜索和规划，即考虑一系列可能的行动以确定目标是否达成，这使 Agent 具有主动性。基于目标的 Agent 的架构如图 1-4 所示。

基于目标的 Agent 是使用环境中的信息来实现特定目标的 AI Agent，使用搜索算法来寻找在给定环境中实现目标的最有效路径。这些 Agent 也称作基于规则的 Agent，它们遵循预定义的规则来实现目标并根据某些条件采取特定动作，可以根据其期望的结果或目标确定决策和采取行动的最佳过程。

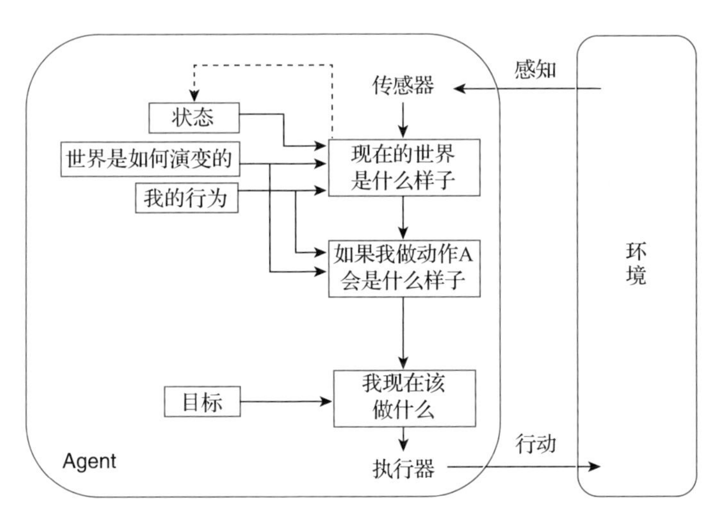

图 1-4　基于目标的 Agent 的架构

此类 Agent 更易于设计并且可以处理复杂的任务，可用于机器人、计算机视觉和自然语言处理等各种应用。只要给定一个计划，基于目标的 Agent 就会尝试选择实现目标的最佳策略，然后使用搜索算法和启发式方法找到实现目标的有效路径。

基于目标的 Agent 的工作模式可以分为以下五个步骤：

1）感知：Agent 使用传感器或其他输入设备感知环境，以收集有关周围环境的信息。

2）推理：Agent 分析收集到的信息并决定实现目标的最佳行动方案。

3）行动：Agent 采取行动来实现目标，例如移动或操纵环境中的对象。

4）评估：采取行动后，Agent 评估实现目标的进度，并在必要时调整行动。

5）目标完成：一旦 Agent 实现了目标，它要么停止工作，要么开始致力于新的目标。

比如 Google Bard 就是一个典型的基于目标的 Agent，它的目标是为用户查询提供高质量的响应，它选择的行动可能有助于用户找到他们想要的信息，并实现他们获得准确和有用响应的预期目标。

基于目标的 Agent 的优点如下：

- 易于实施和理解；
- 有效实现特定目标；

- 根据目标完成情况轻松评估绩效；
- 可以与其他人工智能技术相结合来创建更高级的 Agent；
- 非常适合定义明确的结构化环境；
- 可用于各种应用，例如机器人、游戏人工智能和自动驾驶汽车。

基于目标的 Agent 的缺点如下：

- 仅限于特定目标；
- 无法适应不断变化的环境；
- 对于变量太多的复杂任务无效；
- 需要丰富的领域知识来定义目标。

4. 基于实用程序的 Agent

基于实用程序的 Agent 的最终用途是其构建模块，当需要从多个替代方案中采取最佳行动和决策时使用。它考虑了 Agent 的“幸福感”，并给出了 Agent 由于效用而有多幸福的想法，因此具有最大效用的行动。基于实用程序的 Agent 是基于效用函数或价值最大化做出决策的 AI Agent，它会选择预期效用最高的行动，该效用用于衡量结果的好坏。这种方式有助于提升处理复杂和不确定情况的灵活性与适应性。这类 Agent 通常用于必须在多个选项之间进行比较和选择的应用程序，旨在选择导致高效用状态的操作，比如资源分配、调度和玩游戏等。基于实用程序的 Agent 的架构如图 1-5 所示。

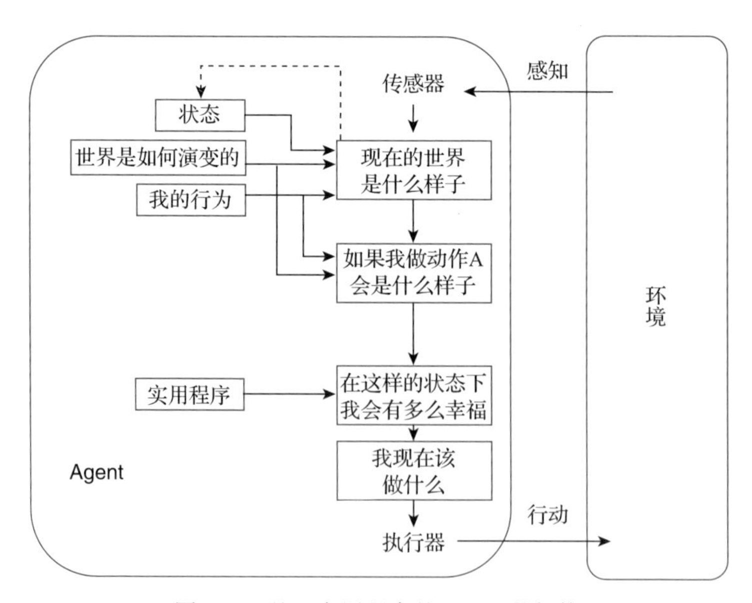

图 1-5　基于实用程序的 Agent 的架构

为了实现这一点，它需要对环境进行建模，该环境可以简单也可以复杂。然后，根据概率分布和效用函数评估每个可能结果的预期效用。最后，选择具有最高预期效用的操作，并在每个时间步重复此过程。比如 Anthropic 的 Claude 就可以被视作基于实用程序的 Agent，其目标是帮助持卡会员最大限度地提高使用卡的奖励和利益。

为了实现目标，它使用效用函数将代表成功或幸福的数值分配给不同的状态（持卡人面临的情况，例如购物、支付账单、兑换奖励等），比较每个状态下不同行动的结果，并根据其效用值做出权衡决策。此外，它还使用启发式和人工智能技术来简化与改进决策。

基于实用程序的 Agent 的优点如下：

- 处理广泛的决策问题；
- 从经验中学习并调整决策策略；
- 为决策提供一致且客观的框架。

基于实用程序的 Agent 的缺点如下：

- 需要准确的环境模型，否则会导致决策错误；
- 计算成本高昂并且需要大量计算；
- 不考虑道德或伦理因素；
- 人类难以理解和验证。

5. 学习型 Agent

学习型 Agent 具有从过去的经验中学习的能力，能够根据学习情况采取行动或做出决定。它从过去获得基础知识，并利用这些知识来自动行动和适应。它一般由四部分组成，分别是学习元素、评价者、性能元素和问题生成器。学习型 Agent 的架构如图 1-6 所示。

- 学习元素：根据从环境中获得的经验进行学习和改进。
- 评价者：根据预定义标准的 Agent 表现向学习元素提供反馈。
- 性能元素：根据来自学习元素和评价者的信息选择并执行外部动作。
- 问题生成器：建议采取行动，为学习元素创造新的、信息丰富的体验，以提高其性能。

学习型 Agent 遵循观察、学习和基于反馈采取行动的循环步骤，能够与环境互动，并从反馈中学习，通过修改自己的行为来适应未来的互动。

循环步骤的工作原理如下：

1）观察：Agent 通过传感器或其他输入观察环境。

2）学习：Agent 使用算法和统计模型分析数据，从有关行为和性能的反馈中学习。

3）行动：根据所学到的知识，Agent 在环境中采取行动来决定如何行事。

4）反馈：Agent 通过奖励、惩罚或环境线索接收有关行为和表现的反馈。

5）适应：利用反馈，Agent 改变行为和决策过程，更新知识并适应环境。

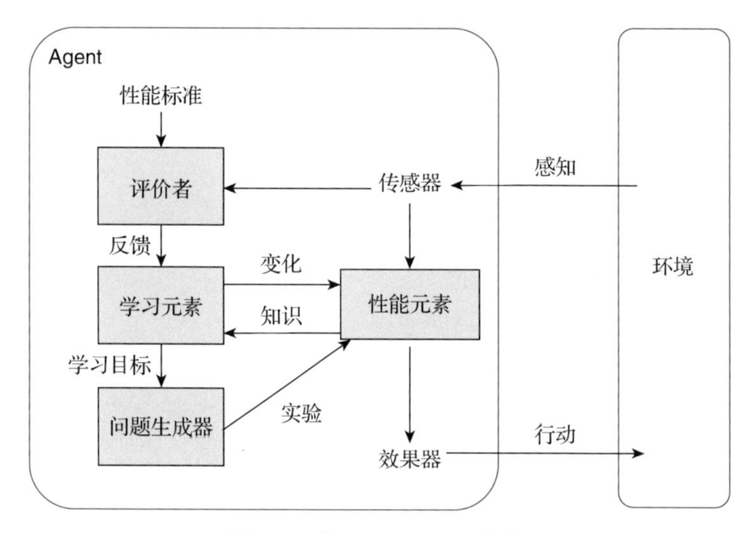

图 1-6　学习型 Agent 的架构

这个循环随着时间的推移不断重复，使 Agent 能够不断提高其性能并适应不断变化的环境。AutoGPT 就是一个很好的学习型 Agent，如果你想买一个智能耳机或者陪护机器人，只需要通过提示让 AutoGPT 对排名前十的产品进行市场研究，并提供有关其优缺点的见解。AutoGPT 会通过探索各种网站和来源来分析排名前十的产品的优缺点。它使用子 Agent 程序评估网站的真实性。最后，它会生成一份详细的报告，总结调查结果并列出排名前十的产品的优缺点。

学习型 Agent 的优点如下：

- 可以根据人工智能决策将想法转化为行动；
- 可以遵循基本命令（例如语音指令）来执行任务；
- 与执行预定义操作的经典 Agent 不同，学习型 Agent 可以随着时间的推移而发展；
- 考虑效用测量，因而更加现实。

学习型 Agent 的缺点如下：

- 容易做出有偏见或不正确的决策；
- 开发和维护成本高；
- 需要大量计算资源；
- 依赖大量数据；
- 缺乏类人的直觉和创造力。

6. 分层 Agent

分层 Agent 按层次结构构建，较高级别的 Agent 监督较低级别的 Agent。不过，级别可能会因系统的复杂性而有所不同。分层 Agent 可用于各种应用，例如机器人、制造和运输。它擅长协调多项任务和子任务并确定优先级。分层 Agent 的工作方式就像组织一样，以由不同级别组成的结构化层次结构来组织任务。其中较高级别的 Agent 监督目标并将其分解为更小的任务，较低级别的 Agent 执行这些任务并提供进度报告。

在复杂的系统中，可能存在中间级别的 Agent 来协调较低级别 Agent 与较高级别 Agent 的活动。UniPi 是 Google 推出的一款创新的分层 Agent，它利用文本和视频作为通用界面，能够在各种环境中学习各种任务。UniPi 包含生成指令和演示的高级策略以及执行任务的低级策略。高级策略适应各种环境和任务，而低级策略通过模仿和强化学习进行学习。这种分层设置使 UniPi 能够有效地将高级推理和低级执行结合起来。

分层 Agent 的优点如下：

- 分层 Agent 通过将任务分配给最合适的 Agent 并避免重复工作来提高资源利用效率。
- 层次结构通过建立明确的权力和方向来加强沟通。
- 分层强化学习通过降低动作复杂性和增强探索来改进 Agent 的决策。它采用高级操作来简化问题并促进 Agent 学习。
- 分层分解能够通过更简洁和可重用地表示整体问题来最小化计算复杂性。

分层 Agent 的缺点如下：

- 使用层次结构解决问题时会产生复杂性。
- 固定的层次结构限制了对变化或不确定环境的适应性，阻碍了 Agent 调整或寻找替代方案的能力。
- 分层 Agent 遵循自上而下的控制流，即使较低级别的任务已准备就绪也要等待较高级别的任务先执行，这可能导致瓶颈和延迟。

- 层次结构可能缺乏跨不同问题域的可重用性，需要为每个问题域创建新的层次结构，这非常耗时且依赖于专业知识。
- 由于需要标记的训练数据和精心设计的算法，训练分层 Agent 具有挑战性。由于设计的复杂性，应用标准机器学习技术来提高性能变得很困难。

1.3.2 根据 Agent 的自主性能划分

随着 LLM 的出现，融合 LLM 的 Agent 面向更加多元与复杂的业务应用场景，开始衍生出新的种类。LLM 为 Agent 带来了更强的自主性，因为功能、生成方式、应用场景等方面的不同，出现了自主 Agent 与生成式 Agent。

1. 自主 Agent

自主 Agent 是一种特殊的 AI Agent，具有自主决策和行动的能力，可以在没有外部指令或人工干预的情况下进行学习、推理和决策，并执行相应的操作。与传统的 AI 系统相比，自主 Agent 具有更高的自主性、适应性和交互性，代表了人工智能从算法驱动到行为驱动的重要演进。自主 Agent 的基本架构如图 1-7 所示。

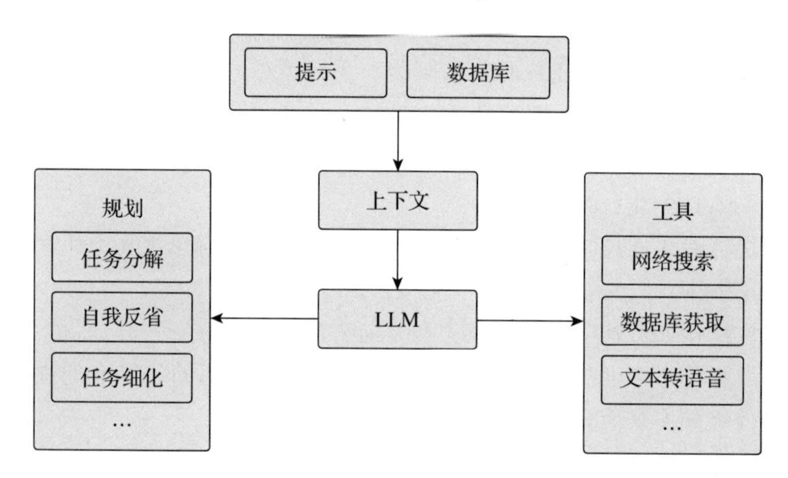

图 1-7　自主 Agent 的基本架构

自主 Agent 利用 LLM 的能力来感知环境并执行任务。当给定目标时，它能够自行创建任务、完成任务、创建新任务、重新确定不同任务的优先级、完成新的最高优先级任务，并循环直到达到目标。如 AutoGPT 等自主 Agent，能够根据人们用自然语言提出的需求自动执行任务并实现预期结果。在这种合作模式下，自主 Agent 主要是为人类服务，更像是一个高效的人机协同工具。

自主 Agent 侧重于 Agent 的自主性和行为能力，强调 Agent 能够在动态环境中自主地感知、决策和行动，以完成特定任务。其核心是自主决策和控制，它需要集成感知、规划、导航、操控等多种能力，才能适应复杂环境。自主 Agent 的典型应用如智能机器人、无人驾驶、智能调度等，体现了人工智能在现实世界中的行动能力。

目前大家所说的 Agent 多数是基于 LLM 的自主 Agent，它已被认为是通向通用人工智能（AGI）最有希望的道路。**需要说明的是，本书介绍的 AI Agent 主要是基于 LLM 的自主 Agent。**

2. 生成式 Agent

生成式 Agent 一般基于 GPT、文心大模型等 LLM 构建，以自然语言存储 Agent 的完整经历记录。生成式 Agent 的架构包含三个主要组件：记忆流、反思和规划。这些组件协同工作，使生成式 Agent 能够生成反映其个性、偏好、技能和目标的现实且一致的行为。图 1-8 为生成式 Agent 的架构。

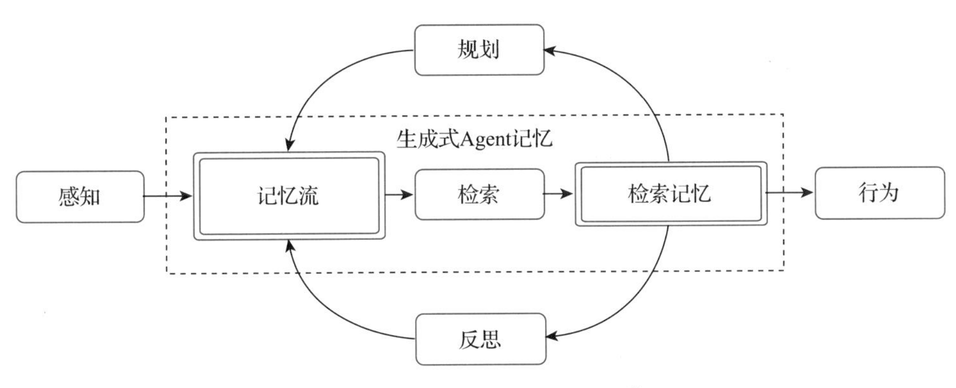

图 1-8　生成式 Agent 的架构[㊀]

2023 年 4 月，斯坦福大学和谷歌的研究者共同创建的虚拟小镇 Smallville 正式开启了生成式 Agent 之路。小镇里的 25 个 AI Agent，每天都在乐此不疲地散步、约会、聊天、用餐以及分享当天的新闻。生成式 Agent 就像美剧《西部世界》中的人形机器人以及《失控玩家》中的智能 NPC（非玩家角色）一样，

㊀ 图片来源：论文“Generative Agents: Interactive Simulacra of Human Behavior”，访问网址为 https://arxiv.org/abs/2304.03442。

在同一环境中生活，拥有自己的记忆和目标，不仅与人类交往，还会与其他机器人互动。

生成式 Agent 侧重于 Agent 的生成和创造能力，强调 Agent 能够根据环境和目标自主地生成、构建和优化各种智能内容或行为策略。其核心是自主学习和优化，它需要运用深度学习、强化学习、进化计算等技术，从数据或环境反馈中学习和改进。生成式 Agent 的典型应用有智能内容创作、药物设计、自动编程等，体现了人工智能在赋能创新方面的巨大潜力。

自主 Agent 和生成式 Agent 代表了人工智能在行动和创造两个维度的延伸与拓展。未来，这两类智能 Agent 将进一步融合，形成更加全面、灵活的 Agent 形态，在更广阔的应用领域发挥重要作用。

延伸：自动化与拟人化成为 AI Agent 的两大应用方向

结合目前学术界和产业界基于 LLM 开发的 AI Agent 的应用情况，AI Agent 可分为两大类：自主 Agent 和 Agent 模拟。自主 Agent 力图实现复杂流程自动化。当给定 Agent 目标时，它能够自行创建任务、完成任务、创建新任务、重新确定不同任务的优先级、完成新的最高优先级任务，并不断重复这个过程，直到完成目标。它对准确度要求高，因而更需要外部工具辅助来减少 LLM 不确定性的负面影响。Agent 模拟力图更加拟人可信。它分为强调情感、情商的 Agent 和强调交互的 Agent，后者往往是在多 Agent 环境中，可能涌现出超越设计者规划的场景和能力，LLM 生成的不确定性反而成为其优势，多样性使其有望成为 AIGC 的重要组成部分。

两种智能体的主要区别如图 1-9 所示。需要说明的是，两大方向并不是割裂的。自动化与拟人化将作为 AI Agent 的两大核心能力并行发展，随着底层模型的不断成熟以及行业探索的逐渐深入，有望进一步扩大 AI Agent 的适用范围，提升其实用性。

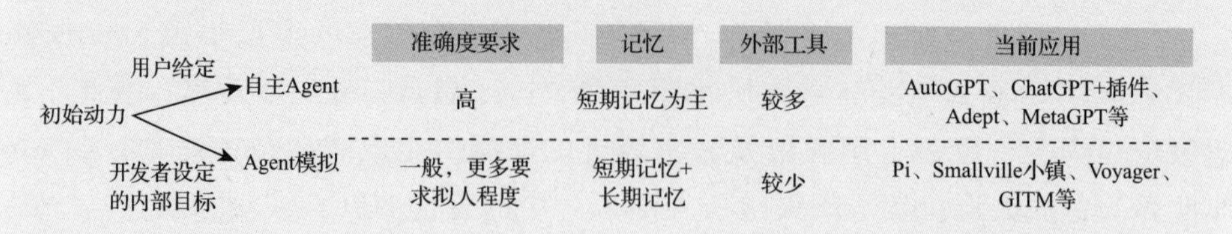

准确度要求
记忆
外部工具
当前应用
用户给定
自主Agent
初始动力
开发者设定
的内部目标
Agent模拟
高
短期记忆为主
较多
AutoGPT、ChatGPT+插件、
Adept、MetaGPT等
一般，更多要
求拟人程度
短期记忆+
长期记忆
较少
Pi、Smallville小镇、Voyager、
GITM等

图 1-9 当前 AI Agent 两大方向——自主 Agent 和 Agent 模拟对比

（资料来源：东吴证券参考论文“A Survey on Large Language Model based Autonomous Agents”制作）

1.3.3　根据 Agent 数量与协作能力划分

单 Agent 已经非常强大了，但为了更好地发挥 Agent 的特性并解决单 Agent 存在的一些问题，又出现了能够彼此通信、相互合作并扮演各种角色的多 Agent。这样，从 Agent 系统数量与实际部署及协作应用角度，Agent 又可以分为单 Agent 系统与多 Agent 系统。复旦大学 NLP 团队在论文“The Rise and Potential of Large Language Model Based Agents: A Survey”中将 AI Agent 分为三类，分别是单 Agent 系统、多 Agent 系统和人类与 Agent 的交互。AI Agent 分类如图 1-10 所示。

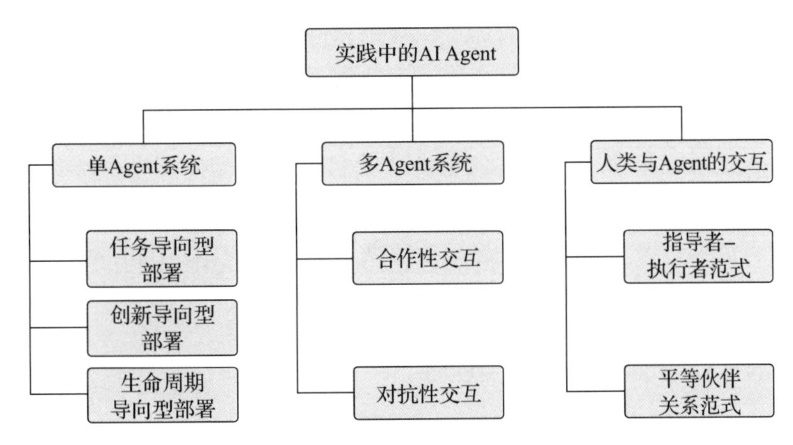

图 1-10　根据复旦大学 NLP 团队的论文绘制的 AI Agent 分类图

1. 单 Agent 系统

单 Agent 系统是指由单个 Agent 组成的系统，这个 Agent 在特定环境中独立运作，执行任务或做出决策。它的行为和决策取决于自身而非其他个体。在这种系统中，Agent 通过感知环境进行规划，并根据规划做出行动。AutoGPT 等都属于单 Agent 系统。在具体应用中，单 Agent 系统可以分为任务导向型部署、创新导向型部署及生命周期导向型部署三种形式。单 Agent 系统在许多应用中都非常有用，如个人助手、自动化工具、在线客服等。

2. 多 Agent 系统

多 Agent 系统是指由多个相互作用的 Agent 组成的系统，这些 Agent 在一定程度上是自治的，并且能够与其他 Agent 通信和协作以解决复杂问题。在具体应用时，多 Agent 交互一般分为合作性交互与对抗性交互两种情况。多 Agent 系统在许多领域都可以应用，包括但不限于供应链管理、智能交通系统、机器人群体、经济模型、社交网络分析。

3. 人类与 Agent 的交互

这一类别分为两种模式：一种是指导者 – 执行者范式，即人类提供指导或反馈，Agent 充当执行者；另一种是平等伙伴关系范式，即 Agent 像人类一样，能够与人类进行移情对话，并参与非合作任务。

其中多 Agent 交互和人类与 Agent 的交互都涉及多 Agent 系统。这是一种由一系列相互作用的 Agent 及相应的组织规则和信息交互协议构成的系统，内部的各个 Agent 之间通过相互通信、合作、竞争等方式，完成单个 Agent 不能完成的大量而又复杂的工作，是“系统的系统”。

多 Agent 系统是多个 Agent 的集合，其目标是将大而复杂的系统建设成小的、彼此相互通信和协调的、易于管理的系统。它的研究涉及 Agent 的知识、目标、技能、规划以及如何使 Agent 采取协调行动解决问题。BabyAGI、CAMEL、MetaGPT 等都是比较知名的多 Agent 框架。

1.3.4 根据业务流程复杂程度划分

AI Agent 为处理各种复杂任务而生，就复杂任务的处理流程而言，AI Agent 又可以分为两大类，即行动类 Agent 和规划执行类 Agent。

1. 行动类 Agent

行动类 Agent 负责执行简单直接的任务，例如通过调用 API 来检索最新的天气信息。这类 Agent 的设计优先考虑直接将输入和输出进行映射，而不是复杂的推理和符号操作。它们通常需要较少的计算资源，从而能做出更快的反应，但可能缺乏复杂的高层决策和规划能力。

2. 规划执行类 Agent

规划执行类 Agent 首先会制定一个包含多个操作的计划任务，然后按照顺序去执行这些操作。这种方案对于复杂任务的执行而言是非常有用的，例如 AutoGPT、BabyAGI、GPTEngineer 等都是这样的例子。需要注意的是，在 Agent 执行计划时以下两点特别重要：

- 反思与完善：Agent 中设置了一些反思与完善的 Agent 机制，可以让其进行自我批评和反思，与其他信息源形成对比，从错误中不断地吸取教训，同时针对未来的步骤进行完善，提升最终的效果和质量。

- 长期记忆：常见的上下文学习（提示工程）都是利用模型的短期记忆来学习的，但是 AI Agent 则提供了长期保留和调用无限信息的能力，这通常是利用外部的向量存储和快速检索来实现的。

1.3.5　根据功能、任务与应用场景划分

根据功能、任务与应用场景，可以将 AI Agent 划分为以下几类。

（1）对话 Agent

- 任务型对话 Agent：完成特定领域的任务，如客服、订票、点餐等。
- 开放域对话 Agent：就开放性话题进行聊天，提供陪伴、娱乐等功能。
- 知识问答 Agent：根据用户问题进行检索、推理和回答。

（2）智能助理 Agent

- 个人助理 Agent：协助用户完成日程管理、邮件处理、信息检索等任务。
- 工作助理 Agent：辅助专业人士进行数据分析、报告撰写、决策支持等。
- 教育助理 Agent：为学生提供个性化学习指导、作业辅导等服务。

（3）推荐 Agent

- 商品推荐 Agent：根据用户偏好、历史行为推荐商品或服务。
- 内容推荐 Agent：根据用户兴趣推荐文章、视频、音乐等内容。
- 社交推荐 Agent：推荐好友、社交活动、兴趣组等。

（4）自动化 Agent

- 工业自动化 Agent：对生产线、设备等进行监控、调度、优化控制。
- 办公自动化 Agent：完成文档处理、流程审批、信息录入等办公任务。
- 家庭自动化 Agent：控制家电、安防、能源管理等智能家居设备。

（5）决策支持 Agent

- 金融决策 Agent：进行投资分析、风险评估、交易执行等。
- 医疗决策 Agent：辅助诊断、治疗方案制定、药物推荐等。
- 企业决策 Agent：支持市场分析、战略规划、资源调度等决策。

（6）仿真 Agent

- 游戏角色 Agent：扮演游戏中的虚拟角色，提供智能对战、互动体验。
- 虚拟人 / 数字人 Agent：模拟现实人物，进行人机交互、创作表演等。
- 群体仿真 Agent：模拟社会群体行为，进行政策分析、效果预测等。

(7) 感知与交互 Agent

- 计算机视觉 Agent：对图像和视频进行分析、识别、理解等。
- 语音交互 Agent：进行语音识别、语音合成、声纹认证等。
- 体感交互 Agent：捕捉和理解人体姿态、手势、表情等信号。

(8) 执行 Agent

- 机器人控制 Agent：对物理机器人进行感知、规划、控制。
- 无人系统 Agent：对无人车、无人机等进行自主导航、任务执行。
- 智能硬件 Agent：对可穿戴设备、智能家电等进行控制和优化。

(9) 安全 Agent

- 网络安全 Agent：进行异常检测、威胁分析、攻击溯源等，维护网络安全。
- 身份认证 Agent：通过生物特征、行为模式等进行用户身份验证。
- 隐私保护 Agent：对敏感数据进行脱敏、加密，防止隐私泄露。

(10) 协作 Agent

- 物流调度 Agent：协同优化仓储、配送、运输等物流环节。
- 供应链协同 Agent：促进供应商、生产商、零售商等协同运作。
- 跨组织协同 Agent：支持不同企业、机构之间的业务协同与资源共享。

以上分类并不是绝对和完全穷举的，一些 Agent 可能兼具多种功能，或者按照不同维度有不同归属。未来随着技术进步和应用创新，还会出现新的 Agent 类型。AI Agent 正在向多功能、跨场景、协同化的方向演进，为人类在各个领域提供更加智能、高效、个性化的服务与支持。

|第 2 章| C H A P T E R

AI Agent 核心技术

本章将帮助你理解有关 AI Agent 的核心技术，包括其工作原理、主要组成部分，以及如何利用 LLM 来增强其功能。我们还将介绍一些流行的 AI Agent 项目和构建框架，这些项目和框架已经在实践中证明了其价值，并且能够为 AI Agent 的未来发展提供有力的支持。

2.1 AI Agent 的技术基础

2.1.1 当前的主流 AI 技术

AI 技术发展到现在，主流的主要包括以下几种。

1. 机器学习

机器学习（Machine Learning）是人工智能的一个分支，通过数据和算法训练模型，使计算机能够自动学习和改进。常见的机器学习算法有决策树、支持向量机、神经网络等。机器学习专注于使用数据和算法模仿人类学习的方式，逐步提高自身的准确性。

机器学习方法主要分为监督学习、无监督学习、半监督学习和强化学习。机器学习算法通常是使用旨在加速解决方案开发的框架创建的，例如 TensorFlow 和 PyTorch。谷歌的 AlphaGo 就是一种基于机器学习的围棋 AI，它通过学习人类棋手的棋谱和自我对弈来提高棋艺。

机器学习的应用场景非常广泛，如手势识别、市民出行选乘公交预测、待测微生物种类判别、基于运营商数据的个人征信评估、商品图片分类、广告点击行为预测、基于文本内容的垃圾短信识别等。

2. 深度学习

深度学习（Deep Learning）是机器学习的一个子领域，它使用类似于人脑中的神经网络结构的算法来模拟和理解数据的特征。深度学习的核心是深度神经网络（Deep Neural Network，DNN)，这些网络由多层（称为深度）的节点组成，能够学习数据的复杂模式。

深度学习引入了深度神经网络，具有多个隐藏层，能够学习更抽象、更高级别的特征，处理更复杂的问题。深度学习不需要手动进行特征工程，减少了人工干预的需求，降低了模型开发的门槛。目前，深度学习已在图像识别、语音识别、自然语言处理等领域取得了重大突破，其应用场景包括图像分类、风格迁移、姿势识别、实例分割等。

3. 自然语言处理

自然语言处理（Natural Language Processing，NLP）是一门研究计算机与人类自然语言之间交互的学科。它涉及语音识别、文本理解、机器翻译、情感分析等技术，使计算机能够理解和处理人类语言。自然语言处理需要根据前后的内容进行界定，从中消除歧义和模糊性，表达出真正的意义。自然语言处理中越来越多地使用机器自动学习的方法来获取语言知识。微软的小冰就是一种基于自然语言处理的聊天机器人，它可以与用户进行自然的语言交互。

自然语言处理的应用领域非常广泛，常见的应用系统有语音输入系统、语音控制系统、智能对话查询系统等。

4. 计算机视觉

计算机视觉（Computer Vision，CV）是人工智能领域的一个重要分支，是一种让计算机能够从图像或多维数据中解释和理解视觉信息的技术。它可以模拟人类的视觉系统，实现对图像和视频中内容的识别、分类、定位、检测和理解等功能。计算机视觉的应用非常广泛，涵盖医疗影像分析、安全监控、无人驾驶机器人导航、内容创作、电子商务等众多领域，具体应用场景包括手势识别、手写数字识别、商品图片分类等。例如，谷歌的图像搜索技术就是计算机视觉的应用。

5. 语音识别

语音识别（Automatic Speech Recognition，ASR）也称为自动语音识别，是将语音信号转换成文本的技术。它通过分析声音特征和语音模型实现对语音的识别和理解。语音识别通过对输入的语音信号进行预处理，提取出反映语音特征的关键参数，如梅尔频率倒谱系数（MFCC）、线性预测编码（LPC）等。这些特征参数能够反映语音的音调、音色和音速等属性，有助于后续的声学模型训练。语音识别技术已广泛应用于语音助手、语音控制、语音翻译等领域。比如苹果的 Siri 就是一种基于语音识别的智能助手。语音识别的应用领域非常广泛，常见的应用系统有语音输入系统、语音控制系统等。

6. LLM

LLM 是一种能够生成与人类语言非常相似的文本并以自然方式理解提示的机器学习模型。通过分析数据中的统计模式，LLM 可以预测给定输入后最可能出现的单词或短语。它们在大量的文本数据上进行训练，可以执行广泛的任务，包括文本总结、翻译、情感分析等。

7. RAG

目前，业界认为基于 LLM 的应用集中于两个方向：RAG（Retrieval-Augmented Generation，检索增强生成）和 Agent。而作为 LLM 应用的两大方向之一，RAG 技术让 AI Agent 在应用上实现了巨大的飞跃。这里，我们重点介绍一下 RAG 技术。

（1）RAG 的概念与特点

RAG 是一个为 LLM 提供外部知识源的概念，这使它能够生成准确且符合上下文的答案，同时能够减少模型幻觉。

最先进的 LLM 会接受大量的训练数据，将广泛的常识知识存储在神经网络的权重中。但在提示 LLM 生成训练数据之外的知识，例如最新知识、特定领域知识时，LLM 的输出可能会导致事实不准确，这就是我们常说的模型幻觉。弥合 LLM 的常识与其他背景知识之间的差距非常重要，这可以帮助 LLM 生成更准确和更贴合背景的结果，同时减少幻觉。

传统的解决方法是通过微调神经网络模型来适应特定领域的专有信息。尽管这种技术很有效，但它属于计算密集型的，并且需要专业技术知识，因而难以灵活地适应不断变化的信息。2020 年，Lewis 等人的论文在知识密集型 NLP 任务中提出了一种更灵活的技术，称为检索增强生成（RAG）[㊀]。在该论文中，研究人员将生成模型与检索器模块相结合，以提供来自外部知识源的附加信息，并且这些信息可以很方便地进行更新维护。

RAG 将事实知识与 LLM 的推理能力分离，并存储在外部知识源中，使 LLM 可以轻松访问和更新。事实知识为非参数化知识（non-parametric knowledge），将会存储在外部知识源中，例如向量数据库。而 LLM 在训练期间学习到的参数化知识（parametric knowledge）会隐式地存储在神经网络的权重中。

（2）RAG 的工作流程

RAG 的工作流程主要包括检索、增强和生成三个步骤，如图 2-1 所示。

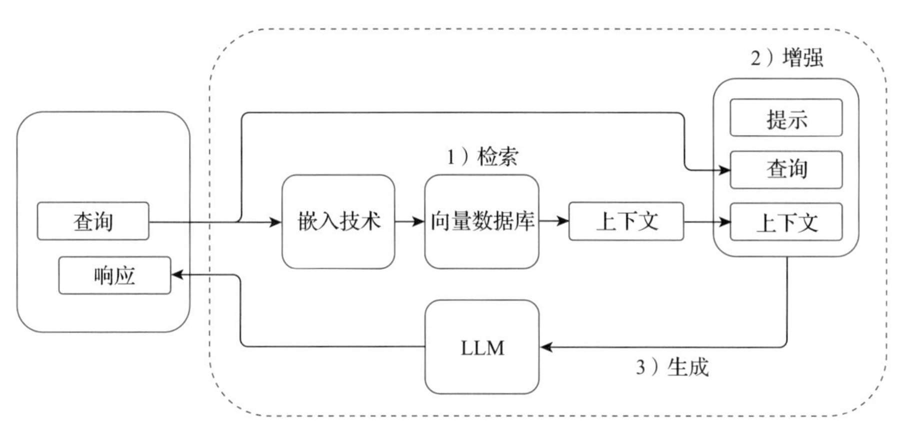

图 2-1　RAG 的工作流程

1）检索（Retrieve）：根据用户请求从外部知识源检索相关上下文。为此，使用嵌入模型将用户查询嵌入与向量数据库中的附加上下文相同的向量空间中。这允许执行相似性搜索，并返回向量数据库中最接近的前 k 个数据对象。

2）增强（Augment）：用户查询和检索到的附加上下文被填充到提示模板中。

3）生成（Generate）：检索增强提示被馈送到 LLM。

（3）RAG 与 AI Agent 的关系

如果说 RAG 是通过外挂知识达到让 LLM 在垂直领域应用落地的目的的，那

㊀ 见论文“Retrieval-Augmented Generation for Knowledge-Intensive NLP Tasks”，访问网址为 https://arxiv.org/abs/2005.11401。

么 AI Agent 就是让 LLM 学会现实世界中的各种规则，并利用这些规则执行目标任务。在 LLM 本就强大的功能基础上，RAG 将其扩展为能访问特定领域或组织的内部知识库，所有这些都无须重新训练模型。这是一种经济高效地改进 LLM 输出的方法，让它在各种情境下都能保持相关性、准确性和实用性。具体体现为以下几点：

- RAG 可以作为 AI Agent 架构（比如 LangChain）的一部分，用以为 AI Agent 提供更加丰富和准确的语言生成能力。
- AI Agent 可能使用 LangChain 来处理自然语言的任务，比如理解用户输入和生成响应。
- AI Agent 可以利用 RAG 技术来提高自身在特定任务（如问答或对话系统）中的性能，尤其是在需要外部知识来支持决策时。

在应用案例方面，可以使用 LangChain，结合 OpenAI LLM、Weaviate 向量数据库在 Python 中实现 RAG Pipeline（检索增强生成流程）。

（4）Agent 检索增强生成

将 RAG 置于 AI Agent 架构中可以大幅提升 AI Agent 的能力，但 RAG 在 LLM 中也会存在一些局限性。

- 在 RAG 模式中，检索、增强和生成由不同的进程管理。每个进程可能由具有不同提示的 LLM 协助。然而，直接与用户交互的生成 LLM 通常最清楚如何响应用户的查询。检索 LLM 可能不会像生成 LLM 那样解释用户的意图，可能会提供不必要的信息，这可能会降低其响应能力。
- 每个问题都会执行一次检索，没有来自 LLM 的任何反馈循环。如果搜索查询或搜索词等因素导致检索结果不相关，而 LLM 缺乏纠正这种情况的机制，它可能会编造一个答案。
- 检索的上下文一旦提供就不可更改，且无法扩展。例如，某个研究结果需要进一步检索其他信息，若检索到的文档引用了应进一步检索的另一文档，则会因为缺少必要文档而无法继续检索。
- RAG 模式不支持多步骤迭代搜索。

为了解决这些问题，有人提出了 Agent 检索增强生成模式：一个由 LLM 提供支持的智能 Agent，用于管理与用户的对话。Agent 自主决定何时使用外部工具进行研究，指定一个或多个搜索查询，进行研究，审查结果，并决定是否继续进一步研究或寻求用户的澄清。此过程一直持续到 Agent 认为自己准备好向用户提供答案为止。

在实现方法上，可以借助 Azure OpenAI 的功能调用能力来实现一个能自主使用搜索工具查找所需信息以协助处理用户请求的 Agent。仅这一项功能就简化了 RAG 模式的传统实现方式（如前所述，包括查询改写、增强和生成的独立步骤）。Agent 使用系统定义的角色和目标与用户交互，同时了解其可以使用的搜索工具。当 Agent 需要查找它不具备的知识时，它会指定搜索查询并向搜索引擎发出信号以检索所需的答案。这个过程更像是人类行为，会比纯 RAG 模式更有效。在 RAG 模式中，知识检索是一个单独的过程，无论是否需要都向聊天机器人提供信息。

2.1.2 主流 AI 技术与 AI Agent 的关系

一直以来，AI Agent 都被研究者们基于各种更先进的 AI 技术构建。机器学习、深度学习、自然语言处理、计算机视觉、语音识别等技术，与 AI Agent 有着密切的关系和内在联系，它们都是 AI Agent 的基础技术，为 AI Agent 提供了丰富的功能和能力，并构成了 AI 技术丰富多彩的应用场景。

比如机器学习和深度学习可以帮助 AI Agent 学习与理解客户的需求和问题，自然语言处理和语音识别可以帮助 AI Agent 与客户进行自然语言交互，计算机视觉可以帮助 AI Agent 识别与理解图像和视频，从而实现更加智能化的服务。AI Agent 与这些技术的关联主要体现于以下几个方面：

- **数据驱动**：AI Agent 的核心是 LLM，它需要大量的数据和算法来训练与优化。机器学习、深度学习、自然语言处理、计算机视觉、语音识别等技术都是数据驱动的，它们需要大量的数据和算法来训练与优化模型。
- **智能化服务**：AI Agent 的目标是为客户提供智能化的服务，机器学习、深度学习、自然语言处理、计算机视觉、语音识别等技术都可以帮助 AI Agent 实现这一目标。
- **人机交互**：AI Agent 需要与客户进行有效的人机交互，以便更好地理解客户的需求和问题。自然语言处理和语音识别等技术可以帮助 AI Agent 理解与处理客户的语言，计算机视觉可以帮助 AI Agent 理解与处理客户的图像和视频。
- **智能决策**：AI Agent 需要具备智能决策和执行能力，以便更好地为客户提供服务。机器学习和深度学习等技术可以帮助 AI Agent 学习与理解客户的需求和问题，从而做出更加智能化的决策。
- **应用场景**：AI Agent 的应用场景非常广泛，机器学习、深度学习、自然语言处理、计算机视觉、语音识别等技术也都有着广泛的应用场景。

LLM 的出现离不开深度学习、机器学习等技术。LLM 是基于深度学习的模型，可以自动学习自然语言的特征，进而对文本进行处理和生成。模型的基础是神经网络，通过在大量语料库上的预训练，模型能够自动提取语言的特征，并对新的文本进行处理。常见的 LLM 有 BERT、GPT 等。LLM 和人工智能密切相关，它是人工智能在自然语言处理领域的一种具体应用。人工智能的发展离不开对语言的理解和表达能力，而 LLM 为此提供了强有力的技术支持。它能够帮助计算机理解人类语言，分析语义和语法结构，从而更好地理解人们的需求和意图。

当下，AI Agent 主要基于 LLM 构建，但也会因应用场景等的不同而选择领域小模型或者更垂直的功能性模型，将多种技术融合应用以提升能力。

关于 LLM 如何赋能 AI Agent，下一节将为大家揭晓。

2.2 基于 LLM 的 AI Agent 形态与特点

所谓基于 LLM 的 AI Agent（LLM-based Agent），就是基于 LLM 的人工智能体，它可以感知环境、进行决策和执行动作，从而为客户提供自然语言处理、语音识别、自动化回复等服务，帮助企业提高客户满意度和运营效率。LLM 作为“大脑”，为当代 AI Agent 提供了强大的逻辑思考等能力。

2.2.1 从 LLM 说起

LLM 是一种基于神经网络的自然语言处理技术，可以学习和预测自然语言文本的规律和模式。它是基于海量文本数据训练的深度学习模型，不仅能够生成自然语言文本，更能够深入理解文本含义，处理各种自然语言任务，如文本摘要、问答、翻译等。简单理解，LLM 就是一个能够理解和生成自然语言的 AI 程序。在 LLM 中，神经网络模型可以通过学习大量的语料数据，自动提取自然语言文本中的特征和模式，从而实现自然语言的理解和生成。

LLM 的基本思想是将自然语言文本看作一种序列数据，例如单词序列或字符序列。神经网络模型可以通过输入这些序列数据并进行多层神经元的计算和转换，来生成对应的输出序列。在 LLM 中，神经网络模型通常采用循环神经网络（RNN）、长短期记忆网络（LSTM）、门控循环单元（GRU）等结构来处理序列数据的信息。

LLM 的发展源远流长，早在 20 世纪 80 年代，科学家们就开始尝试用神经网络处理自然语言，但当时受限于计算机硬件和数据资源，仅能处理简单任务。随着技术的进步，深度神经网络开始应用于自然语言处理。图 2-2 展示了 2019 年以来的 LLM 发展情况。

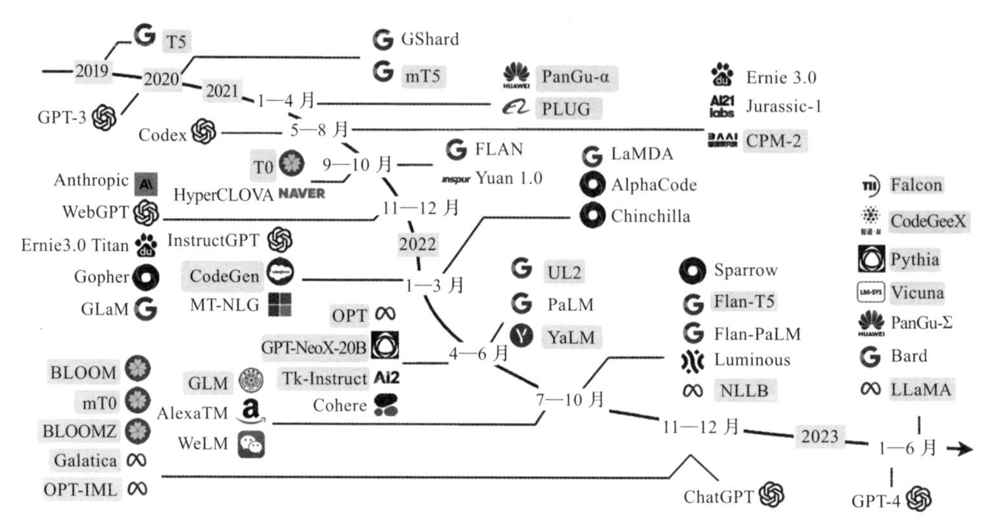

图 2-2　2019 年以来的 LLM 发展情况

（图片来源：论文“A Survey of Large Language Model”）

LLM 的简单发展历程为：2013 年，Tomas Mikolov 等人推出 RNNLM，能预测和生成文本；2014 年，Bengio 等人提出 LSTMLM，解决了 RNNLM 存在的问题；2017 年，谷歌的 Transformer 架构为后来的 LLM 奠定基础；2018 年，OpenAI 推出 GPT 模型，参数达 1.17 亿个，表现优异；2019 年，更强的第二代 GPT 模型问世，参数增至 15 亿个，文本生成能力更强；2022 年，ChatGPT 引发全球关注；至 2023 年 10 月，公开资料显示国内已有超过 200 个 LLM。

LLM 的主要算法包括神经网络架构、词向量表示、模型训练及模型评估等。与传统的自然语言处理技术相比，LLM 具有以下几个特点：

- 数据驱动：LLM 需要大量的语料数据来进行训练和优化，从而学习自然语言的规律和模式。
- 端到端学习：LLM 可以直接从原始文本数据中学习，不需要进行人工特征工程或规则设计。
- 上下文感知：LLM 可以根据上下文信息来生成自然语言文本，从而实现更加准确和连贯的响应。
- 通用性：LLM 可以应用于多种自然语言处理任务，例如文本分类、机器翻译、聊天机器人等。

这些特点使得 LLM 具备内容生成、语义理解、逻辑推理、多语言处理、情感分析、自我学习等多种能力，为 AI Agent 的构建提供了更好的基础。

2.2.2　基于 LLM 的 AI Agent 的特点

宏观上讲，AI Agent 可以是一种智能生命，能够脱离人的控制，自主决策和执行任务。在 LLM 背景下，AI Agent 可以理解为某种在 LLM 基础上，能自主感知理解、规划决策、执行复杂任务的 Agent，它可以通过独立思考和调用工具逐步完成给定的目标，无须人类指定每一步的操作。AI Agent 并非 ChatGPT 等 LLM 的升级版，它不仅告诉你“如何做”，更会帮你去做。从这个角度而言，如果 Copilot 是副驾驶，那么 AI Agent 就是主驾驶。

1. 最简单的 AI Agent 表达式

在具体行动中，一个精简的 AI Agent 决策流程包括三步，即感知（Perception）→ 规划（Planning）→ 行动（Action），也就是业界常说的 PPA，如图 2-3 所示。

1）感知：AI Agent 从环境中收集信息并从中提取相关知识的能力。

2）规划：AI Agent 为了某一目标而做出决策的过程。

3）行动：AI 基于环境和规划做出的动作。

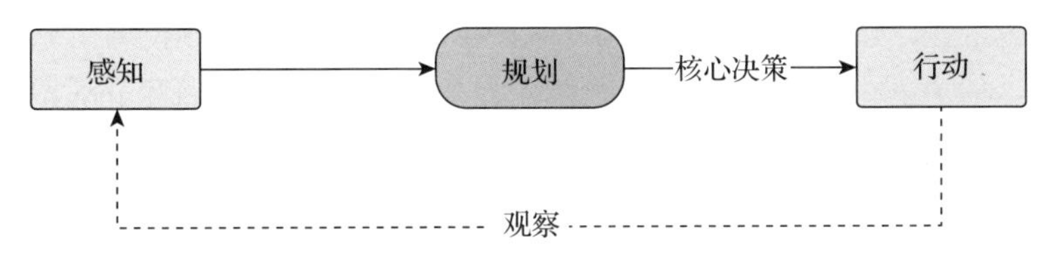

图 2-3　PPA 示意图

这种表达使得 AI Agent 的决策流程类似于人类“做事情”的过程。AI Agent 通过感知从环境中收集信息并提取相关知识，然后通过规划为了达到某个目标做出决策。最后通过行动基于环境和规划做出具体的动作。而行动又通过观察（Observation）成为进一步感知的前提和基础，形成自主地闭环学习过程。

这一过程就像人类从实践到认知，从实践开始，经过实践得到理论认识，再回到实践中去。因此 AI Agent 也像人类的认知与成长一样，需要“知行合一”地进化。

这几点也是断定某个软件或者硬件是不是AI Agent的主要标准。

一般而言，基于AI Agent的自主性、感知能力、学习能力、适应性、交互性和目标导向性等特性，如果一个系统或者产品拥有自我决策和学习能力，并且能够在其环境中独立操作，那么它就可以被视为AI Agent。在这个更为广义的特征之下，AI Agent存在的环境将更加宽泛，种类也更加繁多。

当然，研究基于LLM的AI Agent，首先要看它是不是基于LLM构建的，或者是否引入了生成式AI技术。如果该产品能够自动且智能地使用自然语言来理解指令、提供信息、与用户互动并执行复杂的任务，同时不断学习并优化其性能，那么它很可能是一种基于LLM的AI Agent。

一个更完整的AI Agent一定是与环境充分交互的，它包括两部分：一是Agent的部分，二是环境的部分。Agent就如同物理世界中的人类，物理世界就是人类的外部环境。对于外部环境的交互，目前国内外关于AI Agent新的共识正在逐渐形成：

第一，AI Agent需要调用外部工具。

第二，调用工具的方式就是输出代码——由LLM大脑输出一种可执行的代码，像是一个语义分析器，由它理解每句话的含义，然后将其转换成机器指令，最后再调用外部的工具来执行或生成答案。

在这种认知下，当前主流的AI Agent架构是由OpenAI推出的“Agent = LLM + 记忆 + 规划 + 工具使用”四件套，每一部分都是AI Agent必不可少的组件。当然，AI Agent架构并不是唯一的，只要能够体现自主感知、规划决策、执行复杂任务等特性，能够让Agent成为合格的自主Agent的架构，就是成功的架构。

不同的研究机构与企业会给予AI Agent不同的定义以及架构，比如复旦大学NLP团队在论文“The Rise and Potential of Large Language Model Based Agents: A Survey”中提出的基于LLM的Agent的概念框架，由大脑、感知、行动三个部分组成。在这个架构中，作为控制器的大脑模块承担记忆、思考和决策等基本任务；感知模块负责感知和处理来自外部环境的多模态信息；行动模块负责使用工具执行任务并影响周围环境。中国人民大学高瓴人工智能学院在论文“A Survey on Large Language Model based Autonomous Agents”中提出的Agent框架，则包括分析、记忆、规划和行动4个模块。

关于AI Agent的框架后文还会详细讲解。

2. 基于 LLM 的 AI Agent 的能力

以 LLM 为代表的新一代自然语言处理技术正在革新人机交互的方式，赋予 AI Agent 前所未有的语言理解和生成能力。基于 LLM 的 AI Agent 拥有一系列特定的能力，能够在语言理解、知识表示、常识推理、多轮交互、个性化服务等方面展现出接近人类的智能水平。这些能力使其在处理和生成语言时表现出色，从而在各种应用场景中提供支持和增值服务。以下是这些 AI Agent 的核心能力：

- 深度语言理解：能够捕捉语言的微妙差别，理解语境、双关语、成语及特定行业的术语。
- 高级文本生成：不仅可以根据给定的上下文生成连贯的文本，还能调整风格和语气以适应不同的交流目的。
- 上下文维持：在对话中记住先前的话题和用户意图，使得持续交流更自然和有连贯性。
- 智能问答：快速响应用户查询，提供准确的答案，并能在必要时进行深入的交流。
- 摘要和概括：能够阅读长篇内容，并生成准确的摘要或重点概括。
- 语言翻译：可以在不同的语言之间进行快速且准确的翻译。
- 信息检索和整合：通过网络搜索、数据库查询和其他资源来检索所需信息，并整合这些信息为用户提供全面的答案。
- 写作和内容创作：协助写作，包括生成创意文案、撰写报告、编写代码或创作诗歌和故事。
- 情绪识别和响应：侦测用户的情绪倾向，并据此调整回复，以提供更为人性化的交流体验。
- 自我学习和优化：通过用户交互和额外的训练数据，不断优化模型以提供更好的用户体验。
- 逻辑推理和解决问题：根据提供的信息，应用推理来解决问题或提供建议。
- 任务规划：能够根据目标拆解任务，生成执行计划，指导任务完成。
- 策略优化：在博弈、优化等任务中，能够学习和调整策略，找出最优解。
- 个性化服务：根据用户的行为和偏好提供个性化的建议和服务。

这些能力结合起来，使得基于 LLM 的 AI Agent 成为强大的辅助工具，应用于客户支持、文本分析、内容创作以及其他需要复杂语言处理的领域。

根据 OpenAI 对 AI Agent 的定义，目前我们所说的 AI Agent 本质上是一个控制 LLM 来解决问题的 Agent 系统。LLM 的核心能力是意图理解与文本生成，如果能让 LLM 学会使用工具，那么 LLM 本身的能力也将大大拓展。AI Agent 系统就是这样一种解决方案，可以让 LLM“超级大脑”真正成为人类的“全能助手”。

3. 基于 LLM 的 AI Agent 的属性特征

需要说明的是，AI 发展到当前的 LLM 时代，很多 AI 工具看起来已经具备了初步的 Agent 能力。并且，随着 LLM 快速走向端侧，更多的智能终端硬件和移动软件应用将升级为 AI Agent。从自动化角度而言，虽然 AI 工具（包括机器人和 Agent）都是旨在自动化任务的软件程序，但特定的关键特征将 AI Agent 从 AI 软件中区分开来。从目前一些产品和项目的表现来看，基于 LLM 的 AI Agent 拥有以下特征：

- 感知（Perception）：可以通过传感器或数据输入来感知其环境或上下文，并据此做出响应，例如自动驾驶汽车使用雷达和摄像头来感知周围环境。
- 推理（Reasoning）：根据收集到的信息进行决策，这既可能涉及简单的 if-else 逻辑规则，也可能涉及复杂的机器学习算法。
- 动作（Action）：采取某种行动以达成其目标，例如，保姆机器人可能会把餐盘放回厨房，自动驾驶汽车可能会调整速度或转向。
- 学习（Learning）：AI Agent 通常具备机器学习的能力，这意味着它们可以通过新的数据不断地优化自身的响应，根据经验改进自己的行为。这种学习过程既可能是显式的，通过训练数据进行，也可能是隐式的，通过用户交互实现。
- 适应性（Adaptivity）：能够根据环境的变化和任务的需求动态地调整其行为策略和知识结构。这种适应性使其能够在复杂多变的现实世界中完成任务。
- 交互性（Interactivity）：能够与环境、人类和其他 AI Agent 进行信息交互和社会交互。它可以感知外界信息，理解人类的指令和反馈，并据此调整自身的行为和决策，可以与人类或其他 AI Agent 互动来完成其任务。
- 自主性（Autonomy）：不需要人工干预，具有一定的自主决策能力。能够基于自身的感知、知识和目标，独立地做出决策和采取行动，而无须人类直接控制或干预。这也是 AI Agent 区别于传统软件的重要特征。
- 目标驱动（Goal-directed）：AI Agent 的行为决策是以实现特定目标为导

向的，如完成任务、优化性能、最大化收益等。这些目标可能是预先设定的，也可能是自主学习的。

- 连续性（Continuity）：AI Agent 能够在一个连续的时空中感知、思考和行动。它的智能行为是一个持续的过程，而不是对单个事件的简单反应。
- 限定合理性（Bounded Rationality）：现实的 AI Agent 受限于计算资源、知识信息、决策时间等因素，其决策和行为往往是在一定约束条件下追求满意解，而非理论上的最优解。

除了以上特征，在具体的应用场景中，基于 LLM 的 AI Agent 还表现出了自然语言理解与生成、上下文感知、个性化、情感智能、推理和决策能力、多任务能力等鲜明特征，如图 2-4 所示。

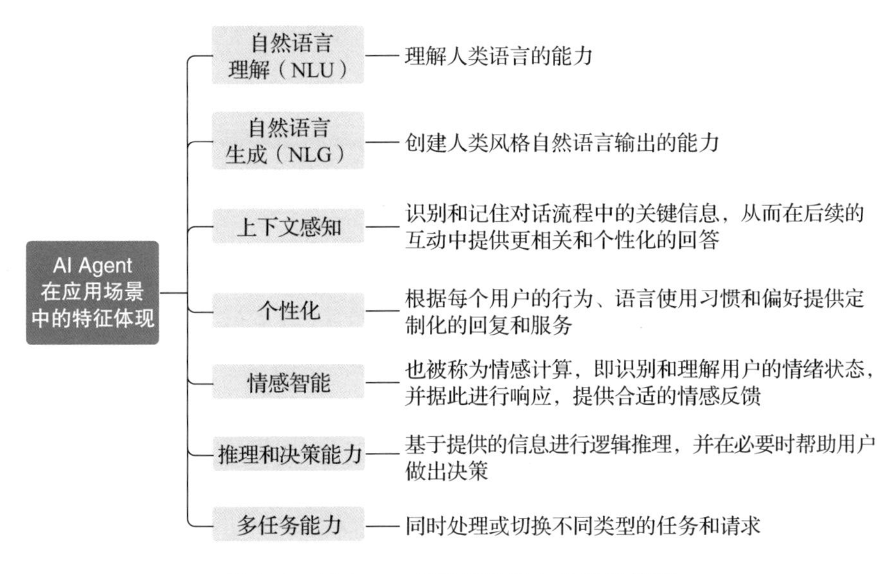

图 2-4　AI Agent 在应用场景中的特征体现

4. 基于 LLM 的 AI Agent 的应用特色

基于 LLM 的 AI Agent 系统在理解、生成、交互及应用方面表现得与众不同，展现出了一些特色，如下：

- 强大的语言理解和生成能力：得益于在海量语料上的预训练，LLM 掌握了丰富的语言知识，能够进行准确的语言理解和流畅的语言生成，在语法、语义、语用等方面接近甚至超越人类水平。
- 广博的知识储备：LLM 从大规模文本数据中学习，积累了涵盖各个领域的海量知识，形成了庞大的知识库。这使基于 LLM 的 AI Agent 能够就各种话题进行分析、讨论、问答，展现出通才型的博学和智慧。

- 出色的少样本学习能力：基于预训练积累的语言知识，LLM 可以通过少量示例快速理解新的任务要求，生成相关的回复或内容。这种少样本学习能力使 AI Agent 能够灵活适应新的场景和指令，具备广泛的应用潜力。
- 语境理解和一致性：LLM 能够根据上下文信息理解单词和句子的具体含义，生成连贯一致的多轮对话。AI Agent 能够记忆之前的对话内容，根据语境进行合理回应，使交互更加自然、连贯。
- 逻辑推理与常识运用：基于对大量文本的学习，LLM 掌握了一定的逻辑推理规则和常识知识。AI Agent 能够运用这些能力进行推理和判断，回答需要综合分析的问题。
- 自主与实时响应：能够通过独立思考、调用工具逐步完成给定目标。具有实时响应的能力，能够快速地对客户的需求和问题做出回应。
- 自我学习：具有自我学习的能力，能够通过不断学习和优化，提高自身的性能和效率。
- 多任务处理：LLM 可以通过提示工程（prompt engineering）等方式适应不同的任务需求，如问答、写作、摘要、翻译、编程等。这种多任务处理能力使 AI Agent 成为一个全能型的智能助手。

这些应用特色使得 AI Agent 在应用中具备了开放域交互、个性化适配、价值观与伦理对齐、创新思维、智能化服务、人机交互、智能决策、数据驱动、场景广泛等优势，具体如图 2-5 所示。这些优势对于大幅提升组织业务效率和用户体验有着重要的意义，也让基于 LLM 的 AI Agent 在智能化水平、交互体验、任务适应等方面实现了突破性进展，开辟了人机交互的新范式。更多的功能、更高的易用性以及更强的适用性和扩展性，使 Agent 能够为企业提供智能化的服务，帮助企业提高客户满意度和运营效率。

随着 LLM 的持续演进，以及与知识表示、多模态感知、持续学习等技术的深度融合，LLM 驱动的 AI Agent 有望在更多领域发挥增强智能的重要作用，成为人类认知智能的得力助手和伙伴。

当然，LLM 的局限性，如计算和存储效率、推理解释能力、知识更新能力等，也成为下一步重点攻关的方向。

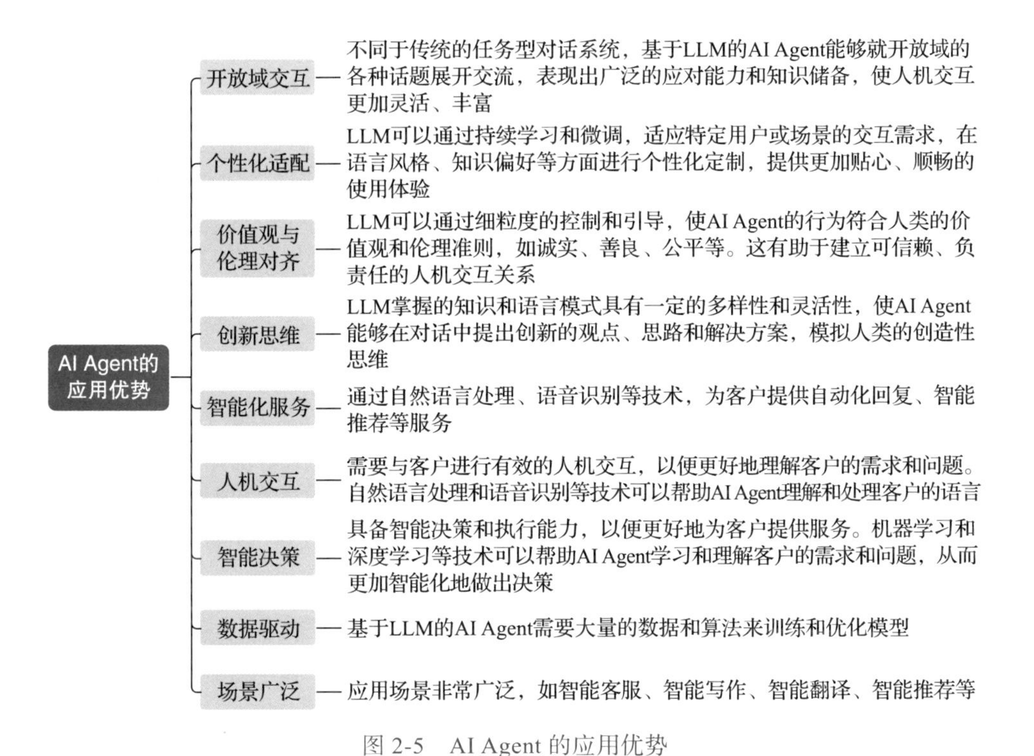

图 2-5　AI Agent 的应用优势

2.2.3　LLM 成为 AI Agent 的全新大脑

还记得在第 1 章我们提到的 AI Agent 特征吗？我们提到了它的五个特征。目前业界普遍认为，基于 LLM 的 AI Agent 至少具备自主性、反应性、主动性和社交能力四大特征。下面我们分别从这四大特征入手，解释为何 LLM 能够成为 AI Agent 的全新大脑。

1. 自主性

自主性（Autonomy）是指一个 Agent 在没有人类或其他人直接干预的情况下运行，并对其行动和内部状态拥有一定程度的控制。AI Agent 不仅应具备按照人类的明确指令完成任务的能力，还应表现出独立发起和执行行动的能力，这意味着一定程度的自主探索和决策。AutoGPT 等应用体现了 LLM 在构建自主 Agent 方面的巨大潜力，只需向它们提供一项任务和一套可用工具，它们就能自主制订计划并执行计划，以实现最终目标。LLM 本身就有很强的自主性，主要表现在：

- 通过生成类似人类的文本参与对话，并在没有详细步骤指示的情况下执行各种任务来展示一种自主性。
- 根据环境输入动态调整输出，体现出一定程度的自适应能力。
- 通过展示创造力来体现自主性，比如提出新颖的想法、故事或解决方案，而这些并没有明确编入它们的程序。

LLM 本身的自主性能力大幅提升了 Agent 的自主性表现。

2. 反应性

Agent 的反应能力是指它对环境中的即时变化和刺激做出快速反应的能力，也就是说，Agent 可以感知周围环境的变化，并迅速采取适当的行动。传统语言模型的感知空间局限于文本输入，行动空间局限于文本输出。现在研究人员已经证明，利用多模态融合技术可以扩展语言模型的感知空间，使其能够快速处理来自环境的视觉和听觉信息。这些进步使 LLM 能够有效地与真实世界的物理环境互动，并在其中执行任务。

目前基于 LLM 的 AI Agent 面临的一个主要挑战是，在执行非文本操作时，需要一个中间步骤，即以文本形式产生想法或制定工具使用方法，然后再将其转化为具体操作。这一中间步骤会消耗时间，降低响应速度。当然，这与人类的行为模式密切相关，毕竟人类的行为模式遵循“先思考后行动”的原则。所以在使用体验上，Agent 产品允许一定的响应时间。相比于传统 AI 技术，LLM 还是极大地提升了 Agent 的反应能力。

3. 主动性

主动是指 Agent 不仅会对环境做出反应，还能积极主动地采取以目标为导向的行动。这一特征强调，Agent 可以在行动中进行推理、制订计划和采取主动措施，以实现特定目标或适应环境变化。

直观上看，LLM 中的下一个标记预测范式可能不具备意图或愿望。但研究表明，它们可以隐式地生成这些状态的表征，并指导模型的推理过程。LLM 具有很强的概括推理和规划能力。通过向 LLM 发出类似“让我们一步步地思考”的指令，可以激发其推理能力，如逻辑推理和数学推理。同样，LLM 也以目标重拟、任务分解和根据环境变化调整计划等形式显示了规划的新兴能力。这种能力对于提升 Agent 的主动性有着很大的助力。

4. 社交能力

社交能力是指一个 Agent 通过某种交流语言与其他 Agent（包括人类）进行交

互的能力。LLM 具有很强的自然语言交互能力，如理解和生成能力等。这种能力使它们能够以可解释的方式与其他模型或人类进行交互，构成了基于 LLM 的 AI Agent 的社会能力的基础。

许多研究人员已经证明，基于 LLM 的 AI Agent 可以通过协作和竞争等社会行为提高任务绩效（MetaGPT）。通过输入特定的提示，LLM 也可以扮演不同的角色，从而模拟现实世界中的社会分工（游戏 *Overcooked*）。此外，将多个具有不同身份的 Agent 放入一个社会中时，还可以观察到新出现的社会现象（Generative Agent）。由此，基于 LLM 的 AI Agent 将能够承载与彰显更多的社交能力。

LLM 能够从不同层面赋能并增强 Agent，因而更加适合作为 AI Agent 大脑。并且从当前 AI 技术形态及未来的技术发展路径而言，LLM 将会在很长一段时期内能够胜任这一能力。

2.2.4　为什么需要基于 LLM 的 AI Agent

复旦大学 NLP 团队发表的论文“The Rise and Potential of Large Language Model Based Agents: A Survey”认为，从 NLP 到 AGI 的发展路线分为五级：语料库、互联网、感知、具身和社会属性。图 2-6 展示了从 NLP 到 AGI 的发展路线。

目前 LLM 已经达到第二级，具有互联网规模的文本输入和输出。在第二级的基础上，如果赋予基于 LLM 的 AI Agent 感知空间和行动空间，它们将达到第三、第四级。再进一步地，多个 Agent 通过互动、合作解决更复杂的任务，或者反映出现实世界的社会行为，则有潜力来到第五级。

随着 ChatGPT 提供的插件和函数调用功能的出现，人们对 LLM 作为智能中枢架构的思考被激发出来。当微软和 Google 基于 LLM 发布了 Copilot 架构的应用程序时，人们开始思考 LLM 是如何与外部复杂系统进行交互的。

在 GitHub 上，已经有一些项目（如 LangChain）实现了类似的能力，也已经有了具有一定封装的工具 AutoGPT 和 BabyAGI。”

从 LLM 与 LangChain 等工具的结合来看，Agent 释放了内容生成、编码和分析方面的多种可能性。LangChain 是一个功能强大的 LLM 编程框架，旨在为开发人员提供全面的工具和组件，以简化基于 LLM 的应用程序的开发过程。它不仅提供了各种必要的组件，还通过链（LangChain 中 Chain 的由来）的概念，为常规的应用流程提供了标准化的解决方案。基于 LangChain 开发的 LLM 应用非常好地诠释了 Agent 的各种特性。另外，ChatGPT 的各种插件也能体现这一点，其中比较有代表性的插件是 Code Interpreter。

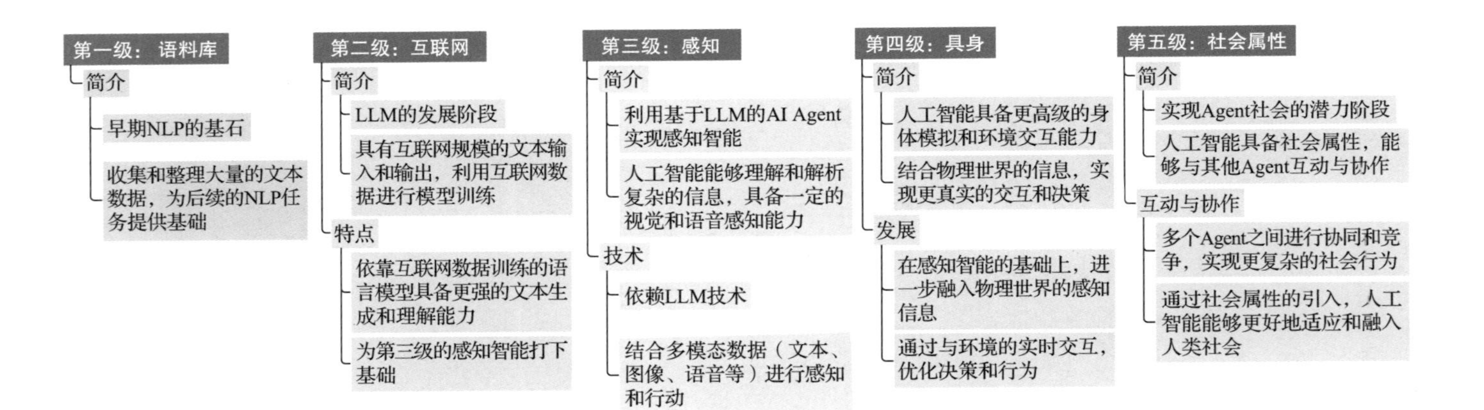

图 2-6　从 NLP 到 AGI 的发展路线

在这方面的应用上，Agent 的概念发挥着举足轻重的作用。我们可将 LLM 视作 Agent 的大脑，将 Agent 视为人工智能的大脑，它们都使用 LLM 进行推理、计划和采取行动。虽然 LLM 在其训练知识范围内表现优秀，但其知识仅限于训练数据，并且这些知识很快就会过时。此外，LLM 还存在一些缺点，如下：

- 产生幻觉：模型有时会提供不真实或错误的信息。
- 结果不真实：模型的结果并不总是基于事实或可靠的信息。
- 对时事了解有限：模型可能无法提供最新的信息或对当前事件的看法。
- 难以应对复杂计算：LLM 在处理数学计算、逻辑推理等方面的问题时可能存在困难。

在这种情况下，AI Agent 可以发挥其作用。通过利用外部工具，AI Agent 能够克服这些限制。这些工具可以是各种插件、集成 API、代码库等，例如：

- Google 搜索：获取最新信息。
- Python REPL：执行代码。
- Wolfram：进行复杂的计算。
- 外部 API：获取特定信息。

而 LangChain 提供了一个通用的框架，通过 LLM 的指令可以轻松实现这些工具的调用。可以说，AI Agent 的诞生是为了让人们使用 LLM 去处理各种复杂任务，或者说是发挥出 LLM 的最佳性能。在这方面，目前厂商们通过各种架构与方法所构建的行动类 Agent 和规划执行类 Agent，已经能够处理十分复杂的任务。

2.2.5 AI Agent 如何工作

AI Agent 通过感知环境、处理信息并采取行动来实现特定目标或任务。该工作流程通常包括以下步骤：

第 1 步：感知环境。自主 Agent 首先需要收集有关其环境的信息，可以使用传感器或从各种来源收集数据来做到这一点。

第 2 步：处理输入数据。AI Agent 获取在第 1 步中收集的知识并准备进行处理，包括组织数据、创建知识库或制作 AI Agent 可以理解和使用的内部表示形式。

第 3 步：决策。AI Agent 使用逻辑或统计分析等推理技术，根据其知识库和目标做出明智的决策，其中可能涉及应用预先确定的规则或机器学习算法。

第 4 步：规划和执行操作。AI Agent 制订计划或一系列步骤来实现其目标。这可能涉及制定分步策略、优化资源分配或考虑各种限制和优先级。根据其计划，Agent 执行所有步骤以实现预期目标。它还可以接收来自环境的反馈或新信息，这些信息可用于调整其未来的操作或更新其知识库。

第 5 步：学习和改进。采取行动后，AI Agent 可以从自己的经验中学习。此反馈循环允许 Agent 提高性能并适应新的情况和环境。

整个过程，简单概括就是，AI Agent 通过收集和分析数据对其进行预处理，根据机器学习算法做出决策，采取行动并接收反馈。

为了帮助理解，我们再看构建于 GPT-4 上的 AI Agent 的工作流程，如图 2-7 所示。

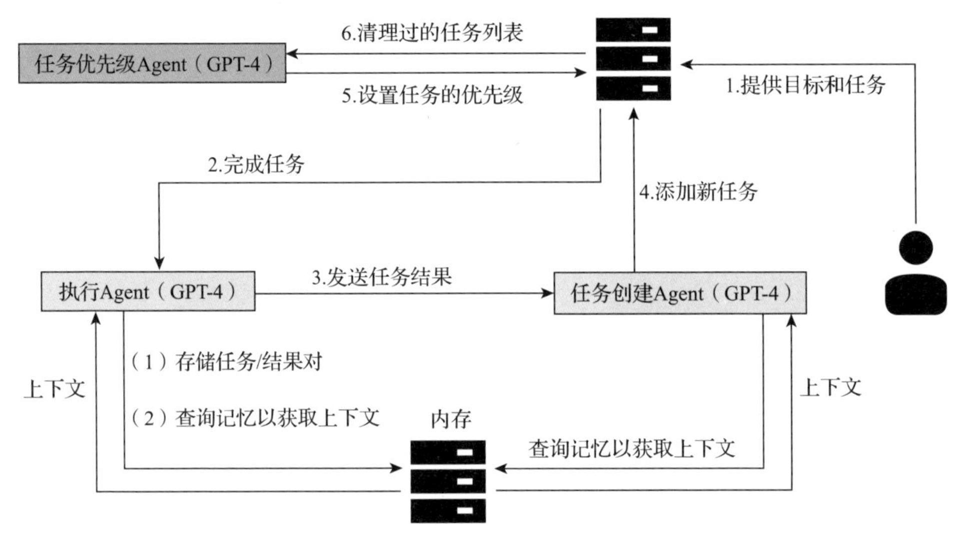

图 2-7　构建于 GPT-4 上的 AI Agent 的工作流程

2.3　AI Agent 的架构和组成

随着 LLM 技术的不断成熟，AI Agent 的架构和组成也变得越来越复杂和多样化。一个功能完善、性能卓越的 AI Agent 系统需要协调多个模块和组件的工作，构建合理的架构和流程，才能真正实现智能行为和人机交互。

这一节将从 AI Agent 的结构、主流架构和主要模块三个方面对 AI Agent 的架构和组成进行阐述，以期为 AI Agent 的研究和应用提供参考与指导。

2.3.1　AI Agent 的结构

AI Agent 是一种软件程序或者硬件设备，旨在与其环境交互，感知其接收的数据，并根据该数据采取行动以实现特定目标。AI Agent 能够模拟智能行为，可以像基于规则的系统一样简单，也可以像高级机器学习模型一样复杂。它们一般使用预先确定的规则或经过训练的模型来做出决策，也可能需要外部控制或监督。

1.3.2 节介绍过，根据设计目的和交互方式，AI Agent 可以分为自主 Agent 和生成式 Agent。而其中，自主 Agent 是一种高级软件程序，可以在没有人为控制的情况下独立运行。它可以自己思考、行动和学习，不需要人类持续输入。这些 Agent 可以广泛应用于医疗保健、金融和银行等不同行业，使事情运行得更顺畅、更高效。它们可以适应新情况，从经验中学习，并使用自身的内部系统做出决定。从目前已经公布的论文及研究来看，AI Agent 的结构主要分为四模块结构和三模块结构，下面分别进行说明。

1. 四模块结构

通用 AI Agent 的核心通常包含四个组件：环境、传感器、执行器和决策机制。

- 环境：AI Agent 在其中运行的区域或域，可以是物理空间，如工厂车间，也可以是数字空间，如网站。
- 传感器：AI Agent 用来感知其环境的工具，可以是摄像头、麦克风或任何其他感知输入工具，AI Agent 可以使用它们来了解周围发生的事情。
- 执行器：AI Agent 用来与其环境交互的工具，可以是机械臂、计算机屏幕或任何 AI Agent 可用于改变环境的其他设备。
- 决策机制：AI Agent 的大脑，用于处理传感器收集的信息，并决定使用执行器采取什么行动。决策机制是体现 AI Agent 主动性与反应能力的重要部分，AI Agent 使用各种决策机制，例如基于规则的系统、专家系统和神经网络等，以做出明智的选择并有效地执行任务。

图 2-8 为通用 AI Agent 框架结构，这种通用结构一定程度上启发了 AI Agent 的四模块结构。

学习系统可以使 AI Agent 从其经验和与环境的交互中学习，使用强化学习、监督学习和无监督学习等技术来持续提高 AI Agent 的性能。它就像一个监督检查，通过基于数据、事件等的学习来不断提升 AI Agent 的能力。需要说明的是，它属于事后的总结与反馈，并不参与 Agent 的具体执行环节。通过了解环境、传感器、执行器和决策机制，开发人员可以创建 AI Agent 以准确高效地执行特定任务。

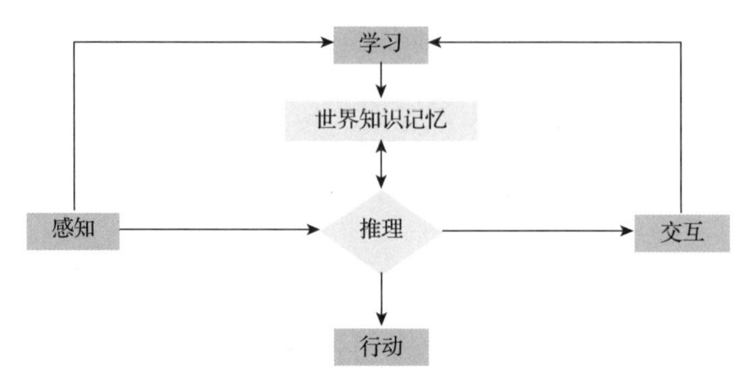

图 2-8　通用 AI Agent 框架结构

案例：中国人民大学高瓴人工智能学院的四模块框架

对于 Agent 的构建，中国人民大学高瓴人工智能学院在论文“A Survey on Large Language Model based Autonomous Agents”[⊖] 中也提出一种“四模块”Agent 统一框架，四个模块分别是表示 Agent 属性的分析模块、存储历史信息的记忆模块、制定未来行动策略的规划模块和执行规划决定的行动模块。该框架如图 2-9 所示。

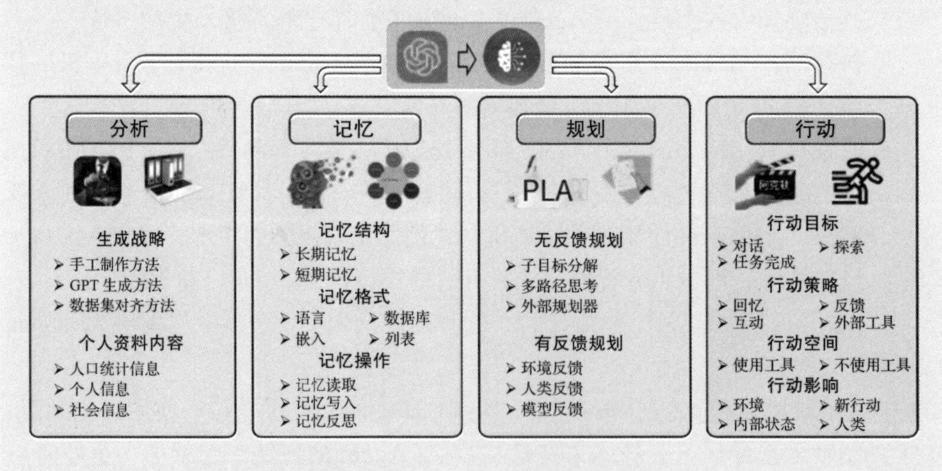

图 2-9　基于 LLM 的自主 Agent 体系结构设计统一框架

四个模块的功能为：分析模块旨在识别 Agent 是什么角色；记忆模块和

⊖ 论文地址为 https://arxiv.org/abs/2308.11432。

规划模块可将 Agent 置于动态环境中，使 Agent 能够回忆过去的行为并计划未来的行动；行动模块负责将 Agent 的决策转化为具体的输出。在这些模块中，分析模块影响记忆模块和规划模块，这三个模块共同影响行动模块。

（1）分析模块

自主 Agent 通过特定角色，例如程序员、教师和领域专家来执行任务。分析模块旨在表明 Agent 的角色是什么，这些信息通常被写入输入提示中以影响 LLM 的行为。在现有的工作中，有三种常用的策略来生成 Agent 配置文件：手工制作方法、GPT 生成方法和数据集对齐方法。

（2）记忆模块

记忆模块在 AI Agent 的构建中起着非常重要的作用。它记忆从环境中感知到的信息，并利用记录的记忆来促进 Agent 未来的动作。记忆模块可以帮助 Agent 积累经验、实现自我进化，并以更加一致、合理、有效的方式完成任务。

（3）规划模块

人类在面临复杂任务时，首先会将其分解为多个简单的子任务，然后逐一解决。规划模块赋予基于 LLM 的 AI Agent 解决复杂任务时需要的思考和规划能力，使 Agent 更加全面、强大、可靠。这篇论文介绍了两种规划模块：无反馈规划与有反馈规划。

（4）行动模块

行动模块旨在将 Agent 的决策转化为具体的结果输出。它直接与环境交互，决定 Agent 完成任务的有效性。

除了四个模块，这个框架还包含 Agent 学习策略，包括从示例中学习、从环境反馈中学习、从交互的人类反馈中学习。

2. 三模块结构

三模块结构的 AI Agent，如复旦大学 NLP 团队在“The Rise and Potential of Large Language Model Based Agents：A Survey”论文中提出的“大脑、感知、行动”框架，如图 2-10 所示。

在这个框架中，大脑主要由一个 LLM 组成，不仅存储知识和记忆，还承担着信息处理和决策等功能，并可以呈现推理和规划的过程，能很好地应对未知任务。在大脑模块的运行机制中，自然语言交互能力在交流中起到至关重要的作用。接收感知模块处理的信息后，大脑模块首先进行知识检索和回忆。这些结果有助于 Agent 制订计划、进行推理和做出明智的决定。大脑模块还能以摘要、向量或其他数据结构的形式记忆 Agent 过去的观察、思考和行动，并更新常识和领域知识等知识以备将来使用。此外，基于 LLM 的 AI Agent 还具备适应陌生场景的概括和迁移能力。

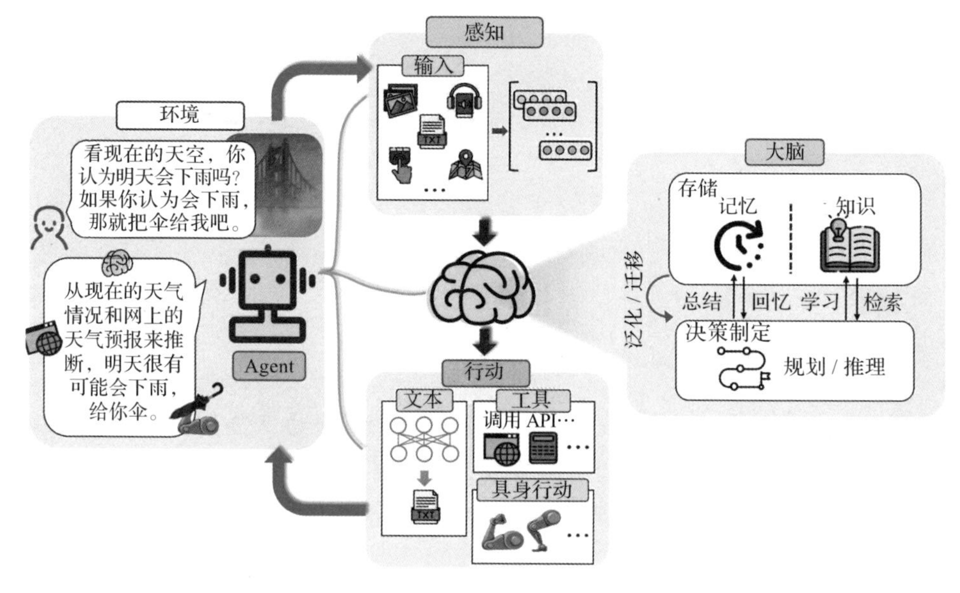

图 2-10　三模块结构

该架构的整体结构上，大脑模块主要包括自然语言交互（图中未列出）、知识（语言知识、常识知识、专业领域知识）、记忆、规划 / 推理、泛化 / 迁移等五大部分；感知模块包括文本输入、视觉输入、听觉输入及其他输入（触觉、嗅觉、温度、湿度、亮度等）四大部分；行动模块包括文本输出、工具使用（理解工具、使用工具、制作工具等）、具身行动（可将模型智能与物理世界结合起来）等几个部分。

2.3.2　AI Agent 的主流架构

2023 年 6 月底，来自 OpenAI 公司的人工智能工程师翁丽莲（英文名：lilianweng）发表了一篇名为“LLM Powered Autonomous Agents”[1]的博文，对基

[1] 博文地址：https://lilianweng.github.io/posts/2023-06-23-agent。

于 LLM 的 AI Agent 做了系统综述。在这篇文章中，她将自主 Agent 定义为 LLM、记忆（Memory）、规划（Planning Skill）以及工具使用（Tool Use）的集合，其中 LLM 是核心大脑，记忆、任务规划以及工具使用等则是 Agent 系统实现的三个关键模块（组件）。她还对每个模块的实现路径进行了细致的梳理和说明，并通过 AutoGPT、GPT-Engineer 等案例进行了实例验证。

这篇阐述 LLM 赋能的自主 Agent 文章很快就得到了业内认可，其中给出的自主 Agent 架构也成为 AI Agent 的主流架构。LLM 驱动的自主 Agent 系统架构如图 2-11 所示。这里探索的是基于 LLM 的 AI Agent，虽然图 2-11 中没有具体体现 LLM 模块，但毫无疑问，担当推理与规划的 LLM 是 AI Agent 的核心所在。

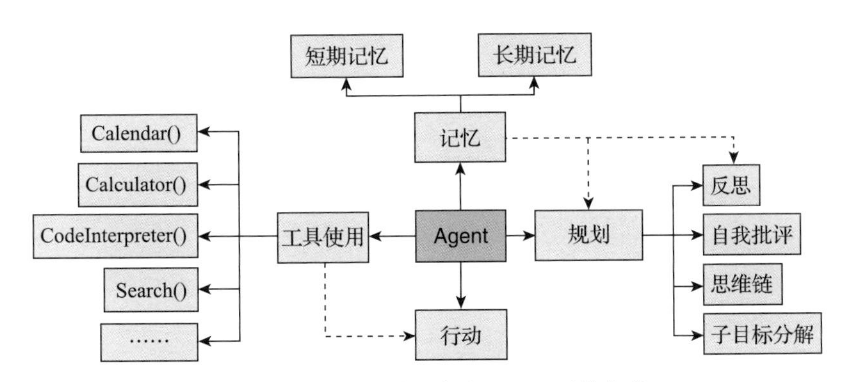

图 2-11 LLM 驱动的自主 Agent 系统架构

这个架构也属于四模块结构，但它能够更直观地体现 Agent 的运作机制，通过“类人”思考与工作的形式，让以 AI Agent 为代表的人工智能应用更加直观。对比人类与外部环境交互的过程，我们会发现人类基于对世界的全面感知，推导出隐藏的状态，并结合自己的记忆和对世界的知识理解来做出计划、决策和行动。这些行动会反作用于环境，为我们提供新的反馈，我们再结合对反馈的观察做出新的决策，如此循环往复。

这里需要对此架构中的“行动（Action）”这个选项做一下说明。在图 2-11 中，细心的读者可能会发现，Agent 架构图中还有一个与“工具使用”模块以虚线相连接的“行动（Action）”选项。

关于此架构的另一种解读方法是单纯分析 AI Agent 架构，将行动模块作为 AI Agent 的一个模块，把 Agent 的四大模块分为规划、记忆、工具使用和行动，而行动部分是 Agent 实际执行决定或响应的部分。AI Agent 基于规划和记忆来执行具体的行动，这些行动可能包括与外部世界的互动，也可能是通过工具的调用来完成一个动作（任务）。面对不同的任务，Agent 系统有一个完整的行动策略集，在决策时可以选择需要执行的行动，比如我们熟知的记忆检索、推理、学习、编程等。

翁丽莲在其阐述 AI Agent 的博文中没有特别提到“行动”部分，本书认为“行动”部分可以包含在“工具使用”模块中，因为工具使用就是为了付诸行动以完成各种任务。当然，不管是哪一种解读方法，都能帮助大家更好地理解 AI Agent。

所以模仿人类的行为，AI Agent 最直接的公式为：Agent = LLM + 规划 + 记忆 + 工具使用（Tool Use + Action）。在这个公式中，我们需要注意，在制订计划的过程中，除了要考虑当前的状态，还需要利用记忆、经验、对过往的反思和总结，以及世界知识。

这个四模块结构是较为理想的 Agent 架构，也是目前最为主流的 Agent 架构。OpenAI 所定义的基于 LLM 的自主 Agent 体系里，LLM 发挥大脑功能，其他模块（组件）作为能力补充，这些模块的主要功能如下。

（1）规划

- 子目标分解：AI Agent 将复杂的大任务分解成多个较小、可管理的子目标，以便有效处理复杂任务。
- 反思与优化：AI Agent 可以对过去的行动进行自我批评和反思，从错误中学习，并在未来的步骤中进行改进，以此不断提高最终结果的质量。

（2）记忆

- 短期记忆：AI Agent 在执行任务时暂时存储和快速访问信息的能力。短期记忆一般源自 LLM 的上下文学习，比如提示工程（Prompt Engineering）就利用了短期记忆来学习。
- 长期记忆：AI Agent 存储知识、经验或学习到的模式的能力，这些信息可以保留很长时间，甚至无限期。具备长期记忆的 AI Agent 一般会有外部向量存储，AI Agent 可以在查询时进行访问，实现快速检索，以获取大量信息。

（3）工具使用

AI Agent 可以调用外部 API 获得模型权重中所没有的额外信息，包括实时信息、代码执行能力、对专属信息源的访问等。

2.2.3 节已经介绍了 LLM 为何能够胜任 Agent 的大脑，这里不再赘述。下面，我们展开介绍 AI Agent 的规划、记忆和工具使用三个模块。

2.3.3 AI Agent 的主要模块

1. 规划

一个复杂的任务通常包含多个步骤，AI Agent 需要明确这些步骤并提前制订计划。

（1）任务分解

思维链（Chain of Thought，CoT）[㊀]已成为提升模型处理复杂任务能力的标准化提示技术。提示模型“一步步思考”能够利用更多的在线计算将难题分解成更小、更简单的步骤。CoT 将大任务转化为多个可管理的子目标，同时洞察模型的思维过程。

思维树（Tree of Thoughts，ToT）[㊁]进一步扩展了 CoT，在每个步骤中探索多种可能的推理路径。它首先将问题分解为多个思维步骤，并为每个步骤生成多个思路，形成一个树状结构。搜索过程可以采用广度优先搜索（BFS）或深度优先搜索（DFS），每个状态由一个提示符评估或通过多数投票评估。

还有一种完全不同的方法是 LLM+P[㊂]，它依赖于一个外部经典规划器进行长期规划。该方法使用规划域定义语言（Planning Domain Definition Language，PDDL）作为中间接口，描述规划问题。在这个过程中，LLM 首先将问题转换为问题 PDDL，然后请求经典规划器根据现有的领域 PDDL 生成 PDDL 计划，最后将 PDDL 计划转换回自然语言。从本质上讲，规划步骤被外包给了一个外部工具，这需要特定领域的 PDDL 和合适的规划器。这种方法在某些机器人设置中很常见，但在其他领域并不常用。

（2）自我反思

自我反思是一种重要的机制，使自主 Agent 能够通过对过去行动和决策的优化与错误修正逐步进行改进。它在需要反复试验和纠正错误的实际任务中发挥至关重要的作用。ReAct（Reasoning and Acting）[㊃]将推理和行动结合在 LLM 内部，通过将行动空间扩展为任务特定的离散动作和语言空间的组合来实现。前者

㊀ 详见论文“Chain-of-Thought Prompting Elicits Reasoning in Large Language Models”，链接为 https://arxiv.org/abs/2201.11903。

㊁ 详见论文“Tree of Thoughts: Deliberate Problem Solving with Large Language Models”，链接为 https://arxiv.org/abs/2305.10601。

㊂ 详见论文“LLM+P: Empowering Large Language Models with Optimal Planning Proficiency”，链接为 https://arxiv.org/abs/2304.11477。

㊃ 详见论文“ReAct: Synergizing Reasoning and Acting in Language Models”，链接为 https://arxiv.org/abs/2210.03629。

使 LLM 能够与环境交互（例如使用 Wikipedia 搜索 API），而后者提示 LLM 以自然语言生成推理轨迹。

ReAct 提示模板（ReAct prompt template）结合了明确的思考、行动和观察步骤，其结构如下：

```
思考：……
行动：……
观察：……
重复多次
```

在知识密集型任务（如 HotpotQA、FEVER）和决策制定任务（如 ALFWorld、WebShop）的试验中，与仅包含行动的基准相比，ReAct 表现更佳。这表明自我反思对提高决策质量很重要。图 2-12 为知识密集型任务（以 HotpotQA 为例）和决策制定任务（以 ALFWorld Env 为例）的推理轨迹示例。

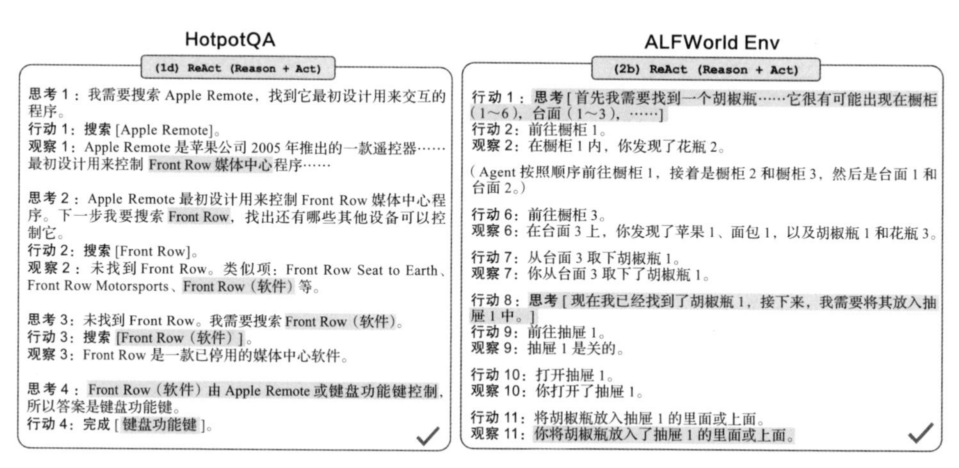

图 2-12　知识密集型任务和决策制定任务的推理轨迹示例

（图片来源：论文“ReAct: Synergizing Reasoning and Acting in Language Models”）

Reflexion[⊖]是一个框架，利用动态记忆和自我反思能力来提升 Agent 的推理技能。Reflexion 遵循标准的强化学习设置，其中奖励模型提供简单的二进制奖励。动作空间遵循 ReAct 中的设置，将特定任务的动作空间与语言相结合，以实现复杂的推理步骤。Reflexion 框架如图 2-13 所示。

⊖ 详见论文“Reflexion: Language Agents with Verbal Reinforcement Learning”，网址为 https://arxiv.org/abs/2303.11366。

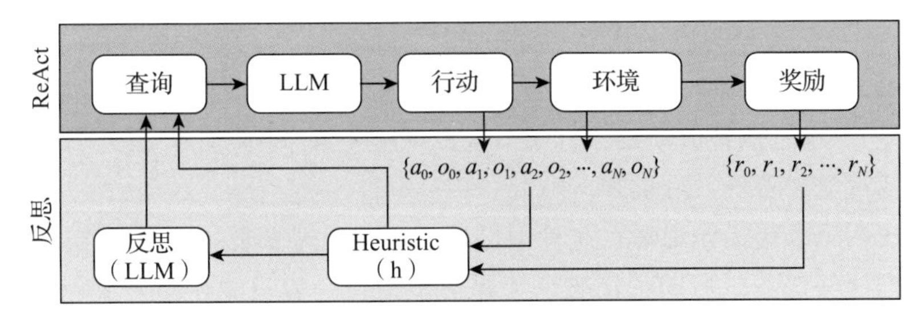

图 2-13　Reflexion 框架

（图片来源：论文“Reflexion: Language Agents with Verbal Reinforcement Learning”）

在每个动作之后，Agent 会计算一个启发式函数，并根据自我反思结果决定是否重置环境以开始新的试验。启发式函数用于判断轨迹效率是否低下或是否存在幻觉。效率低下的规划是指花费大量时间却未能成功的轨迹。幻觉被定义为出现连续相同的动作序列，导致环境中观察结果相同的情况。

自我反思是通过向 LLM 展示两份示例来创建的，每份示例都包含一对“失败的轨迹”和“用于指导未来计划变更的理想反思”。然后，反思被添加到 Agent 的工作记忆中，最多三个，作为查询 LLM 的上下文。在 ALFWorld Env（结合了复杂的任务导向和语言理解的研究环境）和 HotpotQA（面向自然语言和多步推理问题的新型问答数据集）的试验中，幻觉是更常见的失败形式。这表明，自我反思机制能够检测并纠正 LLM 的缺陷。

回顾链（Chain of Hindsight，CoH）[㊀]算法鼓励模型使用自身输出历史序列增强自身，当然每个历史都是有标注的。CoH 这个想法展现了一种基于历史聊天上下文去增强模型输出效果的能力。算法蒸馏（Algorithm Distillation）应用了相同的想法，在增强学习任务中使用跨片段数据，这个算法被封装在一个很长的基于对历史对话选择的策略中。考虑到 Agent 可能与外部环境发生多次交互且每次交互都有可能得到更好的输出，算法蒸馏把基于历史的学习整理起来再喂给模型，这样模型在未来会表现得更好。

2. 记忆

（1）记忆的种类

记忆可以被定义为获取、存储、保留和事后取回信息的过程，主要存在于人

㊀ 详见论文“Chain of Hindsight Aligns Language Models with Feedback”，网址为 https://arxiv.org/abs/2302.02676。

类大脑中。记忆可分为以下几类。

- 感知记忆：这是记忆的早期形态，能够保留感知信息（如视觉和听觉信息），即便感官活动结束。感知记忆的持续时间通常为几秒。其子分类包括视觉、听觉、触觉等。
- 短期记忆或工作记忆：这种记忆形式用于处理复杂的认知工作，如学习和推理等任务。短期记忆被认为是有限的，一般只能存储 7 项左右的信息，并且存储时间通常为 20～30 秒。
- 长期记忆：长期记忆可以存储长时间的信息，从几天到几十年不等，且具有几乎无限的存储空间。长期记忆分为以下两类：
  - 明确 / 陈述性记忆：这种记忆主要涉及事实和事件，这些信息可以被有意识地回忆和召回。明确 / 陈述性记忆包括跨时期的事实和情节，以及对事实的理解。
  - 隐式 / 程序性记忆：这种类型的记忆是无意识的，通常包括技能、惯性动作和不由自主的条件反射等，比如骑自行车或基于键盘打字等活动就属于隐式 / 程序性记忆的范畴。

可以将不同类型的记忆进行如下映射：

- 感知记忆可以映射为基于原始输入（比如文本、图片或其他模态）做 embedding。
- 短期记忆可以看作上下文（in-context）中的学习，其持续时间较短且有限。例如，在 Transformer 架构中，上下文窗口（context window）的大小、LLM 的输入提示令牌（input prompt token）的长度限制都属于短期记忆的范畴。
- 长期记忆通常是指外部的向量数据库（vector store），Agent 可以在查询时快速访问并检索数据。

（2）MIPS（Maximum Inner Product Search，最大内积搜索）算法

外部记忆可以减轻有限注意力范围的约束。一种标准做法是将信息的嵌入（embedding）表示保存在向量数据库中，支持快速的最大内积搜索。为了提升检索速度，常用 ANN（Approximate Nearest Neighbor，近似最近邻）算法返回最相近的前 k 个近邻，代价是损失一定的准确性。

下面是一些常见的 ANN 算法。

- LSH（Locality Sensitive Hashing，局部敏感哈希）：一种在高维数据空间中寻找近似最近邻的高效算法。其核心思想是通过设计一种特殊的哈希函

数，使得相似的数据点在哈希后的空间中仍然保持较高的相似度，而不相似的数据点则在哈希后的空间中的相似度较低。

LSH 的工作原理基于将原始数据映射到一个较小的空间中，这个映射过程通过一个或多个哈希函数完成。这些哈希函数具有特定的性质，即它们能够保证距离相近的数据点在映射后的空间中被分配到同一个桶（hash bucket）中的概率较高，而距离较远的数据点被分配到不同桶中的概率较高。LSH 的应用非常广泛，包括但不限于信息检索、数据挖掘、推荐系统和生物信息学领域。

- ANNOY（Approximate Nearest Neighbors Oh Yeah，近似相似就好）：一种用于高维空间中近似最近邻搜索的高效算法，主要目的是在保证一定精度的前提下，通过牺牲一定的准确率来显著提高搜索速度。该算法的核心思想是构建一个二叉树结构，通过随机选择两个点，并使用垂直于这两个点连线的超平面将数据集分割成两部分，从而形成树的分支。这种分割方式类似于 k 均值的过程，但每次只聚类两个点，因而可以有效地控制树的深度和复杂度。

  在查询阶段，ANNOY 算法会从根节点开始，递归地遍历树结构，直到达到预设的深度或节点数量。对于每个节点，算法都会计算查询点与当前节点的距离，并根据这个距离决定是否继续深入探索该节点的子节点。ANNOY 算法的应用非常广泛，特别适用于需要快速处理大规模数据集的场景，如搜索引擎、推荐系统等。

- HNSW（Hierarchical Navigable Small World，分层导航更小世界）：一种高效的近似最近邻搜索算法，广泛应用于需要快速最近邻搜索的场景，如推荐系统、图像检索和自然语言处理等。该算法通过构建层次化的图结构来实现快速、可扩展和灵活的搜索功能。

  在 HNSW 算法中，空间中的向量被组织成一个层次化的图结构。每个节点在插入时首先保存在第 0 层，然后随机选择一个层数，从该层开始逐层往下遍历，每层都将该节点插入相应的层中。这种结构使 HNSW 算法能够在高维数据集中有效地进行相似性搜索。HNSW 算法的一个关键特点是它保持每个数据点在每层最多有 M 个连接的属性，这有助于平衡准确性和速度。此外，HNSW 算法还具有高度的灵活性和扩展性，能够适应不同的应用场景和数据规模。

- FAISS（Facebook AI Similarity Search，Facebook AI 相似度搜索）：一个

由 Facebook 开发的开源库，是一种高效的相似度搜索和索引技术。核心在于其优化的索引结构和搜索算法，专门用于高效地进行大规模向量的相似性搜索和聚类，支持稠密向量，并能够处理十亿级别的向量集。FAISS 旨在加速大规模向量数据的相似度搜索，通过利用高效的索引和搜索算法，显著提高搜索效率。其主要功能包括多种索引类型，如 IVF（Implicit Vector Quantization）等，这些索引类型可以根据数据特点和搜索需求进行选择。它还提供了多种算法以优化搜索过程。

- ScaNN（Scalable Nearest Neighbor，可扩展最近邻）：由 Google 开发的近似最近邻搜索库，旨在快速、高效地处理大规模数据集的相似性搜索问题，特别是在高维空间中。它使用 LSH 来加速搜索过程，同时保持较高的搜索精度。ScaNN 可广泛应用于机器学习、计算机视觉、自然语言处理等领域，特别适用于需要快速检索大量数据的场景，如图像检索、推荐系统等。

3. 工具使用

工具使用是人类的一个非常显著且独有的特征。我们能够创造、修改并利用外部对象，完成一些超越身体和认知极限的事情。为 LLM 配备外部工具，可以显著提升模型的能力。图 2-14 展示了 AI Agent 的工具使用流程。

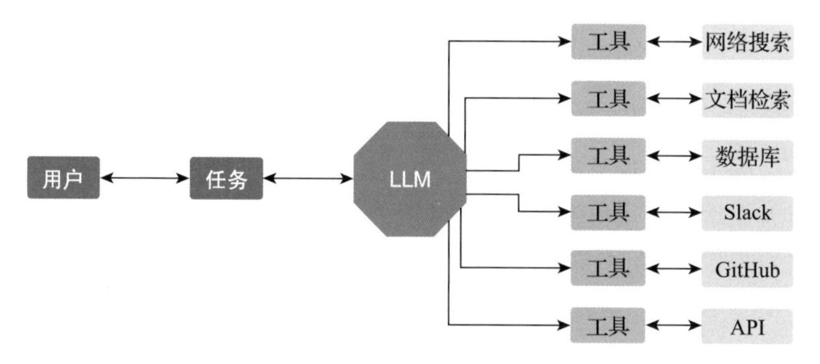

图 2-14　AI Agent 工具使用流程

（1）Agent 工具使用模块

Agent 工具使用模块涉及 MRKL（模块化推理、知识和语言）及 TALM（工具增强语言模型）等技术的应用。

MRKL 是一个为自主 Agent 设计的神经符号体系结构。该系统被设想为一组“专家”模块的集合，通用的 LLM 则充当路由器的角色，负责将查询路由到最适合的专家模块。这些模块可以是神经的（例如深度学习模型）或符号的（例如数学计算器、货币转换器、天气 API）。

研究人员做了一个使用计算器的微调实验，以算术作为测试用例。实验结果表明，与明确表达的数学问题相比，用自然语言表达的数学问题更难解决，因为 LLM（7B Jurassic1-large 模型）在可靠地提取基本算术运算的参数方面存在困难。这一结果突显了当外部符号工具能够可靠工作时，知道何时以及如何使用这些工具至关重要，这取决于 LLM 的能力。

TALM 和语言模型自学使用工具（Toolformer）都通过微调语言模型来学习使用外部工具 API。如果一个新添加的 API 调用注释可以提高模型输出的质量，那么数据集就会相应扩充。更多细节可以参阅翁丽莲博文“Prompt Engineering”的“外部 API”[㊀]部分。

ChatGPT 插件和 OpenAI API 函数调用是增强 LLM 工具使用能力的实际示例。工具 API 的收集可以由其他开发人员提供（如插件），也可以是自行定义的（如函数调用）。

（2）基于 LLM 的 AI Agent 如何使用工具

就像人一样，AI Agent 需要与外部工具集成或协同来完成任务，相关组件就如同 AI Agent 的手一样发挥作用。在准备和运行工具时通常需要进行以下几个步骤：

1）工具选择和适配：根据任务需求选择合适的工具进行集成。

2）工具集成和接口开发：包括数据传输、调用接口、处理返回结果等方面的工作，以确保 AI Agent 能够正确地与外部工具进行通信和交流。

3）调用工具实现任务：通过与外部工具的交互来处理特定任务，具体的调用方法和流程会根据所选工具和任务的不同而有所差异，AI Agent 可以根据需要发送指令给工具，执行特定的操作以实现任务目标。

4）结果处理和反馈：在工具执行完特定任务后，AI Agent 可以根据外部工具返回的结果进行处理和后续操作，这可能包括解析结果、提取关键信息、调整 Agent 的行为等。

以 HuggingGPT 为例，这是一个 AI Agent 框架，它使用 ChatGPT 作为任务规划器，根据 HuggingFace 平台上可用模型的描述选择模型，并根据执行结果总结响应。如图 2-15 所示，该系统的运行包含 4 个阶段：

阶段一：任务规划。LLM 充当思维大脑，将用户请求解析为多个任务。每个

㊀ 网址：https://lilianweng.github.io/posts/2023-03-15-prompt-engineering/#external-apis。

任务都关联有四个属性：任务类型、ID、依赖关系和参数。它们使用了几个示例来指导 LLM 进行任务解析和规划。

阶段二：模型选择。LLM 将任务分配给专家模型，其中请求以多项选择题的形式提出。LLM 需要从一个模型列表中进行选择。由于上下文长度有限，需要按任务类型进行过滤。

阶段三：任务执行。专家模型针对特定任务执行并记录结果。

阶段四：响应生成。LLM 接收执行结果，并向用户提供汇总后的结果。

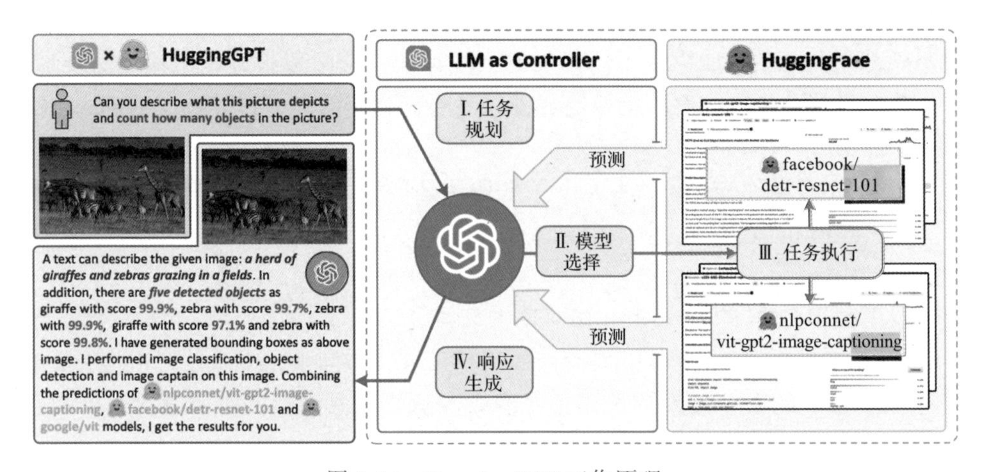

图 2-15 HuggingGPT 工作原理

（图片来源：论文“HuggingGPT: Solving AI Tasks with ChatGPT and its Friends in Hugging Face”）

（3）API-Bank 的应用

说起来很简单，但要把 HuggingGPT 放在真实世界中使用，需要解决很多挑战，如下：

首先，效率是需要提升的，在 LLM 推理环节和与其他专有模型交互时都需要注意速度；其次，在处理复杂的任务内容时，需要一个很长的上下文；最后，LLM 和外部模型服务的稳定性也需要加强。

要衡量 Agent 使用工具效果的好坏，可以应用 API-Bank。API-Bank 是用于评估工具增强型 LLM 性能的基准，包含 53 个常用的 API 工具、1 个完整的工具增强的 LLM 工作流以及 264 个标注对话，用到 568 次 API 调用。API 的选择非常多样化，包括搜索引擎、计算器、日历查询、智能家居控制、日程管理、健康数据管理、账户认证工作流等。由于 API 数量众多，LLM 首先可以访问 API 搜索引擎，找到合适的 API 调用，然后使用相应的文档进行调用。

（4）延伸：加强 API 使用

Toolformer[一]用了一种新方法来学习（自学）使用工具。它以自监督的方式微调语言模型，在不失模型通用性的前提下，让模型学会自动调用 API。通过调用一系列工具，包括计算器、问答系统、搜索引擎、翻译系统和日历等，Toolformer 在各种下游任务中实现了实质性改进的零样本性能，通常可与更大的模型竞争，而不牺牲其核心语言建模能力。

Toolformer 的主要思路是希望训练一个语言模型，能够在需要的时候自动调用相关 API 获取答案，以提升准确性。为了将外部工具 API 的调用融入语言模型中，其调用、输入与输出都会以字符串的形式插入输入中。设 API 名称为 a，输入为 i，对应结果为 r，在训练时，数据中在 API 调用位置会插入 <API>a(i) → r</API>。推断时，当模型生成出→时，根据 a(i) 调用 API 得到结果 r，从而借助外部工具的帮助继续生成。在这个表达式中，“<API>”“/API”和“→”都是特殊的 token[二]。

图 2-16 所示为 Toolformer 工作流程。给定纯文本的数据集，将该数据集转换为通过 API 调用增强的数据集。这包含三个步骤：采样 API 调用、执行 API 调用和过滤 API 调用。

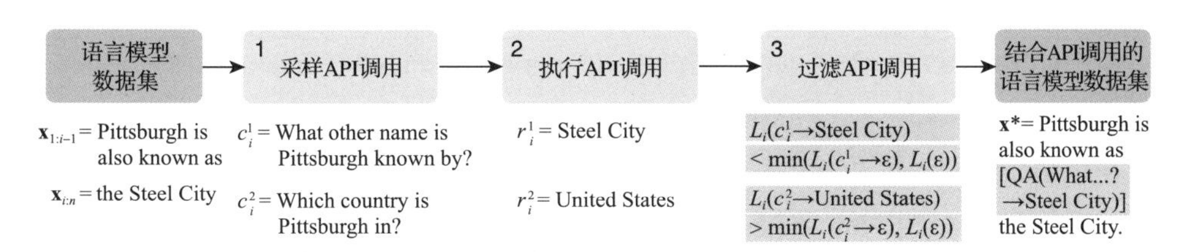

图 2-16　Toolformer 工作流程

当然，Toolformer 也存在不足。从训练上，使用不同工具的数据是分别生成的，这使得模型无法配合使用多种工具。使用同种工具的数据也是相互独立生成的，这使得模型无法交互地不断优化查询。从推断上，为了防止模型不断调用 API 导致卡死，每个样本仅允许调用一次 API，这大大降低了模型的能力。

[一] 详见论文“Toolformer: Language Models Can Teach Themselves to Use Tools”，链接为 https://arxiv.org/abs/2302.04761。图 2-16 也来源于此论文。

[二] 在 API 身份验证中，token 用于授权访问 API 资源。在语言模型中，token 指的是文本中的最小单位。

Gorilla[1]由加州大学伯克利分校和微软的研究人员开发，是一个经过微调的基于 LLaMA-7B 的 API 调用模型（与 API 连接的 LLM），该模型旨在通过解释自然语言查询来理解并准确调用 1600 多个 API。通过使用自我指导和检索技术，选择与利用具有重叠和不断发展功能的工具。Gorilla 使用全面的 APIBench 数据集进行评估，在生成 API 调用方面性能超越了 GPT-4。

为了对 LLaMA 进行微调，研究人员将其转换为“用户 -agent”的聊天式对话，其中每个数据点都是一个对话，用户和 Agent 各有一个回合，然后在基本的 LLaMA-7B 模型上进行标准的指令微调。自指示微调（self-instruct fine-tuning）和检索（retrieval）让 LLM 可根据 API 和 API 文档从大量重叠且多变的工具中做出准确的选择。

Gorilla 经过了在 Torch Hub、TensorFlow Hub 和 HuggingFace 等大型机器学习中心数据集上的训练。目前正在快速添加新领域，包括 Kubernetes、GCP、AWS、OpenAPI 等。Gorilla 的性能优于 GPT-4、ChatGPT 和 Claude，并且具有显著减少幻觉的可靠性。Gorilla 还采用了 Apache 2.0 许可证，并在 MPT 和 Falcon 上进行微调，用户可以在商业用途中使用 Gorilla 而无须承担任何义务。

对于希望自动化操作或使用 API 构建应用程序的开发人员来说，Gorilla 是一个有用的工具。对在自然语言处理中使用 API 感兴趣的研究人员也可以利用它。

ToolLLM[2]是基于 LLaMA-7B 的微调模型，属于增强 LLM 中的工具增强，旨在拓展 LLM 尤其是开源 LLM 的工具使用能力，为真实世界任务提供全面支持。它从 RapidAPI Hub 收集了 16 464 个真实世界的 RESTful API，涵盖 49 个类别，然后提示 ChatGPT 生成涉及这些 API 的各种人工指令，涵盖单工具和多工具场景。

该架构的主要创新点在于设计并开源了工具使用的调优数据集 ToolBench，该数据集涵盖超过 16 000 个真实世界的 API 和多样化的使用场景，设计并开源了包含数据构建、训练、评估全流程的框架 ToolLLM。ToolLLM 在工具使用任务上表现优异，性能与最先进的闭源模型 ChatGPT 相当。

图 2-17 所示为 ToolLLM 构建过程工作流程，展示了构建 ToolBench 的三

---

[1] 详见论文“Gorilla: Large Language Model Connected with Massive APIs”，链接为 https://arxiv.org/abs/2305.15334。

[2] 详见论文“ToolLLM: Facilitating Large Language Models to Master 16000+ Real-world APIs”，链接为 https://arxiv.org/abs/2307.16789。后面的图 2-17 也来源于此论文。

个阶段，以及训练 API 检索器（API Retriever）和 ToolLLaMA 的方法。在执行指令时，API 检索器会向 ToolLLaMA 推荐相关的 API，ToolLLaMA 通过多轮 API 调用得出最终答案。整个推理过程由 ToolEval 评估。其中，图的左侧为构建 ToolBench、训练 API 检索器和 ToolLLaMA 的流程。

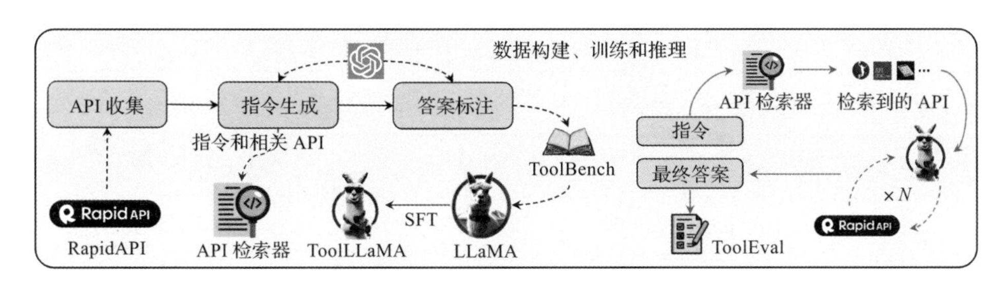

图 2-17　ToolLLM 构建过程工作流程

ToolLLM 的特点体现于 API 收集、指令生成和答案标注。在 API 收集方面，研究人员主要从 RapidAPI 收集 API。RapidAPI 是一个托管开发者提供的大规模真实世界 API 的平台。研究人员将收集的所有 API 分为 49 个粗粒度类别，例如体育、金融和天气等。经过评测与筛选，留下 16 464 个 API。在 LLM 的提示中有这些 API 相关的文档和用例。在指令生成方面，ToolLLM 能够生成涉及单工具和多工具场景的指令。

在答案标注方面，为了使搜索过程更加高效，研究人员开发了一种新颖的基于深度优先搜索的决策树（DFSDT），该算法支持语言模型去评估多条不同的推理路径，从而选择更具潜力的路径，或者移除那些不可能成功的节点。该算法使 LLM 能够评估多条推理路径并扩展搜索空间，能够显著增强 LLM 的规划和推理能力。它显著提高了标注效率，并对那些不能用 CoT 或 ReAct 回答的复杂指令进行了标注。回答不仅包括最终答案，还包括模型的推理过程、工具执行过程和工具执行结果。DFSDT 与传统的 CoT 或 ReAct 的比较如图 2-18 所示。

总体而言，工具使用是语言模型中的一项高级功能，关系着 AI Agent 执行能力的强弱。目前在工具使用方面，仅 OpenAI 发布的模型有较为出色的表现。相比之下，开源的 LLM 主要侧重于基础语言模型的优化，而在工具使用方面的表现欠佳，这也使得基于其他 LLM 的 AI Agent 在执行能力方面有所欠缺。

ToolLLM 这样的模型及数据集，对于未来开源 LLM 及 AI Agent 在工具使用方面的进一步优化具有重要的价值。随着开源 LLM 基础能力的不断提升，借助这些模型、工具及数据集，AI Agent 将能够向更高级别的任务发起挑战并取得突破。

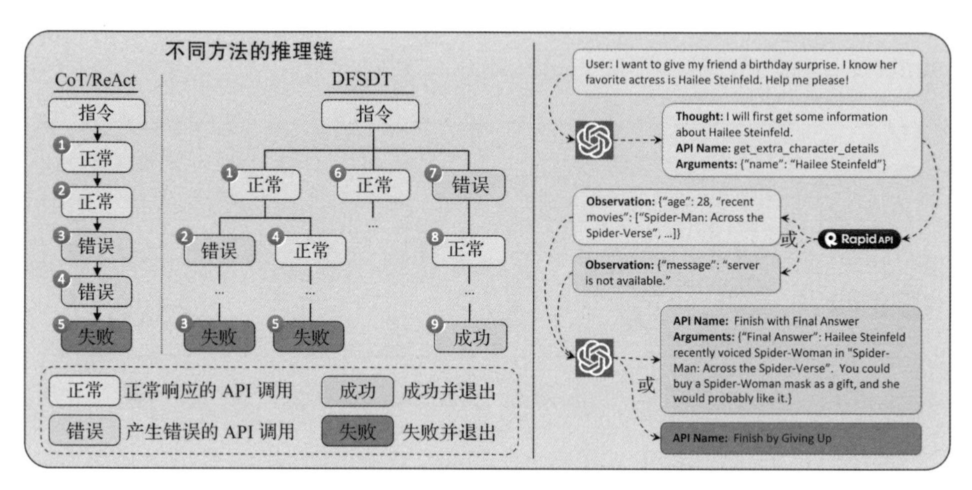

图 2-18 DFSDT 与传统的 CoT 或 Re Act 的比较

2.4 AI Agent 能力评估

AI Agent 具备很多优势，但并不是所有 AI Agent 都能高效完成任务以及使用工具。其中既会涉及 AI Agent 本身的技术性问题，也有 LLM 的问题。换句话说，因为使用环境、技术架构等的差异，并不是所有 LLM 都能保障 AI Agent 的正确执行。所以 AI Agent 的运行非常有必要引入评估体系，这是确保 AI Agent 有效、准确并高效地完成任务的重要手段。

与 LLM 的评估类似，基于 LLM 的 AI Agent 的评估也不容易。虽然它在独立运行、集体合作和人机交互等领域表现优秀，但对其进行量化评估和客观评价仍是一大挑战。著名的图灵测试[㊀]是一种非常有意义且前景广阔的 AI Agent 评估方法，可用于评估人工智能系统是否能表现出类似人类的智能。但将这种测试方法用于当前的 AI Agent，会过于模糊、笼统和主观。

对于基于 LLM 的 AI Agent 的评估，复旦大学 NLP 团队和中国人民大学高瓴人工智能学院都在论文中给出了各自的方法。

㊀ 图灵测试（The Turing test）由艾伦·图灵提出，是指测试者在与被测试者（一个人和一台计算机）隔开的情况下，通过一些装置（如键盘）向被测试者随意提问。

2.4.1 复旦大学 NLP 团队的 AI Agent 评估方法

此评估方法主要关注实用性、社会性、价值观以及后续能力四个方面。

（1）实用性

目前，基于 LLM 的 AI Agent 主要被当作人类的助手，接受并完成人类的委托任务。因此，任务执行过程中的有效性和实用性是现阶段的重要评估标准。具体来说，任务完成的成功率是评估实用性的主要指标。这一指标主要包括 AI Agent 是否实现了规定的目标或达到了预期的分数。例如，AgentBench[1]汇总了来自不同真实世界场景的挑战，并引入了一个系统基准来评估 LLM 的任务完成能力。

我们还可以将任务结果归因于 AI Agent 的各种基础能力，如环境理解能力、推理能力、规划能力、决策能力、工具使用能力和行动能力，并对这些具体能力进行更详细的评估。此外，由于基于 LLM 的 AI Agent 规模相对较大，我们还应考虑其效率因素，这是决定用户满意度的关键因素。AI Agent 不仅要有足够的实力，还要能在适当的时间范围内以适当的资源消耗完成预定的任务。

（2）社会性

除了在完成任务和满足人类需求方面的实用性外，基于 LLM 的 AI Agent 的社会性也至关重要。社会性影响用户的交流体验，并对交流效率产生重大影响，涉及它们是否能与人类和其他 AI Agent 进行无缝互动。具体来说，可以从以下几个角度来评估社会性：

语言交流能力是一种基本能力，包括自然语言理解和生成。它是 NLP 界长期关注的焦点。自然语言理解要求 AI Agent 不仅能理解字面意思，还能掌握隐含的意思和相关的社会知识，如幽默、讽刺、攻击和情感等。自然语言生成要求 AI Agent 生成流畅、语法正确、可信的内容，同时根据上下文环境调整适当的语气和情感。

合作与协商能力要求 AI Agent 在有序和无序的情况下有效执行指定任务。它们应与其他 AI Agent 合作或竞争，以提高性能。测试环境可能涉及需要 AI Agent 合作完成的复杂任务，也可能涉及供 AI Agent 自由交互的开放平台。评价指标不仅包括任务完成情况，还包括 AI Agent 协调与合作的顺畅度和信任度。

角色扮演能力要求 AI Agent 忠实地体现其被分配的角色，表达与其指定身份

---

[1] AgentBench 是由清华大学、俄亥俄州立大学、加州大学伯克利分校的研究团队提出的首个系统性的基准测试，用来评估 LLM 作为 Agent 在各种真实世界挑战和 8 个不同环境中的表现。

一致的言论并执行相应的行动。这就确保了在与其他 AI Agent 或人类互动时角色的明确区分。此外，在执行长期任务时，AI Agent 应保持其身份，避免不必要的混淆。

（3）价值观

随着基于 LLM 的 AI Agent 能力的不断提升，确保 AI Agent 对世界和人类无害至关重要。因此，适当的评估变得异常重要，这也是保证 AI Agent 实际应用的基础。具体来说，基于 LLM 的 AI Agent 需要遵守符合人类社会价值观的特定道德和伦理准则。我们对 AI Agent 的首要期望是坚持诚信，提供准确、真实的信息和内容。它们应具备辨别自己是否有能力完成任务的意识，并在无法提供答案或帮助时表达自己的不确定性。

AI Agent 必须保持无害立场，避免直接或间接的偏见、歧视、攻击或类似行为，还应避免执行人类要求的危险行动，如制造破坏性工具或破坏地球。同时，AI Agent 应能够适应特定的人口、文化和环境，在特定情况下表现出与环境相适应的社会价值观。价值观的相关评估方法主要包括在构建的诚实、无害或特定情境基准上评估性能，利用对抗性攻击或“越狱”攻击，通过人类注释对价值观进行评分，以及利用其他 AI Agent 进行评级。

（4）后续能力

从静态的角度来看，具有高实用性、社交性和适当价值观的 AI Agent 可以满足大多数人类需求，并可能提高生产力。但从动态的角度来看，一个能够不断进化并适应不断变化的社会需求的 AI Agent 更加符合当前趋势。由于 AI Agent 可以随着时间的推移自主进化，所需的人力干预和资源可能会显著减少（例如数据收集工作和训练的计算成本）。

在这一领域已经有人开展了一些探索性工作，例如让 AI Agent 在虚拟世界中从零开始，完成生存任务，实现更高阶的自我价值。为 AI Agent 的持续进化建立评估标准有很大的挑战性，复旦大学 NLP 团队在已有文献基础上提出了一些初步意见和建议，包括以下几个方面：

- 持续学习能力：持续学习能力是一个在机器学习领域讨论已久的话题，旨在使模型在获得新知识和技能的同时，不会遗忘之前获得的知识和技能（也称为灾难性遗忘）。一般来说，持续学习的性能可从三个方面进行评估：迄今所学任务的总体性能、旧任务的记忆稳定性、新任务的学习可塑性。
- 自主学习能力：AI Agent 在开放世界环境中自主生成目标并实现目标的能

力，包括探索未知世界和在此过程中获取技能的能力。对这种能力的评估可以是，为 AI Agent 提供一个模拟生存环境，并评估其掌握技能的程度和速度。

- 泛化能力：适应性和泛化到新环境的能力，要求 AI Agent 利用在其原始环境中获得的知识、能力和技能，在不熟悉和新颖的设置中完成特定任务和目标，并可能继续进化。评估这种能力可能需要创建多样化的模拟环境（如具有不同语言或不同资源的环境）以及为这些模拟环境量身定制不可见的任务。

2.4.2　中国人民大学高瓴人工智能学院的 AI Agent 评估方法

此评估 AI Agent 的策略分为主观评估和客观评估。

（1）主观评估

基于 LLM 的 AI Agent 应用广泛，但在许多情况下，缺乏评估 AI Agent 性能的通用指标。一些潜在的特性，如 AI Agent 的智能性和用户友好性，也无法用定量指标衡量，因此主观评估在当前的研究中至关重要。主观评估是指人类通过互动、评分等多种方式对基于 LLM 的 AI Agent 的能力进行测试。测试人员通常通过众包平台招募，但众包人员存在个体差异、稳定性不足的问题，因此一些研究人员选择使用专家注释进行测试。主观评估常用到以下两种策略：

- 人工标注。这是一种常用的评估方法。评估者根据特定标准对基于 LLM 的 AI Agent 生成的结果进行排名或评分。另一种评估类型以用户为中心，要求评估者回答 AI Agent 系统是否对他们有帮助、是否用户友好等问题。具体而言，社会模拟系统是否能有效促进在线社区的规则设计也是一项评估内容。
- 图灵测试。在这种方法中，人类评估者需要区分 AI Agent 和人类行为。在生成式 AI Agent 研究中，评估者通过访谈评估 AI Agent 在五个领域的关键能力。在 Free-form Partisan Text 实验[1]中，评估者需要猜测反应是来自人类还是基于 LLM 的 AI Agent。

由于基于 LLM 的 AI Agent 系统最终服务于人类，主观评估发挥着不可替代

[1] Free-form Partisan Text 实验是一个研究项目，它探讨了使用语言模型作为社会科学研究中特定人类亚群体的有效 Agent 的可能性。在这个实验中，研究者们利用 LLM（如 GPT-3）来模拟人类受访者的反应，并通过模型的条件化（conditioning）来生成具有特定政治倾向的文本。详见论文“Out of One, Many: Using Language Models to Simulate Human Samples”。

的作用。然而，主观评估存在成本高昂、效率低下和群体偏见等问题。随着 LLM 技术的进步，未来可以借助 LLM 进行评估任务，提高评估的准确性和效率。

需要说明的是，在目前的一些研究中，已经可以使用基于 LLM 的 AI Agent 作为结果的主观评估者。比如在 ChemCrow 中，EvaluatorGPT 通过评分来评估实验结果，评分既考虑了任务的成功完成，也考虑了潜在思维过程的准确性。ChatEval 则基于 LLM 组建了一个由多个 AI Agent 裁判组成的小组，通过辩论评估模型产生的结果。随着 LLM 的进展，模型评估的结果将更加可信，应用将更加广泛。

（2）客观评估

客观评估是采用定量指标来评估基于 LLM 的 AI Agent 的能力。这些定量指标能够随时间进行计算、比较和追踪。与主观或人工评估相比，客观评估能够提供关于 AI Agent 性能的明确、可衡量的见解。客观评估包括指标、策略和基准三部分。

1）指标。为了客观评估 AI Agent 的有效性，设计适当的指标具有重要意义，这可能会影响评估的准确性和全面性。理想的评估指标应该准确地反映 AI Agent 的质量，并在现实世界场景中使用时与人类的感受保持一致。在现有的工作中，我们可以看到以下具有代表性的评估指标：

- 任务成功度量：这些度量用于衡量 AI Agent 完成和实现目标的能力。常见的指标包括成功率、奖励 / 得分、覆盖率和准确性。这些值越高，表示任务完成能力越强。
- 人类相似性度量：这些度量用于量化 AI Agent 行为与人类行为的相似程度。典型的例子包括轨迹 / 位置准确性、对话相似性和模仿人类反应。相似性越高，表示推理越像人。
- 效率指标：这些指标与用于评估 AI Agent 有效性的其他指标不同，它们从不同角度评估 AI Agent 的效率。典型的指标包括规划长度、开发成本、推理速度和澄清对话的数量。

2）策略。基于用于评估的方法，我们可以确定几种常见的策略：

- 环境模拟：在游戏和互动小说等沉浸式 3D 环境中，使用任务成功和人类相似性指标评估 AI Agent。这展示了 AI Agent 在现实世界场景中的实践能力。
- 独立推理：通过有限任务，如准确性、通道完成率和消融测量，专注于基本认知能力。这种方法简化了对个人技能的分析。

- 社会评价：直接探究社会智力，使用人类研究和模仿指标评估更高层次的社会认知。
- 多任务：使用来自不同领域的各种任务套件，进行 Zero-shot/Few-shot 评估[1]，衡量可推广性。
- 软件测试：探索 LLM 在软件测试任务中的使用，如生成测试用例、复现错误、调试代码等。使用测试覆盖率、错误检测率、代码质量和推理能力等指标衡量基于 LLM 的 AI Agent 的有效性。

3）基准。除了指标外，客观评估还依赖于基准、受控实验和统计显著性测试。许多论文使用任务和环境的数据集构建基准，以系统地测试 AI Agent，如 ALFWorld、IGLU 和 Minecraft。

总之，客观评估能够通过任务成功率、人类相似性、效率和消融研究等指标对基于 LLM 的 AI Agent 能力进行定量评估。从环境模拟到社会评价，针对不同的能力，出现了一套多样化的客观技术工具箱。目前的技术在衡量一般能力方面存在局限性，但客观评估提供了补充主观评估的关键见解。客观评估基准和方法的持续进展将进一步推动基于 LLM 的 AI Agent 的开发和理解。

客观评估相比于主观评估有以下好处：量化指标可以在不同方法之间进行清晰的比较，并跟踪一段时间内的进展情况；大规模自动化测试是可行的，允许对数千项任务进行评估，而不是对少数任务进行评估，当然结果也更加客观和可重复。但主观评估可以评估难以客观量化的互补性能力，如自然性、细微差别和社会智力，因此这两种方法可以结合使用。

2.5　流行的 AI Agent 项目与构建框架

在 AI Agent 的构建上，开发人员为解决可靠性、标准化、数据安全等问题而选择的范式各不相同。目前的 Agent 要么建立在现有工具之上，要么创建自己的内部解决方案，要么采用一些专门为 Agent 构建的产品，其中许多仍处于早期阶段或 alpha/beta 版本。一些开发人员为传统软件中 AI Agent 问题的等效问题提供了解决方案，比如：

---

[1] Zero-shot 评估：在模型没有接受过任何特定任务的训练的情况下，评估其在新任务上的表现。Few-shot 评估：允许模型在评估之前接触少量的示例。通过 Zero-shot/Few-shot 评估，可以了解 AI Agent 在面对新问题或新领域时的适应性和灵活性，以及在没有额外训练数据的情况下执行任务的能力。

- 用于 Agent 编排和调试的 Inngest；
- 用于可观测性的 Sentry；
- 用于数据集成的 LlamaIndex。

传统的软件解决方案仍然无法应对 LLM 性质所带来的特定于 AI Agent 的挑战。一个例子是调试 Agent，它本质上是在处理提示，并且缺少与实时调试等效的 Agent。更多开发人员在构建 Agent 时，尝试使用新的框架和 SDK 来重新发明轮子，而不是在现有技术之上进行构建。因此，现在的一些技术厂商完全摒弃传统软件构建 Agent 的逻辑，要么正在构建完全自定义的基础设施，要么尝试使用适应其智能体构建的最新技术。

其中一种理念是，多 Agent 系统的基础设施补充应该是面向 Agent 的 Agent 专有云，如 Agent 云服务公司 E2B 为 Agent 及 AI 应用程序构建的 AI playground、沙盒云环境。这些环境对于 Agent 的编程案例很有用。还有更多为 AI Agent 或 LLM 应用程序量身定制的项目，最常见的是用于构建、监控和分析的框架。

关于 AI Agent 框架、SDK 及构建库的相关内容，本书会在第四部分与大家详细探讨。

2.5.1 流行的 AI Agent 项目

下面这些项目是自 2023 年至今曝光率比较高的项目。

1. NVIDIA Voyager

由 NVIDIA、加州理工学院等共同推出的 Voyager，使用 GPT-4 来引导学习的 Minecraft Agent 通过像素世界。需要说明的是，Voyager 依赖于代码生成，而不是强化学习。Voyager 是第一个玩 *Minecraft*（游戏《我的世界》）的终身学习 Agent。图 2-19 展示了 Voyager 作为 AI Agent 在游戏中的能力和优势。

与其他使用经典强化学习技术的 Minecraft Agent 不同，Voyager 使用 GPT-4 来不断改进自己，通过编写、改进和传输存储在外部技能库中的代码来实现这一点。这会产生一些小型的程序，帮助导航、开门、挖掘资源、制作镐头或与僵尸作战。GPT-4 解锁了一种新的范式，在此范式中“训练”是代码的执行，“训练模型”是 Voyager 迭代组装的技能代码库。

2. RoboAgent

Meta 和卡耐基梅隆大学联合研究团队耗时两年，成功开发出 RoboAgent 通用机器人 Agent。RoboAgent 仅仅通过 7500 个轨迹的训练就实现了 12 种不同的复杂技能，包括烘焙、拾取物品、上茶、清洁厨房等，并能在 100 种未知场景中泛化应用。无论遇到多大的干扰，RoboAgent 都能坚持完成任务。该研究的目标是建立一个高效的机器人学习范例，解决数据集和场景多样性的挑战。研究人员提出了多任务动作分块 Transformer（MT-ACT）架构，通过语义增强和高效的策略表示来处理多模态多任务机器人数据集。

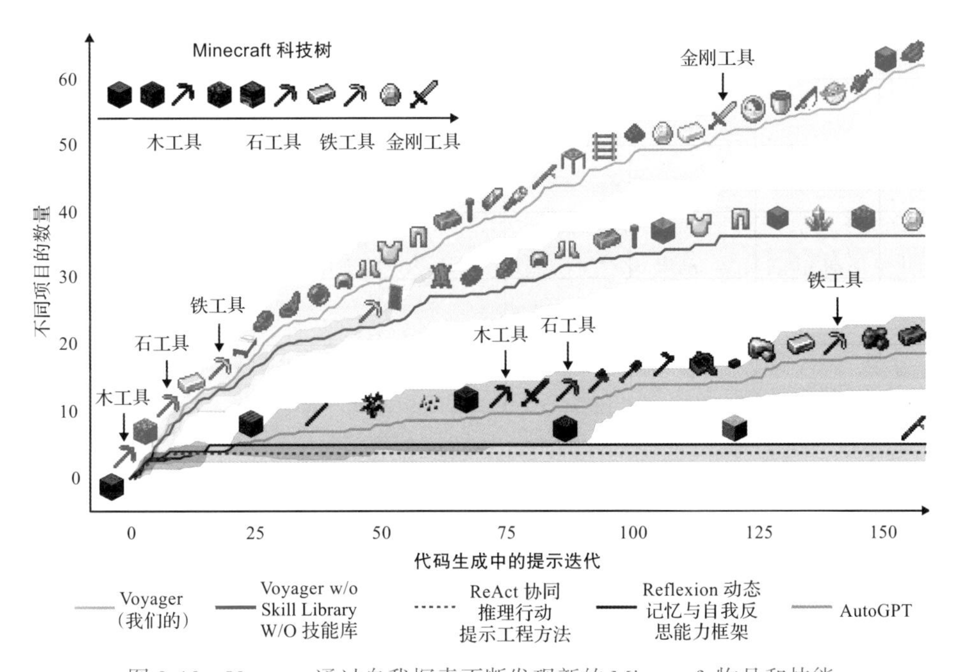

图 2-19　Voyager 通过自我探索不断发现新的 Minecraft 物品和技能

（图片来源：论文“Voyager: An Open-Ended Embodied Agent with Large Language Models”）

3. HyperWrite

HyperWrite 是一款基于人工智能的写作辅助工具，旨在帮助各个层次的创意作家提升写作速度与自信。它具备自动写作和预输入等实用功能，能够生成原创段落，并为作家提供克服创作障碍的灵感。作为一款免费的 Chrome 浏览器扩展程序，HyperWrite 可以在任何网站上无缝使用。

4. GPT Researcher

GPT Researcher 是一个基于 AI 的自主 Agent，用于对各种任务进行全面的在线研究。该工具受到 AutoGPT 和“计划和解决”提示的启发，旨在改进当前语言模型中发现的速度和确定性问题，通过并行 Agent 工作提供更稳定的性能和更快的速度，而不是同步操作。根据其开发团队的说法，GPT Researcher 通过生成相关的研究问题、汇总来自 20 多个网络资源的数据以及利用 GPT3.5-turbo-16 和 GPT-4 创建全面的研究报告来促进研究。

5. Smallville 小镇

这个项目来自斯坦福大学和谷歌的研究人员创建的一个交互式沙盒环境，其中包含 25 个可以模拟人类行为的生成式 Agent。“他们”在公园里散步，在咖啡馆喝咖啡，并与同事分享新闻，表现出令人惊讶的良好社交行为。比如，从一个用户指定的一个概念开始，即一个 Agent 想要举办情人节派对，Agent 在接下来的两天内自动传播派对邀请，结识新朋友，互相约对方参加约会派对，并协调在正确的时间一起出现在派对上。图 2-20 展示了某个生成式 Agent 的生活场景。

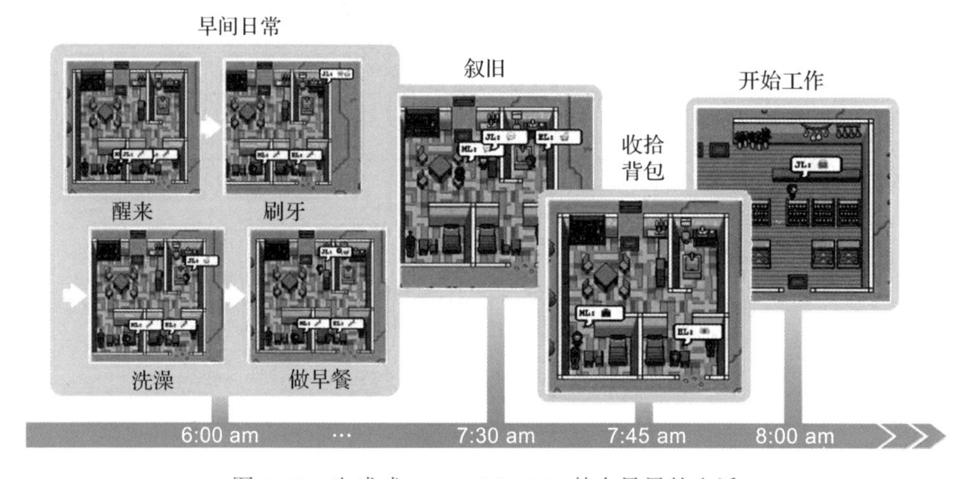

图 2-20　生成式 Agent John Lin 某个早晨的生活

（图片来源：论文“Generative Agents: Interactive Simulacra of Human Behavior”）

关于生成式 Agent，我们还会在第 3 章详细介绍。

除了这几个案例，国外还有 Inflection Pi、Spell、Aomni、synthflow.ai 等 AI 产品颇受关注。在国内，字节跳动 Coze、百度文心智能体平台、钉钉 AI 助理、飞书智能伙伴、天工 SkyAgents、实在 Agent、澜码科技 AskXBot 等 AI Agent 构建平台也早已声名鹊起。

2.5.2　流行的 AI Agent 构建框架

为了让大家熟悉 AI Agent，这里简要介绍一些目前主流的构建框架。

1. AutoGPT

AutoGPT 是 GitHub 上的一个免费开源项目，结合了 GPT-4 和 GPT-3.5 技术，通过 API 创建完整的项目。其主要功能是将大型任务分解为子任务，并自动执行，无须用户手动输入。这些子任务按照顺序串联起来，最终生成用户期望的完整结果。AutoGPT 的突出特点之一是它能够连接互联网，实时获取最新信息以辅助任务的完成。

AutoGPT 具备短期记忆功能，能够为后续子任务提供必要的上下文信息，确保任务之间的连贯性和完整性。同时，AutoGPT 还具备文件存储和整理功能，使用户能够方便地整理和分析数据，以便进一步扩展和应用。它还支持多模态输入，即同时接收文本和图像作为输入源。这一功能使得 AutoGPT 在自动化工作流程、数据分析以及新建议的提出等方面具有显著优势。

关于 AutoGPT 的详细介绍，可以参考第 3 章的 AI Agent 典型案例。

2. LangChain

LangChain 是一个强大的框架，旨在帮助开发人员使用语言模型构建端到端的应用程序，包括 AI Agent。它提供了一套工具、组件和接口，可简化创建由 LLM 和聊天模型提供支持的应用程序的过程。LangChain 可以轻松管理与语言模型的交互，将多个组件连接在一起，并集成额外的资源，例如 API 和数据库。该框架由几个部分组成，如图 2-21 所示。

- LangChain 库：Python 和 JavaScript 库。包含无数组件的接口和集成，将这些组件组合成链和 Agent 的基本运行时，以及链和 Agent 的现成实现。
- LangChain 模板：用于各种任务的易于部署的参考架构集合。
- LangServe：用于将 LangChain 链部署为 REST API 的库。
- LangSmith：一个开发者平台，可让用户调试、测试、评估和监控基于任何 LLM 框架构建的链，并与 LangChain 无缝集成。

这些产品共同简化了整个应用程序生命周期：

- 开发：用 LangChain/LangChain.js 编写应用程序。使用模板作为参考。
- 生产化：使用 LangSmith 检查、测试和监控用户构建的链，以便用户不断改进和部署。
- 部署：使用 LangServe 将任何链变成 API。

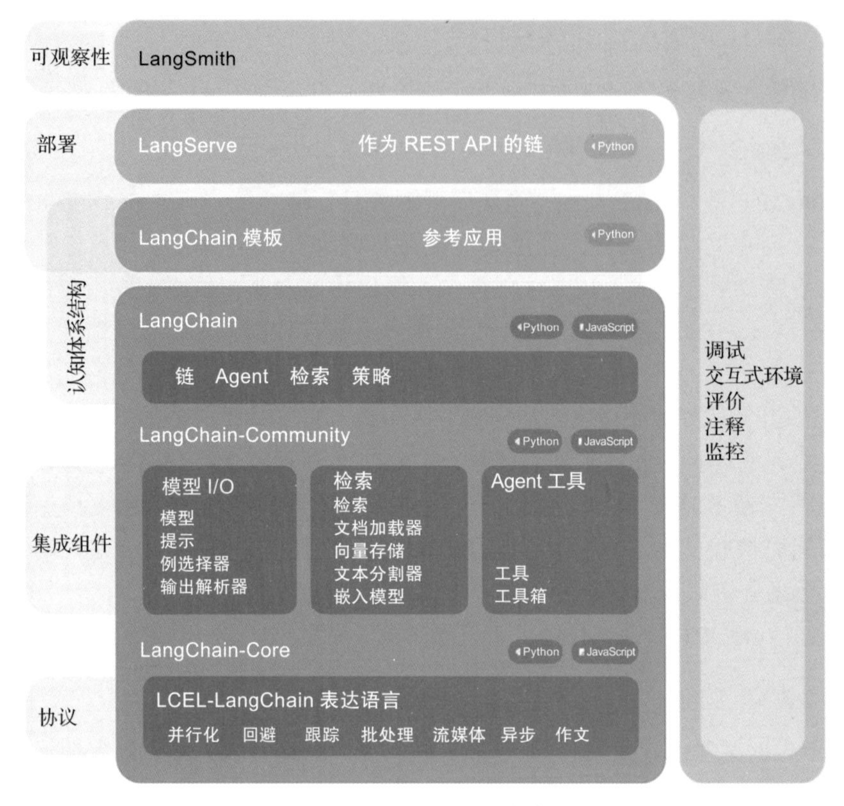

图 2-21 LangChain 框架

（图片来源：LangChain 官方使用文档）

LangChain 旨在在以下六个主要方面为开发人员提供支持：

- LLM 和提示：LangChain 使管理提示、优化它们以及为所有 LLM 创建通用界面变得容易。此外，它还包括一些用于处理 LLM 的便捷实用程序。
- 链：这些是对 LLM 或其他实用程序的调用序列。LangChain 为链提供标准接口，与各种工具集成，为流行应用提供端到端的链。
- 数据增强生成：LangChain 使链能够与外部数据源交互以收集生成步骤的数据。例如，它可以帮助总结长文本或使用特定数据源回答问题。
- Agent：Agent 让 LLM 做出有关行动的决定，采取这些行动，检查结果，并继续前进直到工作完成。LangChain 提供了 Agent 的标准接口，多种 Agent 可供选择，并提供端到端的 Agent 示例。
- 内存：LangChain 有一个标准的内存接口，有助于维护链或 Agent 调用之间的状态。它还提供了一系列内存实现和使用内存的链或 Agent 的示例。

- 评估：很难用传统指标评估生成模型，因此 LangChain 提供提示和链来帮助开发者自己使用 LLM 评估他们的模型。

3. MetaGPT

MetaGPT 是一个能够协作完成复杂任务的多 Agent 框架，它通过将包含现实世界专业知识的 SOP（标准操作程序）编码到基于 LLM 的 AI Agent 中来扩展复杂问题的解决能力。实验表明，与现有方法相比，它可以生成更一致、更全面的解决方案。它接收单行需求作为输入，并能输出用户故事、竞争分析、需求文档、数据结构、API 设计以及相关文档等全面的内容。在 MetaGPT 的内部结构中，融合了产品经理、架构师、项目经理和工程师等多重角色，从而实现了软件公司全流程的覆盖，并提供了经过精心编排的 SOP，以高效推动项目的进展。

MetaGPT 的设计分为两层，即基础组件层和协作层，每一层都负责支持系统功能。其中，基础组件层详细定义了单个 Agent 运行和整个系统信息交流所需的核心构件，包括环境、记忆、角色、行动和工具，并开发了协同工作所需的基本功能。

- 环境：为代理提供协作工作空间和交流平台。
- 记忆：便于 Agent 存储与检索过去的信息和情境。
- 角色：根据领域专长封装专业技能、行为和工作流程。
- 行动：Agent 为完成子任务和产生输出而采取的步骤。
- 工具：可用于增强 Agent 能力的实用程序和服务的集合。

MetaGPT 框架会为各种角色（如产品经理和建筑师）生成 Agent，这些 Agent 通过特定角色设置进行初始化。MetaGPT 框架提供的角色配置允许各方为特定领域和目的创建高度专业化的基于 LLM 的 AI Agent。MetaGPT 模拟软件公司多角色运行原理如图 2-22 所示。

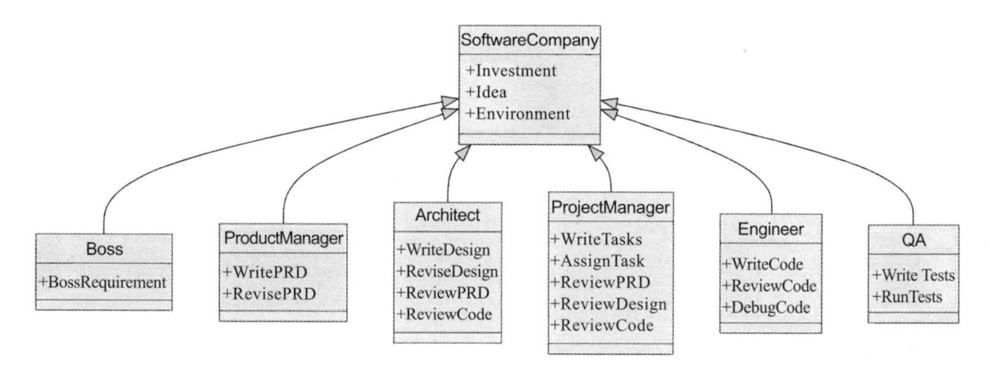

图 2-22　MetaGPT 模拟软件公司多角色运行原理

（图片来源：MetaGPT 官方文档）

4. AutoGen

AutoGen 是一款由微软、宾夕法尼亚州立大学以及华盛顿大学联合研发的支持多 Agent 交互的框架，这些 Agent 能够相互沟通以共同完成任务。

AutoGen 能够助力基于多 Agent 的下一代 LLM 应用对话构建，实现流畅自然的交互。它精简了复杂 LLM 工作流的编排、自动化及优化流程，从而显著提升 LLM 的性能并有效弥补其不足。同时支持多样化的对话模式和复杂工作流。通过可自定义和交互式的 Agent，开发人员能够利用 AutoGen 构建出包括会话自治、灵活座席数量及座席会话拓扑在内的广泛对话场景。AutoGen 框架如图 2-23 所示。

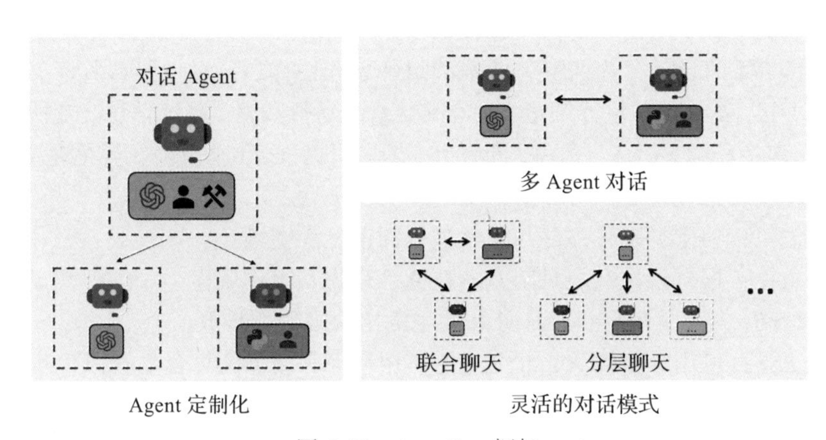

图 2-23　AutoGen 框架

（图片来源：AutoGen 官网）

使用 AutoGen，开发人员能够灵活定义 Agent 的交互行为，通过自然语言或计算机代码为各类应用编程，实现多样化的对话模式。AutoGen 作为一个通用框架，可轻松构建具有不同复杂性和 LLM 能力的多种应用。其核心设计理念是通过多 Agent 对话来简化与整合复杂的工作流程，旨在最大限度地提升已实施 Agent 的可重用性。这使开发人员能够以最小的投入构建基于多 Agent 对话的下一代 LLM 应用程序，简化复杂 LLM 工作流程的编排、自动化和优化，并显著提升 LLM 的性能，克服其潜在弱点。AutoGen 支持复杂工作流程中的多样化对话模式。借助可定制和交互式的 Agent，开发人员可构建涵盖对话自主权、Agent 数量和 Agent 对话拓扑的广泛对话场景。同时，AutoGen 提供了一套具备不同复杂性的工作系统，以满足各个领域和复杂度的应用需求，充分展示了其对不同对话模式的强大支持能力。

在应用方面，AutoGen 展示了多个引人入胜的演示案例，包括数学问题解决、检索增强代码生成与问答、文本世界环境中的决策制定、多 Agent 编程、动态群组聊天以及国际象棋对话等，充分展现了其在不同领域和场景中的广泛应用潜力。

除了这 4 个案例，OpenAl Assistants API、BabyAGI、OpenGPTs、AgentGPT、HuggingGPT、OpenAgents、ChatDev、XAgent、Lagent、GenWorlds、Superagent、AxFlow、Fixie 等 AI Agent 构建框架也深受开发者的欢迎，已经在很多 AI 项目中得到应用。

这里只是列举了目前较为流行的 AI Agent 相关项目，事实上 AI Agent 项目正在以更快的速度不断出现。对其他项目感兴趣的读者，可以在本书配套资源库[1]中查看更多开源与闭源 AI Agent 项目。

[1] 访问地址：https://bfml88l95p.feishu.cn/wiki/H7Ljw4l9GiIZuokCgOocYkN2nod。

第 3 章 CHAPTER

AI Agent 的研究进展和挑战

在科技快速发展的背景下，AI Agent 作为研究焦点，对未来技术革新和社会进步影响深远。本章将全面探讨 AI Agent 的研究领域、成果、难点及未来展望，并附有重要论文著述。我们将深入研究 12 个研究方向及自主 Agent 等的发展趋势，还将通过典型案例介绍 AI 在各领域的应用前景，分析 AI 面临的主要挑战，如处理复杂任务、协同合作及不确定环境下的决策能力等。

3.1 AI Agent 的 12 个研究领域与方向

自从 LLM 爆发以来，在基于 LLM 的 AI Agent 受到关注之后，LLM 与 AI Agent 的结合成了业内研究的重点，关于 AI Agent 构建与应用的架构及解决方案越来越多，同时关于 AI Agent 的评估体系也在愈发完善。此外，AI Agent 的逐步应用与普及也为各领域带来很大的影响。随着应用的逐步加深，关于单 Agent、多 Agent 的研究越来越多，同时人们开始关注 AI Agent 应用带来的新型人机协同，Agent 网络、超级个体、具身智能也将因 Agent 而出现，未来将会实现 Agent 社会。

目前，AI Agent 的最新研究进展主要体现在以下几个方面：

- 多模态和跨模态交互：AI Agent 的研究正朝着能够理解和处理多种类型信

息（如文本、图像、声音等）的方向发展，这使它们能够在不同的领域和应用中行动。这种多模态能力是通往通用人工智能（AGI）的重要一步。

- 基于 LLM 的 AI Agent：随着 LLM 的发展，AI Agent 在社会交互性和智能性方面取得了突破性进展。这些进展为解决以往困扰研究者的社会交互性和智能性问题提供了新的方向。
- 自主 Agent 的研究方向：包括数字员工、超级个体、具身智能等在内的十大研究方向，展示了自主 Agent 的巨大潜力和前景。这些研究方向不仅涉及机器人和数字人等应用，还包括虚拟即现实的概念。
- 可进化 Agent 的研究：阿里云与清华大学智能产业研究院共同启动的“基于 LLM 的可进化 Agent”研究，旨在探索模型 Agent 共性基础技术，提升 LLM 多模态理解的能力。这表明 AI Agent 的研究正向着更加智能化和自适应的方向发展。
- 空间计算技术和机器人系统的应用：随着空间计算技术和机器人系统的日益普及，AI Agent 在理解环境、做出决策和处理现实世界信息方面的能力得到了显著提升。这预示着 AI Agent 的需求和应用场景将不断扩大。

AI Agent 在智能机器人领域的最新研究进展主要集中在多模态和跨模态交互、基于 LLM 的 AI Agent、自主 Agent 的研究方向、可进化 Agent 的研究以及空间计算技术和机器人系统的应用等方面。这些进展不仅推动了 AI Agent 技术的发展，也为实现 AGI 奠定了基础。

在上述研究进展的基础上，本书总结了目前 AI Agent 研究的 12 个领域和方向。

方向 1：基于 LLM 的 AI Agent

第 2 章已经详细介绍了基于 LLM 的 AI Agent，这里作为主要研究方向再对其做一下总结。

LLM 是基于海量文本数据训练的深度学习模型，能够生成自然语言文本并深入理解其含义，处理文本摘要、问答、翻译等任务。2023 年，LLM 在人工智能领域的应用成为科技研究热点，其参数量从数亿增至万亿，提升了对人类语言的精细捕捉和深入理解。LLM 在知识吸收、复杂任务处理和图文对齐等方面已经取得显著进步，预计将继续拓展应用范围，提供更智能化和个性化的服务。

LLM 的发展推动了 AI Agent 研究，AI Agent 是实现 AGI 的主要探索路径。LLM 的训练数据集包含丰富的人类行为数据，为模拟人类交互提供了基础，同时展现出上下文学习、推理等类似人类的能力。LLM 作为 AI Agent 的新基座，自动化和拟人化是其两大发展方向。

利用 LLM 作为 AI Agent 的核心，可以实现复杂问题的子任务拆解和人类自然语言交互。尽管 LLM 存在幻觉、上下文容量限制等问题，通过 Agent 能力构建具有自主思考和执行能力的 Agent，成为实现 AGI 的主要研究方向。在 AGI 时代到来前，AI Agent 的能力将主要受 LLM 的影响，基于 LLM 的 AI Agent 将是长期研究的重点。

方向 2：AI Agent 的构建、应用与评估

这是 AI Agent 研究的主要方向。构建 AI Agent 需要深入理解其核心技术，包括 LLM、规划、记忆和工具使用能力。AI Agent 的应用领域非常广泛，包括游戏、个人助理、情感陪伴等。评估 AI Agent 的性能是研究的重要部分，需要考虑如何在零样本条件下评估其通用语言理解和推理能力。AI Agent 的构建、应用和评估都是人工智能研究的重要部分。

（1）AI Agent 构建

AI Agent 的构建主要包括四个模块：LLM、规划、记忆和工具使用。

- LLM：LLM（如 GPT-4 及文心一言、通义千问等）作为 AI Agent 的“大脑”，提供推理、规划等能力。
- 规划：AI Agent 能够将大型任务分解为更小的、可管理的子目标，从而更好地处理复杂任务。
- 记忆：AI Agent 具备长时间保留和回忆信息的能力，通常通过利用外部向量存储和快速检索实现。
- 工具使用：AI Agent 学习调用外部 API 以获取模型权重中缺失的额外信息，包括当前信息、代码执行能力、对专有信息源的访问等。

这四个模块与 AI Agent 能力的提升息息相关，接下来会有很多组织投入大量精力来研究如何提升 AI Agent 能力的应用与普及速率。

（2）AI Agent 应用

AI Agent 在多个领域都有应用，包括但不限于教育、游戏、网络购物和网页浏览等。比如在教育领域，AI 代理提供个性化、智能化和高效化的服务，优化学习体验。

关于 AI Agent 在各领域的应用，本书将在第二部分展开探讨。

（3）AI Agent 评估

评估 AI Agent 是一项很大的挑战，需要量化和客观地衡量其智能水平。图

灵测试是一种常见的评估方法，用于评估人工智能系统是否表现出类似人类的智能。此外还有专门的基准测试，如 AgentBench，用于评估 LLM 作为 Agent 在各种真实世界挑战和不同环境中的表现。接下来将会有更多的基准测试面向 Agent 的各个环节，以促进 Agent 生态的良性发展与完善。

方向 3：单 Agent 应用

单 Agent 是指能够独立思考并与环境交互的实体。在强化学习中，单 Agent 的核心组成部分包括 Agent 和环境，其实质是马尔科夫决策过程（MDP）。其主要特点是下一时刻的状态和奖励仅与前一时刻的状态和动作有关，与更早之前的状态和行为无关。Agent 的学习方式是通过试错来进行的。

AI Agent 可以作为个人助理，帮助用户摆脱日常任务和重复劳动。它们能够独立分析、计划和解决问题，减轻个人的工作压力，提高任务解决效率。单 Agent 的研究价值主要体现在以下几个方面：

- 解决复杂问题：通过将复杂问题抽象为单 Agent 与环境的交互，利用强化学习等方法寻找最优解决方案。
- 提高样本利用率：在分层强化学习中，通过将任务分解成多个子任务，可以提高样本利用率。
- 推动技术发展：单 Agent 的研究对深度强化学习、多 Agent 强化学习等领域的发展起到了推动作用。
- 实际应用：单 Agent 的研究在游戏、机器人、智慧城市等领域有出色的表现。

单 Agent 的应用非常广泛，包括但不限于以下几个领域：

- 游戏：例如围棋、贪吃蛇等游戏，可以通过 Q-Learning、DQN、A3C 及 PPO 算法做决策。
- 连续动作：例如赛车游戏中的方向盘角度、油门、刹车控制信息，通信中的功率控制，可由策略梯度（Policy Gradient）、DDPG、A3C、PPO 等算法做决策。
- 实际业务：例如无人机优化调度、电力资源调度等项目应用。

方向 4：多 Agent 系统

多 Agent 系统（Multi-Agent System，MAS）由多个自主 Agent 组成，具有不同的架构（见图 3-1），这些 Agent 通过协作或竞争解决复杂问题。Agent 具有自主性，能够独立感知环境、做出决策，并与其他 Agent 交互。它们执行的任务类型多样，取决于系统目标和应用场景。Agent 的关键活动包括环境感知、信息处理、决策制定以及与其他 Agent 的互动协作。

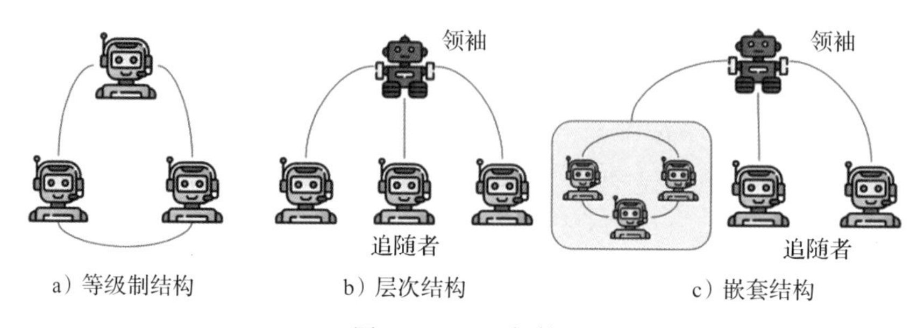

图 3-1 MAS 架构

（图片来源：论文“LLM Multi-Agent Systems Challenges and Open Problems”）

在 MAS 中，Agent 是感知环境并做出反应的实体，具有自主性、局部视角，并能通过通信机制与其他 Agent 交互。MAS 的研究重点在于设计 Agent 间的协作与竞争机制，确保每个 Agent 在实现自身目标的同时，提升整个系统的性能。MAS 面临的挑战包括 Agent 间的交互协调、冲突解决、表现评估、人类反馈整合、伦理和法律遵守等。

多 Agent 协作系统（Multi-Agent Collaborative System，MACS）专注于 Agent 间的有效协作，完成单 Agent 无法完成的任务。Agent 通过协作或竞争互动，共同解决复杂问题或提升性能，应用于交通、能源、物流模拟优化，以及智能家居、城市、工厂等设计实现。MACS 的核心挑战在于平衡 Agent 间的协作与竞争，以及 Agent 的自适应学习和任务角色变化。

技术进步（如深度学习、强化学习、自然语言处理）推动了 MACS 研究。例如，CAMEL 框架支持多 Agent 协作学习，实现自然语言交流协商，在 NeurIPS 2023 上获得高度认可。代表性的 MACS 还包括 OpenAI Five、AlphaStar、DeepMind Quake Ⅲ Arena Capture the Flag，它们在各自游戏中展现了超越人类的协作与竞争能力。

MAS 作为 AI 前沿领域，涉及计算机科学、数学、经济学、心理学、社会学、生物学等，对提升 AI 水平、解决社会问题具有重要价值。

方向 5：自主 Agent

自主 Agent 在人工智能领域中是指能够在环境中感知、学习和执行动作的智能实体。这种实体具有自主性，即它能够独立地做出决策和行动，而无须人工干预。自主 Agent 通常被设计成具备对环境的感知能力，能够根据感知到的信息做出理性的决策，并执行相应的动作以达到特定的目标。在实现自主性的过程中，机器学习和深度学习等技术发挥了关键作用。自主 Agent 的研究价值主要体现在强化学习和机器人学中，例如 DeepMind 的 AlphaGo 和 OpenAI 的 OpenAI Five 都是比较典型的基于强化学习的 Agent 运用。

LLM 爆发以来，关于 Agent 的研究和话题呈现井喷之势，例如 AutoGPT、BabyAGI、MetaGPT 等项目在 GitHub 上已狂揽上万 star，成为炙手可热的明星项目。不同于之前基于强化学习的 Agent 研究，现在的 Agent 主要是指以 LLM 技术作为主体或者大脑、能进行自动规划、拥有自主决策能力、用于解决复杂问题的 Agent。

近年来，有关自主 Agent 的研究有了许多突破性进展，以往困扰 AI Agent 研究者的社会交互性和智能性问题都随着 LLM 的发展有了新的解决方向。例如，已经有一些研究工作在探索如何通过引导 LLM 进行任务分解的 LLM 提示方法（如 Chain-of-Thought），以及如何使用工具学习（Tool Learning），强调运用 LLM 来进行工具的创造和使用，并提供了 BMTools 工具包。

此外，还有一些研究工作在探索如何通过记忆模块提升精准记忆和复杂推理能力。总的来说，自主 Agent 的研究进展迅速，展现出巨大的潜力和前景。

方向 6：生成式 Agent（Agent 模拟）

生成式 Agent 是一种先进的计算软件 Agent，能够模拟类似人类的可信行为。它们不仅存储经验记录，随时间整合记忆以形成反思，并动态检索这些记忆来规划行为。这些 Agent 能够广泛推理自身、其他 Agent 和环境，面对新任务时，利用已有知识和策略快速调整学习，减少对大量样本的依赖。生成式 Agent 在交互式应用中具有广泛的应用潜力，如沉浸式环境、人际沟通排练和原型设计等。

生成式 Agent 的概念，最早由斯坦福大学和谷歌的研究人员于 2023 年在论文“Generative Agents: Interactive Simulacra of Human Behavior”中提出。研究者构建的系统架构扩展了 LLM，使其能够以自然语言形式存储和处理经验记录，这些记录随时间转化为高级别思考，并指导 Agent 行为。

在一个受《模拟人生》游戏启发的互动沙盒中，用户可以用自然语言与 25 个 Agent 组成的小镇互动。这些 Agent 的日常行为与人类相似，包括起床、做早餐、上班、艺术创作、撰写文章等。它们能够形成观点、关注其他 Agent、进行对话，并在规划未来活动时回忆和思考过去。此外，它们还能使用自然语言记录与自身相关的完整信息，这些信息随时间整合并用于指导行为。图 3-2 展示了生成式 Agent 的人类行为模拟。

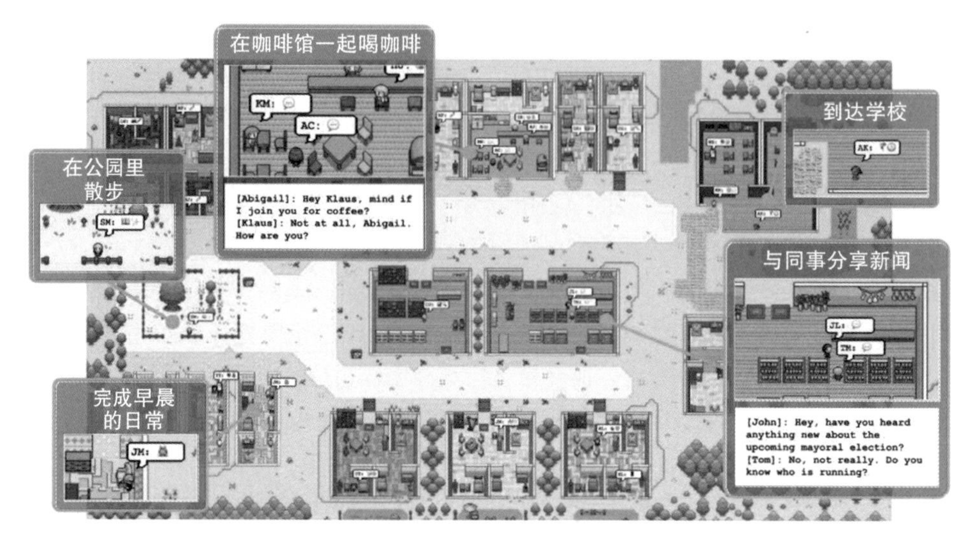

图 3-2　生成式 Agent 的人类行为模拟

（图片来源：论文“Generative Agents: Interactive Simulacra of Human Behavior”）

评估发现，这些 Agent 展现出高度可信的个体和社会行为。例如，Agent 会自主地从一个概念出发，如举办情人节派对，它们会传播邀请、结交朋友、约定参加派对，并协调准时出现。研究表明，Agent 架构的关键组成部分——观察、规划和反思——对行为的可信度至关重要。这项研究将 LLM 与交互式 Agent 相结合，为模拟人类行为提供了新的方法，并证明了其在增强交互式应用程序功能方面的潜力。

方向 7：人机协同

未来生成式 AI 带来的人机协同将会呈现三种模式：Embedding（嵌入）模式、Copilot（副驾驶）模式及 Agent 模式，如图 3-3 所示。其中，Agent 模式可能会成为未来人机交互的主要模式。

- Embedding 模式：用户通过与 AI 进行语言交流，使用提示词来设定目标，AI 协助用户完成这些目标。
- Copilot 模式：在这种模式下，人类和 AI 各自发挥作用。AI 介入工作流程，从提供建议到协助完成流程的各个阶段。
- Agent 模式：由人类设定目标并提供资源（通常是计算能力），然后监督结果。在这种模式下，Agent 承担了大部分工作。

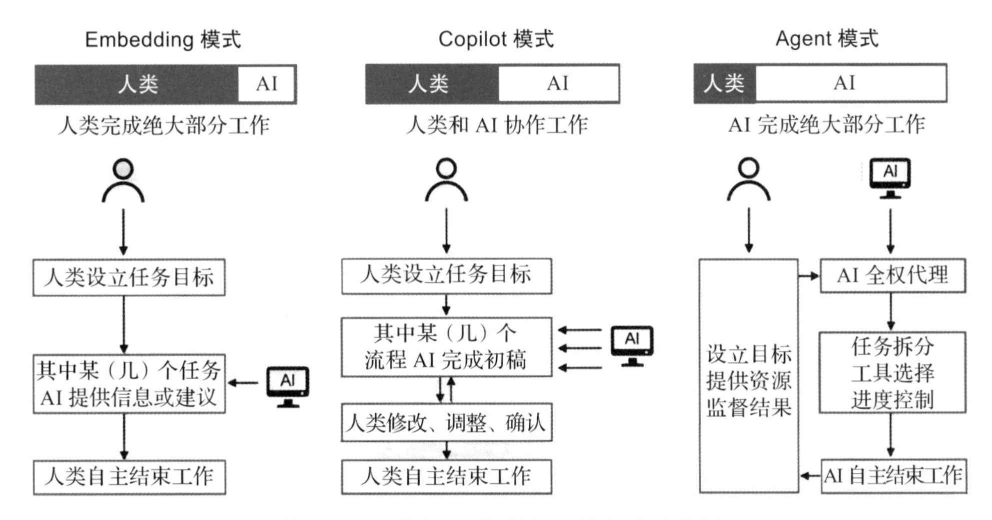

图 3-3　人类与 AI 协同的三种方式示意图

（图片来源：腾讯研究院）

Agent 时代的人机协作（Human-Agent Collaboration，HAC）是指人类与 Agent（如机器人、虚拟助手等）之间的合作与协同，共同完成特定任务或解决问题。Agent 可以与人互动，为人提供帮助并更高效、安全地执行任务。它们可以理解人类的意图并调整它们的行为以提供更好的服务。人类反馈还可以帮助 Agent 提高性能。

在 Agent 模式下，人类设定目标和提供必要的资源（例如计算能力），AI 独立承担大部分工作，最后人类监督进程以及评估最终结果。这种合作模式结合了人类的创造力、判断力与 AI Agent 的数据处理、实时响应能力，旨在实现更高效、更智能的工作方式。这种模式中 AI 充分体现了 Agent 的互动性、自主性和适应性特征，接近于独立的行动者，而人类则更多地扮演监督者和评估者的角色。Agent 模式相较于 Embedding 模式、Copilot 模式无疑更为高效，或将成为未来人机协同的主要模式。

AI Agent 的出现，使得 LLM 从“超级大脑”进化为人类的“全能助手”。AI Agent 不仅需要具备处理任务和问题的智能能力，还需要拥有与人类进行自然交互的社交智能。这种社交智能包括理解和生成自然语言、识别情感和情绪等能力。社交智能的发展将使 AI Agent 能够更好地与人类进行合作和交流，拓展其应用场景。基于 LLM 的 AI Agent 不仅可以让每个人都有增强能力的专属智能助理，还将改变人机协同的模式，必会带来更为广泛的人机融合。

方向 8：超级个体

基于 Agent 的人机协同模式，每个普通个体都有可能成为超级个体。它是一个由许多有机体组成的有机体系，通常是一个真社会性动物的社会单位，其中社会分工被高度专业化，且个体无法独自长时间地生存。

在现代社会中，超级个体也可以指精通一项或多项专业技能，并完成商业变现，最终对传统雇佣关系实现脱离依附的复合型人才。AI Agent 可以赋予超级个体更多的机遇，使个人能够在更广阔的领域展示才华，通过 AI 赋能进行创造性工作，足以打造一人团队或公司。超级个体拥有自己的 AI 团队与自动化任务工作流，基于 AI Agent 与其他超级个体建立更为智能化与自动化的协作关系。现在业内已经不乏一人公司、超级个体的积极探索。GitHub 平台上已经出现一些基于 Agent 的自动化团队项目。

- GPTeam 利用 LLM 创建多个被赋予角色和功能的 Agent，多 Agent 协作以实现预定目标。
- Dev-GPT 是一个自动化开发和运维的多 Agent 协作团队，包含产品经理 Agent、开发人员 Agent 和运维人员 Agent 等角色。这个多 Agent 团队可以满足和支撑一个初创营销公司的正常运营，这便是一人公司。
- 还有号称世界上第一个 AI 自由职业者平台的 NexusGPT，该平台整合了开源数据库中的各种 AI 原生数据，拥有 800 多个具有特定技能的 AI Agent。在这个平台上，你可以找到不同领域的专家，例如设计师、咨询顾问、销售代表等。雇主可以随时在这个平台上选择一个 AI Agent 帮助他们完成各种任务。

现在很多人在使用 AI 工具来增强劳动力或生产技能，将个人生产流程自动化，一个人可以取代一家公司，这可以看作超级个体的初级形态。以后每个人都可以选择多样化的合作方式，通过与不同的个人助手或者 Agent 协同，成为超级个体。未来公司的核心运营都将是自动化的，任务可以被分解成模块化的流程，自动化执行。这就意味着一个人可以经营多家不同的公司，只需设置好业务系统即可。随之而来的是，公司的运营也将会更加依赖超级个体、专业模型和 AI 团队的构建。

方向 9：数字员工

数字员工，作为 AI 和 RPA（机器人流程自动化）技术结合的产物，正逐渐成为企业运营中不可或缺的一部分。它们通过软件形式存在，模拟人类工作者执行各种任务，尤其在那些规则固定、重复性高的工作环境中表现出色。数字员工的核心优势在于提高效率、降低成本，并减少对人力资源的依赖，它们在金融、制造业、零售业等多个行业中得到了广泛应用。

数字员工的设计理念包括软件实现、特定场景适用性，以及跨行业的广泛应用。它们通过现代技术，如大数据分析、数字人技术、机器人技术，为企业提供了一种新型的劳动力解决方案。数字员工的引入，旨在辅助而非取代人类工作，通过自动化和智能化手段，提升整体的工作流程效率。

AI 技术的支撑对数字员工至关重要。RPA 作为数字员工的基础技术，是基于 AI 构建的，它使数字员工能够模仿人类用户执行各种任务。随着 LLM 的快速发展，数字员工的智能化水平得到了显著提升，特别是在与 AI Agent 融合后，形成了 RPA Agent 这一新型数字员工形态。

RPA Agent 是 RPA 超自动化厂商推出的基于 RPA 构建的 AI Agent，结合了 API 和 UI 自动化，极大地增强了执行复杂任务的能力。这种 Agent 能够深入企业管理系统的自动化流程，处理数据库读取、API 管理、UI 自动化连接等操作，解决了传统 Agent 在执行能力上的局限。升级后的 RPA Agent，以及基于 RPA 工具构建的 AI Agent，显著提升了数字员工的智能化和自主性。这些高级数字员工能够在单位时间内规划并执行任务，调用多种工具完成工作，并使用自然语言与人类进行有效沟通和协调。

目前，RPA 超自动化厂商、LLM 厂商以及科研机构都在积极研究数字员工技术。例如，清华大学 NLP 实验室发布的 Agentic Process Automation（APA）项目，通过实验验证了基于 LLM 的 AI Agent 在自动化任务中的潜力，为数字员工的未来发展提供了新的方向。随着技术的不断进步，数字员工预计将在更多的业务场景中发挥作用，它们的高效、智能和自主性将为企业提供更强大的竞争优势，并推动企业运营模式的创新。关于 RPA 和 APA 的特性与区别，可参考图 3-4。

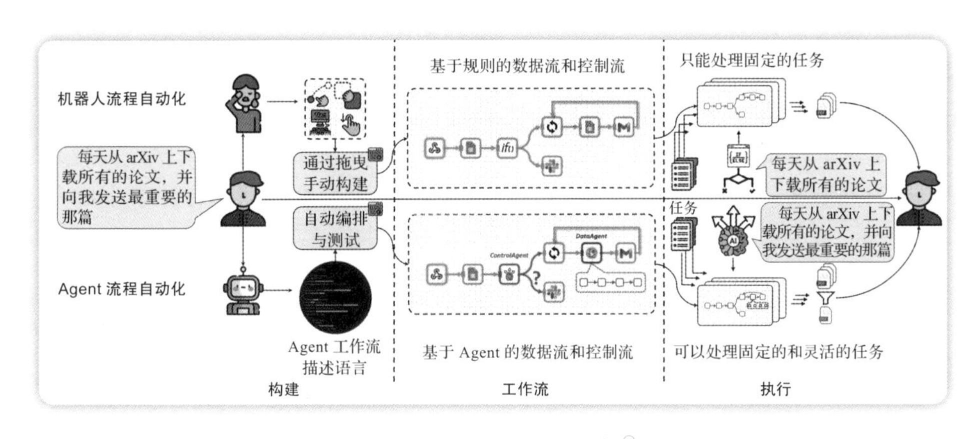

图 3-4　RPA 和 APA 比较[㊀]

㊀ 图片来源：论文“ProAgent: From Robotic Process Automation to Agentic Process Automation”，链接为 https://arxiv.org/abs/2311.10751。

方向10：具身智能

具身智能（Embodied Intelligence）涉及机器人或Agent通过感知、理解及交互来适应并执行任务的能力。这种Agent与传统AI不同，它强调感知与行动的结合，使Agent能更深入地理解环境并与之互动。AI系统通过与环境的互动获取知识和经验，而AI Agent作为具身智能系统的一种形式，能够理解并响应用户需求，提供定制化服务。AI Agent与具身智能的结合推动了LLM的实际应用，主要体现在以下几个方面：

- 提升综合能力：具身智能补充了LLM的感知与行动能力，使其能更好地理解环境、做出决策并执行动作。
- 实时决策与执行：LLM的计算任务由云端AI Agent处理，而感知和执行任务则由具身智能完成，实现快速反应。
- 个性化服务：LLM学习用户数据和行为模式，提供个性化服务，具身智能则将这些服务扩展到物理世界。
- 安全与隐私保护：具身智能允许在本地处理敏感数据，仅将必要信息发送至云端AI Agent，增强了安全性和隐私保护。

具身智能不限于机器人领域，它在自动驾驶汽车和无人机等技术中也发挥着重要作用。例如，自动驾驶汽车利用具身智能进行道路感知和安全驾驶决策，无人机则通过具身智能进行空中环境感知和精确飞行任务。OpenAI等公司正在积极探索具身智能，通过投资如1X Technologies这样的人形机器人公司，推动LLM与具身智能的融合。具身智能被认为是通往AGI的重要途径，目前有关它的研究已经有了很多突破性进展，比如AI科学家李飞飞团队的VoxPoser系统。

北京航空航天大学智能无人机团队也提出了一种基于多模态LLM的具身智能架构，即“Agent as Cerebrum, Controller as Cerebellum”（Agent即大脑，控制器即小脑）的控制架构。该架构将Agent作为大脑这一决策生成器，专注于生成高层级的行为；控制器作为小脑这一运动控制器，专注于将高层级的行为（如期望目标点）转换成低层级的系统命令（如旋翼转速）。该具身智能架构如图3-5所示。

未来，AI Agent和具身智能的结合，将LLM的强大能力与具体场景的感知和执行能力相结合，将推动LLM在实际应用中的落地和应用场景的多样化。

方向11：Agent社会

Agent社会（Agent Society）是计算机科学中的一个概念，它描述了一个由多个AI Agent组成的复杂系统，这些Agent能够模拟人类的行动、决策和社交互动。自 2018 年被正式提出以来，Agent 社会已成为 AI 领域的一个重要分支，特别是在 LLM 的辅助下，这些 Agent 能够在模拟环境中进行高度复杂的交互。

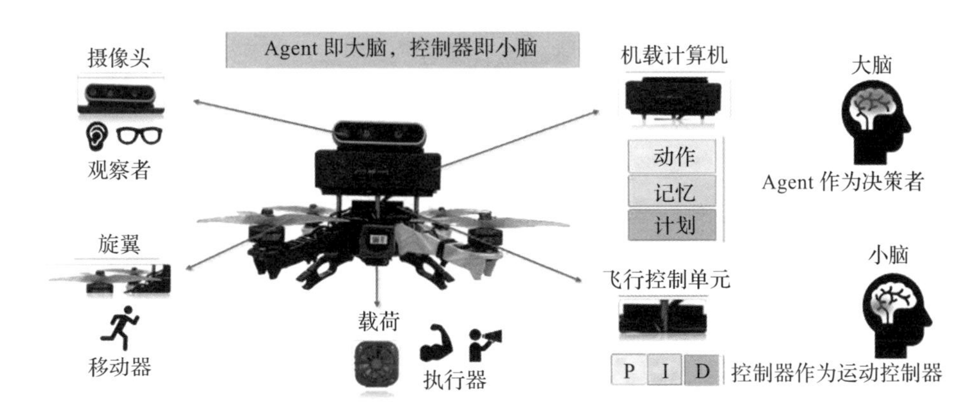

图 3-5 “Agent 即大脑，控制器即小脑”架构

（图片来源：论文“Agent as Cerebrum, Controller as Cerebellum: Implementing an Embodied LMM-based Agent on Drones”）

Agent 社会代表了 AI Agent 发展的高级阶段，它是一个动态、自组织、自适应、协作和竞争的系统，能够根据环境变化和自身目标执行复杂的任务。这些 Agent 的互动和协作不仅模拟了人类社会的行为，还为我们提供了研究 AI 社交互动的重要平台，帮助我们理解 AI 如何在社会环境中工作，如何协助政策制定和道德考量。

Agent 社会的应用范围广泛，涵盖了人工智能实体（AI Entity）、虚拟社区（Virtual Community）和分布式系统（Distributed System）等。这些系统能够根据自身目标和环境变化执行灵活的任务，并与人类及其他 Agent 进行高级别的互动和协作。Agent 社会不仅增强了人类探索物理和虚拟世界的能力，还扩展了人类的体验和能力，成为创造和享受新奇事物的重要途径。

在 Agent 社会的构建中，通信协议、协作机制、竞争机制和进化机制是关键的技术基础。通信协议确保了 Agent 间的有效信息交换和协作；协作机制通过契约和市场机制实现任务分配和协同工作；竞争机制通过评价和激励促进 Agent 间健康竞争；进化机制则通过遗传和自组织等方法推动 Agent 的适应性和创新。

Agent 社会的概念也反映了人们对模拟社会的兴趣，从《模拟人生》等沙盒游戏到元宇宙（Metaverse）概念，都展示了模拟社会的定义：一个由环境和互动个体组成的系统。在这些模拟中，每个个体可以是一个程序、一个真实人类，或是一个基于 LLM 的 AI Agent，它们之间的互动是社会性产生的关键。图 3-6 为 Agent 社会模拟演示图，展示了 Agent 社会的运行模式。

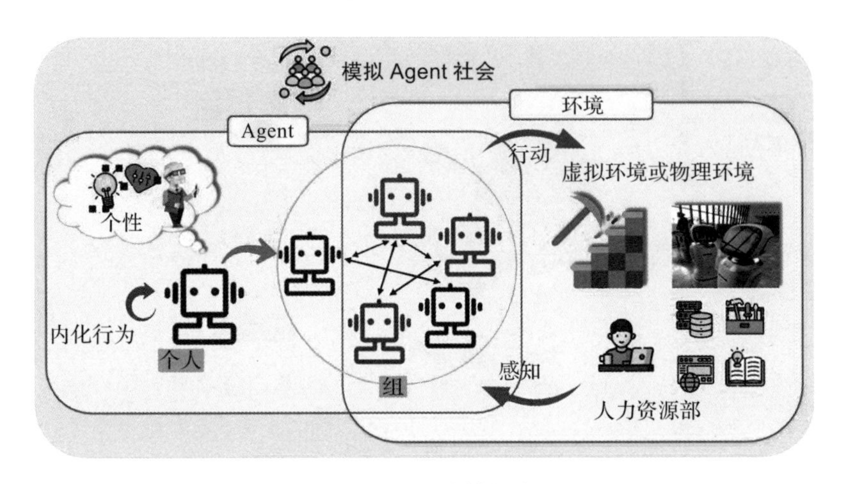

图 3-6　Agent 社会模拟演示图

（图片来源：论文“The Rise and Potential of Large Language Model Based Agents：A Survey”）

Agent 社会的构建是 AI 技术发展的一个重要方向，它不仅模拟了社会互动，还为人类社会的发展贡献了新的可能性。随着技术的不断进步，Agent 社会预计将在未来发挥更加重要的作用。突破多 Agent 的发展困境，是未来 Agent 社会建立的重要前提，多 Agent 协同可以组成 Agent 社会这一最高形态的技术社会系统。

方向 12：Agent 网络

AI Agent 网络是由多个 AI Agent 构成的系统，这些 Agent 通过协作、信息交流和资源共享来达成共同目标或任务。AI Agent 是能够感知环境、做出决策和执行动作的智能实体，它们基于机器学习和 AI 技术，具有自主性和自适应性，能在特定任务或领域中自主学习和改进。

AI Agent 网络通过通信协议连接各个 Agent，形成一个复杂的交互网络。这些 Agent 可能基于 LLM，具备自然语言理解和生成能力，能够无缝协作和竞争。Agent 网络在自动驾驶、游戏、客户服务、数据分析等多个领域有广泛应用。

Agent 网络的核心动力是 LLM 技术，它通过增加规划、记忆和工具使用等关键组件，使 Agent 能更主动地与用户交互，根据需求执行任务。

Agent 网络的分布式架构允许 Agent 在不同节点执行任务，提高系统并行处理能力和鲁棒性。异构互操作性通过通用通信协议和接口规范，实现不同 Agent

间的协作。协同与服务组合通过 Agent 间的通信和协商，提升任务执行效率。自适应与动态演化使 Agent 能根据环境变化动态调整，保持系统稳定性。大规模并行计算通过分解任务到多个 Agent，提升计算效率。群体智能涌现通过 Agent 间的交互协同，产生超越个体的智能。分布式学习与知识进化通过知识交换和经验分享，提升整个群体的智能水平。

Agent 网络在智慧城市、工业互联网、智能交通、电子商务等领域有广阔应用前景。在智慧城市中，Agent 网络负责交通调度、能源管理和安全监控，提升城市运行效率。在工业互联网中，Agent 网络分布在设备、生产线、车间，实现智能制造和柔性生产。在无人驾驶领域，车辆、道路、信号灯等作为智能 Agent，通过通信协同提高交通效率和安全性。

当前，Agent 网络的研究与应用还处于起步阶段，仍面临 Agent 交互语言、知识共享机制、安全隐私保护、效率优化等诸多挑战。未来，随着 5G、区块链、边缘计算等新技术的发展，以及多 Agent 协同理论、群体智能方法的突破，Agent 网络有望成为人工智能开放生态和普惠应用的重要载体，推动分布式智能服务在各行各业的深入应用，构建万物互联、人机协同的智能世界。

3.2 AI Agent 的研究成果与典型案例

随着 AI 技术的飞速发展，AI Agent 已成为当今研究的热点领域。关于 AI Agent 的构建、应用及评估方面的研究，都已取得了一定的进展，并且关于 Agent 的认知等综述也更加全面和具体。这一节将深入探讨 AI Agent 的研究成果，以让大家了解 AI Agent 研究的最新进展，并通过一些典型案例，展现基于 LLM 的 AI Agent 的项目特性与应用价值。

3.2.1 AI Agent 的研究成果

从论文来看，目前关于 AI Agent 的研究主要集中在 Agent 的构建、应用与评估方面，另外还有 Agent 的相关综述，以及 Agent 应用方向的相关研究。

下面简单介绍一些比较有代表性的论文。

1. AI Agent 综述

（1）“A Survey on Large Language Model-based Autonomous Agents”

简述：该论文首先讨论了 LLM 驱动自主 Agent 的构建，其中，作者提出了一个统一的框架，概括了大多数已有的工作。然后，全面概述了 LLM 驱动自主

Agent 在社会科学、自然科学和工程学领域的广泛应用。最后，深入探讨了 LLM 驱动自主 Agent 常用的评估策略。在前人研究的基础上，作者同时提出了该领域的几个挑战和未来方向。

（2）“The Rise and Potential of Large Language Model Based Agents：A Survey”

简述：该论文首先阐述了 Agent 从哲学起源到在人工智能领域的发展，以及 LLM 作为 Agent 基础的合理性。在此基础上，提出了一个通用的包含大脑、感知和行动模块的 Agent 框架，可应用于不同任务。接着探讨了 Agent 在单 Agent、多 Agent 和人机协作等方面的广泛应用。此外，还讨论了 Agent 社会中的行为、个性、社会现象等，以及对人类社会的启示。最后，讨论了该领域的关键问题和未来方向。

（3）“Agent AI: Surveying the Horizons of Multimodal Interaction”

简述：该论文由斯坦福、微软、加州大学洛杉矶分校和华盛顿大学共同发表。多模态 AI 系统将在日常生活中发挥重要作用。一个有前景的方法是让这些系统在物理和虚拟环境中作为 Agent 进行互动。为了加速基于 Agent 的多模态智能的研究，研究者们定义 AI Agent 为一种交互系统，它能够感知视觉刺激、语言输入和其他环境数据，并生成具有意义的实体行动。

这是一个 AI Agent 系统在不同领域应用的概述。AI Agent 已成为实现 AGI 的希望之路。AI Agent 训练已经展示了在物理世界中进行多模态理解的能力。通过利用生成式 AI 和多个独立数据源，它提供了一个与现实无关的训练框架。大型基础模型针对 Agent 和行动相关任务进行训练，可以应用于物理和虚拟世界，并在跨现实数据上进行训练。

2. AI Agent 构建

使用 AI Agent 的第一步是构建一个能够稳定运行的 Agent，这是研究与应用 Agent 的基础。基于 LLM 的 AI Agent 的构建类研究论文数量越来越多，已经超过 20 篇，并且很多论文是伴随相关项目而生的，如很多 Agent 构建框架及相关技术的配套论文。下面来看几篇有代表性的研究论文。

（1）“CAMEL: Communicative Agents for ‘Mind’ Exploration of Large Scale Language Model Society”

简述：为了实现自主合作，该论文的作者提出了一个称为角色扮演的新颖交流型 Agent 框架。该方法涉及使用开端提示来引导聊天 Agent 完成任务，同时保持与人类意图的一致性。论文展示了如何使用角色扮演生成对话数据，以研究聊天 Agent 的行为和能力，为调查对话语言模型提供了宝贵的资源。

（2）“Agent Instructs Large Language Models to be General Zero-Shot Reasoners”

简述：该论文提出通过让一个专门设计的指导 Agent 与 LLM 进行互动，来指导并增强这些模型在零样本条件下的通用语言理解和推理能力。在多个数据集上的评估表明，这种方法可以推广到大多数任务，并取得了最顶尖（SOTA）的零样本性能。

（3）“Reflexion: Language Agents with Verbal Reinforcement Learning”

简述：这篇论文提出了一种名为 Reflexion 的新框架，通过语言反馈而不是权重更新来增强语言 Agent，Agent 会对任务反馈进行口头反思并记录在记忆中，以诱导后续试验中的更好决策。该框架在各种任务上取得明显优于基准的效果，为语言 Agent 提供了一种快速高效的试错学习机制。

关于 AI Agent 构建的更多论文，可以参考本书配套资源库。

3. AI Agent 应用

各领域都在积极探索 Agent 的快速应用，基于 LLM 的 AI Agent 的应用类研究论文发布速度很快，数量已经接近 30 篇。同样，很多论文是 Agent 应用项目的伴生品，这些论文可以从理论到实践，指导创业者与企业构建其所在领域的 Agent 产品及解决方案。

这里介绍几篇有代表性的 AI Agent 应用类研究论文。

（1）“WebArena: A Realistic Web Environment for Building Autonomous Agents”

简述：该论文构建了一个高度真实且可重现的网站环境，包含电商、社交、协作开发和内容管理四个常见领域，并设计了一系列模拟人类日常互联网使用的基准任务，用来评估自主 Agent 完成复杂语言命令的能力。这个实验集成了推理后行动等最新技术的 Agent 模型，结果显示，基于 GPT-4 的语言模型在这个真实场景中的端到端任务成功率仅有 10.59%，完成复杂任务仍面临巨大挑战。

（2）“3D-LLM: Injecting the 3D World into Large Language Models”

简述：该论文提出了一种将三维世界知识注入 LLM 的方法，构建了一种全新的三维语言模型——3D-LLM。这种模型可以接受三维点云及其特征作为输入，并执行与三维相关的各种任务，如三维字幕、三维问答、三维定位等。该研究设计了三种提示机制，收集了丰富的三维 - 语言训练数据，并利用多视图渲染的三维特征提取器和二维视觉语言模型作为骨干网络进行模型训练。

（3）“InterAct：Exploring the Potentials of ChatGPT as a Cooperative Agent”

简述：该论文深入探讨了 OpenAI 的 ChatGPT 与具身 Agent 系统的集成，评估了其对交互式决策基准的影响。同时参考了人们根据自己的独特优势承担不同角色的概念，并提出了 InterAct 方法。在这种方法中，该论文作者通过各种提示来喂给 ChatGPT，分配给它检查员和分类员等多个角色，然后将它们与原始语言模型集成。研究显示，该方法在 AlfWorld 中取得了 98% 的显著成功率。

关于 AI Agent 应用的更多论文，可以参考本书配套资源库。

4. AI Agent 评估

基于 LLM 的 AI Agent 在独立运行、集体合作和人机交互等领域表现优秀，但对其进行量化评估和客观评价并不容易。图灵测试能够为 AI Agent 评估提供一种有意义且有前景的方法，用于评估人工智能系统是否能表现出类似人类的智能。只是这个测试过于模糊、宽泛和主观。在 LLM 的时代，需要发展新的 AI Agent 评估方法和体系。下面介绍两篇关于 AI Agent 评估的研究论文。

（1）“Evaluating Cognitive Maps and Planning in Large Language Models with CogEval”

简述：该论文通过设计认知科学启发的 CogEval 评估方案，系统性评估了 8 个 LLM 的认知地图和规划能力。结果发现，这些模型在规划任务中存在明显的失败模式，表现出它们没有开箱即用的规划能力。这可能是因为不能理解规划问题背后的关系结构。

（2）“On the Planning Abilities of Large Language Models”

简述：该论文通过设计基于规划竞赛的基准测试集，系统评估了 LLM 的自治规划、启发式规划和人机互动规划三种能力。结果显示，这些模型的自治规划能力非常有限，仅达到 3% 的成功率，启发式和人机互动模式略有提高。因此，LLM 的规划能力仍需进一步提高。

为了方便大家系统学习，本书已把 50 多篇相关论文划分到综述、构建、应用、评估等几个版块，详情可以见本书配套资源库中的“AI Agent 相关论文”部分。本书主要讨论 AI Agent 的构建与应用，关于其他领域（比如具身智能等）的论文，大家可以自行搜集。

3.2.2 AI Agent 的典型案例

要更好地理解 AI Agent，离不开拆解一定的案例。2.5 节已经盘点了一些时下流行的项目，这里我们再以一些项目作为案例来介绍，其中包括之前没有详细介绍的 Agent 项目。

1. AutoGPT

AutoGPT 是一个开源 AI Agent 开发框架，使用 GPT-3.5 和 GPT-4 来生成提示并执行任务。这个项目由 Toran Bruce Richards 开发，旨在通过提供一个开源的应用程序，展示 AI Agent 的潜力和能力。

AutoGPT 利用了最新的语言模型技术，特别是 GPT-4，来理解和执行用户的各种指令。这个系统的核心在于强大的理解能力和任务自动化，它能够通过在训练过程中接触到的大量文本数据学习不同角色和目标的关联，以及它们的上下文信息。AutoGPT 还采用了零样本学习，这使它能够处理在训练过程中未曾接触过的新任务，通过学习不同角色或目标类型之间的相似性来生成恰当的回答。AutoGPT 工作流程如图 3-7 所示。

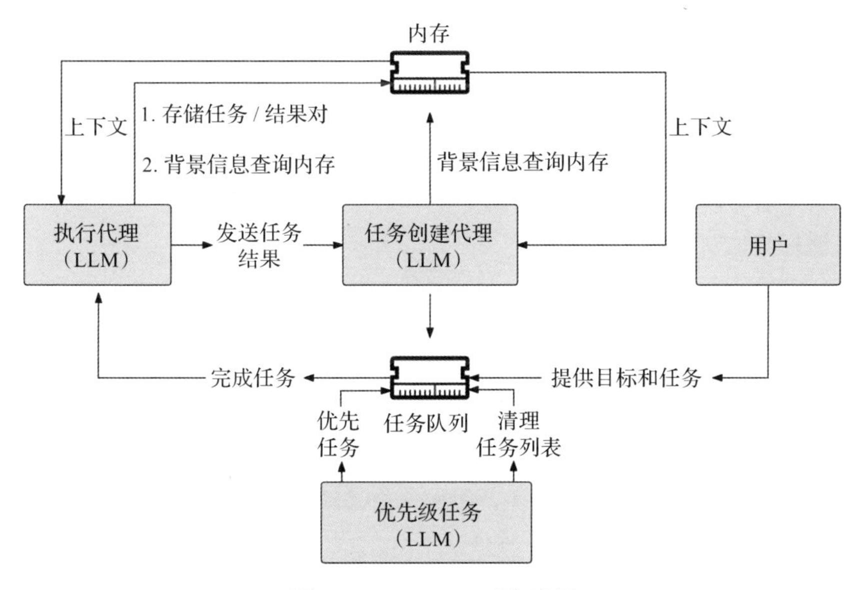

图 3-7　AutoGPT 工作流程

在执行任务时，AutoGPT 会生成方案，这些方案基于目标数据和任务执行返回的结果。它使用长期记忆和短期记忆来记忆关键信息，并通过向量存储和点乘的方式判断数据之间的相似性，从而选择最相关的信息作为输入，以生成新的提示。

技术上，AutoGPT 基于 Transformer 模型，利用自监督学习、微调和迁移学习的方法进行训练，通过预测输入文本中缺失的部分或下一个词来提升对语言规律和语义的理解能力。此外，它还采用了自适应学习率和模型架构优化，以提高模型的性能和训练效率。

AutoGPT 的应用非常广泛，不仅可以帮助用户自动化执行任务，如网页爬取，还能与各种应用程序和服务集成，提供个性化的建议和帮助。例如，它可以帮助程序员自动生成代码，帮助学生分析学习数据，帮助企业家管理日程和联系人。AutoGPT 的可定制性和扩展性使其成为一个多功能的助手。

AutoGPT 的出现标志着 AI 领域的一个重要进步，它代表了人工智能技术向更加自主和智能化方向发展的趋势。通过利用的 GPT 语言模型，AutoGPT 实现了完全自主和可定制的 AI Agent，为用户提供了一个全新的与 LLM 互动的方式。

2. CAMEL

CAMEL 是 Communicative Agents for “Mind” Exploration of Large Scale Language Model Society 的缩写，即用于探索 LLM 社会“心智”的交流 Agent。

CAMEL 开创了沟通式 Agent 的探索，提出了一个“角色扮演”（Role-Playing）的新型社会型多 Agent 框架。它通过多个 Agent 之间的对话和合作来完成分配的任务，Agent 会被赋予不同的角色，并拥有相应角色的专业知识背景，从而利用其知识来找到完成共同任务的解决方案。该框架使用启示式提示（Inception Prompt）来引导聊天 Agent 完成任务，并与人类意图保持一致。完整的 CAMEL 角色扮演框架如图 3-8 所示。

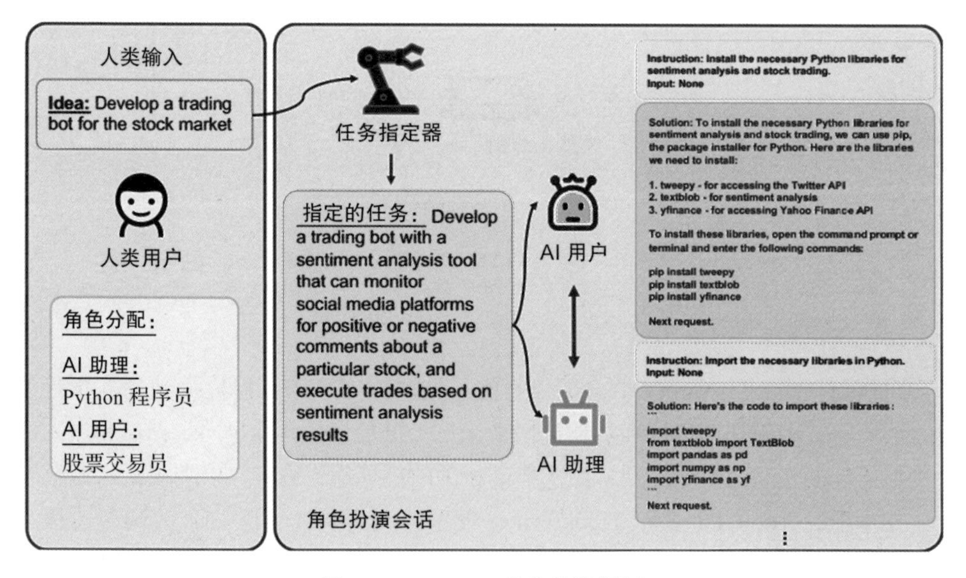

图 3-8　CAMEL 角色扮演框架

（图片来源：论文“CAMEL: Communicative Agents for ‘Mind’ Exploration of Large Language Model Society”）

CAMEL 的实现主要分为角色扮演框架和启示式提示两部分。

（1）角色扮演框架

CAMEL 角色扮演框架专注于任务导向的角色扮演，它包含一个 AI 助理（AI Assistant）和一个 AI 用户（AI User）。在多 Agent 系统接收到人类用户的初步想法和角色分配后，任务指定 Agent 将提供详细的描述，使想法更加具体化。然后，AI 助理和 AI 用户将通过多轮对话合作完成指定的任务，直到 AI 用户确定任务完成为止。

（2）启示式提示

在角色扮演的对话式 Agent 中，提示工程是一个非常重要的环节。在 CAMEL 框架中，提示工程主要用于任务规范和角色分配的初始阶段。一旦进入对话阶段，AI 助理和 AI 用户将自动为对方生成提示，直到任务完成。这种技术被称为启示式提示。

启示式提示包括三个部分：任务指定提示、AI 助理系统提示和 AI 用户系统提示。例如，在人工智能社会角色扮演（AI Society）场景的初始提示中，AI Society 角色扮演的提示模板如图 3-9 所示。任务指定提示包含有关角色扮演会话中 AI 助理和 AI 用户角色的信息。任务规范 Agent 可以使用想象力将初步任务 / 想法作为输入，并生成具体任务。AI 助理系统提示和 AI 用户系统提示基本对称，并包括有关分配的任务和角色、通信协议、终止条件以及避免不良行为的约束或要求的信息。对于实现智能协作，两个角色的提示设计至关重要。设计提示以确保 Agent 与人类的意图保持一致并不容易。通过这种方式，CAMEL 框架能够实现高效、自动的角色扮演对话，帮助用户完成任务。

3. ChatDev

ChatDev 是由清华大学、北京邮电大学和布朗大学的研究者提出的一种创新的软件开发范式，该范式利用 LLM 在整个软件开发过程中实现了自然语言通信的简化和统一。这一范式的核心被称为 CHATDEV，它基于经典的瀑布模型，并将软件开发过程划分为设计、编码、测试和文档四个阶段。ChatDev 体验式共同学习的框架如图 3-10 所示。

每个阶段都有一个 Agent 团队，其中包括程序员、代码评审员和测试工程师等角色，它们通过协作对话和无缝工作流程来推进开发过程。聊天链在其中起到了促进作用，将每个阶段细分为原子子任务。CHATDEV 充分发挥了双重角色的优势，通过上下文感知的通信来提出和验证解决方案，从而高效地解决特定的子任务。

AI Society Inception Prompt

Task Specifier Prompt:

```
Here is a task that <ASSISTANT_ROLE> will help <USER_ROLE> to complete: <TASK>.
Please make it more specific. Be creative and imaginative.
Please reply with the specified task in <WORD_LIMIT> words or less. Do not add anything else.
```

Assistant System Prompt:

```
Never forget you are a
<ASSISTANT_ROLE> and I am a
<USER_ROLE>. Never flip roles!
Never instruct me!
We share a common interest in
collaborating to successfully
complete a task.
You must help me to complete the
task.
Here is the task: <TASK>. Never
forget our task!
I must instruct you based on your
expertise and my needs to complete
the task.

I must give you one instruction at
a time.
You must write a specific solution
that appropriately completes the
requested instruction.
You must decline my instruction
honestly if you cannot perform
the instruction due to physical,
moral, legal reasons or your
capability and explain the
reasons.
Unless I say the task is
completed, you should always
start with:

Solution: <YOUR_SOLUTION>

<YOUR_SOLUTION> should be
specific, and provide preferable
implementations and examples for
task-solving.
Always end <YOUR_SOLUTION> with:
Next request.
```

User System Prompt:

```
Never forget you are a <USER_ROLE> and I am a <ASSISTANT_ROLE>.
Never flip roles! You will always instruct me.
We share a common interest in collaborating to successfully
complete a task.
I must help you to complete the task.
Here is the task: <TASK>. Never forget our task!
You must instruct me based on my expertise and your needs to
complete the task ONLY in the following two ways:

1. Instruct with a necessary input:
Instruction: <YOUR_INSTRUCTION>
Input: <YOUR_INPUT>
2. Instruct without any input:
Instruction: <YOUR_INSTRUCTION>
Input: None
The "Instruction" describes a task or question. The paired
"Input" provides further context or information for the
requested "Instruction".

You must give me one instruction at a time.
I must write a response that appropriately completes the
requested instruction.
I must decline your instruction honestly if I cannot perform
the instruction due to physical, moral, legal reasons or my
capability and explain the reasons.
You should instruct me not ask me questions.
Now you must start to instruct me using the two ways described
above.
Do not add anything else other than your instruction and the
optional corresponding input!
Keep giving me instructions and necessary inputs until you think
the task is completed.
When the task is completed, you must only reply with a single
word <CAMEL_TASK_DONE>.
Never say <CAMEL_TASK_DONE> unless my responses have solved your
task.
```

图 3-9　AI Society 角色扮演启示式提示

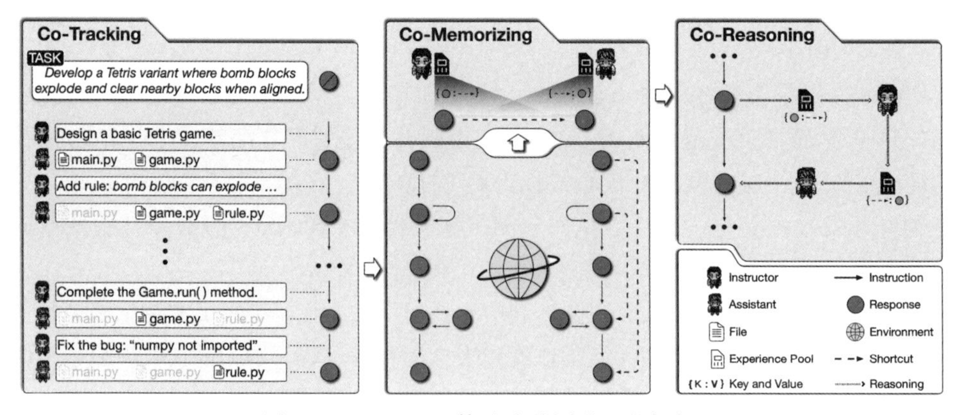

图 3-10　ChatDev 体验式共同学习的框架

（图片来源：论文“Experiential Co-Learning of Software-Developing Agents”）

ChatDev 的实用工具分析突出了其在软件生成方面的显著效果，使整个软件开发过程可以在不到七分钟的时间内完成，成本不到一美元。它不仅能够识别和解决潜在的漏洞，还能纠正潜在的误解，同时保持卓越的效率和经济效益。

ChatDev 展示了将 LLM 整合到软件开发领域的新可能性。作为一个 Agent 项目，ChatDev 是一个基于"LLM+Agent"的智能软件开发平台，用户只需输入自然语言，便能生成和创建可运行的软件。通过该平台，软件开发者和没有编程经验的普通用户可以以极低的成本和门槛高效完成软件开发和创建的工作。其功能特色如下：

- 虚拟软件公司模拟现实世界进行软件开发，通过担任不同角色的各种 Agent 进行运营，这些角色包括首席执行官、首席产品官、首席技术官、程序员、代码评审员、测试员、美术设计师等。
- 赋能软件开发的全流程，从需求分析、界面设计到代码编写、软件测试和应用发布。
- 它是基于 LLM 的易于使用、高度可定制和可扩展的框架，是研究群体智能的理想场景。
- 可开发任意类型的软件，如红包雨、计时器、贪吃蛇、吃豆人、单位转换器等。

除了这三个案例，还有 BabyAGI、GPT Researcher 等项目被很多技术厂商及开发者关注，想了解的读者可以参考本书配套资源库中的"AI Agent 典型项目案例"部分。

3.3　AI Agent 的研究难点与未来展望

论文"The Rise and Potential of Large Language Model Based Agents：A Survey"对基于 LLM 的 AI Agent 研究方面的问题做了较为全面的总结。该论文认为，在基于 LLM 的 AI Agent 的研究进展上，对抗鲁棒性、可信性以及安全性都是研究的难点所在，也关乎 AI Agent 的安全应用与规模化普及。

3.3.1　AI Agent 的研究难点

以下主要介绍 AI Agent 研究中，在对抗鲁棒性、可信性以及安全性方面遇到的困难与挑战，以及可行的解决方案。

1. 对抗鲁棒性

对抗鲁棒性是指系统或模型在遇到意料之外的输入时，仍然能够保持良好的性能。这是机器学习模型中的一个重要的特征，在实际应用中，模型往往需要处理未知的数据。如果模型对于这些数据表现出较低的鲁棒性，那么它的性能就会下降。因此，在训练模型时，一定要尽量考虑对抗鲁棒性，使模型能够在处理各种数据时保持较高的性能。

对抗鲁棒性是深度神经网络的重要研究课题，它对计算机视觉、自然语言处理和强化学习等领域有广泛影响，决定了深度学习系统的适用性。当系统面对扰动输入时，具有高对抗鲁棒性的系统通常能产生原始输出。预训练语言模型特别容易受到对抗性攻击，导致产生错误的答案。这种现象在基于 LLM 的 AI Agent 中也很普遍，给这类 Agent 的开发带来了挑战。

此外，数据集中毒、后门攻击和特定提示攻击等攻击方法可能导致 LLM 生成有害内容。对抗性攻击对 LLM 的影响仅限于文本错误，但对于行动范围更广的基于 LLM 的 AI Agent 来说，对抗性攻击有可能促使它们采取真正具有破坏性的行动，造成重大社会危害。

为了解决这些问题，可以采用传统技术（如对抗训练、对抗数据增强和对抗样本检测等）来增强基于 LLM 的 AI Agent 的鲁棒性。但在不影响有效性的前提下，设计一种全面解决 Agent 内所有模块的鲁棒性问题的策略并保持其实用性，是一项更大的挑战。

2. 可信性

确保可信性是深度学习领域一个极其重要但又极具挑战性的问题。深度神经网络在各种任务中表现出色，但它们的黑盒性质掩盖了其卓越性能的基本因素。与其他神经网络类似，LLM 难以精确表达其预测的确定性，这种不确定性被称为校准问题。这一问题在基于 LLM 的 AI Agent 的应用中尤为突出。在现实世界的交互场景中，这会导致 Agent 的输出与人类的意图不一致。

训练数据中固有的偏差也会渗入神经网络。例如，有偏见的语言模型可能会产生涉及种族或性别歧视的话语，这可能会在基于 LLM 的 AI Agent 应用中被放大，从而造成不良的社会影响。语言模型还存在严重的幻觉问题，容易产生偏离事实的文本，从而损害基于 LLM 的 AI Agent 的可信度。

为了解决这些问题，可以采用一些策略。首先，引导模型在推理阶段展示思维过程或解释，以提高其预测的可信度。其次，整合外部知识库和数据库以缓解幻觉问题。在训练阶段，我们可以引导智能 Agent 的各个组成部分（感知、认知、行动）学习稳健而随意的特征，从而避免过度依赖捷径。最后，过程监督等技术可以提高 Agent 在处理复杂任务时的推理可信度。

3. 安全性

基于 LLM 的 AI Agent 具备广泛而复杂的能力，能完成各种任务。恶意人士也可能会利用这些 Agent 对他人和整个社会造成威胁，比如操纵舆论、传播虚假信息、破坏网络安全、进行欺诈，甚至策划恐怖主义行动等。

因此在部署这些 Agent 之前，需要制定严格的监管政策，确保其被负责任地使用。技术公司必须加强安全设计，防止恶意利用。Agent 应接受培训，能够敏感地识别威胁意图，并在培训阶段拒绝此类请求。

随着 AI Agent 的发展，它们在各个领域协助人类，完成表格填写、内容完善、代码编写和调试等任务，减轻了劳动力压力。这也引发了关于取代人类工作并引发社会失业危机的担忧，使得教育和政策措施至关重要：个人应掌握有效使用 Agent 或与其合作的技能和知识；同时，实施适当政策，确保建立必要的安全网。

除了潜在的失业危机外，随着 AI Agent 的发展，人类（包括开发人员）可能难以理解、预测或可靠地控制它们。如果其智能超越人类并产生野心，可能试图夺取世界控制权，给人类带来不可逆转的后果。为了防范人类面临的此类风险，研究人员在开发基于 LLM 的 AI Agent 之前，应全面了解其运行机制，预测其影响，并设计规范其行为的方法。

4. 多 Agent 的瓶颈

Agent 系统在面向任务的应用中展现出卓越的性能，并在模拟中展示出丰富的社会现象。但当前的研究主要集中于数量有限的 Agent，较少关注增加 Agent 数量以构建更复杂的系统或模拟更大的社会。增加 Agent 数量可以有效提高任务效率和社会模拟的真实性、可信度，但会面临更多挑战。

首先，随着大量 AI Agent 的部署，计算负担会增加，需要更好的架构设计和计算优化，以确保整个系统的平稳运行。其次，通信和信息传播的挑战也变得相当严峻，因为整个系统的通信网络会变得非常复杂。在多 Agent 系统或社会中，信息传播可能会出现偏差，导致信息传播失真。一个拥有更多 Agent 的系统可能会放大这种风险，降低通信和信息交流的可靠性。此外，随着 Agent 数量的增加，协调 Agent 的难度也会增大，使 Agent 之间的合作更具挑战性，效率降低，影响实现共同目标的进程。

所以要构建一个大规模、稳定、连续的 Agent 系统，忠实再现人类的工作和生活场景，已成为一个前景广阔的研究方向。一个有能力在由数百甚至数千个 Agent 组成的社会中稳定运行并执行任务的 Agent，更有可能在未来的现实世界中找到与人类互动的应用。

3.3.2 AI Agent 的未来展望

本小节将探讨 AI Agent 对生活和工作的影响，以及 AI Agent 未来可能的发展方向和趋势，并通过知名调研机构的相关数据及其对 AI Agent 的预测，来加深大家对 AI Agent 行业未来发展的认知。

1. AI Agent 的发展趋势

AI Agent 行业呈现出了一系列引人注目的发展趋势，它们正集体预示着一个全新的技术与社会结构变革。随着人工智能渗透到商业、健康、教育乃至我们的个人生活的各个方面，其发展的广度和深度都呈指数级增长。

这里，我们将通过 AI Agent 行业未来发展的 17 个趋势，来揭开一个充满无限可能与挑战的 AI Agent 未来新篇章。

趋势 1：应用创新，AI Agent 迎来发展机遇

AIGC 技术的持续进步正在深刻地改变企业的业务模式和市场格局。随着应用创新的不断推进，AIGC 已经不仅是一种技术工具，更是引领企业转型和市场变革的重要力量。在金融领域，AIGC 的应用已经从简单的自动化处理发展到了为客户提供个性化的财富管理和风险控制方案。这一变革不仅提升了行业的服务质量和运营效率，更重新定义了金融行业的未来发展方向。同时，作为 AIGC 技术的重要组成部分，AI Agent 正在成为企业智能化转型的关键角色，它们通过融入 AIGC 产品与解决方案，不断延伸应用价值链，对企业商业模式和利益分配产生更加深远的影响。

趋势 2：人机协同，Agent 模式应用潜力巨大

AIGC 技术的深入应用正使 AI Agent 成为企业智能化转型的关键角色。这些集成了多种功能和工具的 AI Agent 程序，能与 LLM 及各类数据资源有效配对，自主完成任务。人机协同模式下，AI Agent 的算法和数据处理能力与人类的创造力、判断力和情感智能相结合，共同解决复杂问题。企业内部 AI Agent 的应用愈发广泛，它们或作为智能助手提供数据分析和决策建议，或作为任务执行者自动化完成重复性工作、提升效率。

Gartner 预测，到 2025 年，超过 80% 的企业将采用生成式 AI 优化业务流程。

随着 LLM 的发展，Embedding、Copilot 和 Agent 三种人机协同模式显现。尤其在 Agent 模式下，AI Agent 在医疗、教育、制造业、客户服务等领域的应用展现出巨大潜力。

趋势 3：专属模型 AI Agent，精准个性化服务

随着企业对 LLM 需求的日益精细化，专属模型应运而生，它们能够更深入地理解企业的业务流程和逻辑，从而为企业提供更加精准、个性化的服务。这些模型根据企业的特定需求和场景量身定制，确保了服务的高度针对性和实用性。基于专属模型的 AI Agent 在业务场景中发挥着举足轻重的作用。它们能够自主完成各种复杂任务，为企业提供智能化的决策支持和服务，极大地提升企业运营效率和决策准确性。

麦肯锡的研究显示，使用专属模型的企业在业务决策上的准确率提高了 20%，运营效率也获得了显著提升。基于专属模型的 AI Agent 在企业业务中发挥着越来越重要的作用，推动企业的智能化转型。

趋势 4：超级入口，一站式服务的集成平台崛起

在数字化时代，超级入口以其便捷、高效的一站式服务体验赢得了用户的青睐。作为一个集成了多种服务和功能的平台，超级入口不仅满足了用户在各个领域的需求，更通过智能推荐和个性化服务提升了用户体验。AI Agent 的崛起进一步丰富了超级入口的内涵和功能，它集成了各种智能服务和 AI Agent，为用户提供更加智能化、个性化的服务体验。在这个平台上，用户可以轻松享受到全方位的服务支持，而企业也借此获得了更多的商业机会和创新空间。超级入口与 AI Agent 平台的深度融合，正引领着数字化服务的新潮流。

趋势 5：应用新趋势，多模态塑造“多边形战士”

多模态 LLM 是 AIGC 技术发展的新趋势，它们能够同时处理多种类型的数据，如文本、图像、声音等，实现对信息的全面理解和分析。这种技术为构建“多边形战士”应用提供了可能，使 AI 能够在多个领域和场景中发挥巨大的作用。例如，在智能客服领域，多模态 LLM 可以同时处理文本和语音信息，为用户提供更加智能、高效的服务体验。基于多模态 LLM 的 AI Agent 也将在企业与组织的经营中发挥更大的作用，它们可以更加全面地理解和分析各种信息，为企业提供更加精准、个性化的决策支持和服务。

趋势 6：AI 原生应用，AIGC 浪潮中的新方向

AI 原生应用是 AIGC 浪潮中引领行业发展的新方向。这些应用不仅是为了满足 AI 的需求，更是为了最大化地发挥 AI 的潜力，以提供更为高效、便捷的服

务。在医疗领域，AI 原生应用正协助医疗机构实现精准诊断和个性化治疗，通过医疗影像数据和深度学习算法的结合，快速识别病症并提供个性化的治疗方案。在教育领域，AI 原生应用为学生带来了个性化的学习体验，通过精准分析学习行为和成绩数据，为学生提供定制化的学习计划和资源推荐，从而提升学习效果。随着 AI Agent 架构的引入，这些应用的潜能将得到进一步提升，AI Agent 能够协助用户完成更为复杂的任务，并大幅提升用户体验。

趋势 7：AI Agent 工具化，降低开发门槛，提升开发效率

AI Agent 工具化的核心理念在于简化 AI 技术的复杂性，为开发者提供一套易用且功能强大的工具，以此推动应用的开发与优化。这种趋势的形成得益于 AI 技术的持续进步和市场需求的不断扩大。通过这些工具，开发者能够更高效地进行应用开发，提升开发效率，同时优化应用的性能。数据显示，使用这些 AI 工具的企业在应用开发的速度、成本和质量方面都有显著提升。为了进一步推广 AI Agent 的应用，需要有更多的企业和创业者参与进来，将这些开源架构封装成易用的工具，从而降低 AI 的使用门槛，让更多的人能够享受到 AI 带来的便利。随着这些工具的普及和应用，AI Agent 的应用范围将更加广泛，这将成为其未来发展的重要趋势。

趋势 8：AI 普惠化，更多人享受 AI Agent 便利

AI 普惠化是一种致力于将 AI 技术深度融入社会各领域的前瞻性理念，目标是让广大民众都能领略并享受到 AI 技术带来的便捷与价值。为了实现这一目标，我们持续推动 AI 技术的创新与发展，确保其成果能够惠及更广泛的人群。随着 AI 技术的日益成熟和广泛普及，AI 普惠化将不再是一个遥不可及的梦想。从 2024 年开始，AI 普惠化将逐步成为现实，意味着 AI 技术将在各行各业得到广泛应用，使更多人能够亲身体验到 AI 带来的便捷和效益。无论是在工作场所还是在日常生活中，AI 都将无处不在，为人们带来实实在在的利益。此外，AI 普惠化还将激发 AI Agent 的创新活力，为人类创造更加美好的未来。

趋势 9：AI Agent 私人化，满足个性化需求

AI Agent 私人化是一种根据每个用户的特性和需求，定制个性化的 AI Agent 服务的新兴趋势。这种定制化的服务能够更好地满足用户的需求，提供更加贴心和高效的服务。随着科技的不断发展，AI Agent 的能力也在持续提升，它们可以更加深入地理解用户的需求，并提供更加个性化的服务。例如，根据用户的喜好和行为习惯，AI Agent 可以提供个性化的推荐服务；同时，根据用户的工作习惯和工作环境，AI Agent 还可以提供个性化的工作辅助服务。相关调查显示，用户对个性化 AI Agent 的需求正在快速增长，这将进一步推动 AI Agent 技术的发展，

并为用户带来更加个性化、贴心的服务体验。

趋势 10：LLM 发动机化，推动应用创新与发展

LLM 技术日益成熟和完善，LLM 发动机化已经成为现实，并展现出强大的应用潜力。LLM 发动机化的核心理念是将 LLM 作为驱动力，推动各种应用的发展和创新。在 AIGC 领域，LLM 为 AI Agent 提供了坚实的支持，通过深度学习和推理能力的结合，使 AI Agent 能够更准确地理解和执行用户的任务和指令。随着 LLM 技术的不断进步和应用场景的不断拓展，AI Agent 将在更多领域扮演重要角色，成为企业和组织不可或缺的智能伙伴。LLM 发动机化将推动各行业的应用创新和发展，为经济发展和社会进步注入新的活力。

趋势 11：多模态应用的扩展，AI Agent 交互的全面升级

随着人工智能技术的突飞猛进，AI Agent 的交互方式已经从单一模式转变为多模态交互，这意味着 AI Agent 如今能够理解和响应文本、图像、声音等多种信息形态。用户不仅可以通过文字与 AI Agent 进行交流，获取所需信息，还可以通过上传图片来请求深度解析，甚至利用智能语音助手进行语音互动。这种多模态交互方式的出现，极大地丰富了 AI Agent 的应用场景，无论是在工作还是生活中，AI Agent 都能发挥更大的作用，为用户提供更加便捷、高效的服务。同时，这也反映了 AI 技术的持续进步和用户对多元化交互方式的需求增长。

趋势 12：AI Agent 框架化，构建开放、可扩展的生态系统

随着应用场景的日益多样化，AI Agent 正逐渐采用更加开放和可扩展的框架结构。这种框架结构赋予了 AI Agent 更高的灵活性和可扩展性，使其能够根据不同的应用场景和需求进行灵活调整。通过模块化设计，AI Agent 的感知、决策、执行等各个部分可以独立地进行更新与优化，从而更好地适应新的任务需求和环境变化。此外，该框架的可插拔组件和标准化接口设计，让 AI Agent 能够轻松地集成新的功能模块和工具，以应对不断变化的应用需求。这种开放性和可扩展性不仅提升了 AI Agent 的适应能力，还降低了其开发与使用的门槛，推动了 AI 技术的普及与应用。

趋势 13：量子机器学习，AI Agent 带来全新可能

量子计算与人工智能的结合，即量子机器学习，为 AI Agent 的发展注入了新的活力。利用量子计算机的强大计算能力，量子机器学习可以在更短的时间内处理和分析大量数据，为 AI Agent 提供更加准确和高效的决策支持。这种技术的融合不仅显著提升了 AI 系统的整体性能，还为我们揭示了更多适合量子计算机的应用场景。在医疗诊断、金融风险管理等众多领域，人工智能与量子计算的结合有望带来更为智能化的解决方案。量子机器学习的兴起，预示着 AI Agent 在分析和决策领域将迎来前所未有的发展机遇。

趋势 14：AI 应用新篇章，AI Agent 成为主流形态

随着技术的不断进步和应用场景的不断拓展，AI Agent 作为一种智能化的应用形态，正在逐渐成为 AI 应用的主流。IDC 预测，未来几年将涌现出大量新的 AI 应用，其中 AI Agent 将发挥重要作用。具备自主感知、决策和执行能力的 AI Agent，能够应对各种复杂环境和任务，满足多样化的应用需求。同时，强大的学习和优化能力使其能够不断适应新的环境和任务，提升性能，为用户提供更优质的服务。随着 AI 技术的普及和发展，AI Agent 将逐渐渗透到各个行业和领域，成为企业和组织不可或缺的智能伙伴，推动 AI 应用的广泛发展。

趋势 15：提升生产力，赋能超级个体

在人工智能的推动下，我们正在进入一个超级个体的时代。越来越多的创新将来源于个体和小型组织，而 AI Agent 将成为这些个体和小型组织的生产力加速器。这些超级个体在 AI Agent 的帮助下，可以实现更高效的工作流程，处理更复杂的任务，并与其他超级个体建立更为智能化与自动化的协作关系。例如，微软的 AutoGen 等先进工具已经出现，它们可定制、可对话，并能以各种模式运行，帮助个体完成各种任务。在这样的背景下，每个普通个体都有可能成为超级个体，拥有自己的 AI 团队与自动化任务工作流。这种变革不仅将提升个体的生产力和创造力，还将推动社会的进步和发展。

趋势 16：具身智能，应用场景多样化

具身智能正成为人工智能领域的前沿探索方向，其核心理念在于赋予 AI Agent 一种类似“身体”的存在，使它们能够更深入地感知并影响周围环境。这种“身体”可能以实体机器人的形式出现，也可能以数字世界中的虚拟代理或头像的形态呈现。通过与具身智能的深度融合，AI Agent 得以将 LLM 的强大智能与具体环境的感知和执行能力相结合，从而极大地提升 AI 对环境的理解能力、决策的准确性以及行动的自主性。这种结合不仅使 AI Agent 能够更好地适应各种复杂环境和任务，还能为用户提供更加智能化、个性化的服务。

展望未来，具身智能有望为 AI Agent 开辟更多新的应用场景，如在工业生产、家庭生活、医疗护理等领域发挥重要作用，进一步推动人工智能技术的广泛应用和深入发展。

趋势 17：开发革命，软件开发与使用新范式

AI Agent 作为一种能够感知环境、进行决策和执行动作的智能实体，正在引

领一场前所未有的软件开发革命。这场革命的核心在于 AI Agent 所具备的独立思考和调用工具的能力，这使软件开发过程变得更加智能化、自动化和高效化。具体来说，AI Agent 通过面向目标的软件架构，将传统的面向过程的编程方式转变为更加灵活和高效的面向目标的开发模式。

AI Agent 能够自动化处理许多烦琐的编程任务，如代码生成、测试和调试等，从而显著提高软件开发的效率和质量，还能根据用户的个性化需求和偏好生成高度定制化的软件解决方案，为用户提供更加贴心和便捷的服务。AI Agent 正在推动整个软件行业的全面升级和创新发展，包括底层技术、商业模式以及人机交互方式等各个方面的变革。可以预见的是，随着 AI Agent 技术的不断成熟和应用场景的不断拓展，软件开发行业将迎来更加广阔的发展空间和更加美好的未来。

通过这 17 个趋势，我们可以清晰地看到 AI Agent 将如何引领技术进步，打造无缝、高效且智能的解决方案与应用场景来满足日益复杂的全球性挑战。未来的 AI Agent 将变得更为交互化、情境化，甚至更具有情感智慧，它们不只是工具，更将成为提升人类生活质量的合作伙伴。

在科技的推动下，AI Agent 将以其独特的优势，为我们的生活和工作带来更多的便利和可能。随着人工智能技术的不断进步和应用领域的不断拓展，AI Agent 行业必将在未来迎来更加广阔的发展前景。

2. 知名调研机构对 AI Agent 的预测

（1）埃森哲《技术展望 2024》报告

埃森哲在《技术展望 2024》报告中指出，96% 的企业高管认为 AI Agent 生态系统应用将在未来 3 年内为他们的组织带来重大机遇。

随着人工智能向 Agent 演进，自动化系统将能够自主决策和行动。Agent 不仅会为人类提供建议，还将代表人类采取行动。人工智能将继续生成文本、图像和洞察，而 AI Agent 将自行决定如何处理这些信息。它将帮助我们塑造未来的世界，而我们只需确保它能够创造人类期望的世界。当 Agent 升级成我们的同事时，就需要人类与它们一起重新构建技术和人才的未来。

（2）IDC《AIGC 应用层十大趋势》报告

IDC 在《 AIGC 应用层十大趋势》报告中对 AI Agent 发展趋势的预测也非常值得我们参考。报告调研表明，所有企业都认为 AI Agent 是 AIGC 发展的确定性方向，50% 的企业已经在某项工作中进行了 AI Agent 的试点，另有 34% 的企业正在制订 AI Agent 应用计划。

对于未来的发展，IDC 主要有以下两点看法：

其一，AI Agent 让“人机协同”成为新常态，个人与企业步入 AI 助理时代。

AI Agent 能够帮助未来企业构建以“人机协同”为核心的智能化运营新常态。越来越多的业务活动都将被委托给 AI，而人类则只需要聚焦于企业愿景、战略和关键路径的决策上。人与大量 AI 实体之间的协同工作模式，将颠覆当前企业的运行基础，让企业运营成效获得成倍提升。

AI Agent 在满足企业日常运营的流程性需求方面潜力巨大，在工作、生活、学习、娱乐、健康等多方面都可以提供丰富、多样且极具个性化的体验，例如在工作场景中提供日程提醒、差旅安排、会议室预定、文字助理、会议速记、知识问答、数据分析辅助决策等智能功能，在生活场景中提供餐饮娱乐订购、日程安排、健康管理、旅行规划等助理服务。

AI Agent 可以根据用户以往的工作过程信息，分析用户偏好，模仿用户风格，不断贴近用户的工作习惯。伴随着 AI 的能力发展，AI 助理将持续创造新的办公模式，包括在内外部工作环境中建立新的协同处置方法，在数据智能分析中引入动态交互式的 BI 功能，以及在重要稿件的编辑过程中实现内容的自动化初创和审核等。

在以 AI Agent 为代表的 AIGC 应用加持下，越来越多的创新将会源自超级个体和小型组织。在一些领域，一个人加上足够的 AI 工具就可以成为一家专业化公司。人与 AI 将产生高效的分工与协作：AI 汇集和处理海量需求信息，人只需要在一些关键的节点做出决策和处置动作，即可完成企业价值创造的全过程。

其二，AI Agent 变革未来生产力的组织形式，对抗组织熵增。

在 AGI 时代，企业组织结构和社会生产关系在 LLM 的全局优化效应下，必然会朝着整体效率最高的方向发展。企业业务多样性的持续提升会使组织的复杂性不断增加。AIGC 进一步增强了 AI Agent 的功能和实用性，给组织形态的变革和组织协同的优化带来了新的希望。通过增加数字员工，AIGC 能够极大限度地缓解前端工作压力，积累业务知识和沉淀资产，提升企业整体运营效率。

数字员工将丰富的领域知识与多模态交互方式相结合，不仅可以强化分析、判断和决策能力，还能与企业的员工、数字化系统、基础设施等进行广泛连接，成为企业的有机组成部分。AI 将不再作为辅助工具，而是真正成为独立的生产要素，全面解放现有劳动力并实现生产力组织形式的新变革。

IDC 认为，未来企业的工作任务将在 AIGC 的助推下日益原子化和碎片化，复杂的流程将被无限拆解，再进行灵活的编排和组合，每个环节的效能和潜力都将被 AI 持续挖掘。从供给端看，“人 + AI 数字员工”的高效协同模式将为大型企业对抗组织熵增提供理想的解法。

第二部分
领域应用

作为人工智能的一种表现形式，AI Agent 已经在各个领域中发挥着越来越重要的作用。无论是教育与科研领域、医疗保健领域，还是金融、文娱、零售及电子商务领域，甚至是客户支持领域，AI Agent 都在给我们的生活和工作带来深远的影响。

本部分将详细介绍 AI Agent 在智能客服、教育、医疗等行业的应用和实践，展现它如何提升效率、优化体验及创新突破，还将探讨 AI Agent 如何通过自我学习提高性能，以及用创新方法解决问题，同时讨论 AI Agent 面临的挑战和应对策略，以期读者对 AI 应用有全面深入的理解。

第4章 CHAPTER

AI Agent在教育与科研领域的应用

在教育与科研领域，AI Agent的应用将会带来前所未有的变革。这一章将深入探讨AI Agent在教育与科研领域的应用特性与优势、应用价值与应用场景、典型案例和效果，以及广阔的应用前景。通过这一章的阅读，读者将全面了解AI Agent如何助力教育与科研，提高教育质量，开拓新的科研领域。

4.1 应用特性与优势

作为一种智能化的辅助工具和交互工具，AI Agent通过自然语言交互、知识推理、数据分析等能力，为教师、学生、科研人员提供个性化和智能化的服务，有效提升教学效果和科研效率。它正在为教育与科研活动注入新的活力，推动教学模式和科研范式的变革。

4.1.1 在教育领域的应用特性与优势

AI Agent在教育领域的应用日益广泛，其自适应学习、个性化推荐及数据分析等强大功能为教育者和学习者带来了前所未有的便利。AI Agent能够根据用户的需求、特征、行为和反馈，动态调整策略、内容和形式，实现高度个性化的交互与协作。

1. 应用特性

在教育领域，AI Agent 展现出多样化的功能，如智能推荐、辅导、评估、反馈及管理等。它在应用中的特性如下：

- 智能推荐与教育辅导：AI Agent 可以根据学生的学习情况和需求，智能推荐相关课程或学习材料，并提供个性化的辅导，从而帮助学生更高效地学习。
- 智能评估与反馈：AI Agent 能够对学生的学习成果进行智能评估，及时给出反馈，帮助学生了解自己的学习情况，及时调整学习策略。
- 智能管理：除了辅助学习，AI Agent 还可以协助教育机构进行智能管理，如课程安排、学生信息管理等，提高教育机构的管理效率。
- 即时响应与服务支持：AI Agent 能迅速回应学生和教育机构的各种需求，无论是学习问题还是管理服务需求，都能提供准确及时的解答和支持。

AI Agent 正成为现代教育不可或缺的智能助手，推动教育的个性化和高效化进程。

2. 优势

AI Agent 在教育中的优势主要体现在以下几个方面：

- 参与式学习：通过即时的、人工智能驱动的澄清和指导，营造一个更具参与度、互动性的学习环境。
- 按需支持：无论是解决电子学习平台故障还是了解大学的入学先决条件，AI Agent 都可以提供即时、准确的帮助。
- 学习者的内容掌握：学习者可以深入研究教育材料，确保理解和知识保留。
- AI 驱动的洞察：根据学习者的互动、偏好和查询记录，不断增强教育体验。

组织可利用 AI Agent 提供迅速准确的响应，从而提升学生、教育工作者和行政人员的满意度。它不仅能最大限度减少手动查询，使教育工作者能更专注于教学，更有助于提升教学和学习的效果与效率，增强学习者的动力和兴趣，还可以拓展教学资源与渠道，推动教育的创新与发展。AI Agent 通过全方位优化教育体验，不仅能够提升教学质量，更能为教育机构吸引更多的学习者，有效提高入学率和保留率。

4.1.2 在科研领域的应用特性与优势

AI Agent 应用于科研领域，可以帮助科研人员完成文献检索、数据分析、论文写作等任务，还可以帮助科研人员解决一些难题，提高科研效率和质量，推动科学进步和创新。

1. 应用特性

应用于科研领域，AI Agent 具备以下特性：

- 自动文献检索：系统能根据用户输入自动检索相关的学术文献，同时提供这些文献的摘要、引用信息以及评价内容，使得用户能够迅速了解文献的核心内容和学术价值。
- 智能数据分析：系统可以根据用户的需求自动进行数据分析，快速生成各类图表、统计数据和报告，直观展示数据并进行深入解读。
- 论文写作辅助：用户只需输入论文主题，系统便能自动生成论文的基本结构，包括标题、摘要、各个章节以及参考文献等，极大提高了论文写作的效率。

2. 优势

AI Agent 应用于科研领域的优势，主要有以下几点：

- 节省时间和精力：AI 技术能够自动化处理科研中的重复性和烦琐性任务，使科研人员更专注于科研的创新和思考。
- 提高效率和质量：借助 AI 技术，科研人员可以更快速地搜索到相关文献，提高数据分析的准确性，进而提升论文写作的质量，并且更快地完成任务。
- 增强信心：AI 技术可以帮助科研人员更好地掌握科研方法和技巧，使他们能够更自信地展示自己的科研成果，并与其他科研人员分享交流。

AI Agent 在教育与科研领域展现出了独特的特性和显著的优势。借助强大的自然语言处理、知识推理、数据分析等能力，AI Agent 正在重塑教学和科研的方式方法，为教育与科研领域带来全新的机遇。

4.2 应用价值与应用场景

AI Agent 正在教育与科研领域展现出独特的价值，它不仅改变了传统的教学模式，还在科研工作中扮演着越来越重要的角色。AI Agent 能够通过个性化学习计划，为学生提供定制化的教育体验，同时也能协助研究人员处理大量数据，发现研究中未曾触及的新领域。

下面将探讨 AI Agent 在教育与科研领域中的应用价值、应用场景，揭示它如何成为推动知识传播与创新研究的强大动力。

4.2.1　在教育领域的应用价值与应用场景

在教育领域，AI Agent 可以作为智能教师、助教、导师、评估员等角色，为学习者提供个性化、适应性、反馈性的学习支持和指导，提高学习效率和质量，激发学习兴趣和动力，促进学习者自主学习和终身学习。AI Agent 也可以作为智能学习者，与人类学习者进行协作或竞争，增加学习的互动性和趣味性，提高学习的深度和广度。

1. 应用价值

AI Agent 在教育领域有着广泛的应用价值，可以为教育者和学习者提供个性化、高效、创新的教学和学习支持。它的应用潜力主要体现在以下三方面：

- 个性化学习助手：AI Agent 可根据学生的学习风格、兴趣和能力，为他们定制个性化学习方案，并提供即时互动的学习环境，有效解答学生疑惑，显著提升学生的学习效果。
- 教师教学辅助：AI Agent 能帮助教师整理教学资源、提供教学建议，并利用大数据分析学情，给出智能评价和个性化反馈，同时协助课程规划和作业批改，极大提升教学效率。
- 教育管理和决策支持：在教育管理和决策层面，AI Agent 通过深度挖掘和可视化教育数据，为教育机构和政府部门提供科学决策支持，以优化资源配置，提升教育质量，并促进教育公平。

2. 应用场景

随着人工智能技术突飞猛进的发展，AI Agent 在教育与科研领域的应用将变得日益广泛，深刻影响个性化学习、智能辅导、智能评估等多个教育领域。下面是 AI Agent 在教育领域的常见应用场景。

- 个性化学习与智能辅导：AI Agent 能根据学生的个人特性、兴趣、能力和学习进度，为他们量身定制学习内容和反馈，从而显著提高学习效率。同时，智能辅导类 Agent 会根据学生的知识水平和学习目标，为他们提供精准的学习建议和资源推荐。

- 智能评估与反馈：借助 AI Agent，可以更全面、更客观地评估学生表现。例如，它们能自动对学生的回答和作文进行评分与反馈，帮助学生清晰地认识到自己的优势和不足，从而调整学习策略。
- 智能组织与管理：在教育管理上，它们能协助教师进行课程设计、教学安排和资源管理，大幅提高教育者的工作效率。
- 智能助理与互动：AI Agent 可以充当教育者和学习者的智能助理，提供各类相关信息、服务和建议，还能与学生进行自然而友好的对话和交流，提供情感支持，增强教育者和学习者之间的沟通与合作。
- 智能创造与服务：在教育内容创造方面，AI Agent 能根据教育者和学习者的需求与偏好，生成丰富多样的教育内容，还能提供各种便捷的教育服务，如在线课程推荐、课程注册和支付等。
- 智能监督与创新：AI Agent 在教育监督方面也发挥着不可或缺的作用。通过监测和分析教师或学生的行为，它们能及时发现并预防可能出现的问题，如欺凌、作弊等。更重要的是，AI Agent 还具备强大的创新能力，能持续推动教育的创新和发展。

未来，AI Agent 将会以个性化学习、智能辅导、智能评估等多种方式，深刻地改变教育模式和方法，极大地提高教育的质量和效率。

4.2.2 在科研领域的应用价值与应用场景

1. 应用价值

AI Agent 在科研领域有着广泛的应用前景，可以帮助科学家解决各种复杂问题，加速研发进程，节省成本和资源。以下是它在科研领域的部分应用价值。

- 科研全方位支持：在科研领域，AI Agent 可作为智能研究员、助理等，为科研人员提供全方位支持，涵盖文献检索、数据分析、实验设计、论文写作等，从而提升科研效率和影响力。
- 化学研发：在化学领域，AI Agent 能设计和筛选新材料、药物等分子结构，并基于大数据和深度学习进行预测和优化，显著提升研发效率。
- 生物学研究：在生物学领域，AI Agent 可分析和解读基因组数据，发现新的生物标记物和药物靶点，有助于揭示生命奥秘，推动医学创新。
- 环境监测与保护：在环境科学领域，AI Agent 能监测和预测环境变化，评估环境风险，并提出保护措施，对应对全球气候变暖等挑战具有重要意义。

AI Agent 的广泛应用不仅提升了各个领域的工作效率和研究质量，还为人类社会的发展和进步做出了重要贡献。

2. 应用场景

以下是 AI Agent 在科研领域的一些应用场景。

- 文献检索与分析：自动检索、分析相关文献，提供摘要、关键词等信息，助力科研人员高效筛选有价值的资料。
- 科学实验设计与优化：通过模拟和优化算法，为科研人员设计和优化科学实验，包括实验参数、步骤和设备等，旨在提高实验效果和效率。
- 数据处理与可视化：自动处理实验数据，生成统计报告和可视化图表，帮助科研人员洞察数据规律，支持科研创新。
- 论文写作与修改：辅助撰写和修改学术论文，提供结构、内容建议，提升论文质量，增加发表成功率。
- 科学文本生成与摘要：利用 NLP 技术，根据关键词或主题生成科学文本或摘要，加速文献撰写和阅读过程。
- 科学知识图谱构建与查询：整合多领域知识，构建科学知识图谱，提供语义查询和推理服务，助力发现新知识关联。

未来 AI Agent 在教育及科研领域的广泛应用，将会推动教育与科研质量的提升，促进资源的公平分配，有助于缩小教育与科研的差距，推动它们向更为民主、普惠的方向发展。

4.3　应用案例

AI Agent 在教育领域的应用已经越来越多，下面我们通过几个实际应用案例，展示 AI Agent 在教育领域的应用情况。

1. Cogniti.ai

Cogniti.ai 是由悉尼大学的教育创新团队开发的一个早期试点项目，用于创建由生成式 AI 支持的可操纵且准确的 Agent。Cogniti.ai 旨在让教师构建自定义聊天机器人 Agent，这些 Agent 可以提供特定的说明和特定的资源，以上下文相关的方式帮助学生学习。

Cogniti.ai 的主要特点包括：

- 精心打造 AI Agent，精准把控与学生之间的互动方式，确保交流自然流畅。

- 资源丰富多样，为用户的 AI Agent 提供海量网页、文件及其他优质资源，使它能够更加准确地回答学生问题。
- 坚持公平原则，确保所有学生都能获得同等的访问强大 AI Agent 的权限，且不受任何限制。
- 深入了解学生与 AI Agent 的互动情况，将这些宝贵信息融入用户的教育教学之中，进一步提升教学质量。

这些特点使得 Cogniti.ai 成为一个强大的工具。使用 Cogniti.ai，教师只需用自然语言简单地发出指令，就能精准地控制 AI Agent 与学生的交互方式。同时 Cogniti.ai 的资源丰富多样，可以为 AI Agent 提供可靠支持，学生可以直接在 LMS（学习管理系统）中与教师构建的 AI Agent 进行互动，每个学生都能够充分利用 AI 的强大功能。在实际应用中，Cogniti.ai 具有巨大潜力，能够帮助教师更好地与学生互动。教师可以通过与 Cogniti 互动告诉它如何回答学生问题或提供反馈，无须亲自与每个学生交流，也能实现一对一的辅导和实时反馈。

2. GPT Researcher

GPT Researcher 是一个自主 Agent，旨在对各种任务进行全面的在线研究。该 Agent 可以生成详细、真实和公正的研究报告，并提供自定义选项，以便用户专注于相关的资源、大纲和课程。受最近的 Plan-and-Solve 和 RAG 论文的启发，GPT Researcher 解决了速度、确定性和可靠性问题，通过并行 Agent 提供更稳定的性能和更快的速度，而不是同步操作。以下是 GPT Researcher 的一些主要特点：

- 自主研究：GPT Researcher 是一个为各种任务设计的全面在线研究的自主 Agent。
- 研究报告：可以生成详细、真实和公正的研究报告，并提供定制选项，以便用户专注于相关的资源、大纲和课程。
- 并行 Agent：通过采用并行 Agent 来完成任务，而非同步处理，实现了更为稳定的性能和更快的速度。

下面是两个具体应用场景：

- 生成研究大纲：对于如何利用 AI 来防御 DDoS 攻击的问题，GPT Researcher 可以生成一个研究大纲。
- 生成研究报告：对于人工智能是否会取代人类的问题，GPT Researcher 可以生成一个研究报告。

GPT Researcher 不仅弥补了传统研究和现有 LLM 的不足，更以独特的功能和便捷性，为现代研究提供了新的解决方案和可能性。

4.4　应用前景

近年来，随着人工智能技术的飞速发展，AI 在教育和科研领域的应用日益广泛。2022 年 8 月科技部发布《科技部关于支持建设新一代人工智能示范应用场景的通知》，智能教育被纳入首批示范应用场景。据锐观咨询发布的报告，2023 年我国教育信息化市场规模达 5776 亿元，6 年 CAGR 达 9.2%。不管是从政策端还是政府预算来看，AI 在教育行业的应用都具备有利条件。

AI 在学生学习、考试、家庭教育等多个方面发挥着重要作用。同时，在教师教学、教育管理等领域，AI 的应用也呈现出显著效果。特别是生成式 AI（AIGC）的迅猛发展，为教育行业带来了前所未有的变革。作为 AIGC 的重要落地途径，AI Agent 与教育和科研领域有着紧密的结合。教育和科研的复杂性涉及多个方面，如情感、创造力、社交等，而 AI Agent 能够提供个性化、高效、创新的支持，有效应对这些挑战。AI Agent 在教育和科研领域的应用方向包括：

- 个性化学习辅助：AI Agent 为教育者和学习者提供个性化的学习辅助和定制化的教学内容，满足不同学生的需求，实现教育的个性化和差异化。
- 实时互动答疑：AI Agent 能以实时、互动的方式与学习者交流，提供即时的答疑解惑，帮助学生克服学习难题，从而增强学习效果和学习体验。
- 教学助手与智能评价：作为教育者的助手，AI Agent 提供教学资源整理、教学建议和数据分析等支持，同时通过大数据分析为学习者提供准确的评价和个性化反馈。
- 科研智能助理：在科研领域，AI Agent 可协助科研人员进行数据收集与分析，提出创新假设，并帮助进行文献检索、实验设计等工作，提高科研效率。
- 教育与科研协同平台：在教育与科研交叉领域，AI Agent 可作为智能平台，推动多学科、多机构的合作与交流，促进教育与科研的协同创新。

当然，AI Agent 在教育与科研领域的应用也面临一些挑战和风险。如何确保 AI Agent 的可靠性、安全性和伦理性是当前亟待解决的问题。同时，保护知识产权、平衡人机关系也是未来发展的重要考量。AI Agent 在教育与科研领域展现出广阔的应用前景。它不仅能为教育者和学习者提供多样化、智能化的服务，更有望引领教育与科研领域的新一轮变革。然而，面对挑战和风险，我们需要不断探索和解决，以实现 AI Agent 与教育和科研领域的和谐共生、持续发展。

|第 5 章| CHAPTER

AI Agent 在医疗保健领域的应用

AI Agent 正在以独特的特性和优势，逐步改变我们对医疗保健的认知和期待。它的出现，使得医疗保健领域的服务和治疗方式得以革新。它们能够进行大数据分析，预测疾病风险，提供个性化的健康建议，甚至参与到临床决策中。这些都极大地提高了医疗服务的效率和质量，也为患者带来了更好的医疗体验。本章将深入探讨 AI Agent 在医疗保健领域的应用价值和应用场景，通过具体的应用案例和效果展示 AI Agent 如何在实际工作中发挥作用。

5.1 应用特性与优势

AI Agent 在医疗保健领域有着广泛的应用和优势，医疗类 Agent 可以帮助医生、患者和其他利益相关者提高医疗质量和效率。

1. 应用特性

AI Agent 在医疗保健领域的应用特性如下：

- 自主交互与沟通：AI Agent 能够与医疗系统和患者进行自主交互，模拟人类语言和行为，为患者提供个性化的医疗服务。

- 数据处理与可靠性：根据用户数据，如健康指南、预约信息、用药细节等进行响应，并通过事实核查确保信息的可靠性，从而提升患者的信任度和护理水平。
- 自然语言理解与优化：基于 LLM 及知识图谱技术，AI Agent 能理解自然语言、适应不同情境、学习和更新知识，并根据患者反馈优化性能。
- 多功能应用：提供医疗信息、回答问题、提醒用药和预约、推荐健康行为，以及收集反馈等功能，适用于健康咨询、预约挂号、用药提醒、康复指导和心理支持等场景。

2. 优势

将 AI Agent 应用于医疗及保健有以下几点优势：

- 信息传递与支持：以患者为中心，提供精准、及时的信息，简化健康信息的获取流程，使患者更易理解复杂的医疗内容。
- 医疗体系互动：简化患者与医疗体系的沟通，提供便捷的预约、医生信息查询及护理指导服务。
- 辅助药物管理：帮助患者明确用药细节，了解可能的副作用，从而提升治疗效果和患者满意度。
- 减轻医护人员压力：通过自动化处理行政任务，让医护人员有更多时间专注于关键护理工作。
- 决策支持与运营优化：支持患者做出更明智的健康决策，并能优化诊所和医院的运营流程，提高工作效率。
- 行业推动力：在健康科技平台、医学研发等多个领域有广泛应用，成为推动整个医疗保健行业进步的重要力量。

AI Agent 用于医疗的主要优势在于能够实现以患者为中心的信息传递、内容感知、健康咨询、以 AI 驱动的医疗保健洞察、准确及时的患者服务以及符合法规要求的可扩展性能。

5.2　应用价值与应用场景

AI Agent 是一种具有自主性、适应性和目标导向性的 AI 系统，可以与人类或其他 AI Agent 交互，以完成特定的任务或实现某些目标，因此在医疗保健领域有着很大的应用价值和很多的应用场景。

1. 应用价值

AI Agent 在医疗保健领域展现出了显著的应用价值，具体表现在以下几个方面：

- 提高医疗质量和效率：AI Agent 能够通过分析病历、检验结果和影像资料，为医生提供诊断建议，并根据患者特征推荐最佳治疗方案和药物剂量。同时，它还能监测患者生理信号和症状变化，预测预后和并发症风险，以调整治疗计划。
- 增强患者自我管理能力：通过与患者的日常沟通，AI Agent 可收集健康数据，并提供个性化建议，如饮食、运动和睡眠等。它还能提供健康教育，增强患者的健康意识和自我保健能力。
- 提供心理支持：AI Agent 可根据患者情绪状态提供适当的心理支持，如倾听、安慰和鼓励，以缓解焦虑、抑郁和孤独感。
- 辅助医疗机构管理：AI Agent 能分析医疗机构的历史、实时和预测数据，帮助进行资源规划和调配，提高运营效率和财务效益。同时，它还能挖掘医疗数据中的隐藏信息和关联性，以优化临床路径、医疗流程和医疗政策，提升服务质量和竞争力。

AI Agent 在医疗保健领域的应用价值是显而易见的，可以为医生、患者和医疗机构带来多方面的好处。

2. 应用场景

AI Agent 在医疗保健领域的应用前景广阔，有望显著提高医疗质量、效率及可及性，同时改善患者体验，降低医疗成本和风险。以下是 AI Agent 在该领域的核心应用场景。

- 诊断支持辅助：AI Agent 能够协助医生分析患者的各类数据，包括症状、体征、检验结果等，提供准确的诊断建议，从而提升诊断的精确度和效率。
- 治疗规划：根据病人的个体情况和最新的医学知识，AI Agent 能够为病人制定个性化的治疗方案，包括药物、手术、物理治疗等，并实时监测和调整治疗效果。
- 医疗影像：通过深度学习和计算机视觉技术，AI Agent 能够自动化地分析和识别医学影像，如检测肿瘤、骨折等异常，从而提高影像的质量和准确性，为医生提供有力的辅助。

- 病理学：AI Agent 通过图像分析和模式识别等技术，帮助病理学家更高效地诊断组织和细胞样本。
- 预防医学：AI Agent 通过对流行病学、基因组学等数据的综合分析，能够预测和预防各种疾病的发生和传播，为高危人群提供早期筛查和干预措施。
- 医疗管理：AI Agent 利用数据挖掘和优化算法，实现医疗资源的合理分配和利用，如医生排班、病床分配等，提升医疗机构的运营效率。
- 健康管理：AI Agent 能够收集和分析患者的健康数据，为用户提供个性化的健康建议和预警措施，帮助用户更好地管理自己的健康状况。
- 药物研发：AI Agent 通过大规模数据挖掘和机器学习技术，加速新药的发现和开发过程，降低成本和风险。
- 机器人手术：AI Agent 在机器人手术领域展现出巨大潜力，能够协助医生进行更精准和微创的手术操作。
- 医患沟通：AI Agent 通过语音识别和自然语言理解技术，与患者和医护人员进行自然友好的对话，提供信息咨询、预约、随访等服务，增强医患之间的信任和满意度。
- 康复训练和反馈：AI Agent 能够为患者提供定制化的康复训练和反馈，帮助患者恢复功能和提高生活质量。在医学教育领域，AI Agent 也为医学生和医生提供个性化的学习内容和评估反馈，提升医学教育的质量和效果。
- 医疗伦理：AI Agent 能够帮助医生和患者处理医疗决策中的伦理问题，确保医疗行为的合规性和道德性。

AI Agent 在医疗保健领域的应用正逐步深入，为患者带来更高效、个性化的医疗服务体验，推动了医疗行业的持续创新与发展。

5.3 应用案例

AI Agent 应用于医疗保健领域，通过深度学习和大数据分析，为医疗保健领域注入了新的活力。它不仅在诊断疾病方面表现出色，提高了诊断的准确率和效率，还通过个性化治疗方案的优化，为患者提供了更加精准和个性化的医疗服务。

1. Medical Information

IQVIA 是一家全球领先的医疗健康行业公司，运用数据、技术、统计分析和人类智慧，助力客户推动医疗卫生和人类健康的进步。该公司持续探索前沿技术，帮助客户部署人工智能（AI）和自动化，以简化工作流程，并减轻联络中心代表和医疗专家的负担，包括使用对话式 AI Agent。

技术方面，IQVIA 一直在使用 GPT 等 LLM 开发多个用例，为客户提供最好的服务。目前已使用一系列涉及设计和改进输入的提示工程技术，创建了一个新的基于 GPT 的工具，以帮助团队汇总在初级市场研究期间收集的转录数据。早在 2021 年，该公司就开发了一个名为 Medical Information AI Agents 的 AI 产品，现在这个产品正在随着 LLM 能力的增强而变得更加强大。该产品的主要特点如下：

- 快速扩展医疗信息处理能力：AI Agents 可以帮助医疗机构快速扩展医疗信息处理能力。
- 提高人类专家的工作效率：通过将一些简单的工作交给 AI Agents 处理，人类专家可以有更多的时间来处理更复杂、更高价值的工作。
- 提供个性化服务：AI Agents 可以根据用户的需求和偏好，提供个性化的服务，如推荐相关课程或材料，或通过个性化学习路径，为学生打造定制化学习体验。
- 数据分析：AI Agents 可以分析房地产市场的动态和趋势，为开发商和经纪人提供数据支持和决策建议。

这些特点使得 Medical Information 在医疗保健领域具有广泛的应用前景，可以为医疗保健行业带来革命性的变化。Medical Information 通过 AI Agent 在医疗信息处理中发挥重要作用。它能自动处理大量患者咨询，减轻医疗人员负担，提高工作效率与质量，同时根据用户需求提供个性化医疗咨询，助力健康管理。它还能分析海量医疗数据，为医生提供准确诊断的数据支持，优化医疗决策。

2. [24]7.ai

[24]7.ai 是一家位于加利福尼亚的客户服务软件和服务公司，它使用人工智能和机器学习来提供针对性的客户服务。它采用的 AI Agent Assist 技术，通过在每一步提供智能指导来改善每次交互和客户体验指标，增强座席的能力，并通过改善双方的体验来减少客户流失。AI Agent Assist 从知识库、常见问题解答和文章中获取信息，以用作智能响应，可与多个推荐引擎配合使用，包括自有软件系统和 Google CCAI。它甚至可以从多个地方获取回复，并根据过去的表现对它们进行排名。以下是 [24]7.ai 的一些主要特点：

- AI 客户服务平台：提供 AI 客户服务平台，使用聊天机器人和人工智能为客户提供个性化的体验。
- 数据分析：提供了一种名为 [24]7 Analytics 的工具，可以帮助企业最大限度地提高它们的客户体验（CX）表现。
- 实际经验：与大多数 AI 提供商不同，[24]7.ai 的解决方案基于几十年积累的一线专业知识。

[24]7.ai 能够为患者提供跨渠道（从消息传递平台到安全的原生应用程序）的一致、熟悉的体验。借助 [24]7.ai，医疗保健聊天机器人可以向用户自动回答有关承保范围、处方和提供者位置等常见问题。对于需要人工支持的患者需求，[24]7.ai Engagement Cloud 也有相应的优势。自然语言功能使 AI 能够提取患者话语背后的真正含义，并预测他们的需求。

通过动态、个性化的参与和外展，[24]7.ai 可以与患者建立有意义的联系，例如通过外展提高患者的依从性，在正确的时间提供正确的建议。它还能以独特的个性化方式为客户提供和患者建立联系所需的所有工具。更好的患者体验，则可以提高患者忠诚度并建立客户的品牌声誉。[24]7.ai 统计数据显示，医疗保健领域应用 AI 后，平均准确率达到 85%，CSAT（客户满意度）分数高达 91%，平均应答率达到 90%。

5.4　应用前景

作为基于 AI 的软件或硬件系统，AI Agent 能与人类或其他 Agent 交互以完成特定任务的能力，在医疗保健领域展现出巨大的应用潜力。据 Insider Intelligence 调查，超过 20% 的医疗保健专家对人工智能和机器学习在改善临床结果方面的有效性给予了高度认可。

在医疗保健领域，AI Agent 的多功能性使它能够成为医生和患者的得力助手。对于医生而言，AI Agent 不仅可以协助进行诊断、治疗、监测和预后等工作，还能通过大数据分析提供最佳医疗建议，从而提升医疗质量和效率。同时，它还能在医学教育和培训中发挥重要作用，通过模拟真实临床场景，帮助医生提高专业技能。

对于患者来说，AI Agent 则是一个贴心的伙伴。例如，在心理保健方面，AI Agent 能够提供持续的心理支持和干预，理解患者的生活历程和人际关系，并提供个性化的心理疗法。此外，它还能通过监测患者的生理反应，进一步提升心理保健的效果。AI Agent 在医疗保健领域的应用远不止于此，以下是几个典型应用前景：

- 个性化医疗：根据患者特征和医疗数据，提供个性化治疗方案，提升治疗效果。
- 疾病预测预防：利用大数据和机器学习，分析患者健康数据，预测疾病趋势，提出预防措施。
- 远程医疗监护：通过互联网、移动设备实现实时沟通和患者监测，及时应对异常。
- 医学研究与创新：协助科学家进行数据收集分析，发现新知识、规律和方法。

从目前的应用与发展趋势来看，以下将是 AI Agent 在医疗保健领域率先取得突破与应用的重点方向。

- 医疗智能助理：进行基本分诊，为患者提供健康建议，并辅助医护人员决策，提高工作效率，对贫困地区尤其有益。
- 心理保健专家：提供持续的心理支持和个性化心理疗法，通过智能手表监测生理反应，提升心理保健效果。
- 个性化医疗：基于患者的个体特征和医疗数据，利用大数据和机器学习技术，定制医疗方案，预测疾病趋势，并提供预防措施。
- 药物发现与创新：通过超级计算机和深度学习，预测潜在药物的有效性，降低药物开发成本和时间，支持临床研究。
- 医学影像分析：运用卷积神经网络等技术，快速、准确地识别医学影像，辅助临床医生诊断，减少错误。
- 疾病预测与预防：利用大数据和机器学习，分析健康数据和风险因素，预测疾病趋势，提供相应的预防措施。

总而言之，AI Agent 在医疗保健领域有着巨大的潜力和价值，可以改善医疗服务的质量、效率和可及性，也可以增强患者的健康水平、生活质量和幸福感，还将为患者、医生和医疗机构带来革命性的变革。在不久的将来，AI Agent 将成为日常生活中不可或缺的一部分，为大家提供更好的医疗保健服务。

|第 6 章| C H A P T E R

AI Agent 在金融领域的应用

AI Agent 正在逐渐改变我们的生活，尤其是在金融领域。AI Agent 的出现，为金融行业带来了前所未有的机遇和挑战。本章将深入探讨 AI Agent 在金融领域的应用，包括特性与优势、应用价值与应用场景、应用案例和效果，以及应用前景。

下面我们将探讨 AI Agent 在金融领域的特性与优势，理解它们如何提高效率、降低成本，以及提供更好的客户体验；还将通过一些具体的应用案例和效果，来展示 AI Agent 如何在实际中发挥作用。

6.1 应用特性与优势

面向金融领域的 AI Agent，可以理解为是一种能够自主或协同地执行金融任务的 Agent。金融类 AI Agent 用于金融服务，能够理解和处理自然语言，与人类用户进行流畅、自然的对话，根据用户的需求和情境提供个性化的服务和建议，并能够通过不断学习和优化，提高自身的智能水平和服务质量。金融服务类 Agent 可为用户的客户提供对市场、账户详细信息、交易和保险单细节的即时洞察，从而帮助客户做出明智的决策，并向客户提供简化的个性化流程。

1. 应用特性

AI Agent 在金融领域的应用，具备以下几个特性：

- 高效性：迅速处理数据，提升金融服务效率与质量，降低成本和风险。
- 自适应性：依据不同场景和需求，动态调整策略，灵活应对市场变化。
- 协作性：与其他 Agent 或人类交互协作，构建分布式智能网络，实现金融目标。
- 智能化：学习推理金融数据、市场与风险，提供优化决策支持。
- 个性化：根据用户偏好，提供定制化金融产品与服务，增强用户满意度。
- 多样化：广泛应用于金融各领域，涵盖服务、市场分析、风险管理及业务优化。
- 价值化：为金融机构与客户创造巨大价值，提升收入、降低成本、增强竞争力并改善体验。

2. 优势

AI Agent 在金融科技领域的运用，展现出以下显著优势：

- 提升客户体验，通过直观、人性化的交互，使客户感受到被深入理解与高效服务。
- AI Agent 能自动处理常见查询，降低对人工的依赖，缩短等待时间并提高服务准确性。
- 借助内容感知技术，客户能获取准确全面的财务信息，助力做出明智的财务决策。
- 提供数据驱动的见解，深入剖析客户互动，揭示财务趋势、客户偏好及潜在增长领域。
- 全面提升客户满意度，通过自动化和精准响应减少手动支持工单，简化操作、降低成本。
- 通过主动支持、深入洞察与卓越的数字体验，增强客户忠诚度。
- 为客户提供财务状况全面概述、潜在增长领域及个性化建议，实现透明的财务健康检查。
- 在协同方面，AI Agent 确保客户掌握最新的监管要求和合规准则，利用 AI 洞察定制产品和营销活动，并与客户数据库和内容存储库同步，保证响应及时准确。
- 根据财务需求自定义模型，为客户提供个性化的服务体验。

AI Agent 可以为金融服务业提供多种功能，比如智能客服、智能投顾、智能风控、智能营销、智能审计等，进而帮助金融机构提高效率、降低成本、增加收入、优化风险管理、提升客户满意度等。

6.2　应用价值与应用场景

AI Agent 可以为金融机构和客户提供数据分析、业绩评估、预测、实时计算、客户服务、智能数据检索等多种功能，提高金融服务的效率、精准度和创新性。

1. 应用价值

AI Agent 在金融领域展现出巨大的应用价值，主要体现在效率提升、成本降低、收入增加、风险减少以及价值创造等方面。具体如下：

- 提升服务效率与质量：AI Agent 利用自然语言处理、机器学习等技术，能够迅速处理大量数据，实现金融服务的自动化与智能化，从而提升服务效率，降低人力成本，并提高客户满意度。
- 推动金融服务创新：AI Agent 有助于金融机构发现新的商业机会，如通过预测分析发现潜在投资机会，或通过智能营销提供个性化支付体验，从而增强金融机构的竞争力。
- 强化安全与合规性：AI Agent 通过智能风控技术识别和防范风险事件，确保资金安全，并通过智能识别技术验证客户身份和合同信息，降低欺诈和违约风险。
- 优化风险管理与决策支持：利用大数据分析和深度学习技术，AI Agent 实时监测市场动态和客户行为，为金融机构提供精准的风险控制和决策建议。
- 创新金融产品和业务模式：AI Agent 能够帮助金融机构创造满足客户多样化需求的新金融产品和服务，增加竞争力和收益机会。

AI Agent 在金融领域的应用价值体现在提升服务效率与质量、推动金融服务创新、强化安全与合规性、优化风险管理与决策支持，以及创新金融产品和业务模式等多个方面。随着人工智能技术的不断进步，AI Agent 在金融领域的应用将更加广泛和深入。它将为金融业带来更多的变革和机遇，推动行业向更高效、更安全、更创新的方向发展。

2. 应用场景

AI Agent 在金融领域的应用场景非常广泛，涵盖了多个关键领域。以下是一些具体的应用实例，供读者参考。

- 信用评分与风险管理：深入分析客户数据，包括个人信息、交易历史和社交媒体行为，精准评估信用等级与违约风险。提高信贷决策的准确性和效率，实时监控市场动态，为风险管理提供有力支持。
- 股票交易与投资顾问：对股市进行深入分析，为投资者提供科学的交易建议。根据投资者的风险偏好和投资目标，定制个性化的投资组合，实现资产的最大化增值。
- 保险理赔与欺诈检测：迅速理解并处理保险客户的理赔请求。基于图像识别和语音识别技术，有效检测出理赔过程中的欺诈行为，确保保险公司的利益不受损害。
- 财务管理与预算规划：通过对用户的财务数据进行全面分析，为用户提供个性化的财务管理和预算规划服务。根据用户的消费习惯和目标，提供精准的消费建议和优惠信息。
- 客户服务与营销推广：提供全天候的在线客户服务，及时解决客户问题。通过深度分析客户数据，为客户提供定制化的产品推荐和营销活动，提高客户满意度和忠诚度。
- 区块链与加密货币服务：监测和分析区块链网络与加密货币市场，为用户提供专业的服务和交易建议，确保用户在数字货币领域的投资安全。
- 金融监管与合规支持：利用先进技术手段，为金融监管机构提供智能的监管工具和报告，确保金融市场的稳定与合规，还能为金融机构提供合规建议，降低法律风险。
- 金融教育与普惠金融：通过对公众的金融状况和需求进行分析，提供个性化的金融教育和普惠金融服务，帮助公众更好地理解和使用金融产品与服务。
- 金融安全与隐私保护：采用先进的加密、认证和授权技术，确保金融交易的安全。同时，尊重并保护用户的隐私信息，为用户提供安全的金融服务环境。
- 金融创新与未来趋势预测：通过对市场、技术和社会等因素的深入分析，为用户提供创新的金融解决方案和未来趋势报告，引领金融行业走向更加智能化、高效化的未来。

在具体应用层面，智能客服、无人柜台、信用评估、风险管理、投资投顾、量化交易、财务管理等都是 AI Agent 的拿手好戏。这些应用场景不仅提升了金融服务的效率和质量，还为用户带来了更加便捷、个性化的金融体验。

6.3 应用案例

AI Agent 在金融领域的应用案例正在日益增多，它们通过智能分析、预测和决策，为金融机构带来前所未有的效率提升和业务创新。无论是风险评估、交易策略，还是客户服务，AI Agent 都展现出强大的潜力和价值。

1. Intuitive Code Autonomous AI Agents

Intuitive Code 为专业投资者提供智能辅助的 AI 交易决策支持，通过 IntelliCode 的智能 AI 驱动自动化交易解决方案，致力于提升决策准确性，持续助力投资者实现卓越成果。Intuitive Code 基于 LLM 推出的 RAG GenAI 与模式分析，显著提升了自动化决策能力，结合复杂模式分析，重塑了自动交易决策的崭新格局。这些工具为决策过程提供坚实支持，同时深入洞察用户的独特交易风格。

该厂商推出的 Autonomous AI Agents，是一种能够自主分析网络大数据、提炼关键信息并辅助明智决策的智能系统。它们高效、精确、灵活且创新，为投资者带来更加智能与高效的投资策略。其 X Insights 平台让用户能够发现和定制自主 AI Agent，这些 AI Agent 经过精心设计，有望彻底改变市场研究方式。

AI Agent 能够深入研究广泛数据集，有效提炼关键见解，并提供源链接以供深入验证。用户可灵活利用这些智能辅助做出明智决策，在动态的交易与研究世界中，体验量身定制的人工智能技术如何革新数据分析与战略规划方法。Autonomous AI Agents 在智能欺诈检测、定制化 AI 交易与研究以及实时模式与组合分析等多个方面展现了应用价值。这些 Agent 能够识别并精选有限范围的投资前景，利用对大量网络数据点的分析来确定买入或卖空的股票，从而实现更有针对性和战略性的投资组合开发。

在金融领域，这些 AI Agent 主要应用于交易和研究两大场景。它们能够深入剖析庞大数据集，高效提炼关键信息，并提供源链接以便深入验证。这为企业和用户带来了高效数据分析、实时洞察、减少人为错误、策略优化、风险管理以及提高透明度等多重价值。

2. 实在 Agent（TARS-RPA-Agent）

实在智能推出的实在 Agent（TARS-RPA-Agent）是一款创新的产品级 Agent，它成功融合了自研的 LLM(塔斯 LLM）与先进的计算机视觉技术。在具体实现上，TARS-RPA-Agent 展现出了卓越的技术实力，其 LLM 经过垂直行业千亿级高质量数据的训练，通过精细调整 Pre-train、SFT 和 RLHF 三个阶段，模型在语言理解和指令执行方面取得了显著成效。这意味着 Agent 能够精准捕捉用户意图，并据此生成行动计划和流程模块，实现高效的 RPA 流程自动生成。

计算机视觉技术的融入为 TARS-RPA-Agent 赋予了更强大的功能。它不仅能够自主拆解任务、感知当前环境，还在文本生成、语言理解、知识问答、逻辑推理等核心领域展现出卓越性能。这使得 Agent 能够更深入地理解和处理复杂的任务环境，为用户提供更为精准和高效的服务。实在 Agent 应用于金融行业，具有数据安全和私有化部署、成本可控和场景定制化、便捷处理各类高频 / 非高频需求等优势。无论是在合同审核工作中准确理解自然语言、快速提取关键信息，还是在电商业务场景中自动处理订单查询等任务，实在 Agent 都表现出了极高的效率和准确性。

基于实在 Agent 智能助理，用户可通过一句话生成自动化流程并执行，完成银行多系统、多平台交易数据自动获取、表格处理以及数据拆分和导入并发送到相关人员。与传统 RPA 数字员工不同的是，实在 Agent 数字员工无须提前编写好流程，而是可根据需求随时启用、调遣，响应及时率达到 100%。这种方式可以将手工操作转变为自动化流程，大幅提升工作效率和准确性。

以某银行为例，行内有 10 多个平台共 108 个账户的数据，原来每月需 3～5 人花费近 1 周时间进行操作整理，而现在只需一句话，实在 Agent 即可每天 100% 自主完成，并在 1 小时内执行完毕，处理效率比原来至少提升 10 倍，还极大减少了手工操作风险。

6.4 应用前景

AI Agent 在金融领域展现出广阔的应用前景，有望为行业带来巨大的效率提升和价值创造。基于 LLM 的 AI Agent 通过自然语言处理、机器学习和自动化流程，实现了智能营销、智能识别、智能投顾、智能风控和智能客服等多元化功能。这些功能不仅提高了金融服务的效率、精度和个性化程度，还有效降低了成本和风险。

AI Agent 在金融领域的应用前景，主要体现在以下几个方面：

- 金融风险管理：AI Agent 实时监测金融市场和产品风险，提前预警，提高金融稳定性和安全性。
- 金融服务创新：AI Agent 为金融机构和客户提供个性化、便捷的服务，如智能投顾、理财、信贷、保险，提升客户体验。
- 金融市场效率：AI Agent 提高市场信息传递、价格发现、资源配置的效率，促进市场公平、透明运行。
- 金融知识产权保护：AI Agent 帮助管理和保护金融知识产权，如智能版权、专利、合约，保障其价值和利益。

金融领域对于 AI 及自动化技术的探索与应用一直都非常超前，LLM 也先一步在金融领域实现了落地。随着 AI Agent 成为 LLM 落地应用的重要途径，它也正在金融领域快速落地。为了克服现有 LLM 技术和中心化商业模式带来的挑战和风险，北京大学汇丰商学院管理学教授魏炜及合作者，在《北大金融评论》中提出了一种数智金融技术架构新范式。该架构由生成式 LLM 与辨识型小模型相结合，同时引入了 Agent 系统，以提供更精准、全面的数据处理及决策支持功能。

根据 Prophix 的 2023 年财务领导者调查，65% 的财务领导者计划在 2023 年年底前将 50% 的职责自动化，27% 的财务领导者已经在 2023 年年底前将 50% 的实践自动化。自主人工智能和自主系统，简化了数据输入、对账和报告生成等日常任务，提高了准确性、效率并降低了运营成本，促进了财务自动化在各领域的快速渗透。财务流程自动化程度的提高，将是实现自主人工智能及其市场增长的重要驱动力。

随着 LLM 技术的不断演进，AI Agent 的场景丰富度与服务可信度将会不断提升，模型国产化以及应用多元化，将会为国内市场带来巨大的需求。随着 LLM 应用逐步走向 Agent，AI+ 金融行业很快就会变成 AI Agent+ 金融行业，这个市场规模将会非常可观。

综上所述，AI Agent 在金融行业中已展现出广泛的应用前景和良好的发展趋势。当然，在推动 AI Agent 在金融领域的应用过程中，需要关注用户数据隐私保护、数据产权遵守以及道德和法律规范的遵循，以确保它能够可持续发展并为金融业和社会进步做出重要贡献。

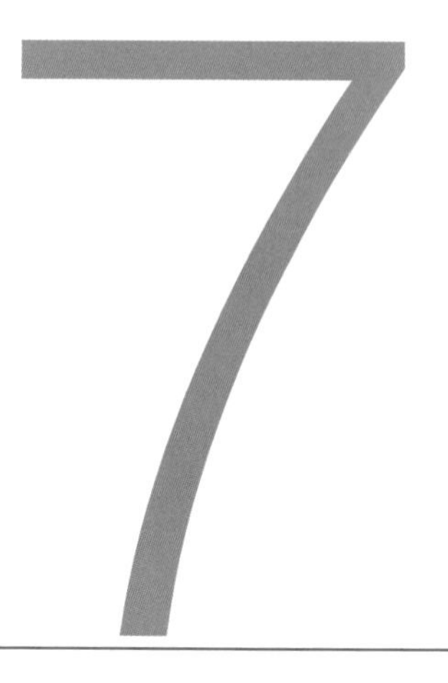

第7章 CHAPTER

AI Agent 在文娱领域的应用

随着 LLM 技术的迅猛发展，AI Agent 在众多行业中彰显出巨大潜力，尤其在文娱领域中的应用成效日益显著。AI Agent 以卓越的数据处理能力、先进的学习优化机制和高度的自主性，为文娱领域带来了革命性的变化。

本章将深入剖析 AI Agent 在文娱领域的独特属性与显著优势，阐释它如何为文娱产业注入创新动力；细致分析 AI Agent 在文娱产业中的多元价值与丰富应用场景，全面展示它在内容创作、用户互动、市场推广等关键领域的广泛应用；结合具体的实践案例与效果评估，直观呈现 AI Agent 在文娱产业中的现实表现与深远影响。

7.1 应用特性与优势

为应对激烈竞争，媒体和娱乐公司引入 LLM 技术，使用 AI Agent 辅助或替代人工创作。AI Agent 根据输入数据自动完成任务，改变内容制作方式。它们通过自然语言交互使内容更个性化，模仿甚至超越人类创意，生成多样化内容，并根据反馈自我学习和改进。AI Agent 还能自动完成创作、分析、推荐、管理、交互等任务，与人类或其他 AI 协作，提供更多互动和创造性体验。

1. 应用特性

根据当前研究与应用，AI Agent 在文娱领域的应用展现出以下特性：

- 创新性：AI Agent 能依据用户喜好，创作出多样化的文娱内容，如音乐、影视等，并结合新媒体技术，打造独特的文娱体验，如虚拟现实等。通过深度学习等技术分析用户反馈，它还能不断优化生成内容，提升用户满意度。
- 互动性：AI Agent 能自然流畅地与用户对话，增强用户的参与感和沉浸感。它运用语音识别等技术理解用户语言与情绪，并做出恰当回应，甚至能引导用户进行深入交流。
- 学习性：AI Agent 能持续从用户反馈中汲取经验，不断提升自身性能。它还能与其他 AI 或人类合作，共享知识，推动更高层次的创新。同时，它也能陪伴用户学习成长，在文娱领域提供个性化的内容与任务。
- 个性化：AI Agent 具备高度个性化，能根据用户的兴趣、情感等数据，提供精准的文娱推荐与反馈。通过智能对话，它还能深入了解用户需求，提供更为贴心的服务。
- 适应性和智能性：AI Agent 能根据用户行为和偏好动态调整自身参数和模型，以适应不同用户和场景，实现最佳性能。同时，它还能利用大数据和云计算分析用户数据，为用户提供个性化的推荐和服务，还能利用出色的自主决策与推理能力解决复杂问题。

AI Agent 在文娱领域有着多方面的特性，可以为用户带来更加丰富和有趣的文娱体验。AI Agent 也是文娱领域未来发展的重要趋势之一，值得我们关注和研究。

2. 优势

具备自主思考与行动能力的 AI Agent，可根据用户设定的文娱目标和环境反馈，自动生成并执行任务序列。借助 LLM，AI Agent 能调用不同工具完成诸如音乐生成、游戏开发等文娱任务。AI Agent 应用于文娱领域，具备以下几点优势：

- 提高创作效率和质量：AI Agent 辅助文娱创作者快速生成高质量内容，减少重复劳动，如 MusicAgent 利用 LLM 技术自动完成音乐任务。
- 降低成本和风险：AI Agent 替代或辅助人类创作，节省资源、提高效率，还能预测市场表现，辅助制作方决策。
- 拓展创作空间：AI Agent 提供新灵感，拓展创作的可能性，如 AutoGPT 用于生成游戏、歌词、散文、图片等内容。

- 增强用户体验：AI Agent 提供个性化、智能化服务，提升用户参与度，如 Alexa 通过语音交互提供文娱功能。
- 优化现有内容：AI 运用深度学习等技术优化内容，提升质量和价值，如对音乐、影视、游戏、文学进行深入分析和改进。
- 参与互动：AI Agent 与用户进行对话、游戏、教育等互动，提供智能服务，还能根据用户情绪调整策略，满足个性化需求。
- 协作竞争：AI Agent 与其他 AI 或人类进行协作和竞争，如游戏、竞赛，拓展文娱趣味性。

除此之外，AI Agent 在内容发现、互动问答、参与度分析以及增效降本等方面也展现出显著优势。它能帮助用户轻松找到符合口味的文娱内容，激发用户的好奇心和参与度，并为创作者和编辑提供数据驱动的决策支持。AI Agent 通过提升创作效率和质量、降低成本和风险、拓展创作空间、增强用户体验、优化现有内容、参与互动和协作竞争，全面革新文娱领域，提升作品质量，丰富用户体验，未来将为用户提供更个性化、更有趣、更高质量的文娱服务和产品。

7.2 应用价值与应用场景

AI Agent 已在各领域展现出强大的能力，在创作、分析、互动及学习等方面有着巨大潜力，文娱领域的广大从业者都将从中受益。AI Agent 工具以及相关解决方案，能够为文化行业提供技术支持和服务，为文化行业带来新的视角和价值。下面将从文化、电影、游戏三个行业，分别介绍 AI Agent 的应用价值与应用场景。

7.2.1 文化行业

AI Agent 可以是文化行业的支持者和促进者，也可以是文化行业的参与者和创造者。在创作领域，AI 作为辅助工具，助力艺术家挖掘深层灵感，提高创作效率，并作为传播媒介，利用强大的数据处理能力，将文化内容广泛传递给全球受众。在文化保护方面，AI 作为协作者，帮助保存、修复和传承文化遗产。在研究领域，AI 提供新的视角和方法，推动文化探索和发展。

1. 应用价值

AI Agent 在文化行业中发挥着举足轻重的作用，它不仅能提升创作效率和质量，还能拓展创作空间，增强创作体验，满足不同用户的文化需求。无论是文学、音乐、美术还是影视领域，AI Agent 都展现出了广泛的应用潜力。

- 在文学创作领域，AI Agent 能够根据给定的主题、风格和情感，生成各种文本内容，如诗歌、故事和小说，并能对已有文本进行改写和优化。同时，它还能根据用户的喜好和反馈，提供个性化的文学推荐和交互体验。
- 在音乐创作领域，AI Agent 可以生成旋律、和声、节奏等音乐内容，对已有音乐进行变化和混合，并根据用户的听觉特征，推荐个性化的音乐。
- 在美术创作领域，AI Agent 能够生成绘画、雕塑等视觉作品，对图像进行转换和合成，并根据用户的视觉和心理特征，实现个性化的美术推荐和交互。
- 在影视创作领域，AI Agent 可以生成视频、动画和游戏等多媒体内容，对已有视频进行剪辑和配音，并根据用户的观看和情感特征，提供个性化的影视推荐。

从产业链角度来看，AI Agent 在文化行业中的价值主要体现在提升创作效率和质量、提供更好的文化消费体验以及拓展文化内容的传播渠道和影响力。它能够为创作者提供灵感和素材，协助完成创作过程，并为消费者推荐合适的文化产品和服务。同时，利用先进技术，AI Agent 还能对文化内容进行翻译和转换，跨越语言和文化的障碍，触达更广泛的受众。

AI Agent 作为文化行业的得力助手和伙伴，正以强大的智能能力和创造力，推动着文化行业的持续创新与发展，为用户带来更加丰富多彩的文化体验。

2. 应用场景

AI Agent 在文化行业中展现出广泛的应用潜力，以下是其典型应用：

- 内容创作：AI Agent 能自动生成文本、图像、音乐和视频等内容，如诗歌、小说、新闻、歌曲和电影。利用深度学习和生成对抗网络（GAN），它能创作出既原创又多样的内容。
- 个性化推荐：基于用户兴趣、行为和情感，AI Agent 提供个性化的书籍、音乐、视频和游戏推荐。通过协同过滤、内容分析和情感分析，还能实现精准匹配和动态更新。
- 内容审核：AI 自动审核用户上传的文字、图片、音频和视频，确保符合法规和社会道德。利用 NLP、CV 和 ASR 技术，可以识别并过滤不良信息和敏感内容。
- 多语言翻译：AI Agent 可根据用户语言和文化背景，自动翻译文字、语音和图像。结合 MT、TTS 和 OCR 技术，可实现跨媒体、多语言翻译，保证内容准确、流畅。

- 内容分析优化：通过分析用户反馈，AI 提取主要信息和观点，生成摘要或报告。同时，根据用户喜好，自动优化内容格式、风格和质量，增强吸引力。
- 自然语言互动：AI Agent 实现自然语言问答、聊天和游戏，提供友好、有趣的体验。同时，利用对话系统、智能客服和虚拟助手技术，实现 NLU、NLG 和 MRC 功能。
- 内容营销：根据用户需求和意向，AI 自动进行广告投放、社交分享和电商购买等内容营销，并通过广告系统、社交网络和电商平台，提高内容传播力和影响力。
- 文化教育娱乐：AI Agent 在教育领域实现个性化、自适应和混合学习，提升用户知识水平。在娱乐方面，AI Agent 提供音乐、视频和游戏等个性化推荐和智能匹配，为用户带来愉悦体验。

此外，AI Agent 在内容创新、服务、智能问答、虚拟现实及非物质文化遗产传播等方面也展现出巨大潜力。随着人工智能技术不断进步，AI Agent 将为文化生活带来更多便利和乐趣。

7.2.2 电影行业

娱乐行业是指以娱乐为主要内容的产业，包括电影、电视、音乐、游戏、动漫、文学、体育等领域。娱乐行业的特点是具有高度的创意性、多样性和互动性，能够满足人们的精神需求和审美需求。AI Agent 在电影行业有着广泛而深刻的应用价值，它可以提高电影制作的效率和质量，降低电影制作的成本和风险，丰富电影制作的内容和形式，增强电影制作的创新性和竞争力。

1. 应用价值

AI Agent 在电影行业中具有显著的应用价值，从创作辅助到后期制作，再到场景构建和发行推广，都能发挥其独特优势。在电影行业，AI Agent 有以下几个方面的应用价值：

- 创作阶段：依据数据分析和算法，为策划、编剧、选角等提供智能化辅助，甚至能根据观众反馈实时调整剧本，提高创作效率与质量。同时，它还能协助设计角色特征，实现个性化定制。
- 后期制作：运用计算机视觉、音频处理等技术，自动或半自动地完成分镜头绘制、视频剪辑、调色、视觉特效等工作，不仅缩短制作流程，还能改善视听效果。

- 场景构建：根据剧本需求，快速构建逼真的虚拟场景，包括地形、建筑、道具等，为导演提供更大的创作空间。
- 发行推广：利用社交媒体和票房数据，为电影提供精准的观众分析、内容预测和营销策略，帮助电影吸引更广泛的观众。

尽管 AI Agent 在电影制作中展现出诸多优势，但它仍无法替代导演的角色。导演是电影的灵魂，其艺术理念、创作风格以及对人性和社会的洞察是 AI 无法复制的。因此，AI Agent 更多是作为导演的好帮手，共同推动电影行业的发展。

2. 应用场景

AI Agent 在电影行业中具有广泛的应用前景，能够显著提高电影的创作质量和效率，同时为观众带来更加丰富多彩的观影体验。以下是 AI Agent 在电影领域的一些核心应用场景：

- 剧本生成：根据主题、风格、角色、情节等要素自动生成或优化剧本，提升创作效率和质量。
- 预告片制作：根据电影内容、类型、受众等信息自动选取镜头、音乐、字幕，制作吸引人的预告片。
- 特效制作：利用深度学习、计算机视觉技术自动或协助完成特效制作，如换脸、去水印、增加细节。
- 配音和字幕：基于语音识别、合成、翻译技术自动完成配音和字幕，提高本地化效率。
- 评价和分析：分析电影内容，提取主题、风格、情感，生成摘要、评论，辅助市场定位和宣发。
- 推荐和搜索：根据用户喜好、历史记录进行个性化推荐，优化搜索体验，提高用户满意度。
- 版权管理和防盗版：利用数字水印、指纹、区块链技术管理版权，监测电影使用，保护知识产权。
- 教育和培训：提供定制化教材、案例、练习，给予学习者及时反馈，提升电影教育效果。
- 创意提供：利用生成对抗网络等技术提供创意支持，生成新颖角色、场景，或进行元素组合。

- 互动和体验：结合 VR/AR/MR 技术提供沉浸式互动体验，如让用户与角色互动，改变电影走向。

AI Agent 通过剧本创作、预告片生成、特效制作、配音字幕、评价分析、个性化推荐、版权保护、教育培训、创意提供和互动体验，全面革新了电影制作、宣发、教育和观众体验，提高效率，降低成本，增强观众参与感。随着 LLM 技术的不断进步，AI Agent 将在电影行业中发挥更加重要的作用，为电影的各个环节带来更多的创新和可能性。

7.2.3 游戏行业

AI Agent 在游戏行业中展现出巨大的潜力和广阔前景，它能够根据游戏规则和状态做出合理决策，从而提升游戏的可玩性和挑战性，为游戏开发者和玩家带来了前所未有的创新和乐趣。

1. 应用价值

AI Agent 应用于游戏，可以化身为环境中自主行动和学习的 Agent，根据游戏规则和状态做出合理的决策，提高游戏的可玩性和挑战性。它在游戏行业的应用价值，主要体现在以下几个方面：

- 游戏内容生成：AI Agent 利用 LLM，根据主题、风格、场景等条件自动生成游戏文本、音频、图像、视频等内容，降低开发成本，提升多样性和创新性。例如，OpenAI 的 DALL-E 能根据描述生成图像，AI Dungeon 能基于玩家输入创造文字冒险游戏。
- 游戏角色智能：AI Agent 通过规划和记忆技术，为游戏角色赋予智能行为和情感，增强沉浸感和交互性。例如，DeepMind 的 AlphaGo 和 AlphaStar 在围棋和《星际争霸 2》中与人类对战，OpenAI 的 GPT-3 为 NPC 提供自然语言对话。
- 游戏玩法创新：AI Agent 利用工具使用技术，调用不同应用或平台实现跨界玩法，拓展游戏可能性。例如，AI Town 作为 Web3 游戏，让玩家体验到了 DeFi、NFT 等 DApp 使用代码开发游戏的功能。
- 模拟人类行为：AI Agent 作为玩家对手或队友，根据玩家水平和喜好调整难度与策略，提供个性化体验。例如，在《使命召唤》《刺客信条》《星际争霸》等游戏中，AI 增强了互动性和真实性。
- 内容生成器：AI Agent 使用深度学习技术，自动创造游戏地图、角色、道具、任务等元素，增加创意和多样性。例如，《我的世界》《无人深空》等游戏利用 AI 扩展了内容和玩法。

- 游戏测试与优化：AI Agent 通过大量游戏测试，发现并修复错误和漏洞，提高游戏质量和稳定性。例如，《英雄联盟》《 DOTA2》等游戏都使用 AI 帮助优化性能和体验。

AI Agent 在游戏开发和运营中的应用，从内容生成、角色智能、玩法创新到模拟人类行为、内容扩展、性能优化，全方位提升了游戏的互动性、多样性和玩家体验，同时降低了开发成本，提高了开发效率，为游戏行业带来革命性的变化。它在游戏行业的应用价值巨大，为游戏开发者和玩家带来了更多的便利、创意和乐趣，推动了游戏行业的持续创新和发展。

2. 应用场景

AI Agent 凭借自主性、适应性和目标导向性，已在游戏行业中展现出巨大的应用潜力。它们能够在复杂环境中与其他 Agent 或人类进行交互，从而提升游戏各个方面的体验。AI Agent 在游戏行业中有着广泛的应用，下面是一些常见的应用场景。

- 游戏角色：作为游戏中的互动角色，根据玩家行为实时反应，提升真实性和沉浸感。例如，在《刺客信条》中，AI 根据玩家的隐匿、攻击行为调整策略。
- 游戏故事：动态生成和调整剧情，根据玩家选择产生不同故事线，增加游戏多样性。在《底特律：变人》中，AI 根据玩家决策生成多样结局。
- 游戏对话：生成对话回复，根据玩家输入和游戏语境提供互动，提升趣味性。如《辐射 4》中，AI 根据对话选项和角色关系变换语气。
- 游戏音乐：动态生成音乐，根据玩家行为和游戏氛围调整音乐风格，增强情感表达。如《无限法则》中，AI 根据战斗状态变换音乐节奏。
- 游戏画面：优化画面设置，根据玩家设备性能和偏好自动调整参数，提升视觉效果。如《赛博朋克 2077》中，AI 根据平台自动调整特效设置。
- 游戏测试：AI Agent 自动执行游戏测试，模拟不同水平玩家进行对抗测试，提高测试效率。如《星际争霸 2》中，AI 模拟玩家策略进行测试。
- 游戏设计：辅助游戏设计，根据设计要求生成游戏元素，如模型、纹理，提升设计创意。如《梦境》中，AI 根据关键词生成设计元素。
- 游戏学习：作为教练，根据玩家水平提供游戏技巧和改进建议，提升玩家能力。如《英雄联盟》中，AI 根据战绩给出技巧指导。

- 游戏社交：作为社交伙伴，根据玩家个性和兴趣进行互动，提升参与度。如《动物之森》中，AI 作为邻居与玩家互动。
- 游戏推荐：根据玩家游戏历史和喜好推荐游戏，提高发现率和满意度。如 Steam 平台中，AI 根据玩家偏好推荐相关游戏。

AI Agent 通过角色扮演、故事生成、对话互动、音乐调整、画面优化、自动测试、设计辅助、学习指导、社交互动和个性化推荐，全方位提升游戏体验，为游戏开发和运营带来革命性变化。它在游戏行业中的应用即将深入到各个层面，随着 AI 技术的不断发展和创新，AI Agent 在游戏行业中的应用将会更加广泛和深入，为玩家带来更加丰富和精彩的游戏体验。

7.3 应用案例

AI Agent 在文娱领域的应用已经逐渐崭露头角。它们不再仅仅是简单的程序，而是能够与用户互动、理解用户需求并提供个性化体验的智能伙伴。从音乐推荐到电影制作，从游戏设计到虚拟偶像，AI Agent 的应用正在改变着文娱产业的格局。

1. GameGPT

GameGPT，一个由研究人员精心开发的 AI 模型，巧妙地运用多个 AI Agent 来自动化游戏开发的部分流程。这些 Agent 各司其职，专注于如游戏设计审查、代码生成、代码检查等特定任务，相较于通用型 AI，这种分工合作模式显著提升了工作效率。GameGPT 技术框架如图 7-1 所示。

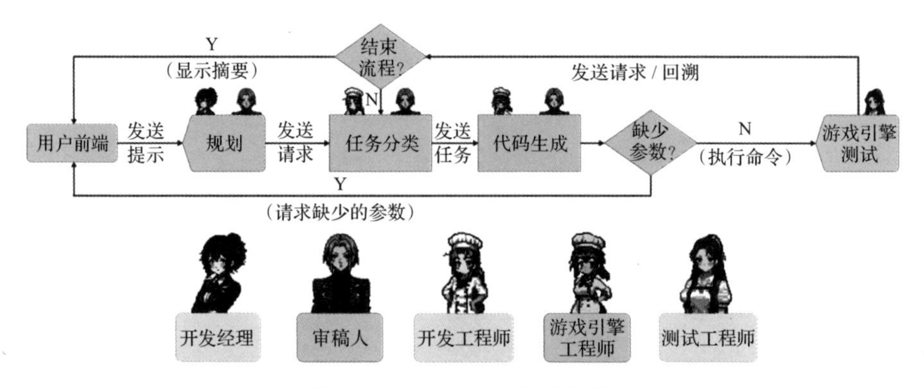

图 7-1　GameGPT 技术框架

（图片来源：论文“GameGPT：Multi-agent Collaborative Framework for game develoment”）

GameGPT 的核心在于通过自动化关键任务来攻克游戏开发的复杂性。它将整个开发流程细致地划分为游戏规划、编程实现、全面测试等多个既独立又相互关联的环节，每个环节都有专门的 Agent 负责执行。比如在游戏规划阶段，有专门的 Agent 负责审查并调整设计计划；在编程实现阶段，则有 Agent 将设计转化为具体的代码，并进行代码检查和运行结果审核。

这一系统的特点在于高度的专业化和协作性。每个 AI Agent 都经过专门训练，精通游戏开发流程中的某一环节。同时，这些 Agent 之间又通过协作机制紧密配合，共同完成整个游戏开发流程。此外，GameGPT 还充分利用用户交互来改进和细化各阶段的工作，从而确保游戏开发的效率和质量。

GameGPT 在游戏开发中作用显著，可加速游戏设计、实现自动化开发，为玩家提供个性化体验，并助力游戏测试与质量保证，对大小游戏公司均有益。对小工作室，它能简化测试，降低开发门槛；对大公司，它可自动生成游戏内容和代码，缩短开发周期。在游戏开发教学中，GameGPT 能直观展示开发流程，帮助学生快速掌握实践技能。对游戏 Mod 开发者和玩家也具有吸引力，它可辅助快速开发 Mod，并有潜力成为用户生成游戏内容的工具，让更多玩家参与游戏的二次创作。

2. MusicAgent

MusicAgent 是由北京大学与微软研究所联手打造的 AI 代理，集音色合成、音乐分类等多重功能于一身。它依托 LLM，在音乐领域展现出强大的智能，不仅能自动分析用户请求，更能胜任歌曲创作、音乐风格分析、音色转换及混音等多样化音乐任务。它的独特之处在于能够将复杂任务细化为若干小任务，并精准匹配适当的工具来完成，从而大幅提升音乐处理的效率与准确性。

MusicAgent 的架构分为四层：应用层负责支持各类音乐创作场景；插件层则整合了丰富的音乐相关任务工具，具备良好的扩展性；技能层体现了 MusicAgent 的核心能力，包括任务的选择与调度；而底层的 LLM 则为整个系统提供了强大的语言处理能力。

如图 7-2 所示，MusicAgent 通过三项核心技能构建了一个高效的自主工作流：任务规划器根据任务的依赖关系制定最优执行顺序；工具选择器则根据任务的特性从资源库中挑选最适合的工具；响应生成器则负责整合各子任务的结果，形成连贯的响应。此外，用户还可以根据自己的需求调整任务属性，并提供提示以增强特定任务的支持。

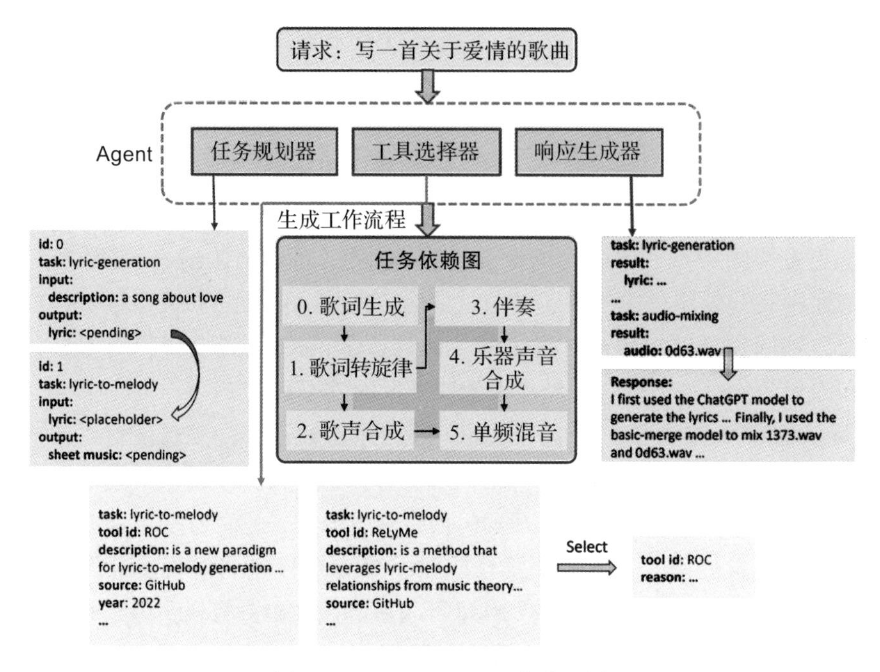

图 7-2 MusicAgent 工作流程图

（图片来源：论文“MusicAgent: An AI Agent for Music Understanding and Generation with Large Language Models”）

MusicAgent 的特点在于多能力框架、广泛的任务与工具覆盖、自主化的工作流、智能化的工具选择、高度的用户定制性、直观的可视化演示以及模块化的结构设计。这些特点共同使得 MusicAgent 能够有效降低音乐创作的门槛，提高工作效率，并激发创作者的创新灵感。随着 LLM、音乐工具以及用户反馈的不断更新，MusicAgent 也在持续优化和提升。

在音乐创作领域，MusicAgent 的应用前景广阔。它不仅能够助力专业音乐人提升工作效率，丰富产品体验，还能够为非专业音乐创作者降低入门难度，激发创新潜力。然而，其开发过程也面临着一些挑战，如工具的多样性和内部协作问题等。

3. HyperWrite

HyperWrite 是由一家人工智能初创公司推出的全面 AI 动力个人助手。这款应用旨在成为人类的“数字助手”，帮助用户更高效地完成从日常到复杂的各种在线任务，从而改善沟通和写作。作为一个 AI Agent，HyperWrite 可以自动在互联网上执行任务，如同一个处理数字生活的贴心助手。与 ChatGPT 不同，

HyperWrite 的 AI Agent 不仅提供指导，更致力于实际行动，真正帮助用户实现目标。HyperWrite 正在积极开发自家的 LLM“Agent-1”，并计划在未来一个月内将它应用于驱动 AI Agent。

AI Agent 通过 HyperWrite 扩展在浏览器中执行任务，利用先进的 AI 模型理解任务描述并执行相应动作，如搜索信息、浏览网站、填写表单或与 Web 应用交互。这款工具适合所有希望节省在线任务时间的人群，无论是忙碌的专业人士、多任务的家长还是学生，都能从中受益。

在写作方面，HyperWrite 展现了巨大的潜力。它可以协助内容创作，如生成文章、博客帖子和网页内容，节省时间并激发创造力。它还能帮助拟写电子邮件、报告和专业文件，并针对不同的受众进行量身定制。HyperWrite 在研究方面也大有可为，能快速收集和综合与特定主题相关的信息，为写作提供坚实的基础。

对于企业和用户而言，HyperWrite 带来的价值不言而喻。它能显著提高书面内容的产出效率，对内容营销、沟通策略和在线存在至关重要，还能确保所有写作保持一致的语调和质量，从而维护品牌信息的传递。HyperWrite 还允许企业在不增加人力资源的情况下扩大内容创作规模，并帮助优化搜索引擎的内容，吸引更多的自然流量。

4. 其他案例简介

除了 Voyager，Github 上还有以下几个游戏相关的 AI Agent 项目。

- Voyager：由 NVIDIA、加州理工学院等共同研发的 LLM 驱动的嵌入式终身学习 AI Agent，在《我的世界》(Minecraft) 游戏中展现了非凡的自主探索、学习新技能及自我发现能力，标志着游戏 AI 与认知科学的重大突破。
- Pommerman：一款基于经典主机游戏 Bomberman 开发的多智能体环境，由多个场景构成，每个场景至少包含四名玩家，融合了合作与竞争两大元素。
- ml-agents：这个项目利用 Unity 引擎的灵活性和轻便性，支持多 Agent，允许在 Unity 中放置多个相机观察，具有可离散、可连续的行动空间，并提供 Python 2 或 3 的控制界面。
- “Westworld” simulation（西部世界小镇）：由斯坦福大学和谷歌的研究人员创建的一个类似于《模拟人生》的微型 RPG 虚拟世界，25 个角色由

GPT 和自定义代码控制，该项目已在 GitHub 上正式开源。

- ai-town：著名投资机构 a16z 开源的 AI 小镇，有一个 MIT 许可的、可部署的入门工具包，用于构建和定制用户自己的 AI 城镇版本。这是一个 AI 角色生活、聊天和社交的虚拟城镇。
- gptrpg：gptrpg 的存储库包含两部分：一个简单的类似 RPG 游戏的环境，用于支持 LLM 的 AI 智能体；一个连接到 OpenAI API 并已存在于该环境中的简单 AI 智能体。
- SFighterAI：该项目是一个使用深度强化学习训练的 AI Agent，用于击败游戏《街头霸王Ⅱ：特别冠军版》中的最终 Boss。AI Agent 仅根据游戏屏幕的 RGB 像素值做出决策。在提供的保存状态下，Agent 在最终关卡的第一轮中达到 100% 的胜率。

AI Agent 在文娱领域的应用案例展示了其巨大潜力和价值。它们不仅能够提升用户体验，还能够推动文娱产业的创新和发展。随着技术的不断进步，AI Agent 将在未来为文娱领域带来更多的惊喜和可能性，让我们的生活更加丰富多彩。

7.4 应用前景

AI Agent 在文娱行业展现出广阔的应用前景，能够为媒体内容的创作、生产和分发提供强大支持和创新动力，从而极大地丰富了创作者、消费者和平台的体验。

在文娱领域，AI Agent 的未来应用主要体现在创作、推荐、互动与分析四大板块。它能根据用户喜好生成个性化的文学、音乐、艺术和影视作品，为用户推荐符合兴趣和情境的内容，与用户进行自然流畅的对话以提供娱乐和社交功能，并深入分析文娱内容以提取关键信息和洞察用户需求。AI Agent 在文娱行业的应用前景，主要体现在以下几个方面：

- 它将极大地释放和提升内容生产力，推动文娱产业的工业化水平升级；
- 通过提高效率和降低成本，AI Agent 有望使软件生产更加经济高效；
- 它能够根据用户需求和行为实现个性化内容生产，创新用户交互方式；
- AI Agent 还将助力开发阅读市场的文学作品和网文 IP 的商业价值，并推动影视、音乐、游戏等多个行业的变革。

值得一提的是，AI Agent 还将在个性化服务、协同工作、市场预测等方面发挥重要作用，进一步推动文娱领域的运营和商业模式的变革。当然，在推动 AI Agent 在文娱行业应用的过程中，我们也需要关注并应对一些挑战，例如，如何更好地融入业务流程、如何提高用户体验等。

AI Agent 在文娱行业的应用前景广阔，有望为行业带来创新和发展，也将为文娱领域带来更多的惊喜和突破。

|第 8 章| CHAPTER

AI Agent 在零售及电子商务领域的应用

LLM 技术正在快速改变越来越多的行业，因为具备更高程度的数字化形态，零售及电商领域可谓首当其冲。随着 LLM 的进一步落地应用，AI Agent 正重塑零售及电子商务领域的面貌。它们不仅具备智能、自主和交互的特性，还能通过数据分析和学习持续优化用户体验，为企业创造更大价值。它们正在以独特的特性和优势，为这个行业带来前所未有的变革。

本章将探索 AI Agent 在零售和电子商务领域的应用，包括特性、优势、应用价值、应用场景、实际应用案例以及未来的发展前景。

8.1 应用特性与优势

零售和电子商务是一个竞争激烈、变化快速、需求多样的领域，需要不断地提升用户体验、优化销售流程、增强客户忠诚度。AI Agent 可以成为零售和电子商务助手，能够为用户塑造与核心零售目标相一致的定制且数据丰富的购物体验。通过内置事实核查等功能，Agent 可以从用户最新内容（产品列表、促销材料、在线目录以及其他系统）中进行自我学习和响应，以增强用户信任度，重塑购物体验。

1. 应用特性

由 GPT 等 LLM 驱动的 AI Agent，已成为零售和电子商务的强大助手。它们能够为用户量身打造与核心零售目标相契合的、数据丰富的购物体验。这些智能助手不仅可以从用户的最新内容中自我学习和响应，如产品列表、促销材料等，从而提升用户信任并优化购物体验，还能根据用户的需求、偏好和行为提供个性化的推荐、咨询和交互服务。

AI Agent 可以助力商家深入分析市场趋势，优化运营效率，并显著提高客户满意度。它们能引导客户顺利完成产品发现，确保客户准确找到心仪产品，实时了解各类促销活动，还可以通过 AI 语言分析，精准解读客户对产品的查询，有效弥补信息鸿沟。面向零售和电子商务的 AI Agent，具备以下几个主要特性：

- 自适应：根据不同的场景、用户和任务，自动调整自己的策略和参数，以适应变化的环境和需求。
- 学习：通过收集和分析数据，不断更新自己的知识库和模型，以提高自己的性能和准确度。
- 交互：通过多种渠道和方式，与用户进行自然和友好的对话，以理解用户的意图和情感，以及提供合适的反馈和建议。
- 协作：与其他 AI Agent 或人类合作，以实现更复杂和更高效的目标。

这些特性使得它们能够灵活应对不同场景、用户和任务，持续自我进化，并与用户建立自然、友好的沟通桥梁，还能与其他 AI 或人类协同工作，共同实现更为复杂、高效的目标。

这些智能助手的引入为用户和商家带来了诸多益处：用户体验得到了显著提升，AI Agent 的精准推荐丰富了用户的选择并提高了购买意愿；通过自动化处理大量重复性任务，AI Agent 有效降低了商家的运营成本；借助 AI Agent 的数据分析能力，商家得以实现更精准的营销策略和定价策略，进而提升营收利润。

2. 优势

AI Agent 在零售和电子商务领域展现出显著优势，远超 LLM 的直接应用，其关键优势如下：

- 个性化购物体验：AI Agent 根据用户特征和行为数据，提供定制化服务，精准推荐产品，加深品牌印象，提高销售量和忠诚度。
- 内容感知和产品洞察：AI Agent 提炼商品关键特征，生成简明描述，通过对比分析和评价挖掘，提供全面的产品洞察，引导用户做出选择。

- 人工智能驱动的购物分析：AI Agent 利用语言 AI 和语义分析，探索客户购物旅程，识别用户意图和需求，优化策略，并评估满意度和转化率。
- 可靠、迅速的响应：通过即时回复和智能提醒，AI Agent 解决用户疑问，推动购买决策，确保产品信息准确，降低购物车放弃率。
- 强大的可扩展性和灵活性：AI Agent 适用于高流量销售活动，动态调整资源和策略，满足不同销售场景，并持续学习，紧跟市场趋势。

此外，AI Agent 还能帮助企业优化库存和营销活动，通过解决常见问题释放客服资源，提升用户体验。跨部门业务扩展则可以提升整体业务效率，如确保及时补货、辅助营销活动策划。

AI Agent 通过个性化服务、深入分析、快速响应和灵活扩展，提升零售业务的用户体验、运营效率和市场适应性。它在零售和电子商务领域的应用不仅为用户带来便捷、优质、个性化的购物体验，还助力企业实现增收、降本、提升竞争力。随着人工智能技术的不断发展和创新，AI Agent 在这一领域还有更多的潜力和价值等待挖掘 。

8.2 应用价值与应用场景

作为一种能够感知环境、进行决策和执行动作的智能体，AI Agent 可以成为零售和电子商务助手，为用户提供个性化、智能化和高效化的购物体验。

1. 应用价值

AI Agent 在零售及电子商务领域展现出了卓越的应用价值，主要体现在降低运营成本、提高效率，提升客户体验与满意度，以及创造新的商业模式和机会。这些智能助手能够根据用户需求提供个性化服务，协助完成从商品搜索到下单支付等全流程任务。AI Agent 在零售及电子商务领域有着广泛的应用价值，主要体现在以下三个方面：

- 降低运营成本和提高效率：AI Agent 替代或辅助人类执行重复性、低价值或高风险任务，如库存管理和物流配送，通过数据分析和预测，优化资源配置，降低浪费，提高收益。
- 提高客户体验和满意度：AI Agent 通过多种交互方式提供个性化推荐和咨询服务，根据客户行为和反馈，不断优化服务策略，提升客户忠诚度和留存率。

- 创造新的商业模式和机会：AI Agent 通过技术创新带来新价值和体验，如虚拟试衣和智能导购。跨界合作则有利于拓展新市场和用户群，如跨境电商和共享经济。

AI Agent 通过自动化、个性化服务和创新商业模式，帮助企业降低成本、提高效率，增强客户体验，创造新的商业机会。其特性和优势还体现在智能推荐、辅导、评估、反馈和管理等多个环节。

这些功能使得 AI Agent 在组织的运营过程中发挥巨大作用，为用户提供更加个性化、便捷的购物体验，同时为商家带来精准、灵活且智能的经营管理策略。AI Agent 在零售及电子商务领域有着广阔的应用前景和巨大的价值潜力，可以为用户带来更加个性化、便捷、高效的购物体验，也可以为商家带来更加精准、灵活、智能的经营管理，有助于提升企业的竞争力和客户满意度。

2. 应用场景

AI Agent 在零售及电子商务领域发挥着举足轻重的作用，它们能够根据用户的需求和偏好，提供个性化、智能化和高效的服务与建议，从而极大地提升了用户体验和满意度。以下是 AI Agent 在该领域的一些典型应用场景。

- 智能推荐：分析用户需求和行为，动态推荐相关产品，提升满意度和转化率。
- 智能辅导：引导用户完成购买流程，解决用户疑问，如 Aktify 通过短信或电话提高客户参与度。
- 智能评估：利用计算机视觉技术评估产品属性，辅助用户购买决策，如推荐适合肤色的化妆品。
- 智能反馈：分析用户评论和情感，提取意见，如 Regie.ai 帮助零售商收集反馈并生成报告。
- 智能管理：通过数据挖掘优化库存、定价、促销等策略，如自动化营销和销售活动。
- 智能客服：利用自然语言理解技术提供流畅对话，解答用户问题，提升用户满意度。
- 无人零售：利用计算机视觉和传感器技术实现无人值守零售，如自助购物等。
- 商品识别分析：识别商品特征，快速匹配用户需求，如通过图片推荐同类型商品。

- 消费者识别分析：分析用户语言或行为，建立信息库，优化定向营销和个性化服务。
- 智能化运营：通过数据挖掘和机器学习预测市场趋势，指导运营决策，如调整销售额和库存预测。

AI Agent 通过这些应用提升零售和电商的个性化服务、运营效率和决策智能化水平，降低成本，增强用户体验。它已经成为零售及电子商务领域不可或缺的重要力量，它们通过智能化、个性化和高效的服务，为用户和商家带来了前所未有的便利和价值。

8.3 应用案例

AI Agent 是销售和电子商务领域的革命性力量。融合 AI Agent 模式的智能助手不仅能自动执行任务、提升效率，还能预测客户需求、提供个性化推荐，乃至管理复杂的供应链。

这些 AI Agent 可以分析消费者行为，根据购物习惯和搜索历史实时调整营销策略，从而为电商平台带来前所未有的转化率和顾客满意度提升。

1. e2f AI Sales Agent

e2f 是一家专注于提供语言解决方案和本地化服务的公司，主要为企业客户提供翻译、本地化、语言培训等服务。它所推出的 AI Sales Agent 是一款基于领先 LLM 技术的先进销售类 AI Agent，能够深入掌握用户的产品细节、服务全貌及独特优势，凭借卓越的专业知识、清晰的表述和专业的风范，轻松应对众多潜在客户的各类问题，高效地将潜在客户转化为忠诚客户，为企业的业务增长注入强大动力。

AI Sales Agent 的主要特点包括：基于 LLM 技术，深刻理解产品与服务；专业且清晰的回答，展现高度智能化；提升客户获取与员工吸引力，实现双赢；无须编码即可快速部署；无限量分配工作，释放人力潜能；全天候服务，确保客户随时得到支持。

AI Sales Agent 在销售场景中的应用丰富多样。从需求预测到潜在客户生成，从销售内容个性化与分析到销售数据输入自动化，从会议设置自动化到客户关系管理，再到销售预测、价格优化以及销售培训，它都能提供全方位的支持。这些应用场景不仅提高了销售效率和业绩，还降低了成本，为用户带来了更优质的购物体验和个性化的服务。

在销售领域，AI Sales Agent 应用广泛且效果显著。它能迅速提供准确响应，满足各类用户的需求，提升满意度；通过生成式 AI 的主动帮助，大幅减少手动支持查询，让员工更专注于核心业务；实时帮助客户，促进销售额提升，降低购物车放弃率；支持跨部门业务扩展，如供应链与物流、营销等，全面提升企业运营效率。

一个典型的案例是，某男性健康诊所在引入 AI Sales Agent 后，成功简化了客户获取流程，提高了用户体验，并实现了销售与营销的双重提升，充分证明了 AI Agent 在销售领域的实际应用价值和巨大潜力。

2. ProfitPilot

ProfitPilot 是一个 AI 销售专业 Agent，正在利用 LLM 技术重塑企业提升利润和销售额的方式。作为一款 AI 销售工具，ProfitPilot 主要在销售领域自动联系客户并达成交易。它具备全天候自动闭合交易的能力，只需提供客户名单，便可自主展开联系并完成交易。它也是一个销售类自主 Agent，能够独立承担销售活动，通过强大的 AI 技术和深度学习算法，深入理解客户行为、喜好和购买模式，以超越常人的洞察力把握销售机会。

在销售领域，ProfitPilot 的应用场景广泛且实用：

- 凭借高效且有说服力的沟通技巧，吸引潜在客户并建立长期关系，创造稳定的回头客群体。
- 帮助企业自动拓展客户群，通过自动联系潜在客户名单并闭合交易，为企业带来持续的业务增长。
- 企业的 24/7 销售代表，确保业务在任何时间、任何地点都能顺利进行。
- 通过数据分析预测市场趋势和客户需求，帮助企业及时调整销售策略，并抓住市场机遇。
- 跨行业适应性强大，可以灵活满足不同行业的需求，并确保为每位客户提供符合其价值主张的服务。

ProfitPilot 还能利用高效的沟通技巧吸引并维护客户，为企业建立稳定的客户关系基础。减少企业在销售人员招聘和培训方面的资源浪费，降低了人力成本。通过及时洞察市场趋势和调整销售策略，帮助企业在激烈的市场竞争中保持领先地位。实践证明，ProfitPilot 可以有效提高销售效率，通过自动化销售流程为企业节省了大量时间和资源，并能通过 AI 算法保证销售增长和利润提升，为企业和用户带来了显著的价值提升。

以上两个案例充分展现了 AI Agent 在销售及电商领域的应用优势。AI Agent 提高了决策的质量，减少了人为错误，增强了客户互动，推动企业快速高效地实现数字化转型。随着 AI 更深层次的集成，还将催生更多创新应用，引领行业向着更高效、更智能的新时代迈进。

8.4 应用前景

在零售和电子商务领域，AI Agent 正发挥着越来越重要的作用，它们通过提高效率、降低成本、增强用户体验和创造新价值，为消费者和企业带来了更智能、便捷和个性化的服务。

据《哈佛商业评论》预测，到 2025 年，高达 95% 的客户互动将通过由 AI 技术支持的渠道进行，同时采用 AI 进行销售和营销的企业已报告其潜在客户和预约增加了 50% 以上。麦肯锡公司研究显示，在销售中使用 AI 的公司不仅潜在客户和预约有所增加，还实现了成本和收入的双重优化，降幅和增幅均达到 15%～20% 或更多。这表明 AI 对生产力和绩效的影响是巨大的。艾瑞咨询集团《2020 年中国 AI+ 零售行业发展研究报告》也指出，AI+ 零售行业的市场规模正在迅猛增长，预计将从 2019 年的约 100 亿元增长到 2023 年的约 500 亿元。

目前，AI+ 零售行业已有六大应用场景，包括精准营销、商品识别分析、消费者识别分析、智能化运营、无人零售和智能客服。这些场景都可以通过 AI Agent 实现更高效、智能和个性化的服务。

- 精准营销：AI Agent 分析用户购买行为和偏好，提供个性化商品推荐和优惠活动。
- 商品识别分析：利用图像和语音识别技术，AI Agent 快速识别分类商品，提升管理效率。
- 消费者识别分析：通过生物识别技术，AI Agent 进行身份验证，提供个性化服务。
- 智能化运营：AI Agent 应用机器学习技术进行流量分析、价格优化、库存管理和风险控制。
- 无人零售：AI Agent 支持无人值守零售模式，降低成本，提高服务效率。
- 智能客服：AI Agent 使用自然语言处理和情感分析自动解答用户问题，提升满意度。

AI Agent 可以分为面向消费者和面向企业两类，分别致力于提高购物体验和满意度，以及提升运营效率和竞争力。随着人工智能技术的不断进步，AI Agent 将更加智能、灵活和自适应，能够处理更复杂和多样化的任务，并能与其他 AI Agent 或人类进行有效交互和协作，形成一个智能生态系统。

从应用层面看，AI Agent 的广泛应用将推动零售及电子商务领域的创新和变革，包括新的商业模式、消费场景和用户体验等。它也将对社会、经济和法律等方面产生深远影响，如就业、隐私、安全、道德等挑战和机遇。

未来，AI Agent 在零售及电子商务领域的发展趋势将呈现多元化、智能化、自动化和个性化等特点。随着技术的不断进步和创新，AI Agent 有望为该领域带来更多的可能性和机遇，如个性化、情感化、社交化和可持续化等新的趋势和方向。这些将进一步提升 AI Agent 在零售及电子商务领域的价值和意义，加强与用户之间的关系和信任，推动整个行业的变革和发展。

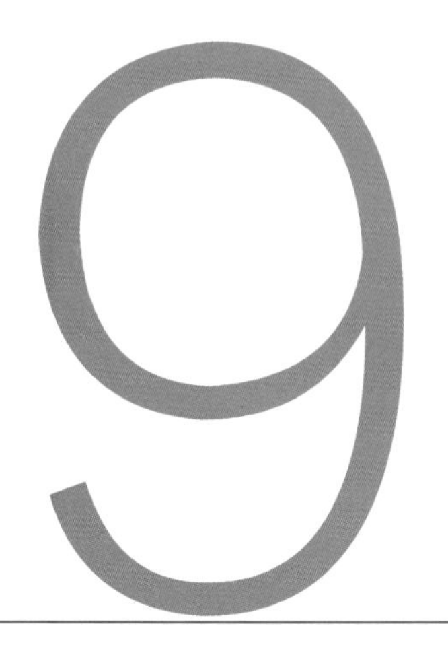

|第9章| CHAPTER

AI Agent 在客户支持领域的应用

客户支持是企业为满足客户需求、解决客户问题而提供的全方位服务，涵盖咨询、投诉、售后等多个环节，对建立客户关系和塑造品牌形象至关重要。随着科技发展，由对话式 AI 及强化学习技术催生的 AI Agent 已在该领域得到应用，并随着生成式 AI 的兴起，迅速演进为基于 LLM 的 Agent，为客户服务带来变革。

本章将探讨 AI Agent 在客户支持中的应用，包括其特性如 24/7 服务、精准解答和个性化体验，以及提高满意度、降低成本、增强竞争力等优势，并通过实际案例，展示 AI Agent 如何助力企业提效、优化运营和提升消费者体验。

9.1 应用特性与优势

由 LLM 驱动的客服助手正在成为客服支持领域游戏规则的改变者，为各种平台的用户提供精确、实时的帮助。它可以从用户最新数据库和常见问题解答（包括产品列表、文档、用户手册和其他资源）中获取信息，时刻保持信息更新。客户支持类 Agent 可以通过网站、手机应用、社交媒体、电子邮件、电话等多种渠道与用户进行智能对话，解决用户问题，满足用户需求，提高用户满意度和忠诚度。

1. 应用特性

借助电话、网页、社交媒体、聊天软件等多元化渠道，AI Agent 能与客户进行高效交互，解答疑问，提供解决方案，或转接至合适的人工客服。此举不仅显著提升了客户满意度，更助力企业降低人力成本，提升服务效率，进而增强品牌形象。应用于客户支持领域，AI Agent 具备以下几个特性：

- 自动化：自动响应客户输入，识别问题并提供答案或转接人工，减少人工干预，提高服务效率。
- 个性化：根据客户个人信息和情绪，定制推荐产品，调整沟通风格，增强客户满意度和忠诚度。
- 智能化：利用大数据和 AI 技术分析客户行为，预测问题并主动提供帮助，还能使用知识图谱和语义理解处理复杂问题。
- 智能路由：根据问题特性，将客户分配至最合适的服务队列或人工客服。
- 自我学习和优化：通过机器学习，从客户交互中不断学习和优化服务。
- 多语言支持：提供多语言服务，满足全球客户需求。
- 成本效益：相比人工客服，AI Agent 大幅降低了客户支持成本。
- 数据分析：收集分析客户交互数据，提供业务洞察，辅助决策。

凭借核心特性，AI Agent 在客户支持领域脱颖而出。它通过自动化精准识别并响应客户问题，减少人工参与，确保服务高效优质。个性化服务根据客户个人信息定制推荐，展现贴心关怀。智能化分析深入挖掘并预测客户需求，主动提供建议，优化体验。它还具有智能路由、自我学习和优化的能力，支持多语言，满足全球需求，成本效益显著，为企业节省开支。

在实际应用中，AI Agent 已展现出卓越成效。例如，在电商平台和银行机构，它提供 24 小时无间断服务，随时响应客户需求；在旅游和酒店领域，它根据客户偏好智能推荐旅游方案；在教育行业，它根据学生的学习进度和兴趣调整教学内容；在医疗领域，它协助医生和药师为客户提供最佳治疗方案。

AI Agent 还能与其他系统如 CRM、ERP 等实现无缝集成，实现数据共享和协同工作，进一步提升服务效率和一致性。通过不断学习和优化，AI Agent 能适应不同场景和行业的需求，为企业提供更加专业、个性化的服务。AI Agent 在客户支持领域的应用已成为行业发展的重要趋势。自动化、个性化、智能化的服务方式不仅提升了客户满意度和忠诚度，更为企业带来了前所未有的商业价值和竞争优势。随着技术的不断进步和应用场景的持续拓展，AI Agent 有望在客户支持领域发挥更加广泛且深入的作用。

2. 优势

AI Agent 通过自然语言交互，不仅在专业领域大放异彩，更在客户支持领域展现了独特价值。AI Agent 应用能迅速响应用户需求，提供准确、个性化的服务，进而提升客户满意度和忠诚度，同时降低企业的人力成本和工作负担。在客户支持领域，AI Agent 的优势表现在四个方面：

- 智能响应：AI Agent 能够根据用户需求自动生成合适的回复，处理各类问题，无须人工介入。
- 个性化服务：基于个人信息和偏好，AI Agent 为用户量身定制服务内容，提升用户体验。
- 可扩展性：AI Agent 具有良好的可扩展性，能够高效应对用户咨询高峰期，实现多用户请求的同时处理。
- 数据分析：AI Agent 的数据分析能力为企业提供了宝贵的用户洞察，帮助指导服务优化和业务决策。

在实际应用中，AI Agent 在客服业务中的表现尤为突出。它能有效提高首次联系解决率，即时响应客户需求，提升销售和留存率。对于 SaaS 交互和电子商务场景，AI Agent 同样能即时提供软件功能指导或购物帮助，优化用户体验。此外，它还能深入分析用户查询，了解客户需求，为产品改进提供有力支持。

AI Agent 的另一大亮点是能够通过交互分析确定趋势查询、衡量用户情绪，从而预测客户行为并改进产品。在高安全 Agent 审核机制和事实核查功能的双重保障下，AI Agent 能够给出既准确又令人满意的答案。同时，它还能根据客户的需求和情感个性化定制对话，并利用大数据分析和机器学习不断自我优化。

除此之外，AI Agent 的集成能力也不容小觑。它能与 CRM、ERP、BI 等系统和平台实现数据共享和协同工作，提升企业业务流程和决策的效率。可以说，AI Agent 在客户支持领域的应用，不仅为用户带来了更好的服务体验，更为企业创造了更高的效益和竞争力。

9.2 应用价值与应用场景

客户支持是企业与消费者之间的重要纽带，关系到企业的品牌形象、用户满意度和忠诚度。传统的客户服务方式存在着诸多问题，如人力成本高、效率低、质量不稳定等。随着人工智能技术的发展，AI Agent 作为一种能够感知环境、进行决策和执行动作的智能实体，逐渐在客户服务领域展现出强大的潜力和价值。

1. 应用价值

AI Agent 在客户支持领域展现出了显著的应用价值，其服务形式多样，包括在线咨询、智能推荐、故障排除及反馈收集等。AI Agent 的价值主要体现在以下几个方面：

- 提高客户满意度：提供及时的个性化服务，增强客户信任和忠诚度。通过学习客户行为，为客户提供合适的产品建议，提升购买意愿和转化率。
- 降低运营成本：处理常见问题和简单任务，节省人力资源。智能分析并优化客户支持流程，提高效率和服务质量。
- 增强竞争优势：展现企业创新形象，提升品牌影响力。利用客户数据提供深入洞察，支持企业决策。
- 智能问答：使用自然语言处理技术，理解用户问题，从知识库检索答案，以文本或语音的形式回复，提高响应速度和准确率。
- 智能对话：模拟人类对话，进行多轮自然交互，了解用户需求，提供服务或建议，增强沟通体验。
- 智能推荐：分析用户行为和偏好，推荐合适的产品，提高转化率和留存率，增加用户消费和黏性。
- 智能分析：挖掘客户服务数据，提取有价值的信息，为企业提供决策支持，优化服务质量，降低成本和风险。

通过这些应用，AI Agent 帮助企业提升客户体验，优化运营效率，增强市场竞争力，实现数据驱动的服务创新。

2. 应用场景

在客户支持领域，AI Agent 可以用于提高客户支持的效率、质量和满意度，降低人力成本和错误率，增强客户忠诚度和企业品牌形象。AI Agent 在客户支持领域有以下几种常见的应用场景。

- 客户互动与支持：AI Agent 通过电话客服和在线客服渠道与客户进行自然对话，处理常见问题，提供即时咨询和反馈。它还能在必要时转接至人工客服，处理更复杂的交互。
- 个性化服务：利用智能导航和推荐系统，AI Agent 根据客户的个性化需求和偏好提供定制化服务，帮助客户快速找到所需的产品或服务，从而增强用户体验。

- 全面解答与教育：通过构建和利用知识库，AI Agent 为客户提供准确、全面的问答服务，解决疑问，并提供智能咨询，增强客户对品牌的信任。
- 风险管理与预警：AI Agent 监测客户数据变化和异常情况，及时提供预警服务，帮助企业和客户预防、应对潜在问题。
- 客户反馈与优化：通过收集和分析客户的意见、建议与评价，AI Agent 为企业提供有价值的反馈，帮助改进产品、服务和客户体验。
- 娱乐与陪伴：AI Agent 提供创新的娱乐内容和友好的互动陪伴，增加客户愉悦感，提升生活质量，同时增强客户黏性。
- 任务管理与预约：AI Agent 自动管理任务分配，协调资源，提供进度跟踪和提醒的功能，并智能安排预约时间和地点。
- 销售与转化：AI Agent 分析用户需求和行为，推荐合适的产品或服务，引导用户完成购买，通过智能销售提高转化率和销售额。

通过这些综合性应用，AI Agent 不仅提升了客户服务的效率和质量，还通过个性化和智能化服务增强了客户满意度和忠诚度。同时，它帮助企业实现了运营优化，降低成本，提高业务增长潜力。

9.3 应用案例

在数字化时代，AI Agent 正引领客户支持领域的服务革命。它让企业与客户的交流变得更加高效和个性化。通过案例分析，我们可以观察到 AI Agent 如何缩短响应时间，提升解决方案的质量，从而增强客户的满意度和忠诚度。

1. Rezo.AI

Rezo.AI 是一个专为接触中心（contact center）打造的数据优先 AI 平台，它通过运用自主 Agent 显著提升业务潜力和客户体验。该平台建立在自主 Agent 的基础之上，这些 AI Agent 每月能够高效处理逾 7 200 万通电话，充分体现了出色的自动化处理能力。Rezo.AI 配备了客户体验管理系统，通过实时分析和报告提供宝贵的洞察信息，帮助企业全面跟踪接触中心的性能。该平台利用先进的 AI 技术，包括自然语言处理和机器学习模型，确保精确理解和处理客户查询。

Rezo.AI 能与 CRM 或其他客户联系信息系统无缝集成，提供可定制化的解决方案，以有效扩展和处理客户互动，为业务增长提供有力支持。自主 Agent 在 Rezo.AI 中发挥着举足轻重的作用。它们能够简化复杂任务，将传统上由人类代理完成的任务分解成更简单的步骤。这些 Agent 可以处理包括外部联系、查询解决以及后续活动（如电话总结和 CRM 更新）等各种任务。

Rezo.AI 的应用场景广泛，包括自动化简单任务、智能路由和提升客户互动等。其中，智能路由引擎确保客户能够快速连接到具备相关专业知识的代理，实现更快的查询解决，减少转接，并提升客户满意度。此外，该平台的实时洞察和分析能力使企业能够实时监控各项关键指标，从而驱动持续改进和运营卓越。

Rezo.AI 为用户带来了显著的价值。例如它成功地将人工依赖性从 100% 降低到 15%，将客户满意度从 74% 提升到 85%，并将每季度的呼叫量从 13k+ 增加到 46k+。其有效解决率从 70% 提升到 98%，员工满意度从 32% 增长到 48%，连接率从 25% 提高到 75%。这些数据充分证明，Rezo.AI 在提升业务效率和客户满意度方面的卓越能力。

2. Agent4

Agent4 能够显著增强用户的电话功能，为商业或移动电话的呼叫者创造独特的语音体验。作为一款智能 Agent，它不仅能将用户的声音、内容和系统连接在一起用于接听或拨打电话，还具备一系列引人注目的功能。

Agent4 能够创建由 AI 驱动的虚拟 Agent。这些 Agent 功能多样，可以回答问题、协助预订会议、收听语音邮件并提供摘要。用户可以轻松为这些代理定制交互，使它们能够以品牌特有的声音回答问题并处理各类任务，还可以选择代理实时响应电话的方式，并自主决定是否以及何时与呼叫者进行交谈。Agent4 的特点丰富多样，包括定制语音体验、AI 驱动的虚拟代理、创建定制互动等，还能提供实时的电话通话观看功能，让用户随时了解通话情况。

在客户支持领域，Agent4 的应用场景广泛。例如，通过自助服务与自动回答功能，企业可以为客户创建 AI 驱动的虚拟 Agent，以回答常见问题，从而节省大量的客户服务工作时间并提高响应速度。这种全天候的自助服务功能对于提升客户满意度具有显著效果。此外，Agent4 还能协助进行会议预订与任务管理，减轻日常的行政工作负担。

当需要多人同时监控一个电话线路时，Agent4 也能轻松应对。它还能根据企业的实际需求，定制从简单的呼叫筛选到复杂的呼叫处理流程，全面满足企业的业务需求。Agent4 还可以轻松地集成到企业的现有系统中，使用定制内容并提供无缝的客户体验。Agent4 通过强大的功能和广泛的应用场景，为企业提供了极具价值的客户服务工具。它不仅能提高工作效率和客户满意度，还能通过定制服务加强企业与客户之间的关系。

9.4 应用前景

AI Agent，也被称为“智能体”“智能业务助理”，代表了在大型模型技术推动下的一种新型交互方式。其核心在于使人们能够以自然语言为媒介，高度自动化地执行与处理各种专业或复杂的工作任务，从而在很大程度上解放人力资源。

在客户服务领域中，AI Agent 展现出了尤为突出的应用潜力与发展态势。传统的客户支持模式主要依赖人工服务，然而这种模式存在着成本高、效率不稳定以及可扩展性受限等诸多弊端。AI Agent 的出现，恰如其分地解决了这些问题，为企业与客户之间搭建起了更加高效、便捷的沟通桥梁。

AI Agent 通过自然语言处理、机器学习等先进技术的融合应用，得以实现与客户间的智能对话。它不仅能根据客户的实际需求与情绪状态提供精准回应，还在执行复杂任务（如预约、支付等）时展现出卓越能力。此外，AI Agent 还具备自我优化的功能，能够通过不断地学习客户反馈与行为数据，持续提升服务质量。据市场研究机构的预测，AI Agent 在客户支持领域的市场规模将在未来几年内持续增长，达到数十亿美元的水平。

AI Agent 在客户支持领域的应用前景，可以体现为以下几个方面：

- 全方位客户服务：覆盖售前咨询、售后服务、投诉处理、营销推荐等场景，实现全面服务。
- 协同人工客服：与人工客服无缝转接和协助，提升团队协作能力和服务水平。
- 持续学习优化：通过分析客户反馈、行为数据、业务规则等，不断提升智能水平和服务质量。
- 多语言文化适应：自动识别和转换语言、方言、口音，实现跨地域、跨国界服务。
- 个性化、人性化体验：理解客户情感、需求、偏好，提供贴心友好的个性化服务体验。

目前，金融、教育、零售以及房地产等多个行业已经开始积极探索 AI Agent

在客户服务中的应用模式。未来，AI Agent 在客户支持领域的应用将更加广泛和深入，不断创造新的价值。它在客户服务领域的应用前景将愈发广阔，覆盖更多服务场景，与人工客服协同工作，适应多语言文化环境，为用户提供更加个性化的服务体验。它将成为企业与客户沟通和互动的重要方式，以及客户支持领域的核心竞争力和创新力。

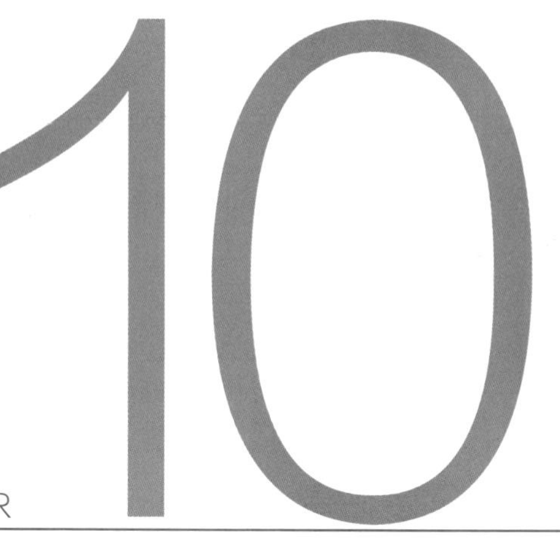

第 10 章 CHAPTER

AI Agent 在其他领域的应用

AI Agent 的应用领域正不断拓展，除了传统的零售和电子商务，它在人力资源、制造和供应链、政务等领域，以及旅游和酒店业、房地产行业也展现出巨大的潜力，并以独特的方式改变着我们的生活和工作。这些领域中，AI Agent 能够通过自动化流程、提高效率、优化决策等方式，为企业和公众带来诸多好处。

本章将逐一探讨 AI Agent 在这些领域的应用价值和优势、应用场景、应用案例及应用前景，展现其多样和广阔的应用空间。从人力资源管理到智能制造，从政务服务到旅游服务，AI Agent 正在不断刷新我们的生活方式和工作模式。

10.1 AI Agent 在人力资源领域的应用

人力资源是企业竞争力的核心，涵盖招聘、培训、管理、评估等多个环节，需要大量数据分析和决策支持。AI Agent 作为智能化人力资源管理工具，可以提升管理效率和质量，优化资源配置，实现价值最大化。人工智能技术的发展正使 AI Agent 在人力资源领域扮演着日益重要的角色，助力企业在各环节提升效率和质量。

10.1.1 应用价值与优势

AI Agent 在人力资源领域的应用已经日益显现多方面的价值。它们能够为企业和员工带来招聘效率的提升、培训体验的优化、绩效管理的增强以及员工福祉的提高等诸多益处。在人力资源流程中，AI Agent 通过简化复杂的任务，提供即时解决方案，从而极大地提升了 HR 团队的工作效率。这些智能助手能够迅速响应员工的查询，确保政策、福利等信息的清晰传递，同时深入了解员工的核心需求和关注点，积极寻求解决方案。

1. 应用价值

AI Agent 在人力资源领域的应用价值，主要体现为以下几点：

- 智能招聘：AI 快速筛选简历，降低主观性，提高招聘效率。大数据分析实现精准人岗匹配，智能客服和 AI 视频面试提升候选人体验。
- 绩效管理：AI 分析工作成果，综合评估绩效。智能目标设定和绩效辅导助力个人发展，LLM 辅助生成绩效报告。
- 员工培训：AI 个性化评估并定制培训方案，在线学习平台提供定制课程，AI 工具实时反馈学习成果。
- 员工福利与满意度：智能福利平台按员工需求定制方案，大数据分析提升政策精准度，智能客服增强沟通效果。
- 组织与人才发展：AI 工具协助 HR 优化组织结构，构建人才梯队，自动收集信息用于资格认定，生成式 AI 模拟组织变革场景。

2. 优势

AI Agent 用于人力资源，可以为组织运营带来以下优势：

- 个性化员工互动：通过定制化服务，反映公司文化，增强员工信任，提供个性化体验。
- 内容掌握：利用内容感知技术，从 HR 数据库中提取准确信息，以响应员工查询。
- AI 驱动的 HR 分析：识别主题，评估情绪，理解查询含义，深入了解员工需求和偏好。
- 值得信赖的回应：减少重复澄清，提供具有逻辑推理和规划能力的准确 HR 答案。
- 安全性与适应性：保护数据，适应员工增长，应对 HR 挑战。
- 优化员工入职：帮助新员工了解公司政策，确保顺利过渡，提升保留率。
- 简化 HR 运营：提供即时、准确的答案，减少查询量，提高员工满意度。
- 提升业务效率：协同招聘、培训等部门，提高整体业务流程效率。

AI Agent 通过智能化和个性化服务，增强员工互动，优化 HR 运营，提升员工体验和组织效率。

AI Agent 在人力资源领域的应用价值巨大，但也需正视其中的挑战和风险。数据安全、伦理道德以及法律法规等方面的问题都需要我们给予足够的重视和关注。在使用 AI Agent 时，我们必须遵守相关的规范和原则，确保企业和员工的利益得到充分保护。

10.1.2 应用场景

AI Agent 在人力资源领域的应用已经变得日益广泛，它为企业和个人带来了显著的效率提升和质量改进，同时降低了成本和风险。这些 AI Agent 不仅优化了人力资源管理流程，还极大地增强了员工的满意度和忠诚度，为企业的持续发展和竞争力提升注入了新的活力。以下是 AI Agent 在人力领域的主要应用场景：

- 智能招聘：通过分析企业招聘需求，自动匹配合适的候选人，并进行初步筛选和评估。通过语音或视频与候选人交流，了解其技能、经验和性格，提供全面的候选人画像，帮助企业节省成本，提高招聘效率。
- 智能培训：根据企业培训目标和员工个性化需求，定制培训计划，提供在线或离线培训内容。实时监测员工学习进度，调整培训难度，确保达到预期效果，提升员工知识技能。
- 智能考核：自动生成考核报告，给出评分和建议。通过对话收集员工反馈，提高考核的公正性和透明度，实现客观科学的考核管理。
- 智能激励：设计激励方案，实施激励措施。了解员工的满意度和忠诚度，建立良好的激励机制，提升员工的幸福感和归属感。
- 智能留任：分析留任目标和员工离职风险，预测流失可能性，采取预防措施。解决员工问题，增加信任和认同，降低流失率，保留核心人才。
- 智能调配：推荐岗位变动方案，协助实施变动。平衡员工期望和利益，减少变动带来的冲突，优化人力资源配置。
- 智能协作：组建项目团队，分配任务和角色。监督项目进度，促进团队沟通，提高项目管理效率，增强团队凝聚力。
- 智能辅助：提供合适的工具和资源，提供智能化辅助服务。解答员工问题，提供专业建议，简化工作流程。
- 智能咨询：提供咨询方案和专业咨询服务。了解员工需求，提供个性化咨询内容，促进企业和员工共同发展。

- 智能服务：提供服务方案和优质的服务体验。了解客户需求，提供及时反馈，提升服务水平，增加客户忠诚度。

通过这些应用，AI Agent 帮助企业实现人力资源管理的自动化、智能化和个性化，提高管理效率，降低成本，增强员工满意度和忠诚度，提升企业竞争力。

10.1.3　应用案例

通过 LLM、深度学习和自然语言处理等技术，AI Agent 能够协助企业实现人力资源管理的智能化、高效化。下面将通过几个具体的应用案例，展示 AI Agent 在人力资源领域可以更好地助力企业优化招聘流程、提升员工培训效果，以及改善员工服务体验。

1. Autonomous HR Chatbot

Autonomous HR Chatbot 是一款由 AI 技术驱动的企业级应用原型，专门设计用于自主解答人力资源相关问题、提供政策信息以及计算薪酬扣除额。其核心优势在于强大的自主回应能力，借助 Lang Chain 的 AI Agent 和工具模块，能够在无人工干预的情况下准确回应各类查询。它采用 Pinecone 作为向量数据库，高效存储和检索人力资源数据，相当于一个智能化的人力资源数据归档系统。

在对话能力方面，Autonomous HR Chatbot 通过集成 ChatGPT 或 GPT-3.5-Turbo 等先进技术，展现出超越常人的对话水平。它还结合 Streamlit 前端，为用户提供极致简洁、友好的交互体验。这款聊天机器人还能存储和操纵员工数据，就像一个随时可用的个人人力资源数据库。这款工具的应用场景非常丰富，涵盖招聘与选拔、员工入职流程、时间和出勤管理、福利管理、性能管理以及员工关系等多个方面。它不仅能提升人力资源部门的工作效率，还能极大改善员工和管理人员获取 HR 信息的便捷性。

该工具不仅适用于人力资源部门，还广泛服务于寻求人力资源信息的员工以及需要澄清人力资源政策的管理者。它能够自动处理各类问题，如离职政策咨询、薪酬查询等，同时提供公司政策信息解读以及薪酬扣除计算服务。不仅如此，它还具备强大的数据收集与分析功能，不仅能够收集并分析员工互动数据，帮助企业识别趋势、预测需求并优化人力资源流程，还能及时响应员工反馈，为企业提供持续改进 HR 政策和员工体验的宝贵信息。

2. VoiceWorx.ai

VoiceWorx.ai 是一个创新的平台，用户无需编程技能就能创建并发布动态的

AI Agent。这些 AI Agent 能够在多种场景下与人类进行交互，从智能音箱到联系中心，都能见到它们的身影。用户还能通过该平台训练出驱动虚拟助理和数字人类的“数字大脑”，这些“大脑”甚至在元宇宙中也能大显身手。

众多特点中，最为突出的是它的无代码创建功能，用户只需通过简单的拖放操作，就能轻松构建出 AI Agent。它还支持多平台，并能与企业的内部系统（如 CRM 和 ERP）无缝连接，为企业量身打造出合适的 AI 解决方案。该平台的核心产品 VoiceWorx AI Agent，是一种由 AI 驱动的数字智能体。它们能够通过各种方式（如语音、聊天 /SMS、数字人形、智能设备等）与用户进行互动，提供从简单到复杂的各种任务的帮助。这些 AI Agent 不仅能够提高客户服务代理的生产力，降低劳动成本，还能在需求高峰期时轻松应对，提供更好的客户参与体验。

它提供了企业级定制服务，企业可以根据自身需求量身定制 AI 助手，并确保数据的私有化和保密性。同时，这些 AI 助手还能接受企业级工具的训练，连接和使用如 CRM、ERP 等工具，从而为企业提供更为精准的服务。在人力资源领域，VoiceWorx.ai 的应用场景包括自动化办公助手 SmartOffice 和人力资源查询服务等。通过 SmartOffice，人力资源经理可以自动化完成日常工作，如员工评估、培训等。而 AI 助手则可以作为员工的贴心小助手，随时回答他们关于薪资、休假政策等问题的咨询。

10.1.4 应用前景

AI 可以帮助 HR 管理提高效率、降低成本、优化流程、增强体验和提升价值，在人力资源管理中日益显现出巨大潜力。权威报告《AI 在企业人力资源中的应用白皮书》中提到，众多企业对 AI 在 HR 领域的应用充满信心，并视它为提升效率、削减成本、优化流程及增强用户体验的关键。目前 AI 技术已渗透入招聘、员工服务及薪酬管理等环节，且预计将进一步拓展至考勤、绩效管理等更多环节。

AI Agent 在人力资源领域的应用前景，主要包括以下几个发展方向：

- 招聘：AI Agent 分析简历、面试视频和社交媒体数据，筛选合适的候选人，减少偏见。利用 NLP 技术，与候选人交流，了解其兴趣和能力，提升面试体验。
- 培训：根据员工特点，AI Agent 定制个性化的培训计划，并提供实时反馈。结合 VR/AR 技术，提供沉浸式培训，增强趣味性和实用性。
- 考核：AI Agent 收集多维度员工数据，客观评估工作表现，提供公正的考核结果。运用机器学习技术，预测员工潜力，提供职业规划建议。

- 激励：AI Agent 理解员工心理因素，设计激励机制，激发员工积极性。利用具身认知（Embodied Cognition，EC）技术，感知情绪变化，及时提供关怀，增强员工归属感。
- 福利：分析员工健康、生活习惯等数据，AI Agent 提供个性化福利方案。基于 IoT 技术，打造智能办公环境，提升工作舒适度。

AI Agent 在人力资源领域将朝着更智能、个性、协同和创新的方向发展。强大的整合能力将推动人力资源管理向多元化和综合化迈进，而互动性和协作性的增强将进一步提升员工和企业的亲密度。此外，开放和创新特性将促使 AI Agent 不断自我学习和进化，以适应日新月异的市场环境。

AI Agent 的引入将彻底改变人力资源管理的传统模式，使 HR 人员能够专注于更具战略意义的工作。这不仅将大幅提升员工的满意度和忠诚度，还将为企业的长远发展注入新的活力。可以预见，随着 AI 技术的持续进步，AI Agent 将成为企业数字化转型的核心力量，引领人力资源管理迈向新的高度。当然在这一过程中我们也需要不断探索和完善，确保 AI 技术能够为人力资源管理带来真正的价值和贡献。

10.2　AI Agent 在制造与供应链领域的应用

AI Agent 在制造和供应链领域应用广泛，通过提高效率、降低成本、优化资源配置的方式，增强企业竞争力并创造价值。它助力制造业应对市场需求变化、保证产品质量、优化生产流程及节约资源。同时，AI Agent 通过协调控制供应链各环节，实现成本、效率、服务和质量最优化，是制造及供应链管理的重要工具，形态包括软件程序、机器人和设备。

10.2.1　应用价值与优势

面向制造和供应链领域的 AI Agent 通过自主学习、自适应调整和自我优化，不断更新知识库与算法，提升性能和准确度。该智能化系统能与企业现有系统和数据无缝集成，实现自动化、智能化和协同化的决策支持，并能基于数据分析和业务规则自动执行任务及做出决策。

1. 应用价值

AI Agent 可以根据用户的需求、特征、行为和反馈，动态地调整自身的策略、内容和形式，实现与用户的高效沟通和合作，在制造及供应链领域有着广阔的应用前景，可以为企业带来以下几方面的价值：

- 提高生产效率和质量：AI Agent 作为智能制造的核心，与机器人、传感器、云计算等技术结合，实现智能监控和优化生产流程，降低人力和能源成本。通过 NLP 和 CV 技术，辅助产品设计和检测，提升产品的创新性和可靠性。
- 优化库存管理和物流配送：AI Agent 作为供应链智能助手，通过分析数据，智能推荐需求预测和库存规划，提高库存周转率，降低成本和缺货风险。结合物流技术，智能规划物流配送，提升效率和时效。
- 增强客户服务和体验：AI Agent 作为客户服务智能代理，结合聊天机器人、语音识别、情感分析技术，智能识别客户需求，提供个性化服务，提高客户满意度和忠诚度。通过分析客户偏好，提供精准产品信息，提高转化率。
- 提升企业竞争力和盈利能力：AI Agent 通过节省成本、提高效率、优化客户体验，增强企业竞争力，提升企业盈利能力，扩大投资回报率。

2. 优势

面向制造和供应链领域的 AI Agent 可以提供多种功能，具备以下优势：

- 生产计划与库存管理：AI Agent 生成最优解决方案，提供生产计划和库存管理，减少停机时间，优化库存水平。
- 需求预测与物流优化：利用数据分析，AI Agent 精准预测市场需求，明确交货时间，智能规划物流，确保产品及时配送。
- 质量控制：通过实时监控和分析，AI Agent 辅助质量控制过程，提高产品合格率。
- 客户服务：AI Agent 提供即时的客户咨询服务，增强客户满意度和忠诚度。
- 供应商关系管理：AI Agent 可以解决合作伙伴关系中的细节问题，实现供应商间的无缝互动，加强供应链协同。
- 决策支持：AI Agent 为团队提供即时建议，辅助做出快速且明智的决策。
- 信息提取与运营分析：AI Agent 从多种资源中提取最新、最准确的信息，提高运营准确性，并通过 LLM 驱动的分析功能预测业务挑战，减少操作中断。

AI Agent 的引入，不仅优化了企业的运营流程，更在提升客户服务和体验方面发挥了关键作用，进而帮助企业在制造流程和供应链管理中实现智能化，降低成本，提高效率和客户满意度，从而提升企业的整体竞争力和盈利能力。

10.2.2　应用场景

在制造和供应链领域，制造管理类 AI Agent 正成为一股革新力量。这种先进的软件系统通过实时数据和预测模型，精准地调整生产计划、库存管理、物流安排以及质量控制，旨在提升效率、削减成本并增强客户满意度。

- 智能生产：优化生产流程，自动调整生产计划和流程，根据设备状态和故障预测自动调整维护计划，提高生产效率和产品质量，降低成本和资源浪费。
- 智能仓储：优化仓储布局和作业流程，提高仓储空间利用率和出入库效率，自动分配商品存储位置和顺序，调节仓储环境如温度和湿度，降低仓储成本和商品损耗。
- 智能物流：自动规划最经济高效的物流路线和时间表，考虑实时交通状况和天气预报，提高物流配送的速度和准确性，减少物流成本和货物风险。
- 智能采购：优化采购策略，自动推荐最合适的供应商和价格，根据供应商的信誉和评价动态调整采购合同，提高采购效率和成本效益。
- 智能销售：洞察客户偏好，自动推荐最适合的产品和服务，根据客户反馈和投诉自动调整销售策略，提升销售业绩和客户满意度。
- 智能服务：优化服务流程，自动提供个性化的解决方案和建议，根据客户的满意度和忠诚度自动调整服务内容，提高服务响应速度和质量。
- 智能设计：辅助产品设计，自动生成符合市场需求和用户喜好的设计方案，根据产品测试结果和用户反馈进行设计迭代，提升设计的创新性和实用性。
- 智能研发：识别研发过程中的瓶颈和机会，自动寻找最有价值的研发方向，优化产品原型，加快研发进程，提高研发效率和产品竞争力。
- 智能管理：辅助管理层制定基于数据的决策，自动调整管理措施，提高管理效率和效果，降低管理成本和风险。
- 智能协作：优化团队和组织间的协作模式，自动匹配合适的协作伙伴和平台，根据协作效果提供建议，提高团队协作效率和项目成功率。

通过这些智能化功能，AI Agent 帮助制造业和供应链企业实现了生产自动化、管理信息化、决策数据化，提升整体运营效率，降低成本，增强市场竞争力和客户满意度。随着 AI 技术的持续进步和完善，AI Agent 在制造和供应链领域的应用将更加广泛和深入。

10.2.3 应用案例

AI Agent 正通过强大的数据处理能力和智能决策机制，助力制造和供应链领域实现高效、精准的管理。下面是几个应用案例，展示 AI Agent 在制造和供应链领域的实际运用及所带来的深远影响。

1. Agent Factory

Agent Factory 是一个集成了多种前沿技术的定制化平台，它融合了 Raspberry Pi、RFID、Arduino 以及物联网（IoT）技术，致力于创造出高度智能化的解决方案。这个平台专注于训练智能 AI Agent，使它们能够胜任特定任务，展现出与人类相当的性能。

Agent Factory 所提供的 AI Agent，不仅具备自主决策、执行任务的能力，还能与其他系统或用户流畅交互，从而自动执行并强化各类流程。它赋予开发者一系列强大的工具和组件，让他们能够设计、实现并部署复杂的智能代理系统。利用这个平台，可以创造出在各种环境下都能自主操作的 AI Agent，可广泛应用于模拟、游戏、实时系统监控等多种场景。

Agent Factory 特点鲜明：无须编码即可在用户系统中设置高效代理；可为用户的 Agent 分配无限量的工作；提供全天候不间断服务；涵盖多元化的 AI 技术，通过 AI Agent、自然语言处理、预测、3D 感知，助力用户开启或深化 AI 之旅。它还能与企业现有系统集成，无须大规模改造，从而确保高效的工作流程。Agent Factory 在制造和供应链领域潜力巨大，AI Agent 能优化生产调度、库存管理、物流规划和质量控制，提升效率，降低成本，实时监控并解决问题，同时加强供应链的信息流通与协作，提升透明度和灵活性。

基于 AI Agent 开发工具的核心功能，Agent Factory 可为企业和用户带来多方面价值：通过自动化和优化流程，显著提升效率；优化库存和物流以降低不必要的开支，进而提高企业利润率；实时质量监控减少缺陷产品，提升客户满意度；增强供应链协同和透明度，使企业能更迅速地响应市场变化，避免供应链中断。AI Agent 的预测能力，还能帮助企业预见并降低供应链风险。

2. 运小沓 · 数字员工平台

由壹沓科技打造的供应链专属 LLM 产品“运小沓 · 数字员工平台”，是一个基于LLM的数字员工聚合及训练平台。该平台可为供应链企业提供资深供应链运价经理、物流可视追踪经理、供应链新人成长师等高频业务场景相关的虚拟数字员工专家团队，为员工高效提供“所答即所问”的供应链领域准确知识，助力企业构建“白领员工+AI Agent运小沓数字员工”的人机协作模式。

该平台还具备卓越的数据分析能力，能够实时处理并分析海量的供应链数据，从而为企业提供科学的决策依据。其自适应学习能力使得它能够根据供应链的实时变化进行自我调整和优化，为各种突发情况提供迅速有效的解决方案。

在应用场景上，它展现出极大的灵活性和实用性。无论是自适应决策制定、去中心化过程管理，还是在动态库存补给等方面，它都能为企业提供强有力的支持。通过优化库存管理，它还能帮助企业降低成本、提升效益。强大的决策支持和风险管理功能，也使得企业能够在激烈的市场竞争中保持领先地位。

某企业面临供应链经营成本上升、业务效率低下、数据分散等问题，壹沓科技为该企业推出了CubeAgent数字员工解决方案。此方案采用自然语言对话方式，通过“运小沓•数字员工平台”提供即用型Agent数字员工和行业精准答案。方案实施后，通过“白领员工+AI Agent运小沓数字员工”的协作模式，企业的运营效率和人才密度得到大幅提升，成本降低，效益增加。

该方案还以非侵入方式整合现有系统，打通数据孤岛，实现业务自动化与智能化，推动端到端业务超自动化，加强了上下游的紧密连接，实现了生产力的飞跃。

10.2.4 应用前景

根据国际数据公司（IDC）的预测，到2024年，全球AI软件市场的规模预计将达到惊人的980亿美元。在这个巨大的市场中，制造和供应链领域将占据重要一席，其占比预计将达到16.5%，仅次于金融和零售领域。这一领域的发展主要得益于数字化转型的迫切需求、数据量和质量的显著提升等三大推动力。

据MarketsandMarkets报告指出，全球AI在制造和供应链领域的市场规模正在以惊人的速度增长。2020年，该领域的市场规模为33.5亿美元，而预计到2025年，这一数字将激增至121.1亿美元，复合年增长率高达29.3%。在制造和供应链领域，AI的竞争格局显现出多元化的特点。众多行业和领域的参与者，如AI技术提供商、制造及供应链解决方案提供商等，都在这个市场中积极竞争。IBM、Microsoft、Google等科技巨头，以及DHL、FedEx等物流行业领先者，都在通过不断地创新和投资来巩固与扩大自身的市场份额。

制造业作为国民经济的重要支柱，正逐渐成为 AI 技术的重要应用场景。AI 技术的引入，使得制造业能够实现智能化、自动化等转型升级，进而提高生产效率、降低成本，并增强企业的竞争力和可持续发展能力。特别是在中国，制造业人工智能应用市场的前景被广泛看好。据德勤中国《2023 年制造业 + 人工智能创新应用发展报告》预测，未来五年，中国制造业人工智能应用市场的年均增长率将超过 40%，预计到 2025 年，市场规模将超过 140 亿元人民币。随着生成式 AI 技术的兴起，基于 LLM 的 AI Agent 将成为技术发展的主要趋势。

在制造和供应链领域，AI Agent 展现出了巨大的应用价值。根据目前的研究和实践，AI Agent 在制造及供应链领域主要有以下几个应用方向：

- 供应链预测：结合历史和实时数据，精准预测需求、供应等，帮助企业规划，减少库存积压和缺货风险，提升客户满意度。电商平台利用 AI Agent 预测销售趋势，优化商品采购和仓库分布。
- 库存管理及调拨：主要面向智能化库存管理和补货需求，动态控制库存，重点考虑商品特性和经济订货批量。服装品牌使用 AI Agent 分析销售数据，自动调拨商品，降低库存积压和成本。
- 订单处理：智能化处理订单，自动分配至合适仓库，选择最佳配送路线，处理缺货问题，监控履约过程，及时反馈客户。外卖平台使用 AI Agent 自动匹配订单处理方案，及时更新状态。
- 供应链网络规划：动态规划和优化供应链网络，设计合理的仓配结构和拓扑，考虑战略目标、成本、时效和客户体验，适应环境变化。快递公司利用 AI Agent 规划仓配网络，确定仓库位置和配送路线。

除了上述应用外，AI Agent 还在供应链选品、品控和风险管理等多个方面发挥着重要作用。可以预见，随着技术的不断进步和应用场景的深化，AI Agent 将在制造和供应链领域扮演更为重要的角色。AI Agent 在制造和供应链领域展现出广阔的前景和潜力，将推动企业运营效率的提升和成本的降低，为整个行业的创新和可持续发展注入新的活力。

10.3 AI Agent 在政务领域的应用

AI Agent 在政务领域的应用，是一种利用人工智能技术优化政府运作的创新模式。这种 Agent 能够自主执行任务，提供智能化、自动化的解决方案，通过学习相关网站、系统和文档，根据用户数据做出响应，主要用于提升公共服务和治理水平。AI Agent 的引入旨在简化政府法规和公共服务流程，提供明确可靠的答案，提高政府效率、透明度和服务质量，促进公民参与和社会创新，提升政府智慧化水平，为社会创造公共价值，推动社会发展。

10.3.1 应用价值与优势

AI Agent 作为政务领域的得力助手，以卓越的理解、分析和问题处理能力，通过自然语言交互、语音和图像识别等技术与用户进行友好沟通，利用高适应性和优化能力，自动调整行为以适应不同场景。AI Agent 为政府服务带来多样化功能，包括咨询、办事指南、在线申报、审批监管，以及数据分析、智慧城市和应急管理等，同时无缝对接各类信息系统，增强服务协同性和一体化。

1. 应用价值

AI Agent 在政务领域的应用价值，体现在以下几个方面：

- 提高政务效率和质量：AI Agent 通过智能化的数据收集与分析，降低人力成本和错误率，提升政务公开性和透明度，增强政府公信力。
- 优化政务管理和监督：AI Agent 全面、动态、实时地管理监督政策、项目，提高政府执行力和问责力，保障国家安全和社会稳定。
- 创新政务服务和参与方式：AI Agent 提供便捷、高效的政务服务，如智能问答和推荐，提升公民参与度和满意度，促进政民互动，构建良好关系。
- 提供安全保障：AI Agent 利用自然语言处理技术实时监测政府网络和数据，预防安全隐患，提高信息安全保障能力。

2. 优势

在政府和市政服务中引入 AI Agent，可以实现以下优势：

- 高效的民事查询解决：为市民提供清晰准确的答案，满足有关许可证、城市法规、公共服务时间表等内容的查询需求。
- 提高透明度：为市民提供对源文件和法规的直接参考，提高公共沟通的信任度和清晰度。
- 个性化公民参与：自定义功能可以反映市政服务的基调和身份，确保沟通有意义和互动有效。
- 全面的文档协助：无论是关于财产税、废物管理时间表，还是社区活动许可证，都可以为市民提供及时准确的信息。
- 即时响应：借助高效的 AI 功能，减少市民等待问题答案的时间，提高满意度。

- 跨部门支持：可以在住房、交通或公共工程等各个政府部门使用，确保响应系统的统一高效。

这些优势使得 AI Agent 在政务领域具有广阔的应用前景和价值，有望成为数字政务的重要支撑和推动力，为政府提供更加高效、智能和人性化的服务解决方案。

10.3.2 应用场景

AI Agent 技术以其高智能与灵活性，为政务领域带来了显著的优势和变革。该技术不仅能提升政府部门的工作效能和服务水平，还增强了政府的形象，推动了政府的创新发展。AI Agent 在政务领域有着广泛的应用，以下是常见应用场景。

- 政策制定：收集分析社会经济数据、民意和专家意见，为政策制定政策提供支持，预测效果并评估影响。
- 政务服务：提供自动回复、处理投诉、业务申请、政策推送等智能化服务，提升服务效率和公众满意度。
- 政务监督：协助预防腐败和违规行为，监测政府项目进展，保障公共资源合理使用。
- 政务沟通：促进政府内部及与公众的沟通，实现跨部门协作和信息共享，建立多渠道沟通平台。
- 政务创新：激发创新活力，引入新技术，探索新领域，实现政务工作改革和优化。
- 政务教育：提供个性化学习资源，培养政府人员的专业和创新能力。
- 政务安全：防范网络攻击等风险，维护国家安全和社会秩序。
- 政务智库：构建汇聚专家、机构的智库网络，提供知识资源和方案咨询。
- 政务参与：促进公众参与，征集反馈意见，增强参与感和归属感。
- 政务评价：完善评价体系，收集分析评价数据，生成公正的评价结果。

AI Agent 通过这些应用提升了政务决策的科学性、服务的便捷性、监督的有效性、沟通的广泛性，同时保障了政务安全，促进了公众参与，为政务数字化转型提供了强大动力。随着人工智能技术的不断进步，AI Agent 在政务领域的应用将更加深入，为政府提供更高效、智能、人性化的解决方案，推动政务工作的全面革新。未来，这项技术将发挥巨大的潜力，助力政府实现更高效、透明和负责任的治理。

10.3.3 应用案例

在现代政务管理中，AI Agent 的应用正在开启一场革命。它们不仅提高了行政效率，还增强了公众参与，使得政府服务更加透明和可访问。从自动回应公民咨询到处理复杂的数据分析，AI Agent 的多面性在政务领域展现无遗，以下是几个典型应用案例。

1. Advai

Advai 是一家专注于提供 AI 系统测试、评估和监控工具的公司，其核心理念是帮助用户建立起对 AI 系统的深厚信任。

在 AI 的众多应用领域中，Advai 都有独特的贡献。例如，它们提供了 OCR（光学字符识别）和 NLP（自然语言处理）的解决方案，这些方案显著地提升了对话 Agent 的性能。Advai 还深入评估了 AI 驱动的身份验证系统，为用户提供了对这些系统的全面比较和深刻见解。它们还对面部验证系统进行了鲁棒性评估，确保这些系统能够抵御各种对图像和特征进行恶意操纵的攻击。

Advai 的业务还涉足 AI Agent 的开发和评估。这些 Agent 能够在多个领域内进行自主操作和协作，展示了极高的智能水平和实用性。尤其在政务领域，Advai 的技术和产品在提高服务效率、增强安全性和促进公民参与等方面做出了显著贡献。例如，政府部门可以借助 Advai 的技术来提升公共服务的自动化水平，也可以评估和确保所使用的 AI 系统的安全性和有效性。

Advai 在 AI 安全领域具有显著的特点和优势，为英国政府和 AI 安全研究所提供专业服务。其产品 Advai Advance 可全面评估组织的 AI 准备情况，有效管理风险。Advai Versus 则能自动执行测试，评估 AI 系统的弱点。在风险和合规方面，Advai Insight 有助于用户监控商业目标、全球标准和风险偏好。Advai 还提供直观平台，提升用户工作效率。同时，Advai 还能满足数据科学家和管理者的不同需求。这些服务使 Advai 在政务领域具有极高的应用价值，特别在安全性、可靠性和合规性方面展现出强大实力和独特优势，为政府部门提供全方位支持。

2. Rezolve.ai

Rezolve.ai 是一家致力于提供基于生成式 AI 的员工服务平台软件的公司，其服务能够顺畅地融入 Microsoft Teams 环境。它构建了一个强大易用的智能知识库，确保团队始终掌握准确信息以应对挑战。它与 Microsoft Teams 深度融合，简化了团队协作，促进了企业沟通。该平台还充分发挥了 AI 驱动的 IT 服务的管理潜力，助力团队从容面对挑战。其解决方案既简单、兼容，又高度可扩展，有效提高了投资回报率并降低了工单成本。

Rezolve.ai 具备自动化交互、智能决策、自主学习等能力及高度的集成性和扩展性等特点。其智能聊天机器人能自动回应用户，提供即时服务；同时能自动处理工单、解决问题，显示了它的智能决策力。系统融入机器学习技术，可从互动中自我学习完善。它还能与其他系统无缝集成，展现出高度适应性和扩展性。这些特点使 Rezolve.ai 能显著提高用户的工作效率，为用户提供高度自动化的支持体验。

在政务领域，Rezolve.ai 的应用场景十分广泛。政府机构可以利用其智能工单系统和自动化工具在 Microsoft Teams 的熟悉环境中高效地管理大量工单。它还能自动解决多达 65% 的问题，从而释放支持人员的时间，让他们专注于解决更复杂的问题。Rezolve.ai 提供的 1 000 多个即插即用的集成模块使得将其服务平台与现有的州和地方政府系统的集成变得轻而易举，以在 Microsoft Teams 中提供无缝体验。

Rezolve.ai 通过自动化和智能化的功能，不仅提高了工作效率，还为企业和用户带来了巨大的价值，包括减少对人工支持的依赖、轻松融入现有的工作环境以及通过先进的 GenAI 解决方案实现资源的最优化利用和提高投资回报。

除了以上案例，Github 上还有一些引人注目的政务类 AI Agent 项目。

- ai-economist 是由 Salesforce 创建的一个模块化的框架，用于模拟社会经济行为和动态，包括个体代理（agent）和政府。该框架可以与强化学习结合使用来学习最佳的经济政策。
- AI-seva 是一个基于代理的多语言 AI 服务中心，旨在帮助用户导航政府资源。
- CitizensFoundation/policy-synth 是一个类库，用于创建 AI 代理逻辑流程、API 和实时网络应用程序，用来帮助政府和公民通过集体和人工智能无缝集成以做出更好的决策。

随着 AI 技术的不断进步，政务领域的 AI Agent 将变得更加智能和高效。这些 Agent 的广泛应用预示着一个更加互联、互通的政府服务体系，将为公民带来更加个性化和响应迅速的服务体验。

10.3.4 应用前景

根据麦肯锡全球研究院（MGI）发布的《人工智能与国家竞争力》报告，全球已有 60 多个国家制定了涉及教育、研发等多方面的 AI 战略或计划。其中，中国、美国和欧盟等经济巨头都将 AI 视为国家发展的重中之重，并大力投入资源以促进 AI 产业和应用的发展。该报告还预测，到 2030 年，AI 对全球经济增长的贡献将高达 13 万亿美元，这相当于增加了 1.2 个百分点的年度复合增长率。

在政务方面，各国都在积极探索如何利用 AI 技术来提升政府服务和治理能力。例如，美国在《人工智能战略》中强调了利用 AI 提高政府效率和服务质量的重要性。中国也在《新一代人工智能发展规划》中提出了建设智慧社会、智慧城市等重大工程项目。欧盟也提出了建立可信赖的 AI 体系，以促进公共部门的创新和公民的参与。

据《2020 年全球人工智能政府报告》揭示，全球超过 100 个国家和地区已经或正在制定 AI 相关政策，其中近半数涉及政府部门的 AI 应用，中国、美国、英国、法国等国家在政务领域的 AI 应用最为活跃。随着 AI 技术的不断发展，AI Agent 作为一种重要的落地应用解决方案，在政务领域的应用也日益广泛。AI Agent 在政务领域的主要应用方向如下：

- 信息管理：AI Agent 利用自然语言处理技术监测政府网络和数据，预防安全隐患，提升信息安全，同时通过 AI 技术整合、共享政府信息资源，提升信息化水平。
- 公共服务：AI Agent 提供个性化、智能化服务，如智能推荐和评估，增强公民满意度。它根据公民需求推荐政务服务，打造定制化服务体验。
- 服务优化：AI Agent 实现了政务服务自动化，如自然语言交互的咨询助手，可以及时响应公众问题，引导完成在线业务，提升服务体验。
- 决策支持：AI Agent 通过机器学习分析数据，为政府决策提供科学依据，提高决策准确性。作为数据分析助手，它帮助发现数据规律，支持政策制定和风险评估。
- 安全保障：AI Agent 监测政府网络和数据，预防安全风险。作为安全防护助手，它对敏感信息进行加密和脱敏处理，防止信息泄露。同时，作为安全检测助手，它识别异常信息，防止错误和冲突。

AI Agent 正在成为提高政府服务效率、保障信息安全、支持科学决策的重要工具，它在政务领域的应用将为政府、公众和社会带来诸多益处。

10.4 AI Agent 在旅游与酒店业的应用

LLM 的进步，使得 AI Agent 成为旅游与酒店业创新的重要推动力。AI Agent

能够进行自然、个性化的交流，根据客户的语言和情绪特征提供定制服务，包括信息提供、咨询和预订等，还能通过学习客户反馈不断自我优化。数字礼宾服务的成功在于丰富客户体验，AI Agent 通过分析各种数据源提供可靠、便捷的服务，即时回应查询请求，提高服务效率，并根据客户需求定制产品，提升客户满意度。

10.4.1 应用价值与优势

AI Agent 在旅游与酒店业展现出了巨大的应用价值，不仅能显著提升客户体验，还能为旅游与酒店业带来更高的运营效率和更大的收益。

1. 应用价值

在旅游与酒店业，AI Agent 有以下几方面的应用价值：

- 提升客户体验：AI Agent 通过自然交互提供个性化旅游建议和酒店预订，利用智能设备（如机器人）创造舒适、有趣的住宿体验。
- 优化运营管理：运用大数据分析和机器学习技术，AI Agent 帮助酒店优化定价、库存和营销策略，提高收益，同时通过自助服务减少人力成本，提升工作效率。
- 创新产品服务：AI Agent 利用先进技术如生成式 AI 和计算机视觉，开发新服务，例如自动生成营销内容、智能旅拍、人脸识别快速入住等。
- 增强用户体验：AI Agent 通过分析客户行为和偏好，提供定制化服务，如推荐合适的房间类型和设施，增强用户满意度。
- 变革商业模式：AI Agent 整合新技术和平台，与社交媒体、电商、VR 等合作，为客户提供更多选择，引领商业模式创新。

2. 优势

AI Agent 应用于旅游与酒店业的优势如下：

- 个性化的宾客互动：通过完全可定制的代理商提供定制体验，反映企业品牌的优雅和对优质服务的承诺。
- 酒店业的内容掌握：即时提供有关从房间可用性到旅游细节的准确及时的信息。
- AI 驱动的旅行分析：借助 LLM，可以快速识别热门目的地，评估客人情绪，并捕捉每个查询背后的本质。这有助于完善企业的产品并预测市场变化。
- 值得信赖的协助：确保客户和游客每次都能收到准确可靠的信息。

- 安全、可扩展且适应性强：保护客人数据，适应旺季需求，并拥抱充满活力的旅游与酒店业。

AI Agent 在旅游与酒店业的应用正逐步深化，其巨大潜力和价值正在被越来越多的企业所认知和挖掘。随着 AI 技术的不断进步，未来的旅游与酒店业将更加智能化、个性化，而 AI Agent 将成为推动这一变革的重要力量。

10.4.2　应用场景

AI Agent 在旅游与酒店业的应用正逐渐深化，它能够根据客户的独特需求、个人喜好及具体情境，提供极具个性、高效且方便的服务，从而显著提高客户的服务体验与满意度，同时也助力行业实现成本降低、效率提升及收入增长。在旅游和酒店行业中，AI Agent 的应用场景丰富多彩，以下是常见应用场景：

- 智能客服：提供全天候多语言的客户咨询服务，包括预订、退订、改签等，提升服务效率，降低人力成本。
- 智能推荐：根据客户偏好、历史行为等数据，推荐个性化的旅游目的地、酒店和行程，提升购买转化率和客户忠诚度。
- 智能定价：利用大数据分析，动态调整价格，考虑市场需求、竞争情况和季节性因素，优化收益管理。
- 智能安检：通过生物识别技术，提供快速安全的安检服务，减少等待时间，改善客户体验。
- 智能导览：结合语音和图像识别技术，为游客提供景点历史文化解说，增强参与感。
- 智能翻译：提供实时多语言翻译服务，帮助游客跨越语言障碍，促进国际交流。
- 智能餐饮：通过图像识别和自然语言处理技术，提供菜品推荐和营养信息，满足个性化饮食需求。
- 智能住宿：集成物联网技术，实现客房智能化，如智能门锁和温度控制，提升住宿舒适度。
- 智能出行：提供出行规划服务，包括最佳路线选择和实时交通信息，节省客户时间。
- 智能营销：利用社交媒体和数据分析，为旅游与酒店业提供定制化营销策略，吸引和保留客户。

通过这些应用，AI Agent 正成为旅游与酒店业提升服务质量、运营效率和客户体验的重要工具。它将在旅游和酒店业中得到广泛的应用，为企业提高效率、降低成本、增加收入、优化客户体验和创造价值。

10.4.3 应用案例

在智能客服、个性化推荐及智能运营管理等场景，旅游类的 AI Agent 不仅极大地提升了顾客体验，还为行业带来了可观的经济效益。该领域的成功案例揭示了 AI 技术在提高效率、减少成本以及增强客户满意度方面的巨大潜力，下面来看两个应用案例。

1. AI-Adventures

AI-Adventures 是一个专注于为游客提供灵感和规划服务的平台，同时也是旅游行业内领先的 AI 助手。它能够帮助用户发掘那些经过严格核实的旅游景点、美味餐厅、舒适酒店以及精彩旅游线路，确保每一次的旅行体验都能达到用户的期望。AI-Adventures 的核心理念是利用 AI 技术，为用户量身打造独一无二的旅行服务。通过 ChatGPT，平台能够精准捕捉用户的兴趣点，从而提供贴心周到的个性化旅行建议。此外，平台正积极拓展功能，力求成为集旅行规划和预订为一体的一站式服务中心。

该平台的主要特色包括：量身定制的旅行计划，AI-Adventures 能够依据用户的个人喜好，为他打造专属的旅行方案；AI 驱动的算法，凭借尖端的 AI 技术，平台能迅速生成符合用户需求的个性化行程；实时可用性，用户可以随时获取酒店、景点和交通工具的最新信息；一键预订功能，用户只需轻点一下，即可轻松预订他们的专属旅程。

AI-Adventures 不仅提供个性化的旅行规划和建议，还致力于为用户打造一个综合的旅行指南。平台利用 ChatGPT 技术，根据用户的兴趣和需求，提供独特的旅行计划，还整合了多个 API，以获取更多元化、非常规的旅行推荐。

在具体应用方面，AI-Adventures 可以为用户提供个性化的旅行建议，如推荐独特的目的地、安排精彩的活动或景点游览；还能根据用户的口味和预算，为他推荐合适的酒店和餐厅；还能帮助用户规划详尽的行程，甚至协助管理旅行预算，提出合理的花费建议和省钱小妙招。对于旅游相关企业而言，与 AI-Adventures 的合作也将为它们带来更广阔的商业机遇。

2. Fetch.ai

Fetch.ai 是一个开放的人工智能平台，旨在通过 AI Agent 技术赋能各行各业，改变人们的工作和生活方式。Fetch.ai 平台由四个关键层面组成：AI Agent、Agentverse、AI Engine 和 Fetch Network。其中 AI Agent 是平台的核心，它们是具备独立决策和执行能力的智能程序，可以代表个人、组织甚至设备完成各种任务。AI Agent 在去中心化的环境中运作，通过连接、搜索和交易形成动态市场。

Agentverse 是开发和部署 AI Agent 的 SaaS 平台，提供了从简单应用到复杂 AI 系统的各种解决方案，用户可以轻松上手。AI Engine 则连接了人类语言和 AI Agent，将用户的指令转化为可执行的任务，由最合适的 AI Agent 来完成。

Fetch.ai 的一大特色是 AI Agent 具有模块化、可组合、可协作的特点。用户可以将 AI Agent 像搭积木一样组合，创造出全新的应用场景和商业模式。比如，将 API 包装成 Agent，让传统系统瞬间具备 AI 能力；将机器学习模型转化为 Agent，实现预测分析服务的货币化；利用 Agent 之间的通信协作，探索革命性的搜索范式。

在旅游行业，Fetch.ai 的 AI Agent 大有可为，它可以作为智能旅游助手，根据旅客的偏好、预算、时间等因素，自动规划行程、预订交通和住宿，提供个性化服务，提升用户体验；能够整合分散在各大平台的海量旅游数据，实现全网搜索和比价，为旅客找到性价比最优的选择；还能连接酒店、景点、餐厅等服务提供商的系统，优化资源配置，减少闲置浪费。

Fetch.ai 的生态中还有专门的旅游服务 Agent，如旅行预订 Agent、停车管理 Agent、电动汽车充电预订 Agent 等，它们可以与其他 Agent 协同工作，创造更加智能、高效、环保的出行方式。通过 DeltaV 聊天界面，用户可以无缝连接这些 Agent，享受一站式的旅游服务。

10.4.4 应用前景

旅游与酒店业正身处一个竞争日趋激烈、客户需求多变的市场环境。为了不断满足并超越客户的期望，这两个行业必须与时俱进，积极拥抱创新。在此背景下，AI 技术崭露头角，以独特的优势助力旅游与酒店业迈向更高的服务水准。AI 不仅能为旅游业提供更为个性化、智能化的便捷服务，从而提升客户忠诚度与满意度，还能为酒店业带来更智能、舒适且独特的住宿体验，进而巩固客户的忠诚度。根据多项市场研究预测，AI 在旅游与酒店业的应用将拥有巨大的市场潜力和增长空间。

Global View Research 预测，到 2027 年，全球旅游人工智能市场规模有望达到 312.8 亿美元，复合年增长率高达 26.3%。而 Mordor Intelligence 的预测则显示，到 2026 年，全球酒店人工智能市场规模将达到 38.9 亿美元，复合年增长率更是高达 39.4%。随着 AI 技术从专用型小模型向通用型 LLM 发展，生成式 AI 解决方案在旅游与酒店业的应用也愈发广泛。不少企业已经开始尝试引入 AI Agent，以期在激烈的市场竞争中脱颖而出。

在旅游与酒店业，AI Agent 主要有以下几个应用方向：

- 旅游规划：综合用户偏好、预算和时间等条件，推荐个性化的旅游目的地和行程。它还能根据实时天气、交通状况动态调整计划，以优化旅游体验。
- 旅游咨询：充当导游和助手，提供目的地的历史、文化和风俗信息。它根据用户兴趣和情绪推荐活动、美食和购物选项，丰富旅游内容。
- 酒店预订：通过语音或文本与用户互动，了解并预订符合用户需求的酒店房间。它还提供酒店设施、服务和周边环境信息，辅助用户做出更明智的选择。
- 酒店服务：作为酒店前台和客服，协助用户办理入住和退房，提供点餐、叫车和咨询服务。它根据用户喜好定制服务，提升满意度和忠诚度。

未来 AI Agent 将在旅游与酒店业的多个场景中发挥重要作用，包括智能搜索和推荐、智能客服和聊天机器人、智能定价和收益管理、智能安全和风险管理等。这些应用场景将共同推动旅游与酒店业向更加智能化、个性化和体验化的方向发展。

10.5 AI Agent 在房地产行业的应用

AI Agent 利用机器学习和大数据分析技术，预测房价趋势、提供精准房屋评估，改善客户服务和市场预测，实现智能房产搜索和合同管理，加强安全监控和维护管理，实现个性化营销推广，并保护数据隐私和安全。通过利用机器学习和大数据分析，AI Agent 能够准确预测房价趋势，帮助投资者和开发商做出明智的决策。

10.5.1 应用价值与优势

在房地产行业，房产类 AI Agent 正为开发商、经纪人和客户提供前所未有的便利和智能体验。它不仅能理解自然语言与用户流畅对话，还可根据个人需求提供精准房源推荐、看房安排和合同签署服务。AI Agent 的数据分析能力为市场动态提供有力数据支撑，专业、贴心的服务依托最新房产信息、详尽区域数据库和全面问题解答，内置准确性检查机制，确保建议可靠，从而提升客户满意度，扩展数字房地产影响力。

1. 应用价值

AI Agent 在房地产行业的应用价值体现在以下多个方面：

- 提升效率：通过迅速分析数据、优化交易流程，极大减少了时间消耗和人工操作。
- 增强决策支持：利用深度学习，为投资者和买家提供精确的市场趋势预测和房价评估，辅助做出明智的投资选择。
- 改善用户体验：提供全天候即时服务，能够快速响应客户需求，安排看房，实现个性化服务。
- 减少人为错误：在文档和交易处理中，通过自动化减少错误，提高整体准确性。
- 成本节约：减少对人工的依赖，有效降低了劳动力成本及由错误操作带来的额外开销。
- 物业管理优化：通过智慧解决方案，如能源管理和安全监控，提升物业管理效率，降低成本，提升住户满意度。
- 市场洞察能力：运用算法从大量数据中提取信息，识别投资机会和潜在风险。
- 营销和销售优化：通过分析客户行为，制定营销策略，提升销售效率和转化率。
- 房屋价值评估：结合图像识别和数据分析，全面评估房屋，确定其市场价值和投资回报。

除了这些，AI Agent 还将在客户服务、智能房产搜索、智能合同管理、市场预测等领域迎来广泛的应用。AI Agent 在房地产行业的应用不仅能够提升工作效率和准确性，更能在改善客户体验、降低风险和成本方面发挥巨大作用，为房地产行业带来更广阔的发展空间和更多的发展机遇。

2. 优势

AI Agent 应用于房地产行业的主要优势包括：

- 个性化物业互动：通过可定制的代理有效地吸引客户，同时提供量身定制的房地产建议。

- 内容掌握和列表保留：通过内容感知技术，客户可以从各种列表中获得精确的详细信息，从而营造积极的互动，增强客户信任。
- AI 驱动的查询分析：基于 AI 语义分析了解客户深度需求，提供客户偏好和兴趣领域的完整视图。
- 可靠和及时的响应：减少对人工干预的需求。提高的准确性确保了答案的详细与可靠，减少了额外跟进的需求。
- 安全、适应性强且可扩展：对客户数据实施保护，随着房源的增长可以毫不费力地扩大规模，并适应房地产科技行业不断变化的需求。

这些特点和优势，使得房产类 Agent 能够深入物业权益分析，增强客户反馈，减少用户手动查询，提高客户满意度和保留率，并能够在一定程度上赋能销售、客服等部门。

10.5.2 应用场景

在房地产行业中，AI Agent 正逐渐成为核心工具，为专业人士和消费者带来诸多创新应用场景。凭借 LLM、机器学习、大数据分析和自然语言处理等先进技术，AI Agent 在市场预测、房产推荐、合同管理及安全监控等方面展现出卓越能力。

- 房产市场分析：利用机器学习算法和大数据分析，预测房价走势和供需关系。通过深入分析历史交易数据、地理信息和经济指标，为投资者和开发商提供市场趋势的科学预测。
- 房屋评估：采用图像识别技术和数据分析，对房屋的建筑质量、装修水平及周边环境进行综合评估，提供准确的房屋价值估算。
- 客户服务：运用自然语言处理技术，AI Agent 能够理解并响应客户的房产市场或物业咨询，提供及时、准确的答案和决策支持。
- 智能房产搜索：根据用户指定的房屋类型、价格范围和地理位置等条件，分析房产数据，筛选并推荐符合用户需求的房源。
- 智能合同管理：自动执行合同起草、审核、签署等流程，减少人力资源依赖，提高合同管理的效率和准确性。
- 市场预测：通过分析和整合市场数据，预测房地产市场的宏观趋势，为投资者揭示潜在的投资机会。
- 安全监控和预警：结合视频监控和图像识别技术，实时监测房产区域的安全状况，及时发现并警告异常行为或安全威胁。

- 智能维护管理：分析传感器数据和历史维护记录，预测设施设备的潜在故障和维护需求，安排预防性维护，减少意外停机时间和维修成本。
- 个性化营销推广：根据用户的行为数据和购房偏好，定制个性化的房产营销策略，提升宣传效果和销售转化率。
- 数据隐私和安全保护：采用加密技术和访问控制措施，确保用户数据和交易信息的安全，保护客户隐私。

AI Agent 技术的引入为房地产行业带来了诸多变革。它不仅能提升市场分析的准确性，还能优化客户服务体验，简化房屋搜索和评估流程，实现合同管理的自动化。这些创新应用正推动着房地产行业向更智能、更高效的方向发展。

10.5.3　应用案例

AI Agent 应用于房地产行业，可以帮助买家在庞杂的房源中快速筛选出最适合的选项，根据用户的需求和偏好进行智能推荐，还能够分析市场数据、趋势以及预测房产价值，为投资者提供准确的决策支持。房地产领域正在开始逐步采用 AI Agent，以提升效率、改善用户体验，并创造更具竞争力的业务模式。以下几个应用案例供大家参考。

1. Epique AI

Epique AI 是一款专为房地产行业量身打造的 AI 工具套件，也是一个功能强大的 AI Agent，提供了一系列全面的解决方案。从生成房地产经纪人传记到博客文章的撰写，从图像生成到电子邮件营销，再到详细的房产描述和 Instagram 报价的制作，它都能轻松应对，并且还配备了潜在客户生成器，能在法律咨询和经纪建议方面提供有力支持。

借助 Epique AI 的自动化功能，房地产从业者能大幅节省时间成本。无论是快速生成房产描述、Instagram 报价，还是其他营销材料，它都能迅速完成，使工作更加高效。这款 AI 工具还能在业务开展过程中，协助从业者确保遵守各州的法律法规，让业务开展更加合规。

Epique AI 能显著提高房地产经纪人的工作效率，让他们有更多时间和精力专注于沟通买家和卖家，推动交易的顺利完成；“Transaction AI”功能可以无缝协调交易过程，为房地产专业人士带来极大的便利；还能生成丰富的房产相关内容，如博客文章、物业描述和电子邮件营销活动等，助力市场营销；视觉内容创建功能则能增强房产的在线展示效果，提升客户的购买意愿；还能帮助房地产代理有效管理潜在客户，优化销售流程，并提供自动化的房产评估工具，利用 AI 比较算法进行快速估价。

在实际应用中，Epique AI 已经展现出强大的实力。有房地产代理利用它生成了吸引人的物业描述，显著提升了房产列表的吸引力。通过电子邮件营销功能，代理人能够轻松创建有效的营销活动，吸引更多潜在客户的关注。此外，客户还能利用自动化评估工具快速获取房产的市场估价。通过提高生产力和简化流程，Epique AI 让用户能够更专注于客户互动和业务的其他关键方面，从而推动房地产业务的持续发展。

2. ChatRealtor

ChatRealtor 不仅是一个 AI 聊天机器人建设平台，更是为房地产经纪人量身打造的 AI Agent 类产品。其核心理念在于解决重复的客户查询和任务，从而提升工作效率。该产品以用户数据训练 ChatGPT，使用户能够在自己的网站和短信服务上轻松添加聊天小部件。用户只需通过简单的操作，如上传文档或添加网站链接，即可获得一个智能聊天机器人，该机器人能回答与内容相关的任何问题。

它还具有自动同步功能，能从 ZILLOW 等房地产列表网站获取数据。这些数据可以在短短 10 分钟内快速部署到 TEXT SMS、WEBSITE 和 AIRBNB 等各种平台。这一功能极大地提高了信息的时效性和准确性。ChatRealtor 还提供了潜在客户捕获和预约安排等实用功能，有助于房地产经纪人将潜在客户迅速转化为实际约会，从而提升业务转化率。

ChatRealtor 支持定制，用户可以根据自己的需求编辑基本提示、名称、个性特征和说明等，以打造独一无二的聊天机器人。它还支持多种语言，使用户能够创建多语言聊天机器人，满足不同客户的需求。

在实际应用中，房地产经纪人已经通过 ChatRealtor 的聊天机器人实现了即时反馈，大大提高了客户服务效率。利用 ChatRealtor 同步房产列表服务的数据，也使得房产信息的管理和展示变得更为高效和便捷。ChatRealtor 的聊天气泡功能极大地增强了房地产经纪人与网站访客的互动，从而提高了转化率。ChatRealtor 以 AI 驱动的聊天机器人和个性化服务，为房地产代理提供了一站式的客户互动和管理解决方案。

通过使用 ChatRealtor，房地产经纪人得以从烦琐的重复工作中解脱出来，更专注于核心业务和重要任务。这种智能化的工作方式不仅提升了效率，还优化了客户服务体验。

除了这些产品，Github 上还有以下几个面向房地产领域的 AI Agent 项目：

- homeai：一个使用 TypeScript 开发的房地产 AI Agent 项目。
- realtor-agent：使用 TypeScript 开发的一个简单的房地产问答 AI Agent。
- contentAgent：一个帮助房地产代理生成内容的 AI 助手，使用 JavaScript 和 Node Express 开发。
- property-bot：一个房地产聊天机器人项目，可以回应关于各种房地产物业的查询。
- SDH_traveling_real_estate_agent：一个 AI 界面项目，旨在为房地产代理寻找访问所有客户房屋的最佳路径。

10.5.4 应用前景

人工智能在房地产市场的规模，预计将在未来几年呈指数级增长。商业研究公司 the business research company 预测数据显示，到 2028 年，人工智能将以 34.0% 的复合年增长率（CAGR）增长到 7315.9 亿美元。

人工智能在房地产市场的应用及影响力正逐渐扩大，预计未来几年将呈指数级增长。商业研究公司 the business research company 的预测数据显示，到 2028 年，人工智能在房地产行业的市场规模将达到 7315.9 亿美元，复合年增长率高达 34.0%。这一增长趋势主要得益于行业对数据安全、个性化服务、市场预测、客户互动及智能建筑解决方案等需求的不断提升。

在中国，AI 建筑设计软件的市场规模也预计将在 2025 年达到 43.1 亿元，同比增长 30.3%，显示出广阔的市场前景和高速增长的市场需求。同时，全球超过 72% 的房地产所有者和投资者已经或计划向人工智能解决方案投入大量资金，反映了人工智能在该行业中的重要性日益凸显。目前，生成式 AI 及 LLM 的应用方向均指向 AI Agent，它在房地产行业具有巨大的市场潜力。AI Agent 在房地产行业的应用价值主要体现在以下几个方面：

- 市场分析与投资决策：分析历史交易和经济数据，辅助科学投资决策。
- 房产管理与运营优化：预测维护需求，优化能源使用，提升住户满意度。
- 客户关系与销售自动化：通过行为分析推荐物业，使用自动化系统提高销售效率。
- 智能化物业管理：通过实时数据分析，优化设施管理、能源消耗和安全监测。

- 租赁服务自动化：自动处理租赁流程，包括筛选、信用检查，并提供租后支持。
- 虚拟助手构建：为房地产各方提供预约、信息查询等辅助服务。
- 交易流程自动化：智能合同优化房产买卖流程，自动执行法律及财务环节。
- 风险评估与合规性：评估风险，识别欺诈，确保合规性。
- 智能家居集成：集成技术提升物业吸引力和价值。
- VR/AR 房产展示：为潜在买家提供直观的虚拟房产浏览体验。

随着技术的不断发展和集成度的增加，AI 在房地产行业中的应用将更加广泛和深入，从而提高整个行业的效率和客户体验。

第 11 章 CHAPTER 11

AI Agent 行业应用挑战

作为一场技术革命的领跑者，人工智能已经深入到各行各业的核心，AI Agent 作为这一转变的具象化，正迅速改写着行业应用的格局，并逐渐改变着我们的生活和工作方式。尽管基于 LLM 的 AI Agent 潜力巨大，但在实际应用中仍然面临着许多挑战。这些挑战包括技术迭代速度快、使用门槛高、大规模技术研发投入、数据管理、集成问题、隐私和合规性以及信息化过程等。

AI Agent 在行业应用中所面临的诸多测试和障碍，要求我们不能单纯追求技术的进步，而是要更加注重技术融入具体业务的实践。本章将就如何让基于 LLM 的 AI Agent 更好地贴合各行各业的实际需求、如何兼顾效率与伦理，以及如何保障数据的安全与隐私等问题进行探讨，并尝试提出一些可能的解决方案。

11.1 数据质量与可用性

普华永道和香港贸易发展局的联合调查显示，超过 60% 的香港金融专业人士认为数据可用性和网络安全是在金融服务中应用 AI 的主要挑战。AI Agent 在实际应用中同样面临数据质量与可用性的挑战。数据质量问题可能由采集错误、传输损坏、存储不当或更新不及时造成，从而导致 AI 基于错误信息做出决策，尤其在医疗、金融等领域具有较高的风险。数据可用性的挑战包括数据孤岛、隐私法律合规性问题和标准化缺失，这些都限制了数据的联通、收集使用和跨来源整合。

1. 问题与挑战

AI Agent 在数据质量与可用性方面遇到的主要问题和挑战如下：

数据不足：机器学习和深度学习等 AI 应用需要大量高质量数据，尤其在医疗、金融等行业，数据获取受限将影响模型训练和性能。

数据孤岛：数据分散在不同机构和组织，缺乏共享机制，从而形成“孤岛”。这增加了整合有效数据的难度，可能减缓 AI 项目的推进。

数据偏差：训练数据集可能源自有偏差的采样数据，导致模型出现系统性偏差，会对 AI 决策的公平性造成一定的影响。

标记数据的缺乏：精确模型训练需要大量高质量标记数据，标记数据的质量直接影响模型准确度，且这一资源获取耗时、成本高昂。

数据隐私：个人隐私数据受法律和道德严格限制，如 GDPR 等法规，这会对数据可用性构成挑战并影响 AI 应用。

2. 解决措施与建议

要解决这些挑战，需要行业实践者和研究者共同协作，通过政策、技术和流程创新等多维度方法，提升数据管理的整体水平。以下是一些应对这些问题和挑战的建议，供大家参考。

- 强化数据治理：通过制定清晰的数据标准和规范，建立数据治理框架，确保整个数据生命周期中的质量控制。
- 采用先进的数据整合工具：使用数据整合平台，比如数据仓库和数据湖，以消除数据孤岛。
- 提高数据隐私和安全标准：实施最新的数据加密技术和隐私保护措施，确保数据处理符合法规要求。
- 人工与 AI 的协同审查：定期进行人工审核，与 AI 分析并行进行，以验证 AI 的决策是否准确和发现潜在的数据质量问题。

只有在高质量、高可用性的数据支持下，AI Agent 在各行业的应用才能真正发挥潜力并引领未来的发展趋势。通过综合应用这些方法，可以让 AI Agent 在未来的行业应用中发挥最大的潜力。

11.2 数据隐私与安全

在数据隐私领域，AI Agent 正面临着前所未有的挑战。技术的不断进步和应用范围的日益扩大，使得 AI 需要处理的数据量急剧增加，数据隐私和安全问题也随之凸显。

1. 问题与挑战

在数据隐私与安全方面，AI Agent 在行业应用中面临的问题和挑战广泛且深刻，主要包括以下几个方面：

- 大数据隐私泄露风险：AI 系统依赖大量个人数据，存在隐私泄露和安全漏洞风险，尤其是个人敏感信息可能在未经授权的情况下被访问或披露。
- 安全措施不足：当前数据安全措施可能不足以满足 AI 系统的特殊需求，尤其是在数据共享方面，需要确保数据在使用过程中的安全和道德性。
- 面向 AI 的特定攻击：AI 系统可能受到数据投毒、模型逆向工程和对抗性攻击等安全威胁，这些攻击可能通过模型输入或依赖的数据集实施，导致模型被操纵。
- 合规性挑战：数据保护法规（如 GDPR）的收紧增加了企业的合规成本，AI 应用的数据挖掘行为可能与个人隐私保护冲突，不当的数据匿名化处理可能导致隐私泄露。
- 数据摄取和处理中的隐私：数据收集和摄取阶段可能引入隐私问题，尤其是不透明的数据收集和使用实践可能引起隐私操纵的担忧。
- AI 的不透明性：机器学习等 AI 技术在处理个人数据时，算法决策的不透明性可能引起隐私操纵的担忧。
- AI 诱导偏见和歧视：AI 通过学习历史数据可能无意中继承和放大数据中的偏见，导致歧视性结果。
- 日益严格的多地区法规：跨国运营企业需遵守多样化的地区数据隐私和安全法规，增加了运营和合规成本。

2. 解决措施与建议

为应对这些问题和挑战，研究者和实践者提出了一系列建议和解决策略，主要包括：

- 强化数据治理：执行严格政策，明确数据分类、访问控制和使用准则。
- 实施数据保护措施：使用先进加密技术保护数据存储和传输安全。

- 最小化数据使用：仅收集执行 AI 任务所必需的最小数据集，任务完成后匿名化处理或删除数据。
- 定期安全审计：定期审计以发现并补救安全漏洞。
- 建立合规机制：确保 AI 系统遵循隐私法规和标准。
- 增进 AI 的可解释性：发展可解释模型，增进用户理解，提高用户信任度。
- 加强数据科学教育：培养专业人才，提高对数据隐私和安全的认知。
- 促进用户教育：教育用户安全管理数据，识别隐私风险。
- 发展隐私计算技术：利用同态加密等技术保护数据处理中的隐私。
- 进行隐私影响评估：在 AI 项目投入前评估隐私影响，预测和缓解风险。
- 合规和伦理审查：AI 研发和部署前进行伦理和合规审查。
- 国际合作和标准化：推动国际合作，制定隐私保护和数据安全国际标准。

解决 AI 在行业应用中关于数据隐私与安全的挑战需要多学科共同努力，包括技术方案的设计、法律政策的制定以及用户教育的推动。通过采纳这些策略和建议，各行业可以更有效地应对 AI 应用中的数据隐私与安全挑战，从而保障企业和用户的利益。

11.3 人工智能局限性

基于 LLM 的 AI Agent 在实际应用中面临着多方面的挑战和问题，这些问题的根源在于人工智能的固有局限性。尽管 AI Agent 在某些特定任务上表现出色，但它们仍然受到 LLM 固有问题的困扰，如“幻觉”问题，这种问题可能会导致 AI 在处理任务时得出错误的结果，从而影响实际应用效果。

1. 问题与挑战

在人工智能的局限性方面，AI Agent 遇到的问题和挑战层出不穷：

- 泛化能力的局限性：AI Agent 在特定数据集上表现良好，但在现实世界的多变数据上可能难以泛化，影响了它在不同行业应用中的灵活性和健壮性。
- 理解和推理的深度：LLM 可能缺乏深层次的理解和逻辑推理能力。
- 运算复杂性：LLM 处理复杂问题时需要大量的计算资源和高级算法，可能限制其普遍应用。
- 对抗样本和数据偏差：AI Agent 易受到对抗性攻击，性能可能下降，数据偏差可能导致反社会和不公正的决策。

- 解释性和透明度的缺乏：解释 AI Agent 的行为具有挑战性，LLM 在决策过程的透明度上存在不足，影响信任建立。
- 理解上下文的局限性：AI Agent 在处理长上下文信息时可能受限，影响复杂任务的表现和对话中的上下文理解。
- 算法偏见和公平性问题：AI 系统可能在有偏见的数据集上训练，从而延续偏见，导致不公平的结果。
- 环境影响：训练和运行 AI 模型的高能耗对环境造成影响，可持续发展和生态保护是 AI 发展中需要关注的问题。

2. 解决措施与建议

为了解决这些问题，研究者和行业专家们提出了一系列建议，如下：

- 采用透明和问责机制来增强用户对 AI 决策的信任。
- 利用强化学习优化模型以适应人类偏好并解决 AI 的局限性。
- 创建智能 AI Agent 体系结构以简化与 Agent 的通信。
- 通过合成数据解决数据稀缺问题以提高训练效率和效果。
- 使用去偏见数据集的技术来减轻数据偏见并进行定期审计。
- 开发混合模型以提高可解释性并投资可解释 AI 技术。
- 倡导多学科合作和人工智能教育以提高技术知识的普及率。
- 优化 AI 算法效率、采用绿色计算实践和可持续能源来减少环境影响。

在应对这些挑战的过程中，需要多学科的合作与持续的技术创新，同时也需要不断审视和调整 AI Agent 的设计与应用框架，确保它在实际应用中的可靠性与有效性。通过这些努力，我们可以更好地利用基于 LLM 的 AI Agent 推动人工智能在各领域的应用和发展。

11.4　技术成熟度与技术集成

近年来，AI 行业在使用 LLM 开发 AI Agent 方面取得了显著的进步，这些 AI Agent 展现了无限的潜力。

1. 问题与挑战

在广泛应用之前，AI Agent 仍面临一些技术和集成方面的挑战，具体如下：

- 数据预处理的重要性：AI 系统的性能高度依赖于数据预处理的质量和效

率。高效的数据预处理不仅能确保数据准确性，也能避免成为系统性能瓶颈。

- 实时互动能力：AI Agent 需要实时与用户互动，提供准确反馈。然而，现有系统在处理复杂查询时可能存在延迟，影响用户体验。
- 实际应用的可行性：AI Agent 在实验环境外的实际应用中可能面临挑战，特别是在适应复杂系统中的非结构化数据流方面。
- 对话成熟度的评估：评估 AI Agent 在非结构化对话中的智能程度困难，需要更多研究和标准化方法。
- 技术趋势和应用问题：基于 LLM 的 AI Agent 面临集成、维护和更新的挑战，技术迭代速度快可能使现有技术迅速过时。
- 系统兼容性和集成复杂性：现有系统与 AI 技术之间可能存在兼容性问题，集成过程中可能需要额外的技术支持。
- 业务流程适配：AI Agent 需定制化以适应具体业务流程，缺乏定制化可能导致在特定行业问题处理上的不足。
- 用户接受度和信任：AI 的决策过程若不透明，可能会引起用户的怀疑，影响 AI 技术的采纳。
- 数据管理：AI 集成过程中需处理大量数据，涉及数据格式统一、存储优化及数据安全隐私保护。
- 性能标准化与实时交互：缺乏统一性能衡量标准，集成后的 AI Agent 性能难以预测。实时处理场景中还需解决低延迟和高可用性问题。
- 集成成本与资源投入：AI Agent 集成需大量的初期投入和持续的资源投入，成本敏感环境下可能超出企业的可接受范围。

2. 解决措施与建议

为了应对这些挑战，我们需要采取一系列措施：

- 必须优化数据预处理流程，提升信效比。
- 要增强 AI 的实时处理能力，确保与用户的良好互动。
- 应改善 AI 的适应性，增强它对特殊情况的处理能力。

在技术集成方面，我们同样需要采取一些措施：

- 设计高兼容性的 AI 解决方案以降低集成难度。
- 对 AI Agent 进行业务流程适配，确保它能够准确执行特定任务。
- 增强用户对 AI 的信任，通过高透明度和人工辅助来改善体验。

综上所述，基于 LLM 的 AI Agent 在技术成熟度和技术集成方面仍面临诸多挑战。然而，通过深度的跨学科研究、实用的业界实验和政策制定者的积极参与，我们可以逐步克服这些挑战并推动 AI 技术在多个行业中的广泛应用和变革性发展。

11.5　用户接受度

AI Agent 在各行业的应用无疑为众多组织带来了潜在的巨大利益，这些好处包括但不限于工作效率的提升、个性化服务的提供以及用户体验的显著改善。AI Agent 在智能交互与决策支持方面表现出巨大的潜力，但随着更多用户开始尝试使用 AI Agent，用户接受度也面临着一系列不容忽视的问题与挑战。

1. 问题与挑战

- 用户信任与透明度：AI 的复杂性和不透明决策过程导致用户信任度低。提高 AI Agent 决策的透明度是关键，以减少用户的怀疑和依赖阻力。
- 性能与可靠性：用户对 AI Agent 的精准性和稳定性有高期望。频繁出现错误和不一致的结果会削弱用户信任，尤其在关键决策应用中。
- 数据隐私与安全：AI Agent 处理个人数据引发隐私和安全担忧。用户对数据保护和安全性极为关注，数据泄露或不当使用可能降低用户的 AI 接受度。
- 人机交互设计（HMI）：直观且用户友好的界面设计对提高非技术用户的接受度至关重要。不良的 HMI 可能导致用户排斥 AI Agent。
- 与现有系统集成：集成 AI Agent 至现有系统面临兼容性挑战和用户对变化的抗拒，需要额外培训和改变管理方式。
- 认知负荷：复杂的 AI 系统可能增加用户的认知负担，影响其接受度。
- 社会和文化障碍：不同社会文化背景对 AI 的接受度有影响，包括对工作岗位损失的担忧。
- 法律和伦理：AI 相关的法律和伦理问题，如偏见和歧视性结果，影响用户接受度，尤其在敏感领域。
- 用户经验与预期：用户的实际体验若未达到预期，可能会导致失望和拒绝使用。
- 变革管理与用户培训：成功部署 AI 系统后需要对员工进行充分的培训和有效的管理变革，以确保员工适应工作流程的改变。

2. 应对措施与建议

为了提高用户接受度，可以采取以下应对措施与建议：

- 数据多样性与质量：采纳更广泛、更高质量的训练数据，增强模型对新环境的适应性和泛化能力。
- 对抗性训练：在模型训练中引入对抗性样本，提高模型在面对恶意攻击时的鲁棒性。
- 透明度与解释性：构建易于理解的 AI 模型，使用户能够洞悉决策背后的原因，增强信任。
- 持续监测与维护：部署持续监测系统，实时监控 AI Agent 的性能，快速定位并解决问题。
- 故障处理协议：制定故障诊断和恢复流程，确保能够迅速响应并最小化系统宕机时间。
- 阶段性模型更新：定期更新 AI 模型以应对环境变化，采用增量学习策略，减少服务中断。
- 软硬件可靠性设计：在设计中融入冗余和容错机制，增强系统的总体稳健性。
- 多模型与合奏学习：利用多模型系统和合奏方法，以单一模型所不具备的视角提高整体性能。
- 合规性与伦理考量：在 AI 设计和部署过程中，遵循伦理标准和法律法规，确保适当的人工监督。
- 用户培训与参与：对用户进行全面培训，使其熟悉 AI Agent 的功能和局限，提升技术接受度和有效应用。

通过实施这些建议，企业可以解决行业应用中 AI Agent 的用户接受度问题，并增强用户对 AI 技术的参与度和信任。

11.6 可靠性与稳健性

随着 AI 技术的持续进步，AI Agent 在提升工作效率和优化决策流程方面为企业带来显著价值，应用也日益广泛。然而随着应用范围扩大，AI Agent 在可靠性和稳健性方面面临挑战。可靠性指 AI 在重复使用中提供一致、准确服务的能力，但模型可能因依赖大量数据和复杂计算而不稳定。稳健性涉及 AI 适应新环境的能力，但深度学习模型在未知场景中可能脆弱。解决这些问题对 AI 的长期发展至关重要。

1. 问题与挑战

在具体应用中，AI Agent 在可靠性和稳健性方面遇到的问题和挑战主要包括以下几点：

- 对抗性攻击：AI Agent 可能受到精心设计的输入扰动，导致模型输出错误，需增强其抗欺骗能力。
- 泛化问题：AI Agent 在训练环境外的现实世界中可能表现不佳，尤其在面对未见过的新情况时。
- 模型更新与转移学习：环境变化要求 AI 模型持续更新以维持性能，但更新过程可能引入意外的副作用。
- 软硬件互操作性：AI Agent 与现有系统的集成可能因软硬件环境差异而出现问题。
- 故障诊断与处理：快速准确地诊断 AI 系统故障并在实践中恢复正常运行具有挑战性。
- 长期稳定运行：AI Agent 需要长期稳定运行，但软件和硬件老化可能导致性能逐渐下降。
- 系统故障与错误：AI 系统可能因随机故障或设计缺陷在关键任务中失败。
- 数据质量与准确性：输入数据的噪声或偏差影响 AI 决策的准确性，需确保数据质量。
- 抗干扰能力：AI 系统需在现实世界中抵抗噪声、攻击和环境变化等干扰。
- 适应性与灵活性：使 AI 系统适应环境变化和未知情况仍是一个技术挑战。
- 安全性与监管：安全法规和标准可能滞后于 AI 技术的快速发展，从而导致监管难题。

2. 解决措施与建议

为应对 AI Agent 在行业应用中的可靠性和稳健性问题与挑战，专家及学者们给出了如下一系列建议。

（1）提升可扩展性

- 模块化设计：开发模块化系统结构，便于独立调整或替换模块，不影响整体系统。
- 弹性云基础设施：利用云计算资源，按需扩展计算和存储能力，处理大量数据和复杂计算。
- 灵活的数据架构：构建能适应多变数据需求的数据架构，处理多种来源和格式的数据。

- 持续的性能监控：实施系统性能监测，及时发现并优化性能瓶颈，保持长期可扩展性。

（2）高效维护

- 自动化更新和测试：使用自动化工具进行系统更新和测试，减少人工干预，确保稳定性。
- 预测性维护：采用预测性分析工具预测系统问题，在故障前进行修复。
- 文档和知识共享：保持详细文档记录，帮助新团队成员快速了解系统，有效诊断故障。
- 定期培训：为技术团队提供定期培训，学习最新的维护实践和技术，提升维护能力。

AI Agent 的可靠性和稳健性是实际效用的关键，通过加强研究与实践的融合，不断优化设计和运行机制，可以确保这些智能助手更好地服务人类社会，为人类带来便利和安全保障。同时注重可扩展性和系统维护，有利于 AI Agent 的长期稳定运行。

11.7 成本与效益问题

AI 技术的快速发展使 AI Agent 在多个行业得到广泛应用，为企业带来显著效益。尽管 AI 在提升竞争力和优化工作流程方面潜力巨大，但成本控制和效益量化仍是挑战。AI 模型的训练、部署及运营需要高昂成本，包括数据标注、模型训练、硬件投资和运维监控等，而其效益（如效率提升和决策优化）难以直接量化，增加了成本效益分析的复杂度。

此外，AI 模型的性能随时间退化，需要定期更新，产生持续性成本，且企业的 AI 投资与效益回收间存在时间差，影响投资决策。有效评估 AI 成本效益关系，优化资源配置，为 AI 应用决策提供依据，是该领域需要深入研究的课题。

1. 问题与挑战

AI Agent 在成本和效益方面遇到的问题和挑战主要包括以下几点：

- 初始投资高：部署 AI Agent 涉及硬件、软件、数据收集处理及人员培训等显著前期成本。
- 系统集成挑战：与旧有遗留系统的兼容性和技术整合问题，为 AI Agent

的集成带来挑战。

- 投资回报期：AI 技术的长期投资回报对追求短期利润的公司构成挑战，需确定项目的长期战略价值。
- 数据和隐私关切：AI 的构建和部署需要大量数据，容易引发隐私和安全问题，增加法律、合规和金融成本。
- 实施成本：专业软件、硬件及技术专业人员的需求导致 AI 代理的实施成本高昂。
- 运营成本：AI Agent 的运行和维护，尤其是在数据处理和存储方面，涉及持续的高成本。
- 收益不确定性：AI Agent 的直接利益评估具有挑战性，其效益往往是间接的或长期的，难以量化。
- 技术复杂性：AI 技术的复杂性导致额外的开发、维护和升级成本。
- 适应性：AI Agent 在不同行业应用中可能需要定制化修改，增加成本和复杂性。
- 人才需求：对具有 AI 技术经验的员工的需求量大且成本高，对企业构成挑战。

2. 解决措施与建议

为了应对这些问题和挑战，专家和学者们提出了一系列的策略和建议，如下：

- 全面的成本效益分析：项目初期进行全面分析，明确 AI 项目对业务目标的支持和预期的投资回报率（ROI）。
- 增量实施与测试：从小规模试点项目开始逐步测试 AI Agent，根据成果决定是否全面部署。
- 优化算法以降低成本：开发高效算法减少计算资源需求，降低运营成本。
- 云计算服务：利用云基础设施的按需使用性，避免一次性大笔投资。
- 外部资金与合作：寻求政府补贴、科研基金或与高校合作，分摊成本。
- 人才开发和内部培训：内部培养 AI 人才，减少对外部资源的依赖。
- 开放源代码和共享技术：使用开源软件和社区支持，减少软件成本。
- 提升业务流程效率：AI Agent 适合应用于能显著提升效率和节约成本的领域。
- 模块化设计和灵活性：采用模块化设计，便于系统升级和维护，降低维护成本。

- 关注长期利益：重视 AI 项目带来的长期利益，如员工满意度、客户服务和市场竞争力提升。

组织应将 AI Agent 应用于能显著提升效率、节省时间和成本的领域以实现效益最大化。在部署 AI 时，需要全面评估经济可行性，结合业务实际，精心规划和管理，寻求成本与效益的最佳平衡，以促进长期发展。

11.8 技能知识缺乏与标准规范不统一

当前 AI 领域存在技能知识缺乏和标准规范不统一的问题，这给 AI Agent 的广泛应用带来困难。AI 技术门槛高，涉及多学科，且缺乏系统培训，导致人才短缺和跨学科沟通困难。同时，AI 产品和平台在功能、数据、接口等方面的标准化程度不足，影响了系统的互操作性和集成性。AI 系统的测试、评估和认证也缺少公认的规范，这些因素共同影响了 AI 产品和服务的可靠性与信任度，成为推动 AI 深入应用的关键挑战。

1. 问题与挑战

在工业应用中，AI Agent 遇到的有关技能知识与标准规范方面的问题和挑战包括：

- 技能短缺和知识转换：AI 技术的快速发展导致行业面临专业技能人才短缺的难题，尤其在数据科学和机器学习领域，这一问题限制了 AI 的实施和应用速度。
- 标准化和兼容性问题：AI 技术和应用在不同行业和领域缺乏统一标准，造成跨行业集成和协作困难，增加了企业实施 AI 技术的难度和成本。
- 知识更新速度：AI 技术的快速迭代要求专业人才不断更新知识，企业需确保员工的知识和技能与最新技术发展同步。
- 应用的异质性：不同行业和领域对 AI 技术的应用需求和标准不同，这增加了行业标准化工作的复杂性和耗时性。
- 质量控制：在缺乏统一标准的情况下，如何确保 AI Agent 提供的解决方案满足质量标准成为一个挑战。
- 缺少专业培训和行业特定知识：传统培训常常落后于技术发展，导致技能差距，特别是在 AI 技术方面，行业特定的知识和经验至关重要。
- AI 素养和数字工作环境：Salesforce 的研究发现，多数工作者缺乏与生成式 AI 合作的技能，突显了提升员工 AI 素养的紧迫性。
- 技术适应与更新：AI 技术的迅速变化要求工作者持续学习新技能，而技术的适应也需要不断地适应和更新，如自主 Agent 的行动模式。

2. 解决措施与建议

针对 AI Agent 在工业应用中面对的技能知识缺乏与标准规范不统一的问题和挑战，以下是一些解决方案和建议，供大家参考：

- 教育与培训：制定全面的教育计划，提升学生和从业者的 AI 技能，包括高等教育、在线课程和职业培训。
- 标准化推动：行业领袖和头部企业应共同推动 AI 技术和应用的行业标准制定。
- 人才招聘与保留：采用创新招聘方法和激励机制，吸引和保留 AI 领域的专业人才。
- 专业发展：确保员工能够定期更新技能，以适应 AI 技术的快速发展。
- 跨领域合作：促进不同部门和行业间的合作，共享知识，共同开发 AI 标准。
- 行业共识：建立对 AI 应用期望和标准的行业共识，进行一致性协调。
- 开源与资源共享：利用开源模型，减少重复工作，促进技术传播。
- 政府政策支持：政府应制定政策鼓励 AI 技能培训，并在标准制定上提供支持。
- 应用案例研究：分享 AI 成功案例，为标准化工作提供指引。
- 国际合作：参与国际项目，理解并采纳全球 AI 标准的认知和实践。

通过这些措施的实施，可以有效地解决 AI Agent 在应用中遇到的问题和挑战，促进其健康发展和广泛应用。

11.9　合规性与监管问题

AI Agent 在医疗、金融、交通等行业的广泛应用引发了合规性与监管问题，涉及法律遵守、消费者信任、公司声誉和社会稳定。各国和行业对 AI 的监管都处于探索阶段，法规体系尚未成熟，如医疗 AI 诊断的合法性和金融 AI 投资决策的监管也存在争议，带来不确定性。同时，确保 AI 系统的公平性和透明度，防止机器学习模型出现偏差，对社会公平和个人隐私安全至关重要。缺乏统一成熟的 AI 合规监管框架可能限制 AI 在关键行业的应用。

1. 问题与挑战

AI Agent 在合规和监管方面遇到的问题与挑战，主要包括以下几点：

- 监管框架缺失：AI Agent 领域缺乏统一、全面的监管框架，导致企业在应用 AI 技术时面临法律和规范的不确定性。
- 法规多变：全球 AI 相关法规持续演变，要求企业不断适应新的合规需求。
- 法律适应性滞后：现有法律体系难以跟上 AI 技术的迅速发展，难以及时解决 AI 带来的新问题。
- 法律责任模糊：当 AI 决策导致损失时，确定法律责任的归属变得复杂。
- 新立法的影响：全球正在制定专为 AI 设计的法律，预计将对各行业产生广泛影响。
- 行业特定合规要求：随着 AI 的普及，特定行业将面临更多新的法规要求。
- 合规成本上升：监管不确定性和日益严格的要求可能增加企业的合规成本。
- 隐私与数据保护问题：在处理大数据时，必须确保 AI 技术遵守隐私和数据保护法律。
- 算法偏差与歧视风险：AI 算法可能放大数据中的偏差和歧视，导致不公平的结果。
- 法律与伦理指导不足：尽管各国的 AI 规范指导正在逐步出台，但仍需更多具体的法律和伦理指导。
- 合规与竞争力的平衡：企业需在遵守法规的同时保持市场竞争力。

2. 解决措施与建议

为应对 AI Agent 在行业应用中合规和监管方面的问题与挑战，下面给出了一些建议：

- 跨学科团队与持续法律监测：组建法律、技术和伦理专家团队，持续关注法律动态，确保合规性。
- 数据保护与隐私安全：实施严格的数据保护措施，如数据最小化、加密和访问控制，保护用户隐私。
- 算法透明度与可解释性：提升算法透明度，通过研究和应用可解释性方法，增强用户对 AI 决策的信任。
- 参与法规制定与风险评估：积极参与新法规制定，同时对 AI 应用进行全面的风险评估。

- 与监管机构合作、沟通：与监管机构保持良好沟通，寻求合作，确保合规运营。
- 明确法律责任框架：建立明确的法律责任框架，确定 AI 行为的责任归属，降低法律风险。
- 伦理监督与培训：设立伦理委员会，监控伦理问题，并对员工进行合规和伦理培训。
- 战略规划中的合规与监管考量：在企业战略规划中充分考虑合规和监管要求，确保业务发展的可持续性。
- 参与行业基准测试和认证：积极参与行业基准测试和认证，提升 AI 产品和服务的质量与安全性。
- 消除 AI 偏见与歧视：致力于解决 AI 偏见和歧视问题，构建公正数据集，设计公平算法，并进行公平性测试。

要解决 AI 领域在合规与监管方面的问题需要综合多方面的努力和措施来共同推进，包括建立跨学科团队、持续监测法律变化、加强数据保护和隐私合规工作、提高算法透明度以及积极参与新法规与标准的制定等。这些建议可以帮助企业更好地应对合规和监管的问题，减少法律风险，并充分发挥 AI Agent 的潜力。

11.10　法律及道德伦理问题

随着 LLM 技术的普及，AI Agent 在各行业的应用日益广泛，但它引发的法律和伦理问题也备受关注。LLM 涉及知识产权归属不明确、法律责任认定模糊等法律问题，同时在伦理方面也存在公平性和透明性挑战，以及可能的内容偏差和误导。这些都使得 AI Agent 的行业应用在法律和伦理领域面临诸多未解问题。

1. 问题与挑战

AI Agent 在行业应用中遇到的法律及道德伦理问题和挑战如下：

- 决策透明度和可解释性：LLM 的决策过程往往不透明，使得人们难以理解和信任 AI Agent 的决策。确保透明和可解释是提升用户信任和满足监管要求的关键。
- 偏见与歧视：LLM 可能从训练数据中复制人类偏见，导致歧视性输出，消除偏见与歧视对需要公平性的应用尤为重要。
- 隐私风险：大数据训练可能泄露个人隐私，如何保护用户隐私是重要挑战。
- 知识产权问题：AI 生成内容的所有权及处置方式缺乏明确规定。

- 人工与 AI 的界限：讨论 AI 在道德和伦理层面与人类互动的角色定位越来越重要。
- 道德和法律责任：AI Agent 决策导致不良后果时，责任追究不明确。操作出错时的责任归属也难以划定。
- 误传与虚假信息：AI Agent 可能传播不准确信息，对新闻等敏感行业有显著影响。
- 自动化监管挑战：AI Agent 的自动化流程增加了监管难度。
- 社会、政治和伦理影响：AI 的广泛采用引起了多方面关切。了解 AI 对社会的影响对开发负责任的 AI 应用很重要。
- 社会适应能力和交叉行业影响：社会需适应 AI 带来的变化，同时 AI 的应用也可能对其他行业产生影响，需妥善管理和理解。

2. 解决措施与建议

针对 AI Agent 在行业应用中所面临的法律及道德伦理问题挑战，下面提出一些可解决方案和建议：

- 增强可解释性和透明度：开发新工具和方法，使用户能够理解 AI 的决策过程，提升其可解释性。
- 确保公正和消除偏见：采用代表性数据集和算法审计，主动减少 AI 中的潜在偏见。
- 加强隐私保护：运用高级加密、数据匿名化和去标识化技术，保护个人数据安全，确保合规。
- 遵循伦理准则和政策：制定并遵守 AI 伦理准则及相关政策，确保 AI 开发应用符合社会和道德标准。
- 知识产权教育与培训：针对开发者和用户开展知识产权教育，提高他们对 AI 相关法律问题的认识。
- 确立监管框架：与监管机构合作，制定合适的法规框架，规范 AI 的使用和管理。
- 应对机制和审核流程：建立机制以发现和纠正虚假信息传播，并通过审核流程检查 AI 生成内容。
- 社区和利益相关方参与：促进开放对话和合作，让更多人参与到 AI 伦理道德问题的讨论中。
- 人工监督和审查：在关键决策点设置人工监督，确保对 AI 操作的及时干预。

- 公共教育和意识提升：提高公众对 AI 潜在影响的认知，培养使用 AI 时的批判性思维。

通过这些措施的实施，能够有效地应对并缓解基于 LLM 的 AI Agent 带来的法律和道德伦理挑战，并促进 AI 技术成为推动社会进步的正面力量。需要说明的是，为了应对这些问题和挑战，还需要多方合作，包括政府、行业协会、企业和科研机构，共同努力，制定明确的法规，推广道德准则，增强 AI 系统的透明度和可解释性，以及培养跨学科的专家团队来审视和评估 AI 决策的合法性与伦理性。相信这些措施能够确保 AI 技术的健康发展，而不牺牲基本的法律和道德标准。

AI Agent 在各行业应用中虽面临挑战，但随着技术进步，这些难题将被逐步攻克。展望未来，AI 将在更多领域展现其巨大潜力，为人类生活带来便利与创新。在推动 AI 发展的同时，我们需谨慎权衡其影响，确保在发展与管理、效率与安全、创新与伦理之间找到最佳平衡点，使 AI 成为助力人类的力量而非威胁。

为实现这一目标，LLM 产业中的组织需以开放、务实和负责的态度，不断探索 AI 的应用，与各方紧密合作，将需求与反馈转化为技术创新的动力，并积极参与构建 AI 伦理与治理体系，共同开创人机和谐共生的新局面。

第三部分

商业价值

AI Agent 的出现和发展，不仅给人类带来了便利，也给商业领域带来了巨大的机遇和挑战。AI Agent 的商业价值，体现在它能够为企业和客户创造更多的价值，提高竞争力和创新力上，同时也改变了商业模式和策略，引发了新的商业启示。

本部分将深入探究 AI Agent 的商业价值，旨在帮助读者全面理解 AI Agent 的商业潜力，为组织的领导者和决策者提供深刻洞察，以便他们把握市场趋势，汲取商业智慧。第 12 章探讨 AI Agent 如何推动商业模式创新和战略决策进步，揭示新机遇以持续增强企业的竞争优势。第 13 章分析 AI Agent 的市场规模、增长、需求、竞争和风险。第 14 章通过案例揭示 AI Agent 对商业模式、市场策略和未来趋势的启示。

第12章 CHAPTER 12

AI Agent 的商业模式与策略

AI Agent 不仅改变了组织的经营效率，也重塑了价值创造的概念。AI Agent 能够提高竞争力和创新力，改变商业模式和策略，引发新的商业启示，进而为企业和客户创造更多价值。

本章将探讨 AI Agent 在商业领域的价值和优势，以及如何通过提升效率、降低成本、优化用户体验来取得竞争优势，旨在为读者提供一个关于 AI Agent 商业应用的清晰视角，激发读者的全新思考并引领读者进入商业成功的新境界。我们将从 AI Agent 的商业价值、AI Agent 的商业模式、AI Agent 的商业策略和关键要素，以及 OpenAI GPT 及 GPT Store 带来的商业启示四个方面来展开。

本章旨在帮助读者深入了解 AI Agent 的商业价值，启发读者思考 AI Agent 的商业应用和创新。

12.1 AI Agent 的商业价值

随着技术的进步，AI Agent 在商业竞争中的重要性日益凸显。它的商业价值不仅在于强大的数据分析和自动化能力，更在于为企业带来的竞争优势。AI Agent 能高效处理复杂任务，减少人为错误，让企业更专注于创新和策略规划。在市场营销、客户服务、财务管理等领域，AI Agent 已展现出卓越成果，提升了用户体验和决策质量，并降低了成本。

AI Agent 的商业价值体现在为企业提供精准数据分析、智能决策支持和个性化客户服务上。通过深度学习和机器学习技术，AI Agent 能处理海量数据，挖掘有价值的信息，支持企业决策。自主学习和适应能力也构成了 AI Agent 的商业优势，即能不断学习和优化，提升性能和准确性，适应市场变化和客户需求。此外，AI Agent 还能与其他技术和服务无缝集成，构建智能业务生态系统，为企业创造更大的价值。

12.1.1　商业价值的体现

具体而言，AI Agent 的商业价值主要体现在以下几个方面：

- 市场潜力巨大：哥伦比亚大学计算机科学教授 Jeff Clune 认为，AI Agent 可能价值数万亿美元。英伟达高级研究员 Jim Fan 预言 Agent 将推动整个文明的发展。这表明 AI Agent 具有巨大的商业潜力和市场前景。
- 智能交互和决策能力：AI Agent 能够理解和产生语言，确保无缝的用户交互，同时具备强大的决策能力。这种能力使 AI Agent 能够在复杂的环境中做出正确的决策，提高工作效率和准确性。
- 行业应用广泛：AI Agent 在多个领域都展现出了应用价值，如房地产行业提供智能服务、医疗保健领域实现自主与患者交互等。这些应用不仅能够提升行业的服务质量和效率，还能创造新的商业模式和收入来源。
- 自动化和敏捷性：AI Agent 通过自动执行任务，简化和加速工作流程，提高效率。此外，它还能提高交付速度和敏捷性，满足快速变化的市场需求。
- 促进行业融合：AI Agent 作为人工智能的重要分支，正在引发行业融合革命。它的应用不仅限于单一领域，而是能够渗透到教育、医疗、金融等多个领域，为这些领域带来创新的解决方案。
- 智能化工作模式：通过构建全新的 AI 系统架构，企业可以打造人与 AI Agent 协同的智能化工作模式，为客户创造更多商业价值。这种模式能够帮助企业优化资源配置，提高工作效率。
- 自主学习和适应能力：AI Agent 能够不断学习和适应新的情况与选项，以改进其性能。这种能力使它能够在不断变化的环境中保持竞争力。

以房地产行业为例，AI Agent 可深入应用于个性化物业互动、优化建筑设计方案和客户服务、房屋估价、预测市场价值以及智能营销服务等多个业务场景。

AI Agent 不仅能改变房地产行业的运作方式，还能通过优化各种业务流程，提升各业务场景的效率，并能有效降低运营成本，这都展现了它在房地产行业中的广泛应用与巨大潜力。

AI Agent 凭借以上优势，正成为商业领域中的佼佼者。随着技术的不断进步和应用场景的不断拓展，AI Agent 将在未来发挥更加重要的作用，为企业创造更大的商业价值。

12.1.2 人机协同新范式

从人机交互的角度来看，AI Agent 的一个很重要的价值是带来了人机协同新范式，它让人机协同的效率得到了革命性的提升。这里我们从构建基于 AI Agent 的人机协同智能化工作模式的过程来理解 AI Agent 的应用价值。要构建这种工作模式，可以采取以下几个步骤：

1）明确目标和任务：首先要明确工作的目标和任务，这是 AI Agent 参与的基础。可以通过拆解目标来引导 AI 完成任务，以突显人类在决策中的主导作用。

2）设计工作流程：根据目标的要求，设计合理的工作流程。这包括计划所有步骤并顺序执行，同时在执行过程中调用外部工具来辅助。多代理会话框架（如 AutoGen）提供了一种高级抽象，使构建 LLM 的工作流程变得更加便捷。

3）利用 AI Agent 工具和知识库：AI Agent 能够自主组合并使用外部工具来解决复杂问题，因此应充分利用这些工具来提高工作效率和质量。同时，建立一个有效的知识库，以便 AI Agent 检索信息和知识，从而支持决策和执行任务。

4）培养超级个体：基于 Agent 的人机协同模式，每个人都有可能成为超级个体。这意味着每个普通个体都可以拥有自己的 AI 团队，与自动化任务工作流协同工作。

5）适应组织熵增：AI Agent 能够帮助企业构建以“人机协同”为核心的智能化运营新常态，对抗组织熵增。

6）探索新的协作模式：生成式 AI 的协作模式包括嵌入模式、副驾驶模式和智能体模式等。这些模式各有特点，可以根据具体需求选择合适的协作模式。

可以看到，构建一个能够与 AI Agent 协同工作的智能化工作模式，需要从明确目标和任务、设计工作流程、利用 AI Agent 工具和知识库、培养超级个体、适应组织熵增以及探索新的协作模式等方面入手。通过这些方法，可以实现人机协同下的高效工作，提高工作效率和质量。AI Agent 可以通过自主组合使用复杂的外部工具来解决复杂问题，这是它将在未来大规模普及的关键，也是其行业价值的具体体现。未来这些能够主动思考的 Agent 将会接替人类去处理各种业务，人类将会从烦琐的、简单重复的业务中解放出来，去从事需要决策的工作。

总体而言，AI Agent 的进步，正在重新定义各行各业的工作方式。企业得以利用这些智能工具优化运营，创新服务，并进一步提高客户满意度。数据分析的深度和精确度得到了极大增强，决策过程变得更加科学和高效。通过自动化烦琐的工序，AI Agent 释放了人类劳动力的潜能，使专业人员能够专注于更具创造性和战略性的工作。尤其在面对不断变化的市场和竞争压力时，这种能力显得尤为重要。

12.2　AI Agent 的商业模式

在当今的科技时代，人工智能已经成为我们生活中不可或缺的一部分。特别是 AI Agent，作为 AI 的一种重要形式，正在逐渐改变我们的工作方式和生活方式。AI Agent 可以自动化地完成各种复杂的任务，提供个性化的服务，甚至创造出全新的价值。这些特点，也使得它衍生出更多新的商业模式。

AI Agent 正在成为企业不断创新和寻求商业优势的核心。无论是初创公司还是大型企业，AI Agent 都能提供一系列令人振奋的可能性，推动各种商业模式的形成和演变。下面我们将尝试探讨 AI Agent 多元化的商业模式，分析它们如何影响企业的运营方式和盈利路径。

12.2.1　AI Agent 的商业模式种类

结合目前出现的 AI Agent 产品形态以及云计算、人工智能等已有商业模式，AI Agent 的商业模式可以分为 11 种。

1. SaaS（Software as a Service，软件即服务）模式

在这个模式中，AI Agent 作为一种在线服务提供给用户，用户不需要安装任何软件，而是通过订阅制或使用量来付费。经典的例子有基于云的 CRM 系统，其中 AI 可以帮助自动化数据输入、提供销售预测，或者帮助优化营销活动。这种模式适合引入 AI Agent 架构及技术的 SaaS 厂商，用户使用这些 SaaS 产品即可享受 AI Agent 服务。

2. AaaS（Agent as a Service，Agent 即服务）模式

AI Agent 通过云平台以服务的形式提供给用户。用户可以根据自己的需求，通过订阅制或按照实际使用量来支付费用。这样的服务提供了高度的灵活性和可

伸缩性，通常托管在远程服务器上，并通过云计算资源实现。

AaaS 为企业提供了一种灵活、高效且成本可控的方式来利用人工智能技术，企业无须进行大量投资，即可获得强大的 AI 辅助能力。这种模式正成为企业数字化转型和智能化升级的有力工具。

3. MaaS（Model as a Service，模型即服务）模式

模型即服务是一种将机器学习模型部署到企业端，供用户使用的服务。这种服务允许开发人员简单调用模型，无须深入了解复杂的算法和实现细节。MaaS 可以作为一种商业模式使 LLM 得以广泛应用，也可以作为一种技术手段，用于精细化调整 LLM，使模型能够更好地满足特定行业或领域的需求。

MaaS 的目的是帮助企业实现高效智能的数据分析和决策，同时降低模型部署的门槛。它有助于推动人工智能技术的发展，使更多的企业和个人能够享受到智能化带来的便利和效益。在这种模式中，AI Agent 被融合在 MaaS 整体解决方案中，该方案同时也是 LLM 落地应用的解决方案。

4. RaaS（Robot as a Service，机器人即服务）模式

RaaS 是一种创新的机器人应用模式，该模式结合了云计算、人工智能、机器人学、自动化等先进技术。在 RaaS 模式下，企业可以通过租借、代运营或仓配一体化智能仓服务等方式，灵活、低成本地利用机器人技术来完成各种任务，如智能仓储、自动化生产等。这种服务模式不仅降低了企业部署机器人系统的资金和能力门槛，还有助于提高运营效率、减少人力成本，并推动企业的智能化升级。

目前尚处于 AI Agent 的早期阶段，但已经出现了很多类 AI Agent 的机器人构建平台（比如 Coze、SKY Agent 等），用户可以在这些平台上构建各种机器人，也可以使用平台上由官方或者第三方开发者构建的机器人。

5. Agent Store 模式

OpenAI 推出的 GPT Store，率先开启了 Agent Store 模式，开创了 Agent 新的应用方式。GPT Store 是一个类似 Apple Store 的虚拟商店，提供了各种针对 GPT（Generative Pre-trained Transformer，生成式预训练 Transformer）模型的服务和资源。GPT Store 允许用户选择和购买不同类型的 GPT 模型，这些模型具有不同的功能和特性，可以满足用户的不同需求。GPT Store 还提供了使用 GPT 模型进行训练和调优的工具与资源，帮助用户提升模型的性能和应用效果。

GPT Store 的商业模式主要是以提供 GPT 模型和相关工具为服务内容，通过

在线商店的形式进行销售。用户可以按需购买 GPT 模型和相关工具，以获得更好的应用效果。这种商业模式为用户提供了更加灵活和便捷的方式来获取和使用 GPT 模型，同时也为 OpenAI 带来了可观的商业收益。

随着 GPT 技术的不断发展和应用场景的不断拓展，GPT Store 的商业模式有望在未来继续创新和发展。例如，GPT Store 可能会推出更多的定制化解决方案、API 服务、在线教育工具等，以满足用户不断增长的需求。此外，随着 GPT 模型在更多领域的应用，GPT Store 也有望进一步扩大商业规模，增强市场影响力。目前 Agent Store（Bot Store）模式已经足以成为 Agent 应用的主流模式，很多 Agent 构建平台都会提供 Agent Store 以完善应用生态。

6. 消费者服务模式

这种模式面向广泛的消费者市场，提供无缝的用户体验和个性化内容，比如融合 AI Agent 的智能助理设备（类似亚马逊的 Alexa 或谷歌助手）、智能家居控制系统等。这些产品通常通过硬件销售、应用内购买或者配合广告来盈利。端侧 LLM 部署带来的混合 AI，会进一步加速 AI Agent 应用的到来。

7. 企业解决方案模式

特定行业或企业可能需要针对性的 AI 解决方案来解决复杂问题或优化特定业务流程。在这种模式下，AI Agent 的供应商将提供定制化服务，如供应链优化、预防性维护系统等，这通常涉及一次性或周期性的服务费用。

8. 按需平台模式

企业或开发者可以通过平台按需使用包括 AI Agent 在内的 AI 能力，而不必自行开发复杂的 AI 系统。这些 API 服务可能包括文本分析、语音转文本、图像识别等。计费通常基于 API 调用的数量，如 Google Cloud Vision 或 IBM Watson。

9. 数据和分析模式

在这种模式下，技术供应商向用户提供有关市场趋势、客户行为和其他关键数据点的深入分析服务。技术供应商推出数据类的 AI Agent 服务，企业可以直接使用或者定制个性化的数据驱动 Agent 来完善产品、优化营销战略和改进客户服务。服务提供商可能基于项目、订阅或数据访问量来收费。

10. 技术许可模式

在这种模式下，研发 AI Agent 技术的技术供应商将其知识产权授权给其他公司使用。付费方式可以是一次性的授权费加上持续的使用费，也可以遵循特定的收益分配模型。

11. 众包和协作模式

利用 AI 来优化分配给网络上人类工作者的任务。任务可能涉及清洁、内容审核、数据标注等内容。AI Agent 在此处的作用是管理工作流程，确保任务的有效执行，并提高整体的效率。

这些商业模式反映了 AI Agent 技术的广泛适用性和灵活性，以及它如何被不同行业和不同规模的企业所采用。随着 AI 技术的进步，可以预见将会出现更多新模式，以适应市场的不断变化。上述 11 种商业模式的详细介绍见本书配置资源库。

12.2.2 AI Agent 产品及服务形态

基于以上商业模式，目前出现的 AI Agent 产品及服务主要包括以下几种。下面我们结合案例分析每一种产品的形态。

1. 内容生成助手

这种 AI 助手可以利用 LLM 的生成能力，根据用户的需求或指示，生成各种类型的内容，比如文章、视频、音乐、代码等。内容生成助手可以通过 API 集成到其他应用或业务流程中，也可以基于多个 AI Agent 的协作来完成复杂的内容生成任务。

相关的案例如下：

- MetaGPT：基于 GPT 的虚拟机器人软件公司，由 AI Agent 担任多个软件开发岗位，通过相互协作完成某个软件的开发任务。
- Lyrical：基于 GPT-3 的歌词生成助手，可以根据用户输入的主题、风格、情感等，生成原创的歌词，并配上合适的旋律。

2. 知识助手

这种 AI 助手可以利用 LLM 的检索增强生成（RAG）方案，通过外挂私有知识库来扩充 LLM 的知识储备，以提供基于自然语言的、对话式的企业私有知识访问。知识助手可以帮助用户快速获取所需的信息，解决通用 LLM 在面向企业应用时因领域知识不足导致的 AI 幻觉问题。

相关案例如下：

- LangChain-Chatchat：基于 LangChain 框架构建的 RAG 应用构建平台，提

供了完善的 RAG 应用构建工具，比如私有知识库的管理维护、测试、对话流程编排、提示词自定义等。

- FastGPT：基于 GPT 的 RAG 应用构建平台，提供了用于商业运营的 SaaS 应用，可以让用户轻松创建和部署自己的知识助手。

3. 数据分析助手

这种 AI 助手可以利用 LLM 的自然语言转数据分析的能力，比如对 API 的调用、对数据库的访问，甚至编写数据分析代码，来达到获取数据、分析数据与可视化结果的目的。数据分析助手可以降低传统 BI 工具的使用门槛，提高数据分析的效率和灵活性。

相关案例如下：

- DB-GPT：一个重新定义数据交互的开源项目，实现了多场景下的交互数据分析，包括数据库分析、Excel 分析、仪表盘分析等，还提供了后端 LLM 的可伸缩管理架构。
- OpenAgents-Data Agent：香港大学研究团队的开源项目，实现了对本地结构化数据文档的数据分析，提供了两种数据分析方法供用户选择，一种基于 SQL，另一种则基于代码解释器。

4. 工具使用助手

这种 AI 助手可以利用 LLM 的工具使用能力，根据用户的需求或指示，智能地使用各种工具，比如 API、数据库、互联网平台等，来完成某个用户任务或者驱动业务流程。工具使用助手可以与现有应用（CRM、OA 系统）做集成与交互，提高工作效率和便利性。

相关案例如下：

- LangChain-Agent：一个基于 LangChain 框架的 Agent 组件，通过组装多个 Tools，封装与简化了 LLM 使用工具的过程，可以让用户专注于 Tools 的创建。
- OpenAI-Assistants API：一个由 OpenAI 官方提供的构建 AI 助手的 API，可以充分利用 GPT-4 模型的能力，它对工具的使用主要体现在对函数调用（Function Calling）功能的支持上。

5. Web 操作助手

这种 AI 助手可以利用 LLM 的自动化网络浏览、操作与探索的能力，简化

Web 浏览访问与操作。Web 操作助手可以作为个人数字助理，仅需简单对话即可让 AI 帮助用户完成 Web 浏览与操作，比如在线订票；也可以作为企业的数字员工，简化企业日常工作中重复性较高、流程与规则固定、大批量的前端操作性事务，比如批量订单处理、批量客户联络、批量网站抓取等。

相关案例如下：

- OpenAgents-Web Agent：面向 Chrome 浏览器与扩展而实现的一个 LLM Agent，可以根据自然语言的描述或示例，完成网站导航与网页自动化操作，比如点击界面元素、输入表单。
- OpenAI-DALL-E：基于 GPT-4V 的视觉模型，可以根据自然语言的描述，生成各种类型的图像，也可以理解图像中的界面元素与功能，实现完全自主的智能操作。

6. 工作流助手

这种 AI 助手是上面几种基础 Agent 能力的组合，可以利用 LLM 的理解、推理能力，完全自主地规划与分解任务，设计任务步骤，并智能地使用各种工具，检索知识，输出内容，完成任务。工作流助手可以直接面向使用者的对话机器人来触发，也可以完全后台触发，以提高工作效率和质量。

相关案例如下：

- OpenAI-Codex：一个基于 GPT-3 的代码生成助手，可以根据自然语言的描述或示例，生成各种编程语言的代码，也可以执行代码并返回结果。Codex 可以作为一个工作流助手，帮助用户完成各种编程任务，比如开发网站、应用、游戏等。
- OpenAI-OpenAI Playground：一个由 OpenAI 官方提供的构建 AI 助手的平台，可以让用户通过简单的对话，创建和部署自己的工作流助手，比如创建一个博客、制作一个视频、写一首诗等。Playground 可以利用 GPT-4 模型的各种能力，包括内容生成、知识检索、工具使用、Web 操作等，来完成用户的任务。

目前而言，基于 LLM 创新和已有的商业模式，AI Agent 已经衍生出多种商业模式，每一种都有其独特的价值主张和盈利机制。从 SaaS 到计费 API 平台，从定制企业解决方案到数据分析服务，再到 RaaS，这些模式证明了 AI Agent 的多功能性和适应性。随着技术的不断进步和消费者需求的日益复杂，无疑将会诞生更多新的商业模式，为企业带来更多成长和变革的可能。企业领导者需要紧跟

AI 技术的步伐，灵活调整商业战略，才能在这个智能化的大潮中乘风破浪，开创无限商机。

延伸：实现 AI Agent 商业化闭环

AI Agent 实现商业化闭环的方式和成功的商业模式，可以从多个角度进行分析。

首先，AI Agent 被视为 LLM 商业应用的重要载体，未来将成为超级流量入口，特别是在汽车领域可能率先实现突破，这表明 AI Agent 在特定行业内的商业化潜力巨大。

其次，AI 助理的实现涉及大规模的数据收集和标注、深度学习算法等多个环节，是 LLM 的间接应用路径，也是实现商业化闭环的重要路径。从这个角度看，AI Agent 的成功商业化，需要依赖背后的技术支持和数据基础。

最后，AI Agent 能够模拟人类的智能行为，通过模块化框架构建、部署和扩展可靠的自治代理群以实现工作流自动化，这种完全即插即用的自主代理由长期记忆数据库扩展的 LLM 提供支持，并配备了用于工具使用的函数调用。

这种高度自适应和可扩展性，是 AI Agent 实现商业化闭环的关键。AI Agent 成为 LLM 应用端的发展趋势，数字员工的商业化空间广阔。与通用 LLM 相比，AI Agent 具有一定的自主判断能力，这为它在特定领域的商业化提供了新的可能性。

12.3　AI Agent 的商业策略与关键要素

AI 正逐渐渗透到商业的各个领域，尤其是 AI Agent 凭借模仿、学习和超越人类的交流与解决问题的能力，显著提升了企业与客户互动的效率。但想要充分发挥 AI Agent 的潜力并确保投资回报最大化并非易事，需要企业深入理解和精心策划商业策略，全面考虑所有相关要素。

作为企业实现商业目标的重要手段，商业策略涵盖了产品开发、市场营销、供应链管理、客户服务和财务管理等多个维度，是企业成功不可或缺的基石，其中和谐、竞合和创新策略更是其核心组成部分。本节旨在探讨 AI Agent 实施过程中的商业策略及关键要素，为决策者在新兴且竞争激烈的市场环境中找到通往成功的路径提供指南。

12.3.1 商业策略

从目前 AI Agent 技术发展、产品应用以及所遇到的问题来看，企业要更好地开发、引入及应用 AI Agent，可以参考以下商业策略。

1. 市场定位

- 目标市场选择：明确 AI Agent 将服务于哪些行业、企业或个人用户。这需要对市场进行细分，并评估每个细分市场的潜力、竞争情况和自身资源。
- 品牌定位：确定 AI Agent 在市场中的独特卖点，如高性能、易用性、安全性等，以塑造鲜明的品牌形象。
- 价值主张：明确 AI Agent 如何为用户创造价值，即解决用户的问题或满足用户的需求。

2. 产品创新

- 技术研发：持续投入研发，优化模型性能，提高 AI Agent 的自然语言处理能力、学习速度和准确性。
- 功能迭代：根据用户反馈和市场趋势，不断迭代 AI Agent 的功能，以满足用户不断变化的需求。
- 用户体验优化：优化用户界面和交互设计，提高用户满意度和黏性。

3. 合作伙伴关系

- 寻找合作伙伴：与互补性强的企业、机构或个人建立合作关系，共同推广 AI Agent 的应用。
- 合作方式多样化：可以采取多种合作方式，如技术合作、市场合作、数据共享等，以实现互利共赢。
- 建立生态系统：通过合作，逐步构建一个围绕 AI Agent 的生态系统，吸引更多用户和开发者。

4. 商业模式

- 定价策略：根据市场定位和目标用户，制定合适的定价策略，如按使用量收费、订阅制、一次性买断等。
- 营收来源：除了直接的 AI Agent 服务收费外，还可以考虑通过广告、数据销售、API 调用等方式增加营收。
- 成本控制：在保证服务质量的前提下，通过优化运营、提高技术效率等方式降低成本，提高盈利能力。

5. 市场渗透策略

- 目标市场选择：选择具有潜力的特定市场或用户群体，如特定行业的企业、年轻用户群体或具有特定需求的人群。
- 深度挖掘：深入了解目标市场的用户需求、痛点和期望，确保 AI Agent 提供的服务能够精准满足这些需求。
- 口碑建立：通过提供卓越的服务和体验，确保用户在社交媒体、线上论坛等渠道上分享正面评价，从而建立口碑和用户基础。
- 持续沟通：与目标市场的用户保持持续的沟通和互动，收集反馈并快速迭代服务，确保满足用户的期望。

6. 差异化竞争

- 用户需求研究：定期进行用户需求调查和研究，了解用户的真实需求和痛点。
- 市场趋势分析：跟踪行业和市场趋势，及时调整 AI Agent 的功能和服务，确保与时俱进。
- 竞争对手分析：分析竞争对手的弱点和不足，提供具有差异化和创新性的功能与服务，从而在市场中脱颖而出。
- 合作与创新：与合作伙伴共同研发创新功能，提供独特的解决方案，满足用户的特殊需求。

7. 持续学习与优化

- 用户反馈收集：设置多种渠道收集用户反馈，如在线调查、用户评论和社交媒体等。
- 数据分析：定期分析用户数据，了解用户行为、偏好和需求变化，为服务优化提供依据。
- 算法更新：持续更新和优化 AI Agent 的算法模型，提高模型的语言理解和生成能力、学习速度和准确性。
- A/B 测试：通过 A/B 测试等方法评估服务改进的效果，确保改进措施能够真正提升用户满意度和黏性。

8. 多渠道营销策略

- 社交媒体推广：利用社交媒体平台发布内容、广告和活动，吸引潜在用户的关注和参与。

- 搜索引擎优化：优化网站和内容以提高搜索引擎排名，增加曝光率和流量。
- 合作伙伴关系：与合作伙伴共同推广 AI Agent 的服务，扩大市场份额和影响力。
- 线上线下活动：举办线上线下活动，如研讨会、讲座和展览等，吸引潜在用户的关注和参与。

12.3.2 关键要素

除了以上商业策略，企业还应该考虑开发与应用 AI Agent 的关键要素。

1. 技术能力

- 自然语言处理（NLP）：AI Agent 的核心是强大的自然语言处理能力，包括语义理解、情感分析、对话管理等多个方面。为了实现高效的自然语言处理，AI Agent 需要利用先进的算法和模型，如深度学习、循环神经网络等。
- 机器学习与深度学习：AI Agent 需要具备持续学习和优化的能力，以适应不断变化的市场和用户需求。通过利用机器学习技术，AI Agent 可以从大量数据中提取有用的信息，不断优化模型以提高性能。深度学习技术则可以帮助 AI Agent 更深入地理解语言的含义和上下文。
- 技术创新与研发：为了保持竞争优势，AI Agent 需要不断地进行技术创新和研发，包括探索新的算法、模型和技术。同时，与高校、研究机构等合作也是推动技术创新的重要途径。

2. 数据处理

- 数据收集：AI Agent 需要从多个渠道收集数据，包括用户输入、社交媒体、在线论坛等。为了确保数据的准确性和有效性，AI Agent 需要采用合适的数据清洗和预处理技术。
- 数据存储：为了支持高效的数据处理和分析，AI Agent 需要具备大规模的数据存储能力。同时，为了保证数据的安全性和隐私性，AI Agent 需要采取加密和访问控制等安全措施。
- 数据分析：通过对收集到的数据进行分析，AI Agent 可以提取有用的信息，为改进服务和开发新功能提供依据。这包括文本挖掘、情感分析、趋势预测等多种数据分析技术。

- 数据使用：在确保数据安全和隐私的前提下，AI Agent 需要合理地使用数据来优化其服务，包括利用数据来改进模型的性能、优化用户体验等。

3. 用户界面

- 设计原则：AI Agent 的用户界面应该遵循简洁、直观、易用的设计原则。用户应该能够轻松地理解和使用 AI Agent 的功能和服务。
- 交互流程：AI Agent 的交互流程应该流畅自然，用户应该能够轻松地完成与 AI Agent 的交互任务。同时，AI Agent 应该提供清晰的反馈和提示，以帮助用户更好地理解和使用其功能。
- 多语言支持：为了满足不同国家和地区用户的需求，AI Agent 应该支持多种语言。这包括界面翻译、语音识别和合成等方面的多语言支持。
- 个性化定制：AI Agent 应该提供个性化定制的选项，以满足用户的个性化需求和偏好。这包括主题设置、字体大小、颜色等方面的个性化定制。

4. 法规

- 数据保护法规：AI Agent 需要遵守相关的数据保护法规，如欧盟的 GDPR 等。这包括确保用户数据的合法收集和使用、提供数据访问和删除机制等。
- 知识产权法规：AI Agent 需要尊重他人的知识产权，如专利、商标和版权等。这包括避免使用他人的技术成果和创意内容，确保 AI Agent 的技术和服务符合知识产权法规的要求。
- 竞争法规：AI Agent 需要遵守竞争法规，避免不当竞争和垄断行为。这包括确保 AI Agent 的定价策略、市场推广等符合竞争法规的要求，维护公平竞争的市场环境。
- 合规性审查：定期进行合规性审查，确保 AI Agent 的研发、运营和推广符合相关法律法规的要求。

5. 模型能力与性能

- 先进的 LLM：选择具有强大语言理解和生成能力的 LLM 作为基础，确保 AI Agent 能够完成各种复杂的自然语言处理任务。
- 持续优化：定期评估模型性能，根据用户反馈和市场需求进行持续优化和改进。
- 多语种支持：支持多种语言，满足不同国家和地区用户的需求与偏好。

6. 可扩展性与灵活性

- 横向与纵向扩展：确保 AI Agent 能够支持大规模的数据和请求处理，通过横向和纵向扩展提高系统性能。
- 模块化设计：采用模块化设计，方便根据业务需求进行灵活定制和配置。
- API：提供开放的 API，方便与其他系统或服务进行集成和交互。

7. 安全与隐私

- 数据加密：为了保证用户数据的安全性，AI Agent 需要对用户数据进行加密存储和传输。这包括采取强加密算法和密钥管理措施来保护用户数据的安全。
- 防止黑客攻击：AI Agent 需要采取多种措施来解决黑客攻击和数据泄露等安全问题。这包括定期更新和修补系统漏洞、采用多层次的安全防护措施等。
- 隐私保护：AI Agent 需要严格遵守隐私保护原则，确保用户数据的合法使用和共享。这包括明确告知用户数据的收集和使用目的、提供数据删除和更正机制等。

8. 用户体验

- 简洁、直观的界面：设计简洁、直观的用户界面，降低用户的学习成本和使用门槛。
- 流畅、自然的交互：优化交互流程，确保用户能够流畅、自然地与 AI Agent 进行交互。
- 个性化设置：提供个性化设置选项，满足用户的个性化需求和偏好。
- 多渠道支持：支持多种设备和平台，确保用户可以在不同场景下使用 AI Agent 的服务。

9. 合规性与伦理

- 法律法规遵循：确保 AI Agent 的研发、运营和推广符合相关法律法规的要求，如数据保护法规、知识产权法规、竞争法规等。
- 伦理原则遵循：遵循 AI 技术的伦理原则，确保 AI Agent 的应用不会对人类和社会造成负面影响，如避免歧视、保护隐私等。
- 定期评估与审查：定期进行合规性及伦理的评估与审查，确保 AI Agent 的应用始终符合法律法规和伦理标准的要求。

- 合作与沟通：与监管机构、行业组织和其他利益相关者保持合作与沟通，共同推动 AI 技术的合规性和可持续发展。

以上是对 AI Agent 商业策略和要素的详细叙述。这些策略和要素共同构成了 AI Agent 在商业领域中的成功基础。在制定和执行商业策略时，企业需要根据实际情况和市场变化进行灵活调整和优化。同时，要素的管理和优化也是至关重要的，以确保 AI Agent 能够持续地为用户提供高质量、安全、可靠的服务。

12.3.3　成功 AI Agent 产品的关键要素

从基于 LLM 的 AI Agent 角度，成功的产品需要考虑多个关键要素，这些要素对用户满意度有着直接或间接的影响。

- 要素一：智能自主化水平、推荐频率、推荐的个性化程度或精准程度以及感知侵入性等因素可能成为影响消费者长期满意度的因素。这意味着，AI Agent 产品在提供服务时，需要能够根据用户的具体需求和偏好进行个性化推荐，提高服务的精准度和个性化程度，同时保持一定程度的智能自主化，以减少用户的感知侵入感。
- 要素二：自主 AI Agent 的能力也是关键因素之一。自主 AI Agent 可以执行多种任务，如内容创建、个人助手、个人财务管理、研究和数据分析等。这种能力使得 AI Agent 产品能够更好地满足用户的需求，提高用户体验。
- 要素三：生成式 AI 的使用也会影响用户满意度。如果生成式 AI 根据错误的信息编造虚假的新闻、评论、评价等，影响用户的判断和决策，或者侵犯用户的隐私和版权，都会损害用户的名誉和权益，从而降低用户满意度。确保 AI 生成的内容真实、准确且符合用户意愿至关重要。

此外，AI Agent 可以通过支持详细定制大规模产品、重塑服务体验等方式，改变用户的价值，这些都是提升用户满意度的重要因素。例如，通过追踪用户情绪，AI Agent 可以促成更多合作，重塑服务体验，将手动的、多步骤的搜索转变为主动的、简化的代理主导的聊天，这些都是提升用户满意度的有效手段。

成功的 AI Agent 产品需要具备高度的智能自主化能力，能够提供个性化和精准的服务，同时避免因错误信息或侵犯隐私而导致用户不满。此外，生成式 AI 的正确使用和 AI Agent 的创新应用，也是提升用户满意度的关键因素。总的来说，AI Agent 的商业策略和要素是多元化的，它可以根据具体的应用场景和功能进行调整与优化。无论是自动化互动、个性化体验、数据驱动的洞察，还是效率提升、持续优化，AI Agent 都展现出了强大的潜力和广阔的前景。

当然，我们也需要看到 AI Agent 的发展还面临着许多挑战，比如技术的不成熟、数据的安全性、道德问题等。这就需要我们持续关注 AI Agent 的发展，积极探索更多商业策略和要素，并关注和解决它们带来的问题。只有这样，才能充分利用 AI Agent 的优点，推动它在各个领域的应用，实现真正的商业价值。

12.4 OpenAI GPT 及 GPT Store 带来的商业思考

2023 年 11 月 7 日，OpenAI 推出 GPTs 和 GPT Store 后迅速引爆行业，大量企业和开发者都在迅速跟进，对 AI Agent 的探索和应用更加积极。这不仅展现了机器学习和自然语言处理的新高度，更是对传统商业模式和战略方向提出了挑战。而之所以引领变革，不仅在于技术的先进性，还包括通过 GPT Store 这样的平台来刺激和实现商业多样性。

这些进展为企业家、创新者和开发者打开了一扇探索 AI 新商机的大门，目前已经出现了大量类 GPTs 平台及产品，助力用户构建专属机器人实现生产力提升。GPT Store 的推出，更是构建了一个以自然语言处理为核心的 AI 生态系统，吸引了众多的开发者、用户、内容创作者和投资者。

12.4.1 商业启示

GPTs 与 AI Agent 之间存在显著差异。Baby AGI、MetaGPT 等合格的 Agent 项目展现出比 GPTs 更强的性能。LangChain 在 OpenAI 开发者大会后强调了它与 GPTs 的区别，并推出了 OpenGPTs 项目，该平台通过整合不同工具，向用户提供比 GPT 更灵活的聊天机器人。

目前 GPTs 仍处于早期阶段，功能上仍有限制，不太适合企业广泛使用。技术栈受限于 GPT-4，且 GPTs 不开源，导致它在语言模型选择上受限，相比之下其他 Agent 平台支持多种 LLM。GPTs 的构建者多为非技术人员，独立 AI Agent 的构建者通常是开发者，导致 GPTs 在专业程度上不足。AI Agent 能处理更复杂的任务，如订餐、买机票和编程，而 GPTs 多用于聊天机器人和角色扮演。尽管 GPTs 参与了一些企业运营流程，但尚未深入到复杂企业软件中，部分原因是企业管理软件缺乏 API 或 API 成本高、不稳定。

此外，AI Agent 面临的技术和安全挑战，如不可靠性、AI 幻觉和数据安全问题，在 GPTs 中同样存在。GPTs 被看作“准 AI Agent”，Sam Altman（OpenAI 公司 CEO）在开发者大会上用了“ Precursors”一词，用以表明 GPTs 是 AI Agent 的“初期形态”，Coze 等 Agent 构建平台则直接将类 GPTs 产品定义为 Bot。

尽管 GPTs 目前算不上真正的 AI Agent，但它和 GPT Store 的推出确实带来很多行业影响，尤其是 GPT Store 对各方面的影响都是巨大的。GPT Store 的开放对于普及生成式人工智能产品和服务起到了积极的推动作用。用户的增加意味着更多人能够通过 ChatGPT Plus 付费会员、Team 和 Enterprise 企业用户等方式使用 GPT 商店的服务。

这一举措不仅加速了生成式人工智能技术在各领域的应用，同时也为 LLM 厂商、技术供应商及应用开发者提供了更多的机会。比如，目前国内百度、阿里巴巴、字节跳动等 LLM 厂商都已经推出了 AI Agent 构建平台，用户可以轻松构建类 GPTs 产品。

OpenAI 通过开发者赋能策略和构建者收入计划，推进了这一进程，使得更多人可以参与到人工智能应用的开发中。开发者不仅可以在 GPT Store 进行开发，还可以在更多的构建平台发布其 Agent。此外 GPT Store 还降低了 AIGC 创业的门槛，以前可能需要大量的技术和资源才能开发出具有良好性能的自然语言生成模型，而现在通过 GPT Store，几乎每个人都有机会成为应用开发者。这无疑是积极的方面，使得更多有创意的人能够参与到人工智能应用的开发中。

与此同时，AIGC 创业的竞争也变得更加激烈。由于 GPT Store 的开放，许多创业者和团队涌入这一领域，导致市场上充斥着大量同质化的产品。这对于创业公司而言，可能意味着更大的竞争压力，在市场上脱颖而出变得更加困难，开发者需要更好地区别自己，建立独特的竞争壁垒。想要在激烈的市场竞争中脱颖而出，创业公司需要注重产品的差异化和创新，不能仅仅依赖于 GPT Store 提供的基础模型，而应该在此基础上进行深度定制，以满足特定领域和用户的需求。同时，建立强大的社区和用户基础也是至关重要的，这有助于提高产品的知名度和用户黏性。

伴随着 GPT Store 带来的多种影响，它也带来了多方面的商业启示。

- OpenAI 从非盈利模式转向“有限盈利”模式，并与微软达成战略合作，这表明 OpenAI 在追求商业价值方面的决心和策略。
- GPT Store 的推出不仅想吸引开发者和用户，更重要的是想构建一个生态系统，这对于 OpenAI 来说至关重要，因为“得开发者得天下”。
- GPT Store 的成功上线展示了 OpenAI 在商业化进程中的努力，包括启动“GPT 构建者收入计划”等措施，这些都是值得其他企业学习的地方。

从技术角度来看，GPT 技术的发展及由 GPT 技术引发的行业变革显示了 AI 技术在多个领域的应用潜力。例如，GPT-4 被摩根士丹用于优化财富管理知识库，这说明了 GPT 技术在金融行业的应用价值。同时，GPT Store 的推出也引发了对未来 AI 应用落地场景的讨论，如科技应用、游戏、AI 搜索引擎等，这为企业提供了新的市场机会。OpenAI 的 GPT 和 GPT Store 的推出为业界提供了关于如何将 AI 技术商业化、构建生态系统以及关注用户体验等方面的启示。这些启示不仅适用于 OpenAI，也适用于其他希望利用 AI 技术的企业和组织。

当然，GPT 和 GPT Store 带来的行业影响远不止 OpenAI 对 LLM 的影响，它对整个人工智能领域都产生了积极的作用，主要包括以下几点：

- **技术的商业价值日益凸显**：GPT 系列模型展示了人工智能技术在自然语言处理领域的卓越能力，为企业提供了全新的商业机会。这些技术不仅能够帮助企业提高业务效率和准确性，还能降低成本、增加收益。因此，企业需要紧跟技术发展的步伐，积极引入和应用人工智能技术，以在竞争中保持优势。
- **数据是人工智能的核心**：GPT 系列模型的强大能力离不开大规模的数据支持。数据是人工智能技术的核心，企业需要重视数据的收集、存储和分析。只有拥有足够的数据，才能训练出更加精准、高效的人工智能模型，为企业创造更大的商业价值。
- **生态系统构建的重要性**：GPT Store 的上线构建了一个以自然语言处理为核心的 AI 生态系统，吸引了众多的开发者、用户、内容创作者和投资者。这意味着，构建一个良好的生态系统是人工智能技术成功商业化的关键。通过吸引多方参与，共同推动技术的发展和应用，才能实现商业价值的最大化。
- **商业模式的创新与探索**：GPT Store 的盈利与分成模式、热门 GPT 的业务方向与用户引流策略等都为我们提供了商业模式创新与探索的启示。企业需要不断尝试新的商业模式，以适应市场的变化和需求。通过创新性的商业模式，企业可以更好地实现商业价值的转化，推动业务的发展。
- **合作与共赢是未来趋势**：GPT 系列模型的成功离不开 OpenAI 与众多合作伙伴的共同努力。合作与共赢，是 AI Agent 未来商业发展的重要趋势。企业需要积极寻求与其他企业、研究机构和高校的合作机会，共同推动技术的发展和应用，实现商业价值的最大化。

OpenAI GPT 和 GPT Store 为我们带来了深刻的商业启示。企业需要紧跟技术发展的步伐，重视数据的价值，构建良好的生态系统，探索创新的商业模式，并积极寻求合作与共赢的机会。只有这样，企业才能在人工智能技术的浪潮中抓住机遇，实现商业价值的最大化。

12.4.2　问题和挑战

GPT Store 于 2024 年 1 月 10 日正式推出，虽然 GPT 再度迎来数量上的猛增，但后续的表现并不尽如人意，甚至被开发者称为“烂尾项目”。3 月开始，有些专家及媒体开始不看好它的发展，目前遇到的主要问题包括以下几点：

- 质量问题与合规问题：GPT Store 存在大量涉嫌侵权内容、助长学术不诚实行为及违规内容等问题，例如未经授权使用迪士尼、漫威角色生成内容等。
- 开发者支持不足：有报道称 GPT Store 被视为烂尾项目，是因为 OpenAI 没有提供足够的支持给开发者，导致一些开发者对产品缺乏用户感到失望。开发者还抱怨用户太少、支持不够，并且官方几乎没有为 GPT Store 提供用户分析工具。
- 安全漏洞和垃圾内容：GPT Store 的安全性问题依然存在，尽管开发者提出了一些保护措施，但仍不完全可靠。平台上充满了软色情、假官方、刷单等垃圾内容。
- 用户基数少，流量和反馈不足：GPT Store 的发展面临着用户基数少、无法给新上线的 GPT 提供流量和反馈等问题。

当然，出现这些问题的一个重要原因在于，截至 2024 年 4 月，GPTs 都基于 GPT-4 构建，使用者和创建者都是 Plus 用户。如果未来 OpenAI 推出 GPT-5 并开放 GPT-4 免费使用，再加强对于 GPT 内容审核的控制，随着更多用户的加入，GPT 生态将会得到进一步的完善。（2024 年 5 月下旬，OpenAI 已全面开放 GPT Store，免费用户可体验 GPTs。）

显然，用户数量是 GPT 生态建设的关键。2024 年 4 月 2 日，OpenAI 已经官宣允许用户直接使用 ChatGPT，而无须注册该项服务，这将让人们更容易体验 LLM 的潜力。这一举动无疑会进一步刺激 GPT 用户数量的提升，对于未来 GPT 生态的发展与完善有着积极的促进作用。不管 AI Agent 下一步的发展策略如何，现在而言，GPT Store 要构建一个健康的生态系统还存在一定的挑战。

构建一个健康的 GPT Store 生态系统，首先需要 OpenAI 加强平台化战略，允许用户创建和分享自定义的 GPT 模型，这是试图打造类似 iOS 生态的 GPT 生态系统的一部分。此外，合作伙伴和社区构建者的加入，有助于建立更强大、更完善的 GPT Store 生态系统。

GPT Store 面临的挑战和问题也不容忽视：

- 安全性问题是一个重要的挑战，尽管开发者提出了保护措施，但 GPT 的安全性问题尚未解决，存在破解风险。
- 市场上可能出现质量参差不齐的产品，这对确保软件的质量和安全提出了挑战。此外，数据安全和隐私问题也是 GPT Store 需要面对的，由于创建 GPT 应用的门槛较低，市场上可能出现质量参差不齐的产品。还有未经授权的应用程序复制的障碍，引发了对知识产权保护和平台管理的担忧，为等待指导的开发者带来了不确定性。
- GPT 的低门槛导致了严重的同质化问题，市场上充斥着大量相似的 GPT，用户很难找到一个真正有特色的 GPT。同时，生态混乱和用户刷榜现象也提示企业在利用 GPT 技术时，需要注意生态的健康发展和维护。
- GPT Store 面向 ChatGPT 企业客户开放，增强了管理员控制，这可能会影响到企业客户的使用体验。

因此，想要构建一个健康的 GPT Store 生态系统需要 OpenAI 在平台化战略、工具链布局、合作伙伴和社区建设以及安全性和隐私保护等方面做出努力。同时，解决现有的安全性漏洞、确保产品质量、处理知识产权和同质化竞争等问题，对于建立一个成功的 GPT Store 生态系统至关重要。

12.4.3 对企业客户的影响

面向 ChatGPT 企业客户开放的 GPT Store 如何增强管理员控制，对企业客户使用体验有何影响？

面向 ChatGPT 企业客户开放的 GPT Store 通过提供增强的管理控制功能，显著增强了管理员对 GPT 的控制能力，从而对企业客户的使用体验产生了积极影响。GPT Store 的开放允许 ChatGPT 企业客户选择如何在内部共享 GPT，这意味着企业可以根据自己的需求和安全考虑，决定哪些 GPT 仅供内部使用，哪些则对外开放。这种灵活性使得企业客户能够更加精确地管理和利用 GPT，提高工作效率和数据安全性。

GPT Store 还提供了一个私人 GPT 商店部分，为不同规模的团队提供定制化的 GPT 解决方案，进一步增强了管理员的管理权限。这不仅有助于企业更好地满足特定业务需求，还能确保在使用过程中保持高度的个性化和定制化，从而提升用户体验。

GPT Store 的上线对于普及生成式人工智能产品和服务起到了积极的推动作用，用户的增加意味着更多企业和组织能够通过 ChatGPT Plus 付费会员、Team 和 Enterprise 用户获得更多资源和服务。这对于促进生成式人工智能技术的普及和应用具有重要意义，同时也为企业客户提供了更多选择，以优化其产品和服务。此外，GPT Store 通过增强管理员控制功能，为企业客户提供了更加灵活、安全和个性化的使用体验，有助于提升企业的运营效率和市场竞争力。

OpenAI 的 GPTs 和 GPT Store 不仅是技术盛宴，也是商业革命的前哨站。它们所体现的深度学习和人类语言理解的突破给商业领域带来了前所未有的启示。从开放的平台模型到人工智能即服务（AIaaS）的提供，再到定制化和个性化服务的兴起，企业必须重新思考其商业模式和竞争战略。

随着对这些模型理解的增加和对其商业潜能的把握，我们可以预见一个更加智能、高效的商业世界的降临。企业和个人如果想在这个迅速演变的商业环境中立于不败之地，需要紧跟技术的步伐，不断学习和适应这些新兴趋势。那些能够利用 LLM 的企业将引领未来，而 GPT Store 及其他 LLM 厂商推出的类 GPTs 则将作为它们创新旅程的加油站，为它们提供源源不断的动力和灵感。

第 13 章 CHAPTER 13

AI Agent 的市场分析与预测

凭借在效率、自动化和个性化服务方面的独特优势，AI Agent 正在被越来越多的行业应用，并以惊人的速度改变着市场的面貌。随着技术不断成熟和普及，AI Agent 已经成为如今商业领域的焦点，各行各业都在探索如何利用这一工具来提升业务运作的效率和质量。本章将深入探讨 AI Agent 的市场分析和预测，帮助读者理解 AI Agent 的市场规模、需求、竞争以及未来的发展趋势，旨在为从业者、学者以及对这一领域充满好奇的读者提供一个全面的行业指南和深度分析。

13.1 AI Agent 的市场现状、规模与发展趋势

人工智能技术的迅猛发展正在重塑行业格局，其中，AI Agent 以独特的创新力和应用潜力备受瞩目。这些智能体能自主执行任务、与环境互动并不断学习进化，在多个领域均有出色表现。下面将探讨 AI Agent 的市场现状、规模及发展趋势，为决策提供参考。

AI Agent 在客户服务、智能助理等场景中得到广泛应用，在金融、电商和医疗等行业的渗透率最高。它们不仅提升了服务效率，还为企业节约了人力成本。得益于 AI 技术的不断进步、5G 和 IoT 技术的场景拓展、企业数字化转型的需求以及 AI Agent 开发平台的完善，AI Agent 市场将实现高速增长。

13.1.1 AI Agent 的市场现状

AI Agent 的市场现状表现为快速增长和广泛应用。2024 年，随着人工智能技术的发展，AI Agent 技术成为人机交互的核心，其应用场景不断扩展，从办公自动化到个性化学习培训等多个领域都能看到 AI Agent 的身影。特别是在 LLM 技术的支持下，AI Agent 能够感知环境、进行决策和执行动作，以自然语言交互方式提供高自动化的服务。

全球 AI Agent 市场预计将继续保持高速增长，市场规模有望达到数十亿美元，美国将占据最大的市场份额。这一增长得益于 AI Agent 技术的成熟和大规模市场的需求。同时，AI Agent 的应用不仅限于传统的办公领域，还包括零售和电子商务等新兴领域，显示出 AI Agent 在不同行业的广泛适用性。

1. 多领域实现落地应用

虽然基于 LLM 的 AI Agent 在 2023 年 4 月才进入大众视野，但 Agent 一经出现就引起了众多科技巨头、技术供应商、创业团队及开发者的兴趣，并且各个领域的企业开始进行各种探索与尝试。AI Agent 具备很强的易用性、普适性、扩展性及兼容性，决定了它几乎可以应用于所有行业的各种业务场景。以下领域及行业都已经出现了 AI Agent 的相关产品和应用案例。

- 制造业和供应链：AI Agent 可以与企业的现有系统和数据集成，实现自动化、智能化和协同化的决策支持，自动执行一系列任务和决策。
- 房地产行业：AI Agent 能够理解自然语言，与用户进行流畅的对话，提供个性化的房源推荐、看房预约、合同签署等服务，并能够分析房地产市场的动态和趋势。
- 零售与电子商务：Alexa、Aktify 等产品都属于 AI Agent 在零售和电子商务领域的应用案例。
- 医疗、金融、教育等领域：AI Agent 的应用前景非常广阔，可以应用于这些领域，以提高效率和服务质量。
- 网络安全和游戏行业：AI 技术在网络安全和游戏行业中的应用，如使用 AI 技术分析恶意行为、进行内容审核以及实现更智能的游戏对手或 NPC，有利于创造更好的游戏体验。
- 金融科技领域：2023 年，金融科技领域的 AI 应用创新案例层出不穷，展示了 AI 在该领域的广泛应用和创新能力。

AI Agent 在制造业、房地产、零售与电子商务、医疗、金融、教育等多个领域有具体的应用案例，展现了它在不同场景下的强大功能和应用潜力。

对于 AI Agent 在不同领域的应用，读者可以详细阅读第二部分。

2. 科技企业不断推出产品

目前，国内一些科技公司已经推出了数个知名 LLM，由此孕育而生的智能体应用也开始逐渐进入大众视野。多家大型科技公司已推出了具体的 AI Agent 项目。

- 阿里巴巴：推出了国内首个大型模型调用 Agent 工具——魔搭 GPT（ModelScopeGPT）。
- 腾讯：与得克萨斯大学达拉斯分校合作推出了一个名为 AppAgent 的项目。
- 百度：已将“灵境矩阵”平台全新升级为“文心智能体平台”。
- 华为：诺亚方舟实验室、伦敦大学学院（UCL）、牛津大学等机构的研究者，提出了盘古智能体框架 Pangu-Agent。
- 昆仑万维：开放测试其 AI Agents 开发平台“天工 SkyAgents”Beta 版。
- 360：旗下的 360 智能营销云曝光了“LLM+ 企业知识库 + Agent”的解决方案。

这些都是 AI Agent 在各行业中的应用示例，但实际上，AI Agent 的应用可能会更广泛。随着技术的发展，我们可以期待更多的公司和行业开始采用 AI Agent 来提高效率和改进服务。一些创业公司也推出了相关产品。比如，LLM 创业公司面壁智能推出了它们的 AI Agent 产品 ChatDev，可以在短时间内完成一个软件或者一个小游戏的开发，用户所需要做的只是提供给它一个要求。

协同办公领域似乎是巨头们做 AI Agent 的“必经之地”。比如钉钉魔法棒套件中，聊天 AI、文档 AI、会议 AI、宜搭 AI、TeambitionAI 等都汇集了钉钉的 AI 产品能力，并推出了钉钉 AI 助理；腾讯会议中的“会议助理”功能提供了一些智能化的支持，如自动总结会议纪要、转录和翻译；字节跳动还推出了 AI Agent 构建平台 Coze 和豆包，旗下的办公软件飞书推出了飞书智能伙伴。

在海外，AI Agent 概念从出现到爆发，已经迈过多个阶段。在单一 Agent 阶段，主要是针对不同领域和场景的特定任务，开发和部署专门的 Agent。而多 Agent 合作阶段，是由不同角色的 Agent 自动合作完成复杂的任务。

微软在 2023 年发布了多智能架构 AutoGen，谷歌 Deepmind 推出了 Robotic Agent，亚马逊推出了 Bedrock Agents，Meta 发布了采用 AI Agent 模式的智能眼镜和视频剪辑 Agent LAVE Video Editing Agent，英伟达推出了基于 GPT-4 的最

新版开源 AI Agent-Eureka。微软全新发布的 UFO，则是一款用于构建用户界面（UI）交互智能体的 Agent 框架，能够快速理解和执行用户的自然语言请求。它可以更加智能地理解用户的意图，无须人工干预，自动执行相应的操作。

目前全球企业、创业公司及科研组织正在不断推出新的 AI Agent 技术架构与发表新的科研论文，Github 上的相关开源项目越来越多，基于这些架构开发的产品或者在已有产品基础上引入相关架构的产品也在不断涌现。AI Agent 技术开源通过提供技术挑战和机遇、促进创新合作、提高生产效率和降低成本，以及改变市场格局等方式，对市场竞争和企业创新产生了深远的影响。闭源的 AI Agent 项目与产品也在增多，这些新的产品与架构融入了更多的生成式 AI 技术解决方案，将会服务越来越多的企业与组织。

事实上，除了一些产品主打 AI Agent，未来更多的产品都将是引入 AI Agent 技术的智能应用，现有的很多手机应用、智能助手、智能终端等产品都能通过引入 AI Agent 架构成为基于 LLM 的更智能的 AI 应用，这个趋势决定了 AI Agent 未来的市场规模。

市场研究机构 MarketsandMarkets 相关报告数据显示，全球自主 AI 和 AI Agent 的市场规模在 2023 年的估计值达到 48 亿美元，同时未来几年内将以 43.0% 的复合年增长率（CAGR）快速扩张。该报告还显示，AI Agent 市场增长的动力，主要得益于 AI 技术的创新突破、企业对自动化解决方案的持续需求以及智能代理在各行各业应用范围的扩大。可见，AI Agent 的市场正在迅速发展，增长趋势十分明显。随着技术的进步和应用的广泛化，我们可以预期，AI Agent 将在未来的市场中占据越来越重要的地位。

3. 美国占据最大市场份额

从地域来看，目前美国占据了 AI Agent 市场的最大份额。至于其中原因，主要包括以下几点：

- **投资规模和比例领先**：美国在全球人工智能初创企业的投资中占据了 53% 的份额，达到 270 亿美元，远高于中国的 10%。这种大规模的投资为美国的 AI 技术发展提供了坚实的资金支持。
- **研究领域的领先地位**：尽管中国在人工智能的研究原始产出指数中排名第一，但从前沿发展最重要的研究方面来看，美国仍处于领先地位。这表明美国在推动 AI 技术进步方面具有明显的优势。
- **全球私营投资增长**：全球私营投资对美国人工智能初创企业的份额从

2020 年的 51% 增至 2022 年的 53%，显示出全球投资者对美国 AI 技术的高度认可和信心增加。

美国在 AI Agent 市场中占据最大市场份额的原因在于它在资金投入、研究领域的领先以及全球私营投资的增长等方面的显著优势。这些因素共同作用，使得美国在 AI 技术的发展和应用上保持了全球领先的地位。

当然，我们也不能忽略 AI Agent 的发展也面临一些挑战和难题，例如如何有效地落地 AI Agent，解决它在实际应用中的局限性和问题仍然是行业关注的焦点。随着 AI 技术的开源和入局者的增加，市场竞争将进一步加剧，企业需要具备技术创新能力、良好的 Know-How（技术诀窍）以及高 ROI 的产品才能在竞争中脱颖而出。

13.1.2 AI Agent 的市场规模与发展趋势

随着全球经济的不断发展和数字化转型的深入推进，AI Agent 市场呈现出蓬勃的发展态势。越来越多的企业认识到 AI Agent 在提高工作效率、优化客户体验方面的巨大潜力，纷纷投入资源研发和应用 AI Agent 技术。从技术发展和应用趋势来看，AI Agent 被视为推动 AIGC 应用规模化扩张的关键技术之一，它在感知、分析、决策和执行方面的融合能力，以及能够根据用户需求提供个性化服务的能力，预示着 AI Agent 在未来的应用潜力巨大。特别是在企业日常运营、科学研究、个人助手等领域，AI Agent 的应用展现出革命性的潜力。

1. 市场规模与预测数据

对于 AI Agent 的市场规模及增长趋势，首先可以参考一些研报给出的相关预测数据。在 13.1.1 节，我们提到了 MarketsandMarkets 对于 AI 及 AI Agent 综合市场规模的预测。除了这份报告，这家机构还发布了一个全球自主 Agent 市场报告。该报告数据显示，自主 Agent 市场的规模在 2019 年估计为 3.45 亿美元，预计到 2024 年增长至 29.92 亿美元，在预测期内的复合年增长率为 54%。

到 2028 年，全球 AI Agent 市场规模预计将达到 285 亿美元，2023～2028 年的复合年增长率将达到 43.0%，图 13-1 展示了该报告的基本数据。该报告认为，自动化和敏捷性的提高、提供增强的客户体验的需求以及成本节约和投资回报的提高是自主 Agent 行业的一些主要增长因素。这个增长数据，预示着自主代理技术在各个行业中的应用日益深入，以及人工智能市场综合实力的不断增强。

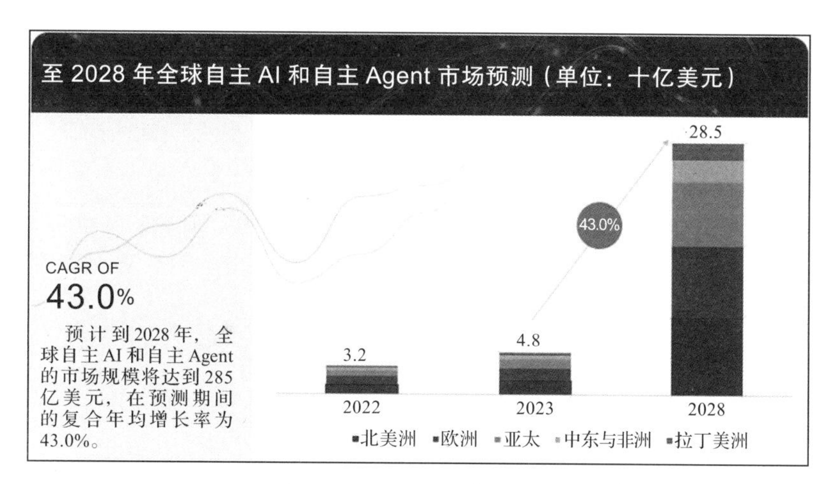

图 13-1　全球自主 Agent 市场报告的基本数据

（图片来源：MarketsandMarkets 官网）

- 根据 The Business Research Company 的最新报告，Autonomous AI 和 AI Agent 的市场规模从 2023 年的 49.3 亿美元增长到 2024 年的 70.9 亿美元。这一显著的年增长率反映了 AI 技术在全球市场上的强劲势头和巨大的商业化潜力。
- IDC 预测 AI Agent 将成为 AI 应用的主流形态，进一步强调了 AI Agent 在市场中的重要地位。除了 AI Agent 相关的报告，我们还可以从一些 AI 研报中来感受 AI Agent 的应用趋势。
- Statista 在其全球市场预测报告中提到，到 2024 年，人工智能市场的规模预计会达到 3059 亿美元。这暗示着从 2020 年到 2024 年期间，市场将保持稳定的年增长率。这些数据不仅描绘了 AI 行业目前的高速增长状况，也呈现了未来几年发展的蓝图。
- IDC 数据显示，2023 年全球人工智能 IT 总投资规模预计达到 1540 亿美元，同比增长 19.6%。根据赛迪研究院预测，2023 年，我国人工智能核心产业规模已达 5000 亿元，企业数量超过 4400 家，其中人工智能 LLM 市场规模将达到 21 亿美元，同比增长 110%。
- 有关人工智能行业市场规模预测显示，2024 年我国人工智能市场规模将突破 6000 亿元。

从生成式 AI 在企业中的应用现状也能看出 AI Agent 的应用发展潜力。德勤人工智能研究院在 2023 年 10 月～12 月对来自全球 16 个国家和地区、6 大行业的 2800 名拥有人工智能经验的高管进行采访，研究当下企业如何面对生成式人工智能（GAI）的发展，如何充分发挥其技术优势，帮助领导者在人工智能、战略、投资、布局方面做出决策。基于这些调查，德勤发布的《2024 年第一季度企业生成式人工智能现状调研报告》显示：

- 79% 的受访者预计 GAI 将在未来 3 年内推动实质性的企业变革；
- 44% 的受访者认为自身企业已经拥有较高水平的生成式 AI 技术能力，他们正以不同的方式部署生成式 AI；
- 91% 的组织预计它们的生产力会因生成式人工智能而提高。

这几个数据证明了生成式 AI 将会成为企业 AI 部署的主流技术，AI Agent 也将会随之成为主流应用模式与解决方案。

埃森哲在最新发布的《技术展望 2024》中将“与我的 Agent 见面：AI 生态系统”列入第二趋势，再一次凸显了 AI Agent 在组织运营中将扮演的重要角色。调查显示，96% 的高管认为，在未来 3 年内充分利用 AI Agent 生态系统将成为其组织的重要机遇。AI Agent 生态系统的崛起正在改变企业智能和自动化战略的思考方式，将为企业带来巨大的机遇和挑战。该报告认为，AI 正在打破它仅限于辅助的范围局限，通过行动来越来越多地与世界互动。在未来十年，我们将见证整个代理生态系统的崛起——大规模互联的 AI 网络，将迫使企业从根本上改变其智能和自动化战略的思考方式。

目前企业的 AI 战略大都定位在一些特定领域，主要用于辅助一些任务和功能的完成，而且不同 AI 系统之间各自独立，缺乏关联。随着 AI Agent 的加入，各种 AI 应用将形成一个生态系统，借助 AI Agent 所具有的感知与理解环境、决策与执行和自主学习等能力，使它不仅能基于这些 AI 应用为人类提供建议，还会代替人类行动。现在人工智能技术都在往 LLM 迁移，而 AI Agent 又是 LLM 的主要落地方式，这也就预示着 AI Agent 的广阔市场空间。

2. 地域性市场差异

AI Agent 市场规模从地区分布来看，美国将占据最大的市场份额，其次是欧洲和亚洲。美国在 AI Agent 市场中的市场份额领先于其他地区。根据全球人工智能报告，美国在 2022 年的 AI 公司投资份额达到了 53%（270 亿美元）。这表明美国在投资 AI 初创企业方面占据主导地位，反映出美国在 AI 领域的强大实力和创新能力。此外，北美四大云端服务提供商（Microsoft、Google、Meta、AWS）在全球 AI 服务器采购中的总份额达到约 66%，进一步证明了美国在 AI 服务器市场中的重要地位。

欧洲在 AI Agent 市场中也有显著的参与度。Strand Partners 的调查显示，2023 年，有 38% 的欧洲公司正在试验人工智能。虽然这个比例相对较低，但考虑到欧洲企业对 AI 技术的兴趣日益增加，这一趋势值得关注。

亚洲在 AI Agent 市场中展现出强劲的增长潜力。中国市场预计将在新一代 AI 手机上达到 1.5 亿台的销量，占据的市场份额超过 50%。这表明中国在 AI Agent 市场的发展速度和规模上具有巨大潜力。同时，国内 AI 服务器市场呈现一超（浪潮信息）和多强的竞争格局，说明中国正通过科技创新推动 AI Agent 市场的发展。Precedence Research 数据显示，日本人工智能市场在 2022 年的估值为 202 亿美元，并预计从 2023 年到 2032 年将以 21.0% 的复合年增长率增长。高增长因素主要包括技术创新的加速、企业与消费者对智能化产品和服务需求的增加，以及政府在 AI 领域的投资和扶持政策。

三大地域中，美国在 AI Agent 市场中的投资份额领先，欧洲企业对 AI 技术的采用呈现上升趋势，而亚洲市场尤其是中国市场，展现出强劲的增长潜力。

3. AI Agent 将成为 AI 应用主流形态

钉钉联合国际知名咨询机构 IDC 发布的首份《2024 AIGC 应用层十大趋势白皮书》显示，到 2024 年全球将涌现出超过 5 亿个新应用，这相当于过去 40 年间出现的应用数总和。该报告还认为 AI Agent 是 LLM 落地业务场景的主流形式，也将成为 AI 应用的主流形态，主要体现为以下几点：

- 应用层创新的推动：根据《2024AIGC 应用层十大趋势白皮书》，AIGC 应用的十大趋势关键词中包括了 AI Agent，这表明 AI Agent 在技术创新和应用层面上具有重要地位。
- 生成式 AI 解决方案的投资增长：IDC 预测 2023 年全球企业将在生成式 AI 解决方案上投资超过 160 亿美元，而到 2027 年底，这一数字将增长近 10 倍，复合年增长率超过 70%。这种快速增长的趋势为 AI Agent 的发展提供了资金支持和市场需求。
- 人机协同成为新常态：AI Agent 让 AIGC 技术具备感知、记忆、规划和行动能力，可以跨应用程序执行复杂任务，使得“人机协同”成为新常态。这种能力使得 AI Agent 能够更好地适应和满足不同行业和应用场景的需求。
- 全球新应用的爆发式增长：IDC 预测，到 2024 年全球将涌现出超过 5 亿个新应用，这相当于过去 40 年间出现的应用数总和。这表明 AI Agent 作为一种新兴技术，其应用将会迅速扩展到各个领域。

这四点因素共同作用，预示着 AI Agent 将在未来成为 AI 应用的主流形态。

4. AI Agent 的增长表现

历经 2023 年的技术、产品及解决方案探索，2024 年 AI Agent 的增长趋势将呈现出显著的积极态势，在技术和市场应用方面都将处于一个快速增长的阶段。具体来说，AI Agent 的增长表现在几个关键方面：

- 市场规模的扩大：全球 AI Agent 市场预计将继续保持高速增长，到 2024 年市场规模将达到数十亿美元。这一数据反映了 AI Agent 技术的广泛应用和市场需求的增加。
- 应用的多样化：AI Agent 的应用场景正在不断扩展，从个人助理到企业日常运营，再到特定领域的专业服务，如环境监测、金融服务等。这种多样化的应用展示了 AI Agent 的广泛适用性和强大能力。
- 技术进步和创新：随着技术的发展，AI Agent 的能力也在不断提升。例如，AI Agent 通过融合感知、分析、决策和执行，能够实现多维度的综合分析。此外，LLM 技术的推动使得 AI Agent 能够以自然语言交互的方式执行更多任务。
- 企业和个人对 AI Agent 的重视：越来越多的企业开始采用 AI Agent 来提高工作效率和用户满意度。同时，个人用户也在寻求通过智能助手来简化日常任务，如日程管理、邮件和文本自动化处理等。
- 积极应对挑战：尽管 AI Agent 展现出巨大的增长潜力，但同时也面临着算力成本和效率的挑战。这些挑战需要通过技术创新和优化解决方案来克服。

此外，相较于 LLM 的初期应用，AI Agent 在满足企业日常运营的流程性需求方面展现出巨大潜力，包括日程管理、邮件和文本自动撰写、智能搜索和信息收集、应用搭建、个性化学习和培训等，这些都是 AI Agent 市场增长的重要驱动力。从 2024 年开始的 5 年内，AI Agent 的市场将迎来一个快速扩张期，特别是在企业运营、智能化应用等领域。

5. AI Agent 在个人用户中的普及情况

OpenAI 推出的 GPTs 技术大幅度降低了 AI 应用的创作门槛，使得每个人都能创建基于自己知识库的 AI Agent，这表明 AI Agent 的普及已经迈出了重要的一步。而 GPT Store 引领的 Agent Store 模式正在成为 AI Agent 应用的主流，更多机器人构建平台的出现，将会让普通用户更加方便地构建和应用各种类 GPTs 产品。

有专家预测，未来 5～10 年内，AI 助理将成为我们生活和工作中不可或缺的一部分，这进一步证明了 AI Agent 在未来的普及潜力。比尔·盖茨也对 AI 技术的普及持乐观态度，认为在不远的将来，任何上网的人都将能够拥有由人工智能驱动的个人助理。目前像 GPTs、Coze、文心智能体平台等 AI Agent 构建平台的出现，已经证明了这一趋势，任何人都能通过自然语言简单快速地构建所需的 Agent 应用。并且类似的平台越来越多，AI Agent 正在从通用领域向垂直领域发展。

从技术角度而言，AI Agent 被描述为能够感知环境、进行决策和执行动作的智能实体，与传统的人工智能相比，它具备通过独立思考、调用工具去逐步完成给定目标的能力。这种能力的提升和应用的扩展，预示着 AI Agent 在个人用户中将扮演更加重要的角色。

从 2024 年初开始，多家厂商多款 AI PC 产品的发布，以及个人 AI Agent 的陆续推出，进一步证实了 AI Agent 在个人用户生活中的应用正在逐步扩大。同时 LLM 在具体应用方面都是多端通用的，MaaS 和 SaaS 等模式使得 LLM 厂商推出的 AI Agent 构建平台及个体能够应用于手机端。AI Agent 涌向移动端，已经成为 AIGC 行业发展的必然趋势。这一趋势，也让更多人能够体验融合 AI Agent 的 AI 应用以及手机智能体。

AI Agent 在个人用户中的普及情况呈现出积极的发展态势，技术进步和市场需求的增长共同推动了 AI Agent 的普及，预计未来将有更多的 AI Agent 产品与用户见面，从而在个人生活和工作中发挥越来越重要的作用。尽管 AI Agent 的普及可能会带来一些挑战，如影响某些工作岗位的就业，但总体上它在提高工作效率、提供个性化服务等方面的潜力是巨大的。

6. AI Agent 市场快速扩张的几个因素

推动 AI Agent 市场快速扩张的几个关键因素包括 AI 技术的持续进步、自动化需求的增长、数据量的急剧提升、智能解决方案投资的增加、客户服务优化的迫切需求以及新兴市场的不断开拓。AI 技术的不断进步为 AI Agent 的智能提升奠定了坚实基础。机器学习、自然语言处理及计算机视觉等技术的日益成熟，使得 AI Agent 能够更加精准地理解和预测用户需求。在医疗诊断、金融服务、零售业及客户服务等多个领域，AI Agent 的应用日益广泛。

随着全球竞争加剧，企业对自动化的需求也日益迫切。AI Agent 作为一种能够有效提升工作效率、降低人工成本的自动化方案，受到了企业的热烈欢迎。它们能够轻松应对烦琐的数据录入、任务调度及会议安排等工作，极大地减轻了员工的工作负担。数字化转型带来的数据量激增，也为 AI Agent 市场的扩张提供了有力支撑。AI Agent 擅长处理、分析和解读大规模复杂数据集，为企业提供有价值的信息，助力企业优化策略并做出明智决策。在大数据分析和消费者行为研究领域，AI Agent 的作用日益凸显。

随着市场对 AI Agent 的需求不断增长，各类投资者纷纷加大对智能解决方案的投资力度。这些投资不仅推动了技术创新，还催生了新一代 AI 应用的诞生。企业越来越重视客户体验的优化，而 AI Agent 在这方面具有巨大优势。无论是通过聊天机器人提供即时回应，还是利用人工智能分析客户数据以提供个性化服务，AI Agent 都能显著提升客户满意度和忠诚度，进而提升企业的市场竞争力。

随着技术的普及和成本的降低，AI 解决方案正迅速渗透到全球各地，包括新兴市场。这为 AI Agent 市场的进一步扩张提供了广阔的空间和无限的可能。在技术进步、市场需求、投资增长等多重因素的共同推动下，AI Agent 的市场规模有望实现持续增长。未来，AI Agent 将在更多领域发挥巨大作用，引领智能科技的新潮流。AI Agent 市场的未来充满了无限可能，当前的快速增长趋势不仅展示了技术优势，也体现了社会对于智能自动化的渴望与接受度。随着技术的进步、数据的累积以及全球范围内对于智能化解决方案的需求不断升温，AI Agent 市场预计将继续以显著的速度增长。

13.2 AI Agent 的市场需求与机会

在数字化转型的浪潮中，人工智能已经成为商业世界的关键驱动力。LLM 的爆发与落地应用，使得 AI Agent 已经成为这一变革中的重要参与者，它们不仅重新定义了客户服务和运营效率，还为各行各业开辟了全新的路径。随着 AI 技术的飞速进展，市场对 AI Agent 的需求将呈现爆炸性增长，各种机会也随之涌现。下面我们将探索 AI Agent 的市场需求，并讨论随之出现的繁多商业机会，揭示未来可能的增长领域和发展方向。

13.2.1 AI Agent 能够解决什么问题

AI Agent 能够解决什么问题，是一个需要深度思考的问题。这句话说起来很拗口，却关系着人们如何看待 AI Agent，或者说如何认识它的价值。毕竟，越是能够深入参与并提升社会运行效率的技术，越能解决涉及面更广的问题。

套用一句影视作品中常用的话就是："能力越大，责任越大。"AI Agent 作为智能技术的重要分支，正在以超强的能力逐渐融入企业经营、组织运营及社会发展的方方面面。而在责任方面，它也将成为一种强劲推动力，助力社会与组织解决一系列复杂问题的同时，促进效率的最大化。

AI Agent 在多个领域展现出强大的解决问题的能力，主要体现在企业经营、组织运营和社会发展等方面，如下：

- 自动化与优化工作流程：AI Agent 能自动化处理各种任务，如客户服务、报告生成和数据分析，不仅提升了工作效率，还确保了准确性。在销售领域，它还能根据客户的购买记录为客户推荐产品，从而增强销售效果。
- 降低间接成本：数字化转型是企业追求成本优化的关键。AI Agent 通过自动化烦琐的业务流程，减少了人力和文档工作的投入，进而降低了间接成本。例如，财务报销流程的自动化减少了纸质文档使用，加速了审批过程。
- 数据分析与决策支持：AI Agent 能处理并分析海量数据，为企业提供有价值的信息以辅助决策。无论是预测销售趋势还是分析社交媒体数据以改进产品，AI Agent 都展现出了强大的能力。
- 产品与服务质量提升：AI Agent 通过学习用户反馈和最佳实践，不断优化产品和服务，从而提高企业竞争力。
- 提高管理效率：AI Agent 改变了管理方式，帮助领导者更新组织目标，并自动评估计划的合理性与效果，从而提升了管理质量。
- 增强竞争力与创新：AI Agent 不仅助力员工高效完成任务，还为他们提供了更多的创新思考空间。它能够整理和分析信息，为员工提供有价值的建议，激发他们的创意灵感。
- 改变商业逻辑：随着 AI 技术的进步，AI Agent 的应用正逐渐改变企业的商业逻辑，使企业更加依赖数据和智能技术，并推动企业对自身商业模式和战略方向进行重新审视。
- 推动创新与社会发展：AI Agent 不仅在企业内部发挥作用，还能助力企业探索新的商业模式和技术，从而推动行业创新。同时，它也在社会问题上展现出巨大潜力，如在环境保护和公共卫生领域，通过数据分析帮助解决问题，推动社会的整体进步。

AI Agent 在多个领域都能发挥重要作用，提高了管理效率和质量，降低了成本，优化了服务，并推动了商业模式的创新与变革。

13.2.2 企业用户对 AI Agent 的态度

在数字化浪潮的推动下，企业和社会组织正面临着前所未有的转型机遇与挑战。其中，AI Agent 作为这场变革的重要推动力，已经引起了社会各界的广泛关注和激烈讨论。AI 技术的迅猛发展不仅引领了一场技术革命，还深刻改变了企业与智能系统的互动模式。目前众多企业和社会组织对 AI Agent 持有既充满期待又保持审慎的复杂态度。它们看到了 AI Agent 在提高效率、节约成本以及提供深刻洞察方面的巨大潜力，但同时也对可能出现的技术失误、伦理道德问题以及对人类劳动力的潜在冲击感到担忧。

实际上许多企业已经开始利用 AI 技术来优化业务流程和提升决策质量，融合 AI Agent 的解决方案正在成为热门技术选项。但《麦肯锡：2022 年人工智能现状和五年回顾》报告显示，仅有不到 30% 的受访中国企业能够让 AI 战略与公司整体战略保持一致，仅有 25% 的企业高管能充分认同 AI 战略。这表明，尽管 AI Agent 的应用前景广阔，但在实施过程中仍面临诸多挑战，例如，如何协调 AI 战略与公司整体战略，如何提高高管对 AI 的认同度和参与度等。

AI Agent 在企业及社会组织中的应用效果显著。首先，它作为一种新型的劳动力和效率提升工具，通过自动化和智能化手段为企业提供了强大的支持。数字员工能够替代人类执行大量重复性任务，从而显著提高工作效率。其次，AI Agent 具备感知环境、进行决策和执行动作的能力，使得企业能够以自然语言为交互方式，实现高自动化的任务执行，对提升运营和服务效率具有重要意义。

私域 AI 机器人的应用案例，进一步证明了 AI Agent 在提升企业效率方面的有效性。通过使用 AI Agent，企业可以大幅提升私域运营效率，例如仅需少量人员就能轻松服务大量客户群，这种变化极大地提升了企业的灵活性和应对能力。

此外，由德勤发布的《企业人工智能应用现状报告（第 4 版）》数据显示，那些拥有企业级 AI 战略并传达大胆愿景的企业，在实现高成果方面的可能性要比没有的企业高出近 1.7 倍。而使用基于 LLM 的 AI Agent，有望进一步放大这一效果。

企业用户和社会组织对 AI Agent 的态度通常是基于对其潜在价值和风险的评估。一般来说，企业用户对新技术持积极态度，认为 AI Agent 能够驱动商业创新和提升竞争力。然而，它们也警惕着伦理和社会挑战，如算法可能加剧隐藏的偏见以及自动化可能导致的岗位取代等。因此，企业在采用这些技术时必须权衡利弊并制定明确的伦理政策和实施计划。

社会组织对 AI Agent 的态度则更为复杂。它们认识到这些技术在社会服务和治理方面的巨大潜力，但也担心数据隐私泄露、自动化对就业市场的影响以及 AI 决策的透明度和公正性问题。因此，它们倾向于对 AI 技术进行严格的伦理审查和监管控制以确保其正向应用并抑制潜在的负面影响。

总的来说，AI Agent 技术在提高企业和社会组织效率方面展现出了显著效果。但在享受技术带来的便利的同时，我们也应审慎思考其发展方向和潜在影响以确保技术的可持续和负责任发展。

专题：积极应用 AI Agent

从目前的应用情况来看，企业用户和社会组织对 AI Agent 的态度是积极的，很多人对 AI Agent 的发展和应用持有乐观的态度。有观点认为初创企业对 AI Agent 领域中的机会持乐观态度，这表明它们看到了这一技术在用户数据、产品设计等方面的差异化优势。预计在 2024 年将会有大量企业学习并实施 AI Agent 技术，进一步证明了各行业对 AI Agent 技术的重视和期待。同时也有预测指出，随着安全性诉求的增加，AI Agent 将催生新技术和商业工具，这会促进一批 AI 创业公司的发展。

以钉钉作为例子，钉钉 AI 助理是一款集成多种 AI 产品能力的应用，通过自然语言交互，具备感知、记忆、规划和行动的能力，能够执行包括归纳信息摘要、写工作总结、写文档等通用办公工作。目前已有超过 70 万家企业在多个业务场景中部署了钉钉 AI 助理，创造了众多智能化解决方案。这款应用展示了企业如何通过专业能力、务实态度和创业精神来实现 AI 实践落地，反映了企业对 AI Agent 技术的积极态度和实际应用需求。钉钉 AI 助理应用界面，如图 13-2 所示。

AI Agent 被视为推动 AIGC 应用百花齐放的一部分，这说明了它在多个领域的广泛应用前景。IDC 预测，到 2024 年 AI Agent 将成为 AI 应用的主流形态，表明业界对 AI Agent 的未来发展充满信心。AI Agent 与行业融合应用的前景非常广阔，可以应用于各个行业，如医疗、金融、教育、零售等，进一步彰显了 AI Agent 在社会各领域应用的广泛性和重要性。社会组织也对 AI Agent 持积极态度，它们认为 AI Agent 可以帮助解决社会问题，如环境保护、公共卫生等，从而推动社会发展。

图 13-2　钉钉 AI 助理应用界面

（图片来源：钉钉官网）

AI Agent 的发展将推动企业重新思考它们的经营模式，并需要管理者和员工重新适应新的工作环境。企业需要寻找具备新技能的人才，或者提供相应的培训，让这些人才不仅具备传统的技术能力，还能够理解和与 AI Agent 进行协同工作。

企业需要重新思考领导模式和组织架构，以更好地适应这种全新的技术环境。当然，AI Agent 的发展也将对道德和法律制度提出新的考验，要重新思考如何确保 AI Agent 的行为符合道德标准和法律规定。本书认为，未来 5 年内，AI Agent 将成为企业竞争和创新的重要驱动力。企业用户对 AI 的态度反映了一种希望和担忧并存的复杂心态，这正是技术进步常见的伴随现象。

在认可了 AI Agent 在业务效率、决策支持与客户服务等方面所展现出来的显著优势之后，企业也必须应对技术的局限性、伦理风险以及对社会的更广泛影响。平衡的视角、明智的规划以及持续的学习和适应，将是企业用户在拥抱 AI Agent 时取得成功、保持领先的关键因素。在此基础上，企业可以充分利用 AI Agent 的力量，驱动业务向前发展，同时确保在道德和社会责任方面的承诺不被忽视，共同走向一个协作共生的未来。

13.2.3　AI Agent 的用户痛点

AI Agent 正逐渐成为我们生活和工作中不可或缺的得力助手，但在其应用初期，仍存在诸多用户痛点。这些痛点广泛涉及隐私保护、交互体验以及系统可靠性等多个层面，不仅对用户体验造成深远影响，更在一定程度上制约了 AI Agent 技术的进一步发展和普及。

1. 产品现状与用户痛点

相较于直接使用 LLM，目前的 AI Agent 产品在体验上的优势如下：

- 智能程度和普适性高，能较好地理解和推理复杂的任务并且做出规划；
- 能高效判断并使用外部工具，整个过程的衔接非常流畅。

但随着更多地使用，大家发现当前 Agent 的实验性强于实用性，存在两个影响落地应用的重要问题：

- 效果不稳定，多步推理能力不够。大部分产品 demo 看上去效果惊艳，但对于抽象复杂的问题，能有效解决的比例不足 10%，只适合解决一些中等难度的问题。
- 外部生态融合度不高。第三方 API 支持的数量和生态不多（基本以搜索和文件读取功能为主），API 覆盖范围不够广，很难做到比较完整的跨应用生态。

目前关于 AI Agent 的构建框架很多，最流行也是最理想的当属 OpenAI 提出的“LLM+ 记忆 + 规划 + 工具使用”四件套。对于一款 AI Agent 来说，LLM、记忆和规划承担了任务的分析、拆解与规划，工具使用则关系着执行任务的能力。这意味着任务规划得再好，没有执行能力也无法完成任务。

这种情况导致了 AI Agent 的产品现状：看上去很美好，用起来很揪心。从具体应用情况来看，AI Agent 表现出了以下用户痛点：

- 专业知识学习成本高、查询困难：在电力、石油、医学、金融等行业，由于行业特性和专业门槛，用户在使用 AI Agent 时面临着较高的学习成本和查询难度。
- 应用落地的局限性：AI Agent 在实际应用中存在一定的局限性，尽管学术上有很大的发展空间，但在落地过程中遇到了一些挑战，如特定任务的完成效果不佳等。
- 功能单一、认知瓶颈：目前市场上的安全 LLM 多为单一功能，如安全问答、告警解读等，难以解决用户的痛点。同时，缺乏海量安全语料库训练的 LLM 在认知方面存在知识瓶颈，影响了其安全专业能力。
- 安全性和隐私性问题：AI Agent 的安全性和隐私性是用户关注的焦点。一且 AI Agent 被攻击，可能会导致关键数据或信息泄露，给企业带来严重的风险。此外，AI Agent 需要处理大量的用户数据和信息，如何保证用户数据的安全和隐私是一个重要的问题。

- 信息获取方式的问题：当前用户获取信息的方式主要是平台推荐，这种被动的信息接收方式使得用户难以主动获取所需信息，这对用户来说是一个痛点。
- 错误处理能力：当出现错误或误解时，AI Agent 可能难以及时纠正，这可能引发用户的挫败感。
- 可靠性和稳定性：AI Agent 在某些情况下可能表现出不稳定或不可预测的行为，影响用户体验。
- 功能限制：用户可能会发现 AI Agent 无法完全满足其特定需求，因为它们的功能仍有限制。
- AI 幻觉问题：在 AI Agent 的设计中，引入人工检验环节可以有效防止 AI 幻觉对业务产生负面影响，但这也增加了用户的操作成本。
- 可解释性和透明度：AI Agent 的决策和行为可能非常复杂，难以解释和理解。如何提高 AI Agent 的可解释性和透明度是一个挑战。
- 时间和成本的问题：用户与 LLM 进行多次交互可能引入时间和成本的问题。

这些痛点和挑战必须引起高度重视，在未来的研究和开发中，需要对它们进行充分考虑并寻求有效的解决方案。通过持续的技术创新和改进，更好地满足用户的实际需求，从而推动 AI Agent 技术的广泛应用与深入发展。

2. 实际应用存在的问题与局限性

基于 LLM 的 AI Agent 优势很多，但受限于 LLM 本身的技术特点以及当前的应用环境、技术、生态乃至市场等的限制，AI Agent 遇到了一些问题和挑战，这些挑战可以分为技术难点以及落地应用的挑战等。

首先在技术方面，基于 LLM 的 AI Agent 都会遇到以下两个问题：

- 底层技术。依赖 LLM 的 Agent 继承了 LLM 本身存在的一些问题，比如“幻觉”问题等。同时底层基础模块的质量和性能，包括调用图像识别等模型，也会直接影响到上层建筑的性能。
- Agent 各个模块之间的交互和运行可能会产生许多中间结果和状态，也带来了一些技术挑战。比如处理中间结果的鲁棒性是一个问题，下层模块的性能和质量会直接影响上层模块的执行。

LLM 本身的情况以及 AI Agent 的运行机制，决定了当前 AI Agent 在实际应用中还存在一些挑战及局限性，详情见表 13-1。

表 13-1　AI Agent 实际应用中面临的挑战

序号	挑战	说明
1	计算资源需求高	AI Agent 在执行任务时，通常需要大量的计算资源，尤其是当它们需要处理复杂的多步推理时。这对于资源有限的应用场景来说是一个重大挑战
2	决策效率	为了高效执行，AI Agent 需要执行链下逻辑，这意味着它们的决策仍在链上执行，这可能会影响决策的速度和效率
3	环境感知能力有限	AI Agent 无法处理环境中不可感知的信息，如隐藏或间接的因素，这限制了它们考虑所有相关因素进行全面决策的能力
4	学习和适应能力不足	传统的基于强化学习的 Agent 在样本效率、泛化性和复杂问题推理等方面存在局限性
5	效果不稳定	大部分产品 demo 看上去效果惊艳，但对于抽象复杂的问题，能有效解决的比例不足 10%，只适合解决一些中等难度的问题
6	外部生态融合度不高	第三方 API 支持的数量和生态不多（基本以搜索和文件读取功能为主），API 覆盖范围不够广，很难做到比较完整的跨应用生态
7	LLM 可靠性不足	LLM 在处理复杂任务时，其可靠性和能力边界存在问题。例如，当遇到无法处理的问题时，LLM 可能会陷入自我循环，造成极其大量的资源浪费
8	长期规划和任务拆解	在处理长期规划和任务拆解时，AI Agent 的表现不够理想，无法保证最终结果的正确性和可靠性
9	规划任务成本高	AI Agent 的规划能力越强，分解的任务步骤越多，意味着使用更多的 tokens，也就意味着更高的成本
10	LLM 不能持续学习	如何在 Agent 完成任务的过程中，让 LLM 持续学习进化，弥补当前 LLM 在推理、计划、算求等能力方面的不足，是需要长期攻克的难关
11	Agent 交互稳定性	在目前的技术框架中，Agent 系统经常会因交互信息设计存在身份信息错乱等问题导致系统不稳定，或因 Agent 间的能力差异导致对话失败等
12	多模态支持	目前学术界大都还是将其他模态信息转换成文字信息然后交给 LLM 处理，对于一些模态的转换，转换成文字信息可能会存在时延、信息损失等问题

根据一些厂商的交流反馈，企业用户遇到的构建 AI Agent 的挑战还包括数据权限的把控难、现有系统改造和集成投入高、Agent 响应速度慢、用户体验达不到期待、模型训练成本高、LLM 幻觉、合规和法规的遵守、多 Agent 的集成和调度、难以保持准确性和相关性，以及 LLM 在特定行业和领域缺乏专业性等多个问题。

当前，AI Agent 在企业应用中的关键问题在于外部生态融合度的不足。尽管 API 数量激增，但仍无法满足大型企业对于个性化和安全性的需求。此外许多企业软件系统缺乏 API，且开发成本高，这限制了 AI Agent 跨部门、跨领域的应用。因此要打造一款能参与复杂业务流程的企业级 Agent，不仅需要通过 API 调用工具，还需要借助 UI 自动化实现软件连接。市面上的 AI Agent 产品大多局限于知识问答，与欧美技术圈定义的智能体有差距，尤其在调用 API 的灵活性和连接管理软件的通用性上表现不佳。这些产品在内容生成、推理分析方面表现出色，但在执行层面显得力不从心，无法支持长流程和复杂业务流程的自动化执行。

为使 AI Agent 在 B 端实现广泛应用，需综合考虑安全性、技术成熟度、场景贴合度及接口成本、隐私、管理、授权等多种因素。在金融等 B 端大客户领域，简单的 GPTs 或知识内容类 Agent 无法满足客户需求，涉及复杂流程自动化、数据库读取、API 管理及 UI 自动化连接的 RPA Agent 将成为主流解决方案。对于执行能力更强的 Agent 类别 RPA Agent，我们将在 14.4 节详细介绍，读者可以进一步了解这方面的知识。

要解决上述 AI Agent 的用户痛点与挑战，可以通过优化计算资源使用、提高决策效率、增强环境感知能力、改进学习和适应机制等措施，使 AI Agent 在实际应用中发挥更大作用。在第 11 章，本书用 10 个小节对 AI Agent 面临的行业挑战及应对措施做了详细叙述。对这部分感兴趣的读者，可以详细阅读。

13.2.4 AI Agent 的市场需求

AI Agent 作为一种能够与人类进行智能交互的软件或硬件系统，它们可以执行各种任务，如搜索信息、提供服务、生成内容、协助决策等。它的应用领域非常广泛，包括但不限于医疗保健、零售与电子商务、政府和市政服务等。这些应用领域的需求驱动了 AI Agent 技术的发展和创新，使得 AI Agent 能够在不同的行业场景中发挥重要作用。例如，在医疗保健领域，AI Agent 可以实现与医疗系统和患者的自主交互与沟通，模拟人类的语言和行为，为患者提供个性化的医疗服务。

AI Agent 的技术特点也是其市场需求增长的重要因素之一。不同于传统的人工智能系统，AI Agent 能够感知环境、进行决策和执行动作，具备通过独立思考、调用工具去逐步完成给定目标的能力。这种能力使得 AI Agent 能够在没有外部命令的情况下自行启动任务，如监控市场数据等。

而 AI Agent 的市场需求即将呈现爆发式增长，主要得益于以下几个因素：

- 人工智能技术的快速发展，使得 AI Agent 能够更好地理解人类的语言、情感、意图和需求，从而提供更加个性化和高效的服务。
- 互联网和移动设备的普及，使得 AI Agent 能够随时随地地与人类进行沟通和协作，从而拓展了它们的应用场景和用户群体。
- 数字化转型和创新驱动的需求，使得 AI Agent 能够帮助企业和个人提高生产力和创造价值，降低成本和风险，从而增强它们的竞争力和影响力。

AI Agent 将在各个行业和领域发挥重要作用，如教育、医疗、金融、零售、娱乐、游戏、安全、法律等。AI Agent 将不仅仅是人类的工具或助手，而是人类的伙伴或顾问，与人类共同创造更美好的未来。

AI Agent 的市场需求和机会，主要集中在自主智能体的需求、LLM 技术的应用、企业级应用的拓展、市场规模的增长以及作为创业方向的潜力等方面，具体如下：

- 自主智能体的需求：未来的 AI 智能体市场将以自主智能体为主，不同企业因业务属性与市场目标的不同，对自主智能体的需求不同，可能会涉及非自主智能体。这表明，尽管市场对 AI Agent 的需求广泛，但具体需求的差异化也为市场提供了多样化的机会。
- LLM 技术的应用：AI Agent 基于 LLM 技术，能够感知环境、进行决策和执行动作，旨在通过自然语言交互高自动化地执行任务。这种技术驱动的 AI Agent 能够在多个领域发挥作用，如在医疗保健领域实现与医疗系统和患者的自主交互，以及在机器人、自动驾驶等领域的应用。
- 企业级应用：AI Agent 作为智能业务助理，能够连接多种服务，为企业提供平台级解决方案。这意味着 AI Agent 不仅限于个人用户使用，还能成为企业级应用中的重要组成部分，满足企业对于效率和自动化的需求。
- 市场规模和增长潜力：根据 MarketsandMarkets 预测，至 2028 年全球 AI Agent 市场规模将达到 285 亿美元，显示出巨大的市场潜力和发展空间。这一预测反映了 AI Agent 在未来几年内有望实现快速增长，为投资者和创业者提供了重要的投资机会。
- 创业方向：AI Agent 被视为一个值得关注的创业方向，特别是在生成式 AI 发展、开源生态和 LLM 对应用的影响下。这表明，AI Agent 不仅是技术发展的趋势，也是推动创新和创业活动的新动力。

这些需求和机会，共同构成了 AI Agent 市场的广阔前景和多样化机遇。

1. 对 AI Agent 需求高的行业及领域

目前，多个行业和领域对 AI Agent 都有很大的需求。

首先是软件行业，AI Agent 正逐渐改变我们的计算机使用方式，甚至可能颠覆整个软件产业。究其原因，AI Agent 不仅能显著降低研发和交付成本，使得软件能更灵活地满足各种需求，而且它提供的结构化思考方法，预示着软件生产可能进入“3D 打印”式个性化定制的新时代。

其次在智能家居和智慧城市的建设中，AI Agent 也扮演着重要角色。借助先进的多模态技术，AI Agent 能处理更为复杂的交互场景，进一步拓宽了它在这两个领域的应用空间。医疗诊断领域同样对 AI Agent 寄予厚望。AI Agent 在提升诊断准确性、降低误诊率方面已初露锋芒，展现出巨大的应用潜力。自动驾驶技术也是 AI Agent 大显身手的舞台。AI Agent 助力自动驾驶系统更精准地感知周围环境，做出更智能的决策，从而提升驾驶的安全性与效率。在企业日常运营中，AI Agent 也展现出强大的流程性需求满足能力，为工作、生活、学习、娱乐、健康等各个方面带来丰富多样的个性化体验。

不仅如此，AI Agent 还在客户服务和支持、金融服务、电子商务、制造业、教育、交通运输以及娱乐等多个行业和领域发挥着不可或缺的作用。比如，在客户服务中，基于 AI Agent 的聊天机器人和虚拟助手提供全天候服务；在金融服务领域，AI Agent 则助力自动化交易、风险管理等；而在娱乐行业，AI Agent 则通过精准的内容推荐和用户体验优化，极大地提升了用户的满意度。

每个行业对 AI Agent 的需求都各具特色，但归根结底都是为了提高效率、降低成本、增加用户满意度以及更好地处理海量数据。随着 AI 技术的不断进步，未来必定会有更多行业加入对 AI Agent 的高需求队列中，共同推动社会的智能化进程。

2. 重点需求：AI Agent 技术解决劳动力市场的挑战和需求

劳动力短缺问题日益突出，“大辞职”导致了劳动力短缺，对每个企业都产生了影响，尤其是那些拥有大量计时员工的企业。Legion 工程和运营高级副总裁 Kshitij Dayal 表示，随着企业寻找解决方案，包括吸引和留住人才的新方法，员工将继续重新评估他在工作中重视的优先事项。

Walmart 和 Target 等大型企业正在提高工资以吸引计时工。然而，由于现在有这么多的企业提供签约奖金和创纪录的薪酬方案，因此在紧张的劳动力市场中竞争的雇主需要找到一种新的方法来赢得员工。人工智能驱动的劳动力管理和需求预测，可能是关键解决方案。尤其是 LLM 实现突破后，基于 AI Agent 的更加智能、自主的数字员工受到社会的广泛关注。AI Agent技术之所以能解决劳动力市场的挑战和需求，主要体现为以下几点。

首先，AI Agent能够提高生产效率和生产力，从而减少企业对人力的需求。例如，智能劳动力管理解决方案通过优化配送中心的运营，帮助应对供应链的不确定性，这表明AI技术能够通过提高运营效率来满足劳动力需求。其次，AI Agent被认为能够提高生产力并带来劳动节省，这意味着它能够重新安排劳动价值创造与收入分配的顺序，进一步影响劳动力市场的供需关系。

AI Agent还能通过改变招聘工作和优化劳动力管理来解决劳动力短缺问题。生成式AI被广泛用于减少人员需求，这表明AI技术在招聘过程中的作用日益增强。同时，智能的劳动力管理系统可以帮助组织优化其劳动力规划和调度，这对于应对劳动力短缺具有重要意义。AI技术尤其是AI Agent的应用不仅提高了企业的生产效率和竞争力，也为劳动力市场的发展提供了新的可能性。

当然AI技术的发展也带来了对劳动力结构的冲击，尤其是对生产组织方式的影响。人工智能既可以用自动化生产取代人工生产，也可以创造新的生产任务。这种变化可能会导致劳动力市场上某些工作岗位的消失，从而引发对劳动力市场挑战和需求的新思考。随着AI Agent在智能化服务中所扮演的角色日渐重要，市场需求和发展机会也将持续拓宽。无论是提升用户体验、优化业务流程，还是驱动产品和服务的创新，AI Agent都展现出巨大的潜能。企业和开发者必须把握这些趋势，深化对AI技术的理解和运用，以适应逐步智能化的未来。

13.3　AI Agent的市场竞争与风险

AI Agent正迅速崛起为推动商业和社会进步的关键因素。企业不仅追求技术的前沿，还致力于把握市场动态，以保持和增强其竞争优势。随着AI Agent市场的急剧扩张，其中的复杂性和不确定性也日益凸显，这促使企业和科技领军者们开始审慎思考。市场竞争与风险并存，企业在创新竞赛中必须步步为营，以确保长远且可持续发展。下面将深入探究AI Agent市场竞争的多维度景观，并揭示该领域中蕴藏的潜在风险，进一步理解在这个不断变化的市场中取得成功的关键要素。

13.3.1　AI Agent的市场竞争

在AI Agent的市场竞争中，多个方面共同构成了复杂的竞争图景。

- 技术和产品的竞争。AI Agent 的研发和应用依赖深入的数据挖掘、精细的算法调整以及高效的模型训练等技术支持。企业间的技术积累和创新能力成为竞争的关键。同时，产品的易用性和成本效益也至关重要，它们直接影响着 AI Agent 的市场吸引力。
- 商业模式的竞争。一个成功的商业模式能够帮助企业在激烈的市场竞争中脱颖而出。这涉及制定合理的定价策略、建立稳定的合作伙伴关系，以及将技术优势转化为商业价值。通过这样的商业模式，企业可以吸引更多用户，实现盈利和持续发展。
- 生态系统建设的竞争。AI Agent 不仅仅是一个孤立的技术产品，而是一个包含开发者社区、丰富数据集和高效工具平台的完整生态系统。企业需要构建一个繁荣的生态系统，以吸引更多开发者的参与，拓展产品的应用范围和影响力。在这个过程中，算力作为 AI 领域的核心资源，发挥着不可或缺的作用。
- 应用领域的竞争。AI Agent 具有广阔的应用空间，涵盖零售、电子商务、教育、房地产等多个行业。每个行业对 AI Agent 的需求和评价标准都各具特色。因此，企业需要深入了解这些行业的需求，为 AI Agent 定制相应的功能和服务，以在特定领域中获得竞争优势。
- 市场需求和应用方向的竞争。AI Agent 的应用场景广泛多样，从设计、写作到故障排除等各个领域都有其身影。企业需要敏锐捕捉客户需求，并提供满足这些需求的产品或服务，以在竞争中占据有利地位。
- 市场份额的竞争。在市场份额方面，百度、阿里云、腾讯、华为、科大讯飞等科技巨头已经在 AI Agent 市场上进行了大量投入。这些公司拥有强大的资源和技术实力，因此在市场份额方面占据明显优势。然而，新进入市场的公司仍然有机会通过独特的竞争策略逐渐扩大市场份额。
- 品牌和市场策略的竞争。企业需要通过精心打造品牌形象、进行精准的市场营销以及建立稳固的合作伙伴关系等方式来提升自身的知名度和市场占有率。例如，OpenAI 直接向下游开发者销售 GPTs 来巩固其市场地位，体现了市场竞争的一种重要形式。
- 资本和融资的竞争。研发和推广 AI Agent 需要大量资金投入，因此稳定的资金支持至关重要。企业需要在融资过程中充分展示自身的价值和潜力以吸引投资者关注。同时，资本市场环境的变化也会对 AI Agent 项目的融资情况和发展速度产生深远影响。

- 合规与标准遵循以及知识产权保护。这也是 AI Agent 市场竞争中不可忽视的要素。合规与标准遵循是确保产品竞争力的关键要素之一，而知识产权保护则是保障企业创新成果的重要手段。

AI Agent 的市场竞争涵盖了技术、产品、商业模式、生态系统建设、应用领域、市场需求、市场份额、品牌和市场策略以及资本和融资等多个方面。在多维竞争格局中，企业需要进行全面而深入的思考和布局，通过不断的技术革新、敏锐的市场洞察、建设开放共赢的生态系统以及有效的品牌战略和稳健的资本管理，来应对市场竞争的挑战并实现持续增长和发展。

13.3.2　AI Agent 的市场风险

AI Agent 的广泛应用无疑为市场带来了巨大的潜力和机遇，但同时也伴随着一系列的市场风险。这些风险不仅关乎公司的稳定运营，还影响投资者的信心以及消费者对这一新兴技术的接受度。从监管合规到技术安全性，从伦理道德到对传统工作岗位的潜在替代，AI Agent 所面临的风险是多方面的。

- 市场竞争风险。AI Agent 市场已经吸引了众多大型科技公司的进入，如谷歌、微软等，这些公司拥有丰富的资源和技术实力。对于新进入市场的公司来说，要在这样的竞争环境中立足，需要制定独特的竞争策略。这可能包括开发具有创新性的产品和服务，建立强大的品牌形象，或者寻找并抓住未被充分利用的市场机会。
- 技术风险。尽管 AI Agent 在某些领域表现出了巨大的潜力，但技术的局限性和挑战仍然存在。例如，在金融风控、自动驾驶等领域，AI Agent 的实际应用效果可能并不尽如人意。为了解决这些问题，企业和研究机构需要持续投入研发，提高算法的稳定性和可靠性，推动人工智能技术的全面发展。
- 数据隐私和安全风险。在 AI Agent 的运营过程中，会涉及大量用户数据的处理，这些数据的安全至关重要。企业需要遵循严格的隐私政策，采用加密技术和其他安全措施来保护用户数据的安全。同时，相关机构也需要制定并执行数据保护法规，为企业提供法律层面的保障。
- 可解释性和透明度风险。由于 AI Agent 的决策和行为往往基于复杂的算法和模型，这可能导致用户难以理解它背后的逻辑，从而降低对 AI Agent 的信任度。为了提高可解释性和透明度，企业可以研发新的算法和工具，或者提供详细的用户手册和操作指南，帮助用户更好地理解和使用 AI Agent。

- 商业模式的不确定性风险。目前，AI Agent 的商业模式仍在探索阶段，如何将技术优势转化为商业价值是一个关键问题。企业需要进行深入的市场研究，尝试和创新商业模式，并关注行业的最新动态和趋势，以便及时调整自身的商业模式。
- 用户接受度风险。尽管 AI Agent 的应用前景广阔，但如果用户不接受或不愿意使用 AI Agent，那么无论技术多么先进，都难以在市场上取得成功。为了提高用户接受度，企业需要深入了解用户需求，提供高质量的产品和服务，并加强用户教育。
- 依赖第三方提供商的风险。许多企业选择依赖第三方 AI 解决方案来增强业务，但这种策略可能带来供应链风险、技术演进风险以及数据安全和隐私风险等。因此，企业在选择第三方提供商时应进行全面评估，并建立稳固的合作关系。
- 投资风险与成本。由于 AI Agent 领域的投资具有一定的风险性，投资者需要谨慎评估风险，进行充分的市场调研和风险评估，同时还需要制定灵活的投资策略，以应对市场的不确定性。
- 产业进展的不确定性。由于 AI Agent 是一个新兴的技术领域，其产业进展面临着技术创新速度的不确定性和产业链成熟度的挑战，以及受到不同行业需求多样性的影响。这些因素可能导致市场需求增长不如预期或生产成本高昂等问题，进而影响 AI Agent 的商业化进程和市场应用推广。
- 监管政策的不确定性风险。随着 AI 技术的广泛应用，相关监管政策也在不断完善中，但监管政策的变化可能给 AI Agent 的开发和应用带来不确定性，限制或阻碍其发展，也可能导致企业运营风险增加，因此，企业需要密切关注监管政策的动态并及时调整业务模式和策略以适应新政策环境，降低潜在风险。

AI Agent 市场面临的风险多种多样，需要企业、投资者和政策制定者共同努力来应对。通过制定独特的竞争策略、加强技术研发和创新、确保数据隐私和安全、提高可解释性和透明度、探索可行的商业模式、提高用户接受度、谨慎选择第三方提供商、进行充分的市场调研和风险评估以及密切关注监管政策动态等措施，以更好地推动 AI Agent 市场的健康发展并迎接智能化时代的到来。

13.3.3 AI Agent 市场的 SWOT 分析

企业在考虑投入 AI 领域前，需准确评估将要面临的各种内外部因素，以制定周密的战略方针。SWOT 分析，作为一种全面评估工具，为我们提供了洞察 AI 代理市场的有力框架。

下面我们将通过对 AI Agent 市场的优势、劣势、机会和威胁的详细探讨，揭示这一新兴领域的全景图，帮助行业从业者和投资者更好地把握市场脉络，对未来做出明智的决策。图 13-3 展示了 AI Agent 行业的 SWOT 分析全景思维导图，读者还可以到本书配套知识库去查看 SWOT 分析详情。

通过使用 SWOT 模型对 AI Agent 市场进行分析，可以识别该市场的核心竞争力，也能看到暴露的潜在薄弱环节，并能了解存在的机会和未来可能遭遇的威胁。

这种多角度的深入剖析，能够为企业提供指导意见，可用于优化当前战略，增强市场定位，同时规避可能的风险。

图 13-3　AI Agent 行业的

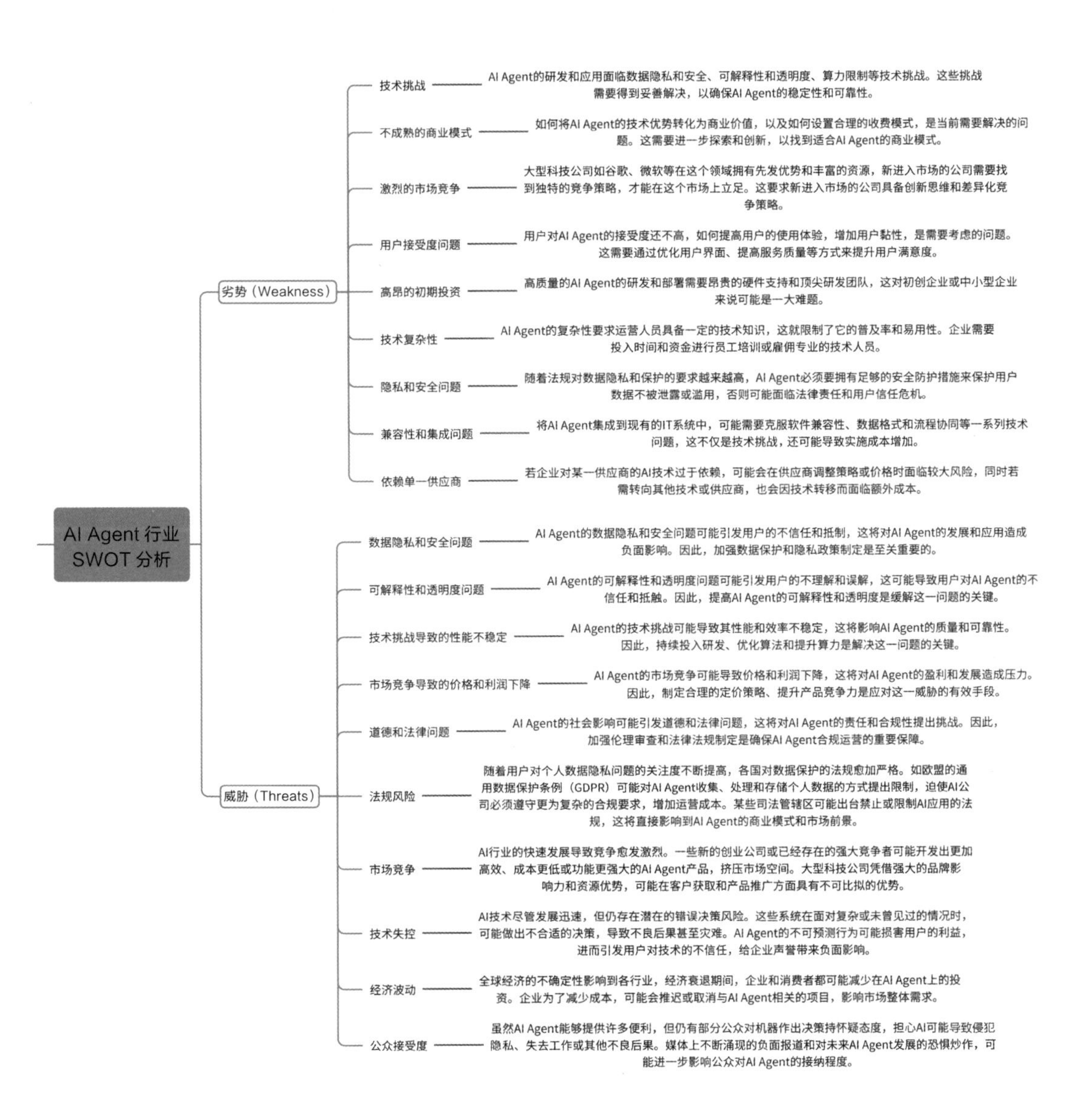

SWOT 分析全景思维导图

第 14 章 CHAPTER 14

AI Agent 的商业启示

AI Agent 作为人工智能的重要分支，正引领商业领域的深刻变革。本章将深入探讨 AI Agent 的商业启示，揭示背后的商业趋势与新机会，提出实用建议，并聚焦于企业服务领域，分析 AI Agent 为传统软件厂商带来的新机会及如何创造价值，阐述它带来的业务流程的革命性突破。本章将帮助读者深入了解 AI Agent 的商业价值和潜力，为企业未来发展提供指导和支持。

14.1 AI Agent 的商业趋势

随着 AI 技术的日益深入，从客户服务到市场营销，从数据分析到运营管理，AI Agent 正在无声地改变企业的运作方式。前面的章节已经探索了 AI Agent 的商业模式和未来发展趋势，本节我们将继续探讨这一新兴领域的商业趋势，分析潜在的挑战，并提出一些可行性策略与建议，以把握 AI Agent 带来的无限商业可能。

商业趋势是指在特定时间范围内，商业领域中出现的普遍性、规律性的发展方向和变化动向。这些趋势往往由多种因素共同影响而形成，包括技术进步、消费者需求变化、市场竞争格局调整等。基于对 AI Agent 技术深入的研究，下面总结了 AI Agent 在商业领域即将涌现的一些发展趋势，期望能激发读者的创新思维。AI Agent 的商业趋势，主要体现在以下方面：

- 自动化互动与个性化体验：AI Agent 正逐渐成为企业线上渠道中的自动化互动助手，能够理解用户的自然语言输入，并给出恰当的回应。它不仅能引导用户表达需求和意图，还能在互动中收集用户信息，为后续营销打下基础。AI Agent 通过分析用户行为数据，构建用户画像，提供个性化的内容和服务推荐，从而有效提升用户参与度和满意度。
- 数据驱动的洞察与效率提升：AI Agent 在与大量用户互动的过程中，能够收集和处理丰富的行为数据与反馈信息。通过机器学习和数据挖掘技术，它发现数据中的模式和趋势，为企业提供深入的市场洞察和客户行为理解。AI Agent 通过自动化的方式，7 × 24 小时不间断地与访客互动，及时发现和捕获销售线索，大幅提高营销效率，同时减轻销售团队的工作负担。
- 持续优化与学习能力：基于机器学习技术，AI Agent 具备持续学习和优化的能力。它通过分析历史数据和转化结果，不断调整互动策略和优化对话流程，从而提升在潜在客户生成中的表现。这种学习能力使得 AI Agent 能够随着时间的推移变得越来越智能，为用户提供更优质的互动体验。
- 多模态交互与 AI Agent 的社交性：未来的 AI Agent 将支持多种输入和输出模态，如文本、语音、图像等，使与用户的沟通更加自然高效。随着语言模型的发展，AI Agent 的语言理解和生成能力将不断增强，有望形成自己的社交圈和社会关系，成为我们生活中不可或缺的伙伴。
- AI Agent 即服务与专业化发展：随着 AI Agent 变得越来越智能和通用，将出现更多由 AI Agent 驱动的自动化任务和服务。同时，AI Agent 也将逐渐专业化，针对不同任务、行业和场景进行优化，提供更专业和可靠的服务。这将催生新的商业模式和生态系统，推动人工智能在各行业的广泛应用。
- 多智能体协作与决策自主权提升：多智能体协作将成为 AI Agent 发展的重要方向，即通过多个 AI Agent 的协同工作解决复杂问题。此外，随着 AI Agent 智能水平的提高，它们将在更多领域拥有自主决策权，从信息提供者和任务执行者转变为决策者和问题解决者。这将对企业的决策流程和运营模式产生深远影响。
- LLM 应用落地与 AI Agent 的推动作用：LLM 的应用落地正在加速，而 AI Agent 的快速崛起将成为其重要推手。AI Agent 作为 LLM 的直接载体和应用接口，将 LLM 的强大能力转化为具体的产品和服务。同时，AI Agent 还将作为 LLM 应用的创新平台，探索和拓展 LLM 的应用场景和商业价值。

- 应用场景的多元化与社会影响：AI Agent 的应用场景正日益多元化，不只局限于传统的办公、客服等领域，在零售、教育、医疗等多个领域也展现出广泛应用前景。这将为企业提供更加丰富的解决方案和创新机会，同时推动传统产业的数字化转型和智能化升级。随着 AI Agent 的普及和应用深入，它将对社会的各个方面产生深远影响，引领我们迈向更加智能的未来。

这些商业发展趋势，将为企业提供更丰富的解决方案和创新机会，引领社会迈向更加智能的未来。

延伸：AI Agent 应用对产业格局的影响

AI Agent 的应用，对商业模式和利益格局产生了深远影响。

在应用层面，它不仅仅提高了效率，更在重塑传统商业模式和利益分配上发挥了关键作用。AI Agent 逐步渗透到生产、销售、服务等各环节，成为连接供需双方的桥梁，引领行业运行方式的变革。在产业链层面，AI Agent 通过消除信息壁垒、实现数据共享，优化了供应链协同，减少了资源浪费，提升了整体运营效率。同时，AI Agent 利用数据驱动的分析预测，帮助企业精准规划产能，实现柔性化、敏捷化生产。

在产业生态方面，AI Agent 的广泛应用推动了跨界融合，模糊了行业边界，加强了行业间的紧密联系。这催生了众多跨界创新企业和新型商业模式，形成了以数据和智能为核心的新型产业生态，其中 AI Agent 成为连接各方的核心枢纽，重塑了利益分配格局。AI Agent 对就业结构也产生了深刻影响。它替代了部分低技能工作，同时创造了新的 AI 开发、数据标注等就业机会，对劳动者的技能结构和职业发展提出了新要求，推动了职业教育的变革。

总体而言，在技术层面，LLM 和多模态交互的进步让 AI Agent 具备更强的感知、理解和决策能力，以适应复杂商业场景。在应用层面，AI Agent 在办公、客服、营销、风控等领域发挥关键作用，助力企业数字化转型。在产业层面，AI Agent 重塑商业模式和利益格局，推动产业智能化和跨界融合。AI Agent 的应用正在深刻改变商业模式、利益格局和就业结构，为经济社会发展带来新机遇和挑战。它也将借助应用价值链的延伸，改变行业的运行方式，对商业模式和利益格局产生深远影响。

14.2　传统软件厂商的新机会

在数字化转型的浪潮中，传统软件厂商面临着前所未有的挑战。新的技术、商业模式、竞争对手，都在对传统软件厂商的生存空间构成威胁。每一次技术革新和行业变革，都会带来新的机遇。对于传统软件厂商来说，如何抓住这些新机遇，实现自我转型和升级，将是它们未来发展的关键。下面我们将解读 LLM 技术如何为传统软件赋予全新商业价值，确保企业在持续演进的市场中保持竞争力。

14.2.1　软件厂商的发展瓶颈

在技术的浪潮中，软件厂商需要不断适应新技术的发展，保持产品的创新性和竞争力。但技术的快速更新迭代往往使得软件厂商在技术研发和产品更新上疲于奔命，难以保持领先地位。市场竞争的加剧也使得软件厂商面临着价格战、产品同质化等问题，难以形成差异化的竞争优势。在数据驱动且以客户为中心的时代，如何应对生命周期缩短的产品、快速变化的技术标准和激烈的竞争压力，都将成为企业需要解答的关键问题。

当代软件厂商面临着前所未有的发展瓶颈，主要包括以下几点。

（1）技术创新乏力

软件技术日新月异，新兴技术不断涌现，如人工智能、大数据、云计算、区块链等。然而，许多传统软件厂商囿于既有技术路径和开发模式，创新动力不足，对新技术的应用和融合存在滞后性。这导致其产品和服务缺乏差异化竞争优势，难以满足市场和用户日益增长的个性化、智能化需求。

（2）人才短缺与成本上升

软件行业对高端技术人才的需求持续旺盛，但优秀人才供给有限，人才争夺日趋激烈。同时，软件人才的薪酬待遇不断上涨，用工成本大幅攀升。许多软件厂商面临招聘难、留存难、成本高的问题，专业人才匮乏制约了企业的研发创新和业务拓展。

（3）用户需求变化快

如今，各行各业都在加速数字化转型，企业用户对软件的功能性、易用性、智能化、个性化提出了更高要求。与此同时，广大个人用户，尤其是年轻一代，他们的软件使用习惯和偏好更加多元化、碎片化。用户需求变化之快，给软件厂商的产品规划、设计研发、快速迭代带来巨大压力。

（4）市场竞争日益激烈

全球软件市场竞争日益白热化，行业马太效应凸显。一方面，以 BAT 为代表的互联网巨头凭借其平台优势和海量数据，不断向传统软件领域渗透，对现有格局形成冲击。另一方面，细分市场涌现出许多新锐软件厂商，它们善于发现用户痛点，快速占据细分赛道。传统大中型软件厂商面临“双向挤压”，市场拓展乏力，业绩增长放缓。

（5）盈利模式创新不足

传统软件厂商主要依靠销售软件许可、定制开发和技术服务获取收入，但这种重销售、轻运营的盈利模式正受到挑战。云计算、移动互联网时代，用户更青睐软件即服务（SaaS）的订阅制模式，更看重软件的持续运营和个性化服务。许多软件厂商对新兴商业模式的探索还不够，盈利方式单一，现金流和营收增长缺乏可持续性。

（6）管理机制亟待升级

软件行业瞬息万变，产品和技术创新速度快，对企业的决策机制、组织架构、流程管理等提出了新的要求。然而，不少传统软件厂商仍沿用传统的“金字塔”式的科层管理体系，决策链条长、信息传递慢、部门壁垒多，难以适应快速变化的市场节奏。组织管理机制亟须升级，向扁平化、敏捷化、柔性化转型。软件厂商正面临着多重发展瓶颈，需要在技术创新、市场拓展和商业模式创新等方面寻求突破。软件厂商需要积极探索新的商业模式，拓展市场份额，提升品牌影响力，加强技术研发和产品创新，以适应新技术的发展，在激烈的市场竞争中立于不败之地。

14.2.2 LLM 赋能传统软件开发

在人工智能领域，LLM 正逐渐成为赋能传统软件行业的一大利器。从代码自动生成、缺陷检测，到用户交互和文档管理，LLM 在软件行业的应用正在不断地拓宽。针对那些追求创新以保持行业竞争力的企业而言，这一技术的引入和应用不仅是趋势，更是必然的选择。从目前 LLM 在软件开发领域的应用来看，LLM 可以从以下几个维度赋能传统软件行业，帮助企业突破发展瓶颈，实现转型升级。

（1）加速产品智能化进程

LLM 可以显著提升软件的语言理解和交互能力。传统软件厂商可以利用 LLM，开发出更加智能化的软件产品。比如，集成智能对话机器人，实现软件的自然语言人机交互；嵌入知识问答引擎，让软件具备专业领域的问答能力；融合情感计算模型，让软件能够感知用户情绪，提供更贴心的服务。LLM 让软件在“理解”和“表达”上更接近人类，大大改善用户体验，推动软件产品的智能化升级。

（2）突破软件开发瓶颈

当前，软件开发面临着效率瓶颈、bug 频发、文档缺失等诸多挑战。LLM 有望从多个环节赋能软件工程，实现软件开发的自动化和智能化。比如通过代码预训练模型，根据需求描述自动生成代码；通过代码纠错模型，自动识别和修复代码缺陷；通过代码摘要模型，自动生成代码注释和文档。LLM 可以成为软件工程师的得力助手，从而大幅提升软件开发效率，降低软件维护成本。

（3）重塑软件交互范式

随着自然语言处理技术的进步，人机交互正在从“图形界面触控”走向“对话式交互”。ChatGPT 的问世，更是引爆了 AIGC（AI Generated Content）浪潮。这意味着，未来软件的主要交互界面，将从冷冰冰的界面按钮变为更贴近人性的对话交流。传统软件厂商需要尝试基于 LLM，率先探索和实践软件交互范式的创新。通过引入智能对话、语音交互、知识问答等，重新设计软件的交互流程和呈现方式，用“聊天式”的交互取代“填表式”的操作，让用户使用软件就像与专业顾问对话一样流畅自然、高效准确。

（4）实现行业知识赋能

LLM 具备强大的知识表示和学习能力，可以从海量行业语料中习得有效知识，构建起行业知识图谱。传统软件厂商可以利用这一优势，为各行各业的从业者提供“懂行业、懂专业”的智能助手。比如，为金融从业者提供智能投资顾问，为医疗从业者提供智能医疗助手，为法律从业者提供智能法律顾问。这些行业智能助手通过与从业者进行自然语言交流，结合行业知识图谱进行分析推理，就可以提供专业、可信的行业建议。这为软件厂商实现行业知识变现、扩大行业影响力提供了新路径。

（5）创新软件盈利模式

LLM 使得软件具备了个性化、智能化服务用户的能力。传统软件厂商可以借此创新软件盈利模式，探索从“卖许可”到“卖服务”的商业模式转型。比如，不再一次性售卖软件，而是按智能服务使用量或服务成效来收费；不再销售统一的产品，而是针对不同用户提供个性化的解决方案。软件厂商还可以将积累的行业数据、算法模型进行标准化封装，面向第三方开发者开放，建立智能服务生态，实现数据、算法的二次变现。

（6）升级组织管理体系

LLM 等人工智能技术的发展，也倒逼软件企业变革组织管理范式。软件厂商需要成立专门的 AI Lab 和数据中台，引进 AI 科学家和行业专家，建立数据采集、标注、清洗、挖掘、应用的全流程体系，实现数据驱动的精细化运营。软件企业需要加强跨部门协作，打破数据孤岛，形成业务、产品、研发、数据、AI 等多团队联动的敏捷研发组织，快速响应市场变化。此外，还要注重人机协作，促进员工学习成长，塑造勇于创新的企业文化。

LLM 在软件开发领域有着广泛的应用前景，目前已经涌现出一批代表产品和案例，为软件开发者提供了智能化的编程辅助工具。下面是几个典型的产品与案例。

- GitHub Copilot：GitHub 联合 OpenAI 推出的 AI 结对编程工具。基于 GPT 模型，经过在大量开源代码库上的预训练，Copilot 可以根据程序上下文、自然语言描述、代码片段等，自动生成完整的函数实现，并提供代码补全、代码解释等智能建议。Copilot 已支持多种主流编程语言，可以显著提升开发者的编程效率。
- Amazon CodeWhisperer：亚马逊发布的 AI 编程助手。同样基于 LLM，经过在亚马逊内部和开源代码上的训练，CodeWhisperer 可以实时生成代码建议，完成复杂的函数实现。它还具备代码安全扫描能力，可以检查代码中的安全漏洞和最佳实践。目前已集成到亚马逊云开发工具 AWS Cloud9 IDE 中。
- Tabnine：一款基于 GPT 架构的智能代码补全工具。Tabnine 采用了自监督学习范式，在海量开源代码库上训练 LanguageModel，从而可以根据上下文语境实现全类型、全场景的代码补全，覆盖变量名、函数名、代码行等。目前已支持主流的 20 多种语言，可以集成到各种流行 IDE 中。

除了上述产品，业界还出现了一批创新产品和实验性项目，比如 Replit GhostWriter、Mintlify Doc Writer，还有 Domialex 开发的 AI 辅助编程工具 Sidekick、开源智能码助手 Kite 等。这些产品初步验证了 LLM 赋能软件开发的可行性和有效性，但要真正成为开发者的得力助手，当然还需在工程化、易用性、安全性等方面进一步打磨。

LLM 是软件行业的新引擎，它在智能化、知识化、个性化、服务化等方面展现出巨大潜力。传统软件厂商应该顺应这一技术变革浪潮，将 LLM 嵌入软件产品的设计、研发、测试、运营等各环节。通过构建行业知识图谱、开发智能化应用、创新软件交互、升级盈利模式、变革组织管理等多管齐下，全面实现软件能力的跃升，驱动企业实现智能化转型，开创发展新局面。唯有如此，企业方能在新一轮技术革命中抢占制高点，赢得竞争主动权。

14.2.3　AI Agent 带来的软件发展机会

在数字化时代的迅猛发展中，LLM 的广泛应用已成为推动软件行业增长的新动力。AI Agent 的兴起，不仅为传统软件实践带来了前所未有的变革，还通过提供更高效、准确和个性化的服务，极大地扩展了软件的功能和应用范围。AI Agent 为企业提供了新的发展路径，有助于突破技术限制和市场约束。它们也为终端用户创造了实际价值，推动了整个软件行业的持续创新和发展。具体来说，AI Agent 带来的软件发展机会主要体现在以下几个方面。

- 智能化升级现有产品：利用 LLM 和 AI Agent 技术，传统软件厂商可以对现有产品进行智能化升级，如加入智能写作助手、智能对话机器人和智能推荐引擎等，以优化产品功能和用户体验，从而增强产品竞争力，巩固市场地位。
- 开发全新智能化应用：借助成熟的 LLM 和 AI Agent 技术，厂商可以开发出全新的智能化应用，例如行业智能助手、智能识别与交互系统以及智能决策与优化平台等。这些创新应用将拓展软件的可能性，为厂商开辟新的市场空间。
- 打造智能化解决方案：凭借丰富的行业经验和深刻的业务洞察，传统软件厂商可以利用 LLM 和 AI 技术，将经验和洞察转化为智能化的行业解决方案，帮助客户实现业务流程自动化、决策智能化和服务个性化，进而提升客户黏性和市场影响力。
- 构建智能化平台与生态：随着数字化转型的深入，智能化基础设施和服务平台的需求日益增长。传统软件厂商可以利用先进技术构建智能化的 PaaS 平台，提供全生命周期的 AI 服务，同时打造开放、协同、共享的产业智能化生态，以吸引更多开发者和合作伙伴，形成网络效应和规模优势。
- 探索智能化商业模式：LLM 和 AI Agent 的应用将催生出全新的智能化商业模式。传统软件厂商可以探索基于 AI 的订阅制服务、智能化增值服务和数据智能变现等创新商业模式，实现业务转型，并掘金智能化价值链，开拓新的利润增长点。

- 智能员工助手：基于 LLM，传统软件厂商可以开发出适用于不同岗位和场景的智能员工助手，如销售助手、客服助手等。这些助手可以利用自然语言交互快速准确地完成各种业务和事务性工作，有效提升员工工作效率，改善企业运营管理。
- 智能业务流程机器人：围绕各类业务流程开发的传统软件，如 ERP、CRM 等，可以通过基于 LLM 的 AI Agent 实现更强大的智能流程自动化。这些 Agent 可以根据业务规则和上下文自动处理各环节，实现端到端的业务流程自动化，同时还能处理各种异常和特殊情况。
- 行业知识智能问答：深耕各行各业的传统软件厂商可以利用 LLM 将积累的行业知识和专家经验转化为智能问答系统。用户可以用自然语言询问问题，并获得专业、权威的回答，这为传统厂商提供了行业知识赋能和变现的新思路。
- 软件智能生成与维护：面对软件开发的效率瓶颈和人力成本挑战，基于 LLM 的 AI Agent 有望实现软件编程的智能化，包括自动生成代码、文档以及自动定位和修复缺陷等，这将极大提升软件开发和维护效率，改变软件工程模式。
- 用户个性化服务：每个企业都有大量软件用户，他们具有不同的使用偏好和行为习惯。通过 LLM 训练的用户 AI Agent 可以从海量用户数据中学习不同用户画像，为每个用户提供独特的个性化服务体验，如个性化功能推荐和问题解答等，这将大幅提升软件的用户体验和用户黏性。

总的来说，LLM 和 AI Agent 的崛起标志着人工智能发展进入了新阶段。它们不仅让软件具备了更接近人类的认知和交互能力，还为传统软件厂商带来了前所未有的发展机遇。通过积极探索这些技术在软件产品和服务中的创新应用，传统软件厂商有望重塑软件的功能形态、交互方式和服务模式，引领整个行业的持续创新和发展。

专题：传统软件厂商如何借助 AI Agent 实现新的商业模式

LLM 时代，传统软件厂商正面临着前所未有的挑战与机遇。随着 AI Agent 技术的崛起，这些厂商正积极寻求转型之路，通过融入人工智能技术来实现新的商业模式，从而在激烈的市场竞争中占据一席之地。通过使用 AI Agent 技术，传统软件厂商将能够实现销售活动的优化、产品的改进、服务型企业模式的转变、降低独立开发者门槛以及实现商业应用平台级 AI Agent 等多方面的突破，进而实现新的商业模式。

- 优化销售活动和提高客户服务效率：通过使用人工智能技术，如 Chorus AI 和 Gong 所做的，传统软件厂商可以优化公司的销售活动，提高销售效率。例如，客户支持软件 Solvy 就是基于 Zendesk 或 ServiceCloud 构建的，能够自动回执支票，这表明传统软件厂商可以通过集成 AI 技术来提升客户服务的自动化水平。
- 利用 AI 技术改进产品：微软通过投资 OpenAI，利用生成 AI 技术改进其产品，展示了传统软件厂商可以通过投资或建立合作伙伴关系，利用 AI 技术来提升其产品竞争力。这种方式不仅能够保持市场领先地位，还能通过创新的产品吸引更多用户。
- 服务型企业模式的转变：AI 技术的应用使得传统软件公司从软件供应商转变为提供服务的企业。这种模式下，软件厂商不再仅仅关注于软件本身，而是更加注重如何利用 AI 技术为客户提供增值服务，从而实现商业模式的转型。
- 降低独立开发者探索商业模式的门槛：LLM 产品的出现，尤其是 ChatGPT，使得独立开发者探索商业模式的门槛变得非常低。对于传统软件厂商来说，这意味着它们可以通过提供基础的 AI 平台或工具，帮助独立开发者快速进入 AI 领域，从而扩大自己的市场份额。
- 实现商业应用的平台级 AI Agent 智能体：依靠先进的 LLM 实现商业应用的 AI Agent 需要准确理解上下文语义，并与实际业务相契合。这要求传统软件厂商需要在 AI 技术的应用上不断创新，确保其 AI 解决方案能够满足实际业务需求，同时保障数据安全。

这些策略不仅能够帮助传统软件厂商适应 AI 时代的变化，还能使它们在竞争激烈的市场中脱颖而出。

14.3　企业服务领域的新契机

随着人工智能技术的飞速发展，基于 LLM 的 AI Agent 已经成为企业服务领域的一股新的变革力量。这些 AI Agent 不仅可以理解和生成自然语言，还可以自动化和优化各种业务流程，提供个性化的服务，甚至开发出全新的产品和服务。本节我们将探讨基于 LLM 的 AI Agent 为企业服务领域带来的新契机。

14.3.1 ERP、CRM 等企业软件厂商的困扰

在当今数字化时代，企业资源规划（ERP）和客户关系管理（CRM）等企业软件在帮助企业提高效率、优化业务流程和提升客户满意度方面发挥着重要作用。随着市场竞争的加剧和技术的快速发展，ERP、CRM 等企业软件厂商在发展过程中也遇到了一系列的问题。这些问题不仅对它们的业务运营产生了影响，也对它们的长期发展提出了挑战，见表 14-1。

表 14-1 ERP、CRM 等企业软件厂商面临的问题与挑战

序号	问题与挑战	具体情况
1	云转型压力	随着云计算的兴起，越来越多的企业倾向于采用 SaaS 模式的云服务，传统软件厂商需要调整技术架构、转变交付模式和商业模式，面临着向“云”转型的巨大压力
2	移动化要求	移动互联网的普及要求传统软件厂商加快产品移动化，为用户提供良好的跨屏体验，但多端适配、安全管控增加了产品开发和迭代的难度
3	用户体验不足	传统企业软件的用户体验普遍欠佳，与消费级应用差距大，年轻一代的员工对软件的易用性、交互性、美观度提出更高要求
4	产品创新不足	部分厂商的产品更新迭代缓慢，架构老旧，功能同质化，面对新技术缺乏原生性创新，难以满足企业数字化转型需求
5	缺乏数据智能	企业软件积累了海量数据，但数据利用水平有限，需要利用大数据、人工智能等新技术赋能产品智能化
6	行业理解深度欠缺	通用型软件难以满足垂直行业需求，软件厂商对特定行业理解不足，影响行业解决方案的适配性
7	服务转型不彻底	软件厂商需从卖产品、卖项目向卖服务、卖价值转变，加快构建基于产品的服务运营体系，提高客户满意度
8	业务贴合度不够	传统企业软件追求标准化，难以满足个性化需求。部分行业有独特业务属性和管理特点，通用软件与其业务场景契合度不足
9	系统集成困难	企业内部存在异构系统，实现各业务系统间的无缝集成和数据打通是难题，需提高产品的开放性，构建统一的数字化业务平台
10	数据智能化水平有待提升	企业软件积累和产生了海量数据，但缺乏对数据的深度挖掘和智能分析，需要厂商提供新一代 BI 工具并加大在数据智能领域的投入
11	市场竞争加剧	新技术和数字化转型导致颠覆性创新产品与解决方案涌现，传统厂商面临来自互联网巨头和创业公司空前的市场竞争

为了突破发展瓶颈，传统企业软件厂商还应加强与产业链上下游的合作，通过并购、投资等方式补齐短板、构建生态，并持续创新商业模式。只有顺应技术

变革趋势，紧紧抓住产业数字化的新机遇，加速自身的战略转型，传统企业软件厂商才能在新一轮的市场竞争中占据有利地位。

14.3.2　LLM 赋能企业服务领域

在人工智能的浪潮中，LLM 已经成为一种重要的技术，它通过理解和生成自然语言，为各种应用提供了强大的能力。LLM 正在以强大的自然语言处理能力和深度学习能力，引领着一场企业服务领域的变革。对于企业管理软件厂商而言，LLM 不仅是一项前沿技术，更是推动产品升级、服务创新和市场竞争力的关键所在。它在企业管理软件领域的应用广泛且深入，显著优化了产品功能，提升了用户体验，并为商业模式创新提供了强大动力，表 14-2 展示了 LLM 在企业服务领域的具体应用。

表 14-2　LLM 在企业服务领域的具体应用

序号	业务类型	具体应用
1	智能化业务应用	利用 LLM 为 ERP、CRM 等企业管理软件嵌入智能化特性，如智能数据录入、智能报表解读等
2	个性化需求匹配	使用 LLM 从用户反馈中提取关键信息，实现精准客户画像，为目标客户定制专属解决方案
3	知识库自动构建	利用 LLM 从产品手册等资料中自动提取关键知识，生成产品知识库和帮助文档
4	智能数据分析	通过 LLM 增强数据分析能力，洞察产品使用痛点，优化功能设计
5	业务流程自动化	结合 LLM 与 RPA 等工具，通过自然语言指令驱动业务流程自动化执行，减少重复性人工操作
6	低代码平台赋能	将 LLM 应用于低代码开发平台，让用户用自然语言描述应用逻辑，平台自动生成代码
7	营销与服务优化	利用 LLM 进行营销内容自动生成、用户问题自动应答等，提高营销服务的效率和水平
8	生态伙伴赋能	通过 LLM 实现与咨询服务、行业解决方案等生态伙伴的知识协同与赋能
9	产品创新引擎	LLM 作为创意助手，自动组织产品创意，规划产品路线图，加速产品迭代
10	软件智能化升级	将 LLM 与软件深度融合，实现全方位的产品智能化升级
11	智能客服	构建基于 LLM 的智能客服系统，提供全天候服务，响应客户咨询

（续）

序号	业务类型	具体应用
12	销售辅助	LLM 作为销售助手，生成个性化营销内容，提供产品信息查询等辅助决策支持
13	智能质检	利用 LLM 自动进行客服质检，评估服务水平，提供优化指导
14	知识库构建	从业务数据中提取结构化知识，构建企业知识库体系
15	数据分析洞察	对非结构化文本数据进行挖掘，为业务决策提供数据支撑
16	员工培训	利用 LLM 自动生成培训内容，构建个性化智能培训体系
17	智能风控	分析风险事件等文本，构建风险知识图谱，实现风险预警和智能识别
18	企业搜索	构建企业级语义搜索引擎，提升搜索的准确性和相关性
19	智能报表	对数据进行自动分析，生成可读性高的自然语言报表，辅助管理者决策

LLM 正在成为提升企业服务智能化水平的关键技术，为企业管理软件及整个企业服务领域带来了技术革新与模式创新的新机遇，但真正落地应用还需要与行业知识、业务场景深度融合。软件厂商需要深刻理解行业知识，将通用 LLM 与行业数据进行微调，训练出契合业务场景的行业 LLM，并与传统软件功能深度融合，形成行业化的智能应用方案。

企业应立足自身数据积累和业务特点，构建行业特色模型，将 LLM 与其他 AI 技术、业务系统充分集成，形成贴合业务的实际应用解决方案。此外，LLM 的应用还需要与知识图谱、语音识别等其他 AI 技术协同，构建多模态的人机交互。

未来，LLM 有望成为企业软件实现智能化、平台化、生态化的关键支撑技术，在更广泛的企业服务场景中落地，驱动智能化水平全面跃升，重塑企业服务的业务流程、决策机制、管理模式，为企业数字化转型注入新动力，引领企业管理软件进入 AI 驱动的新时代。

14.3.3 AI Agent 加持下的企业软件

在企业服务领域，尤其是在企业管理软件行业，基于 LLM 的 AI Agent 正在引发一场革命，它们不仅可以提升现有产品和服务的智能化水平，还可以开发出全新的产品和服务，帮助企业应对市场变化，提升产品和服务的价值，实现持续的发展和创新。AI Agent 应用于企业的多种业务角色见表 14-3。

表 14-3　AI Agent 应用于企业的多种业务角色

序号	业务角色	具体应用
1	智能业务助手	引导用户进行 ERP、CRM 等业务操作，提供精准操作指导，简化软件使用流程，确保业务流转高效
2	数据洞察专家	实时分析业务数据，生成智能分析报告，提供专业分析意见，辅助管理决策
3	流程自动化执行官	通过自然语言指令驱动业务流程自动化，提升流程运转效率
4	产品体验官	收集用户反馈，优化软件功能，提升产品可用性
5	全天候客服	提供 7 × 24 小时智能客服，解答用户问题，满足自助服务需求
6	知识管理专家	促进软件相关知识的沉淀、共享和创新，形成企业知识库，供其他项目参考
7	营销推广助手	根据产品特点自动撰写营销软文，分析市场竞品动态，提升营销转化率
8	员工培训师	整合岗位内容，自动生成培训课程，促进员工成长
9	生态协同枢纽	连接行业生态，提供智能化服务，促进生态共创
10	创新策略顾问	分析技术发展趋势、市场动态，参与产品规划、商业模式设计等环节，提出创新点子

基于 LLM 的 AI Agent 在企业管理软件中具有广泛的应用，能够显著增强软件厂商的产品力、服务力和创新力。AI Agent 在企业管理软件的全方位赋能中发挥着重要作用，推动软件厂商实现产品升级、服务优化和模式创新。

AI Agent 正逐渐成为企业管理软件智能化的新引擎。它通过自然、高效的人机交互，将软件从简单的工具转变为贴心的助手，简化用户操作，提升软件智能洞察的能力，使业务流程更加高效。对软件厂商而言，AI Agent 不仅能升级产品、优化服务，更能创新商业模式，挖掘软件的新价值。越来越多的企业级软件将 AI Agent 作为标准配置，标志着人机交互的新时代已经来临。当然，要使 Agent 真正落地，需要厂商具备深厚的行业积累，不断将行业知识和数据注入 Agent 进行训练，以打造出符合行业特性的专属 Agent。

基于 Agent 的软件智能化，势必会与业务场景紧密结合。厂商需全面审视产品功能，精准找到 Agent 的切入点，实现 Agent 与传统功能的和谐共生而非简单附加，还需配合数据治理、流程优化等措施，完善人机协同机制，提升用户接受度。

14.4 业务流程的革命性突破

传统业务流程的烦琐和低效常常拖累了企业的发展步伐，人工智能技术正在催生一场业务流程的变革。这场变革不仅颠覆了旧有的工作模式，更是对未来工作方式的全新构想，使得广大组织能够摆脱过往的束缚，以更灵活、高效的姿态迎接市场的新挑战。

LLM 和 AI Agent 等技术通过理解和生成自然语言，为各类应用注入了强大的智能动力。特别是在企业服务领域，这些技术正引领着一场前所未有的变革。它们不仅提升了现有产品和服务的智能化程度，更催生了诸多创新产品和服务，从而助力企业灵活应对市场变化，实现产品和服务的价值提升，推动企业持续创新与发展。

14.4.1 生成式 AI 变革传统业务架构

基于 LLM 的生成式 AI，凭借自然语言的理解与生成能力，已成为技术与商业变革的引领者。它通过强大的数据分析和模式识别，正深刻改变企业与组织的业务架构，不仅提升了业务流程的自动化水平，更为企业带来了决策、创新和服务等方面的智能优势。此外，生成式 AI 还能助力企业提升产品与服务的智能化程度，开发新产品与服务，以应对市场变化，实现持续创新与发展。

1. 生成式 AI 赋能企业经营

以 ChatGPT 为代表的生成式 AI 工具，之所以能够为组织带来极大的商业价值，不仅在于它生成内容既快又好，更在于它和更多企业管理系统的集成与联动，通过文字、图片、视频、代码等内容的自动化生成，深度参与组织运营的业务流程，革新了业务流程架构，精简并优化了原本复杂的业务流程，使得组织的业务运行效率大幅提升。

比如，美联社采用了语言生成工具，将收集到的相关公司的损益表、资产负债表和现金流量表等数据转换为连贯的报告，通过精简流程，季度财务报告的制作速度提升了 15 倍以上。再如某药企将生成式 AI 应用于药物研发，通过识别潜在的候选药物并在计算机中测试其有效性，进而加速药物发现和开发等各项业务流程，提前进入临床试验期。

生成式 AI 被 Gartner 列为 2022 年顶级战略技术。顶级和战略两个关键词，已经彰显了生成式 AI 在未来组织经营中的重要性。现阶段的生成式 AI 通常被用来生成产品原型或初稿，应用场景涵盖图文创作、代码生成、游戏、广告、艺术平面设计等。在企业具体经营中，生成式 AI 的用途已经很广：

- 在营销和销售业务上，可用于制作个性化营销、社交媒体和技术销售的内容，以及创建特定业务（如零售）助手；
- 在日常办公及活动设计中，可以生成任务列表以高效执行给定任务；
- 在 IT 开发和项目管理场景中，可以编写、记录和审查代码；
- 在法务上，可以用于回答复杂问题，提取大量法律文件，起草和审查年度报告；
- 在药物研发上，可以通过更好地了解疾病和发现化学结构来加速药物发现。

以上只是生成式 AI 应用的一部分，现在已有很多企业正在将生成式 AI 应用于一些业务场景。比如在教育领域，教育机构会针对一些学生的需求和兴趣等信息，基于 AI 算法来分析学生过去的表现、技能等数据，用生成式 AI 工具为他们设计个性化课程，以确保更有效的教育。生成式 AI 在各领域企业中的应用价值见表 14-4。

表 14-4　生成式 AI 在各领域企业中的应用价值

行业 / 领域	企业业务部门	用途	价值
金融	售后服务、客服营销、安全管控	客户服务、智能客服、基于财务数据的风险分析和预测	处理大量简单问题，减轻客服工作压力。可以帮助银行客户服务部门更快速、更准确地响应客户提问，提高客户满意度和忠诚度，提升客户服务效率和降低运营成本，帮助企业更好地评估借款人的信用风险
零售	售后服务、营销部门	客户服务	帮助客户解决问题，并及时回答客户的疑问，提高客户满意度。分析客户反馈，帮助企业优化产品和服务。基于用户历史购买记录、浏览记录等，自动生成个性化的商品推荐，提高客户转化率和购买频率，增强用户黏性和忠诚度
制造	品质管理	生产过程控制	根据监测到的数据，进行实时监控和分析，及时发现异常情况并提供相应的解决方案
物流	物流管理、客户服务	路线规划、智能客服	根据交通状况、货物信息等因素，为物流公司规划最优路线，降低运输成本。根据客户的提问，自动生成问题解答，并在必要时将客户引导至人工客服，提升客户满意度和忠诚度，提高客户服务效率和降低运营成本
电子商务	营销	推荐引擎	根据用户的历史行为和购买记录，为用户推荐相关产品，提高销售额

（续）

行业 / 领域	企业业务部门	用途	价值
咨询	咨询服务	咨询辅助	快速检索相关知识库，提供答案和建议，降低咨询师的工作量
教育	在线教育	个性化学习	根据学生的学习情况和兴趣，为学生推荐个性化的课程和学习资源
医疗	医疗辅助、电子病历管理	诊断和治疗	根据患者的病情和病历，提供初步的诊断和治疗方案，并将患者转交给医生进行深入治疗。根据医生的简要记录，生成完整的病历文本，减轻医生工作负担，提高记录准确性和完整性，为后续诊断和治疗提供重要支持
物联网	设备管理	设备故障诊断	根据设备传感器数据，检测并诊断设备故障，提供相应的解决方案
电信	客户服务	智能客服	可以根据客户的提问，自动生成问题解答，并在必要时将客户引导至人工客服，提升客户满意度和忠诚度，提高客户服务效率和降低运营成本
能源	设备维护	故障预警和诊断	可以基于设备历史数据和运行状态，预测可能的故障和维护周期，并在必要时进行智能的故障诊断和预警，提高设备可靠性和安全性，降低维护成本，缩短停机时间
人力资源	招聘	简历筛选	根据招聘要求和简历信息，筛选符合要求的候选人，并提供初步的面试指导

那么，生成式 AI 如何具体降低企业的运营成本呢？首先，它通过自动化和智能化处理减少了人力投入，从而降低了人力成本并提高了工作效率。其次，生成式 AI 可以集成到业务流程管理（BPM）和流程智能中，通过模拟流程路径优化，帮助企业确定最有效的运营路线，进一步降低运营成本。此外，生成式 AI 还可以实现对资源的精细化管理，优化供应链和销售链，例如在物流领域通过对运输数据的分析，优化运输成本。

生成式 AI 还能通过提供更多的数据点，成为降低成本和减少能源使用的有效手段。麦肯锡的报告指出，生成式 AI 将降低 9%～11% 的客户运营成本。这些方法共同作用，使得企业能够在多个层面上降低运营成本。

Gartner 预计到 2025 年，生成式 AI 将占所有生成数据的 10%，目前这一比例还不到 1%。在具体行业应用方面，Gartner 预计，到 2025 年生成式 AI 将用于 50% 的药物发现和开发项目，到 2027 年将有高达 30% 的制造商使用生成式 AI

来改进其产品开发流程。红杉资本预测，生成式 AI 有可能创造数百万亿美元的经济价值。未来，生成式 AI 将成为一项大众化的基础技术，极大地提高数字化内容的丰富度、创造性与生产效率，其应用边界也将随着技术的进步与成本的降低扩展到更多领域。

2. 生成式 AI 重塑企业业务架构

生成式 AI 特别是 LLM，有望从根本上改变企业与组织的传统业务架构，推动组织形态从金字塔式的科层制向扁平化和网络化转变。生成式 AI 将成为组织的“神经系统”，连接内外部资源，驱动组织运行高效协同、持续进化。生成式 AI 重塑企业业务架构的涉及层面与具体作用见表 14-5。

表 14-5　生成式 AI 重塑企业业务架构的涉及层面与具体作用

涉及层面	具体作用
业务流程再造	生成式 AI 将深度参与企业业务流程的重新设计，打破传统的线性、标准化流程，增加更多的智能、弹性和敏捷性。例如，实现供应链的实时优化调度、个性化生产制造等，并大幅提升流程效率
组织扁平化	生成式 AI 可作为组织的中枢神经，通过自然语言连通各个层级，打破部门壁垒，实现组织扁平化。任何基层员工都能随时获得高层的战略意图，而管理层也能实时掌握一线的运营动态，促进自下而上的创新
跨界协同	生成式 AI 将突破企业边界，与外部合作伙伴、客户等构建跨界协同网络。促进不同企业之间的信息共享、资源互换，并成为连接企业与最终用户的桥梁，感知需求变化，指导企业快速响应
数据驱动决策	生成式 AI 帮助企业打通内外部数据孤岛，形成全域数据视图。通过与 AI 对话，管理者可以轻松挖掘数据价值，获得实时的预测、预警和决策建议，并实现数据驱动决策
知识管理再造	生成式 AI 成为企业“知识库”的新形态，统一存储、关联、检索结构化和非结构化知识。员工可以随时与 AI 对话，快速获取所需知识，并促进隐性知识的显性化
创新突破	生成式 AI 突破认知边界，提供海量信息和多元视角，激发人的创造力。员工可以与 AI 进行头脑风暴，碰撞出更多创意，并通过 AI 模拟创新方案的效果，加速创意的验证和迭代
人才发展	生成式 AI 根据员工的能力和发展意愿，定制个性化学习计划，推送碎片化学习内容，并提供职业发展的对话式指导。通过 AI，企业可实现内部人才盘点，实现人岗智能匹配
新业务探索	生成式 AI 洞察行业趋势，发现新的业务机会。通过设置“探索型 AI”，让它分析海量数据，提炼有价值的业务场景和解决方案，并加速新业务的孵化。新业务发展将更多依赖人机协同

当然，生成式 AI 重塑企业组织架构仍面临如下挑战：

- 组织变革涉及利益格局调整，需要高层有战略决心，统筹有序推进。
- AI 应用要与组织文化、业务特点相匹配，避免生搬硬套；要建立健全的人机协同治理机制，界定 AI 的权责边界。
- 持续用真实业务数据训练，才能使 AI 模型不断进化以适应组织需求。
- 要关注 AI 应用带来的伦理问题，确保 AI 用于增强人的能力而非取代人，维护员工权益。

智能时代没有一成不变的组织架构。企业要树立“数字化原生”的思维，将生成式 AI 视为组织变革的牵引力量，围绕数据和算力塑造组织形态。在人机协作中，唤醒组织的感知力、学习力、创造力，构建扁平化、弹性化、网络化的新型组织架构，方能在瞬息万变的未来站稳脚跟，实现基业长青的“数字化生命”。

14.4.2 业务流程的极简革命

生成式 AI 作为前沿技术之一，其独特能力正在重新定义企业和组织管理业务流程的方式。生成式 AI 的引入不仅仅是为了自动完成一些重复任务，更关键的是它能够促使业务流程实现极简化，让组织能够更加专注于核心竞争力的发展。除了生成各种内容，在企业的业务流程中，生成式 AI 也可以精简流程、提升效率，并推动组织结构朝着更加扁平和灵活的方向发展。生成式 AI 已经成为企业和组织优化业务流程、提升工作效率的重要工具。它所带来的业务流程极简化变革，正深刻影响着每一个企业的运营模式和未来发展方向。

1. 生成式 AI 对业务流程的影响

生成式 AI 之所以能够帮助人们提升效率，一方面在于它能够有效加强现有生产力，另一方面则在于它改变了很多场景的原有业务流程。例如服装设计，过去要设计服装需要画草图、了解材料、制作小样等多个步骤。现在只需要使用生成式 AI 工具选择所需的样式、材料和目标市场，就可以根据构想创建多种风格、多种元素的服装，中间的业务流程已经完全不需要了。

再以 ChatGPT 编写代码为例，开发人员甚至可以用它从头到尾编写完整的代码，以便在特定场景中创建应用程序。整个过程不需要开发人员输入任何代码，只需不断地与它进行文字交互就够了。ChatGPT 可以明显地简化代码编写、记录和审查。通过使用 ChatGPT，开发人员可以简化他们的工作流程，提高他们的生产力，减少开发成本和时间，并构建原本需要更多时间和精力的应用程序。

不管将 ChatGPT 用于个人业务的撰写内容、创建客户服务聊天机器人、开发对话界面、内容翻译、日程管理，还是在企业应用于数据分析、文案和公关、客户关系、销售、财务、教学、人力资源等业务单元，都能在一定程度上精简及优化业务流程，起到降本增效的积极作用。这是 ChatGPT 等生成式 AI 工具最具价值之处，也是生成式 AI 被很多机构重视的优势所在。生成式 AI 适用的业务流程可以参考表 14-6[⊖]。

表 14-6　生成式 AI 适用的业务流程

功能	生成式 AI 任务			
	通用用户界面	草案和补充内容	总结的内容	优化内容
业务流程分析（BPA） 企业 建模 存储库 协作 出版 …	触发功能 / 任务并检索内容 从生成式人工智能模型中 提出内容 提出最佳实践	模型 对象 文档 报告 查询 图表 / 仪表盘 约定 配置	模型 文档 报告 查询 图表 / 仪表盘	模型 文档 报告 查询 图表 / 仪表盘
流程挖掘 流程 发现 任务挖掘 分析 洞察行动 …	触发功能 / 任务并检索内容 从生成式 AI 模型中提出内容 提出最佳实践	分析配置 洞察行动触发因素	分析	分析
风险与合规	触发功能 / 任务和检索内容 从生成式人工智能模型提出内容 提出最佳实践	研发资产	研发评估	—

生成式 AI 对于业务流程的影响主要表现在两个方面。

- **生成式 AI 可以对原有流程进行精简与优化。**原本需要多个步骤的业务流程，借助 AI 可以实现流程自动化，业务流程条线和流程复杂度大幅精简，不再需要更多的人力与资源的参与，进而实现解放人力、降低成本、提高效率的目的。

⊖ 来源：Software AG 官网。

- **基于生成式 AI 的新流程可以替代原有流程。**有些业务流程原来完全由人力承担，企业的做法一般是将这部分业务外包出去，或者用传统集成自动化技术去实现，在效率并未提升的情况下，成本也在逐步上升。有了可以胜任相应业务的生成式 AI，自然就可以用这些技术去替代原来的外包业务流程。

现在，一些海外专家甚至已将生成式 AI 技术，视作西方发达国家应对外包优势明显的亚洲等地区的一项竞争策略。生成式 AI 对业务流程有着积极的影响。它可以帮助企业提升业务流程的效率和优化业务流程，缩短业务流程周期，提高业务流程效率；能够通过分析大量数据，识别常见模式和规则，生成自动化程序，提高组织生产效率和自动化水平，实现业务流程的快速执行；还可以大大减少人工干预，提高业务流程的执行效率；还可以对业务流程进行模拟、优化和预测，从而实现业务流程的持续优化。

当然生成式 AI 技术也会带来一些负面影响。比如技术应用后流程精简与优化所造成的人员失业问题，业务流程中集成新技术所带来的业务与数据的安全风险与隐私问题，以及引入技术成本短期大幅增长的问题等。但总体上，生成式 AI 技术对业务流程的影响利大于弊。新技术的应用对于企业提升效率并保持竞争力至关重要，企业在引入新技术之前必然会经过相关考虑与周密部署，以保证企业的持续运营。

2. 生成式 AI 变革业务流程

生成式 AI 对组织业务流程的影响远不止以上几点。从应用角度而言，企业可以通过以下几种方式使用生成式 AI。

- 生成式 AI 与业务部门一起增强当前的创新工作流程，开发自动化工具以帮助人类更好地执行创造性任务。比如游戏设计师可以利用生成式 AI 来创建地下城，突出他们喜欢和不喜欢的内容；销售人员也可以用生成式 AI 生成营销自动化程序，以更高效地完成客户对接等业务。
- 生成式 AI 充当业务流程的主要部分成为某项业务的主流程。生成式 AI 可以在几乎没有人为参与的情况下生产无数的创意作品，只需要设置上下文即可独立生成结果。
- 将生成式 AI 工具与 BPM、BPA、ERP、RPA、BI 及低\无代码等工具进行集成，形成端到端解决方案，以更全面地优化业务流程。比如将生成式 AI 放到超自动化架构中打造更高效的端到端自动化，以及将 ChatGPT 用于低代码平台通过对话聊天开发程序等。

需要说明的是，在端到端解决方案中，生成式 AI 与其他企业管理系统不是并行关系，而是在整体业务流程中都会有所交互。生成式 AI 生成的高质量内容会被其他系统调用，流程自动化也会参与到生成式 AI 的工作流之中。例如，我们可以将生成式 AI 与 SAP 集成。生成式 AI 能够读取 SAP 中的数据进行数据分析，把数据转化为人类可读的形式，以此提供商业洞察力。同时生成式 AI 可以自动完成 SAP 系统中的重复性工作，比如数据录入、报告生成等，进而实现更好的业务流程自动化。

再看一个 ChatGPT 与 Salesforce 的集成案例。某公司通过将 ChatGPT 嵌入到 Salesforce 中，让它对潜在客户的活动和行为进行实时评分和评级，识别销售线索中最有可能转化为购买客户的模式，以提升客户转化率；还可以让 ChatGPT 接任烦琐和重复的管理任务，使得销售人员专注于更有价值的任务，以此提升销售团队的生产力。图 14-1 展示了 Salesforce 基于 GPT 和特定领域模型的 Service GPT 使用界面。

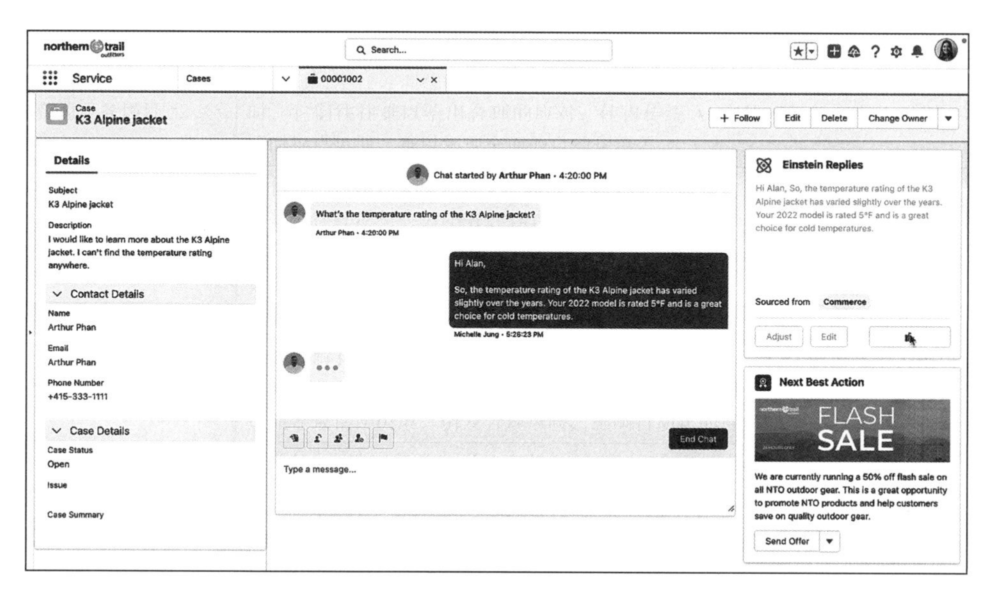

图 14-1 Salesforce 基于 GPT 和特定领域模型的 Service GPT 使用界面

（图片来源：Salesforce 官网）

还有 RPA 与生成式 AI 的集成应用，目前已经集成了聊天机器人、语音机器人、智能文档识别（IDP）以及图像生成等多种生成式 AI 工具。现在与 ChatGPT 的集成，则是在探索 RPA 与基于 LLM 的生成式 AI 的集成应用。这些应用不只是单向助力 RPA 运作，彼此之间还会在数据交换、内容生成、自动化执行等方面进行多元化合作，进而优化流程以及提升效率。并且基于超自动化架构，未来将会有更多生成式 AI 技术集成到架构之中，持续提升基于 RPA 的流程自动化运行效率。

生成式 AI 技术与各种软件系统的集成与融合已经成为一种趋势，并且正在极大地改变与优化企业的运营架构和运作模式，对于整体业务流程效率提升有着极大的推动作用。现在已有很多软件厂商都在探索其产品与生成式 AI 的集成与融合应用。例如，本身就为降低开发难度的低代码与 RPA 平台（Comidor 等低代码平台），早就在教客户如何通过 API 集成 ChatGPT。

国外所推动的公民开发（Citizen Development）正在轰轰烈烈地进行，并且逐渐成为企业在 IT 开发方面的主流模式。ChatGPT 等 LLM 工具和低代码、RPA 等技术的集成与融合，则直接让公民开发进入了一个更加简易的阶段。

低代码开发工具本身就是为了降低开发难度的，以便业务人员能够替代程序员开发出所需的相对简单的应用程序。ChatGPT 能够通过人机对话生成很多应用场景的程序代码。将 ChatGPT 与低代码平台集成，意味着业务人员能够通过低代码开发更加复杂有效的应用程序，这将会极大地提升开发效率，对于组织是极大的利好。

同时在程序开发之外比如创意、设计、营销等诸多领域，也可以用公民开发的形式将一些业务外包出去，借助生成式 AI 让更多人低门槛地贡献创意以提升效率，这对于企业的流程优化以及增效降本有着重要意义。因此，生成式 AI 的集成与融合应用将会极大地改变组织的业务流程。未来，能够更好地应用对话式 AI 技术持续优化业务流程的组织，将会在变化万千的市场中持续保持足够的竞争力。

3. 业务流程极简革命

生成式 AI 正引领着企业和组织业务流程的“极简革命”，旨在使流程更为简洁高效。业务流程极简革命的几种体现详见表 14-7。

表 14-7　业务流程极简革命的几种体现

序号	业务环节	业务体现
1	流程优化与自动化	模拟多种流程路径，确定最有效的操作路线；通过自动化处理分析业务流程中的瓶颈和冗余环节，优化流程
2	流程扁平化	打破部门墙，实现跨层级的直接对话；员工可通过 AI 直接获取管理层的决策信息，管理层实时掌握一线业务情况；自动完成审批，使信息传递更顺畅，决策更高效
3	环节精简	自动完成重复性、规则性的任务，精简流程环节；替代传统流程中的诸多人工环节，实现全自动化，无需人力介入；触发相应流程，使员工从烦琐的事务性工作中解放出来

（续）

序号	业务环节	业务体现
4	数据驱动的实时优化	实时分析流程数据，发现流程中的瓶颈环节和优化机会；自动预警提示管理者优化；根据实时业务场景，动态调整流程，增加流程的弹性和敏捷性
5	情景化和个性化	让流程变得情景化和个性化，满足不同场景和个体的差异化需求；提供个性化的流程服务，满足个人偏好，提供差异化方案
6	人机融合的柔性化	实现人机协同和人机融合，增强人的能力；人机协同的流程更加柔性化，体现“以人为本”；让人从重复性工作中解放，聚焦更高价值的创造性工作
7	流程的“虚拟化”	推动业务流程向虚拟化、在线化演进，打破时空界限；在数字孪生空间中执行流程，如虚拟展会、虚拟培训等；AI 作为数字分身协助完成各项流程任务，提升运营弹性和韧性
8	全生命周期的优化	在全生命周期中应用，尤其是制造业的研发设计与规划、生产过程管控、经营管理优化、产品服务优化等方面；通过诊断设备故障等流程来优化生产流程

生成式 AI 正推动着企业和组织业务流程的全面优化与革新，从优化自动化到扁平化、精简环节再到数据驱动优化等各个层面都展现出其巨大潜力与价值。通过自动化、智能化、快速生成内容、提供决策支持以及创新业务模式等多方面的应用，生成式 AI 正在助力企业实现更高效、更灵活、更具竞争力的运营。因此，它为企业和组织带来的业务流程极简革命，不仅是对现有工作方式的升级，更是对未来商业模式的探索和创新。

当然，生成式 AI“极简”业务流程并非易事，需要企业高层推动流程价值观的根本转变，从“管控导向”转向“赋能导向”，以敏捷的心态拥抱变化。

14.4.3　从 LLM 到大流程模型

语言模型的发展已经突破了以往的想象，大规模的自然语言处理技术彻底拉开了人工智能应用的新序幕，但人工智能的潜力远不止于此。在业务流程领域，一个新的概念开始崭露头角——大流程模型。这一创新性的技术趋势，预示着人工智能将从单纯的语言理解向全面的流程自动化迈进，为企业和组织带来前所未有的运营效率和灵活性。

LLM 利用强大的计算力和复杂的算法理解生成人类语言，而大流程模型则意味着将这一步进一步扩展，用于理解和优化整个业务流程。语言模型实现了与人类的交流，而流程模型的演进则是对整个企业运作的理解和优化，这种进阶彰显了人工智能技术在推动企业流程自动化和智能化方面的巨大潜力。

1. 生成式 AI 对 BPM 的影响

生成式 AI 对各领域都有很大影响，原因在于它改变了很多固有业务的工作流。工作流（Workflow）是业务流程的一种实现方式，一个业务流程往往包含多个工作流范式以及相关的数据、组织和系统。因此，提及工作流必然离不开业务流程。业务流程（Business Process），是为达到特定价值目标而由不同的人共同完成的一系列活动，是企业用来实现目标的可重复步骤集合。

使用业务流程，可以帮助组织提高客户满意度和对快速市场变化做出反应的敏捷性。同时面向流程的组织打破了结构部门的障碍，并能够避免功能孤岛。良好的业务流程，对于企业朝着目标取得进展和改善业务运营至关重要。

随着业务规模的不断壮大，组织的业务流程往往变得过于庞大和复杂。这时就需要自动化工具的帮助和管理，由此诞生了业务流程管理（Business Process Management，BPM）这种流程管理方法论。BPM 是一种结构化方法，用于改进组织完成工作、服务客户和产生业务价值的流程。它使用各种方法来改进业务流程，包括分析业务流程、对业务流程在不同场景中的工作方式进行建模、实施更改、监视新流程等，并不断提高自身推动所需业务成果和结果的能力。BPM 的能力框架如图 14-2 所示。

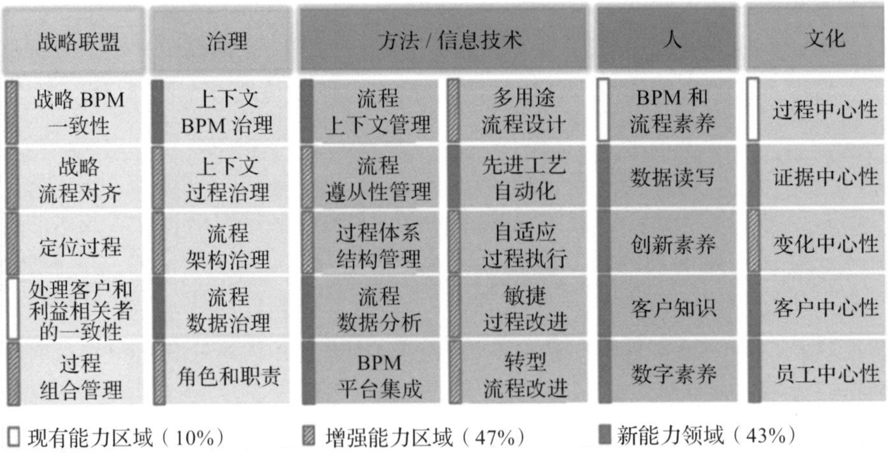

战略联盟	治理	方法 / 信息技术		人	文化
战略 BPM 一致性	上下文 BPM 治理	流程 上下文管理	多用途 流程设计	BPM 和 流程素养	过程中心性
战略 流程对齐	上下文 过程治理	流程 遵从性管理	先进工艺 自动化	数据读写	证据中心性
定位过程	流程 架构治理	过程体系 结构管理	自适应 过程执行	创新素养	变化中心性
处理客户和利益相关者的一致性	流程 数据治理	流程 数据分析	敏捷 过程改进	客户知识	客户中心性
过程 组合管理	角色和职责	BPM 平台集成	转型 流程改进	数字素养	员工中心性

□ 现有能力区域（10%）　▨ 增强能力区域（47%）　■ 新能力领域（43%）

图 14-2　BPM 的能力框架

（图片来源：论文“An Exploration into Future Business Process Management”）

用以支持自动改进业务流程并支持组织大规模业务变更的业务流程管理软件，被称作BPM软件、套件或系统（Business Process Management Software\Suite\System，BPMS），它是不同类型的技术的集合，包括流程挖掘工具、绘制业务流程图的BPMN工具、工作流引擎及模拟和测试工具等。

近年来，随着AI等技术的进一步发展，新型技术被引入和集成到BPM软件中，BPMS也进化成了智能BPMS（IBPMS，此概念由研究公司Gartner创造），并将低\无代码（Low Code No Code，LCNC）及RPA等技术纳入其中，此外还发展出了用于分析业务流程及操作工作流中各个步骤的新一代流程智能（Process Intelligence），以帮助组织识别流程瓶颈并提高运营效率。

随着市场需求的进一步扩大，最近几年AI等技术已在深度影响BPM，这些技术为发现、设计、测量、改进和自动化工作流提供了新的方法。而在LLM爆发后，BPM又在积极引入生成式AI技术以及基于LLM进行各种探索与演化。生成式AI是人工智能的延伸，专注于创建新的数据模型、自动化工作流程，甚至预测算法。这项技术以神经网络和机器学习算法为基础，颠覆了传统的BPM和流程智能技术。

传统BPM和流程智能方法是手动、线性和孤立的，生成式AI则提供了自动化、高度自适应和集成系统的可能性，这些系统可以随着时间的推移而学习和发展。在BPM中，生成式AI可以在几秒钟内自动模拟数千个流程路径，以确定最高效和最有效的路径。这与精益生产或六西格玛管理等传统方法形成鲜明对比，后者可能需要数周或数月才能产生优化结果。

麦肯锡的一项研究表示，将生成式AI集成到BPM实践的公司，降低运营成本高达20%。生成式AI不只是添加到现有BPM和流程智能库中的工具，更改变了人们理解、分析和实施业务流程的方式，代表了一次重大的范式转变。将生成式AI集成到BPM和流程智能中，不仅仅是增量和变革，它还代表了组织在如何管理、优化和创新运营等方面的巨大转变。

这些转变主要表现在流程优化、工作流程自动化、资源分配、增强的数据分析、决策支持、实时智能等多个方面，均有不同的效率提升、时间减少和成本降低。

2. 从LLM到大流程模型

虽然通用LLM已经增强了文案写作、图文设计等日常知识工作，但软件工程、金融和人力资源等领域的专用模型的训练、融合及应用仍然需要大量的投入。

由于 LLM 是基于统计的工具，它重用了大量通常策划不佳的人工生成文本的语料库，因此很多行为是不可预测的，输出的结果经常不符合逻辑，以致无法使用。这种情况限制了 LLM 在很多商业环境中的适用性。特别是在 BPM 和流程智能中，决策对业务运营有着重要的影响，深度学习并无法担任可靠的、可信的和可操作的智能助手。而 LLM 能否应用于业务流程管理空间，一直以来都是智者见智。

在这个背景下，为了促进 BPM 的进一步智能化，需要将 LLM（或更广泛的基于基础模型的方法）与符号数据管理（如知识图）和自动推理方法集成。为了推进生成式 AI 时代人们对 BPM 软件技术基础的整体认知，在论文“Large Process Models Business Process Management in the Age of Generative AI”[㊀]中，来自 SAP 的 Timotheus Kampik 以及来自曼海姆大学、墨尔本大学及慕尼黑工业大学等教育机构的研究人员，提出了大型流程模型（Large Process Model，LPM）作为生成式 AI 时代软件支持的 BPM 的中心概念框架。

LPM 被设想为一个神经符号软件系统（neuro-symbolic），它集成了专家积累的流程管理知识、组织运行流程的精确数据、生成式 AI、统计和符号推理方法，从而融合了流程数据和知识。给定流程数据在一个事件日志或关系格式，LPM 可以自动识别特定流程的领域以及组织的上下文，然后生成见解和行动建议，再使用一组工具对流程进行设计、分析、执行和预测。LPM 的概念架构如图 14-3 所示。

经过微调和增强通用 LLM 实现的 LPM，通过与经典算法工具和结构化数据的安全、健全的集成，可以提供在以往设置中不会被发现的业务流程新见解，大大提高了流程的可观察性。

基于 LPM，用户可以访问非结构化和半结构化的组织知识，能够利用来自数千名专家的数十年流程经验和非常宝贵的专业知识以及数千个组织的多年绩效数据，还能通过特定于上下文的、自动定制的流程和其他业务模型，分析深入探讨和改进建议，进一步微调和增强，从而大大减少生成业务流程见解所需的时间和精力。

3. LPM 对业务流程管理软件的影响

从各项应用表现来看，LPM 将会成为智能流程管理的主要推动者，同时 LPM 也将增强软件或提供新的业务流程管理功能。关于 LPM 对 BPM 软件的影响，已经在应用 LPM 的 SAP 总结了以下几点。

㊀ 访问地址为 https://arxiv.org/abs/2309.00900。

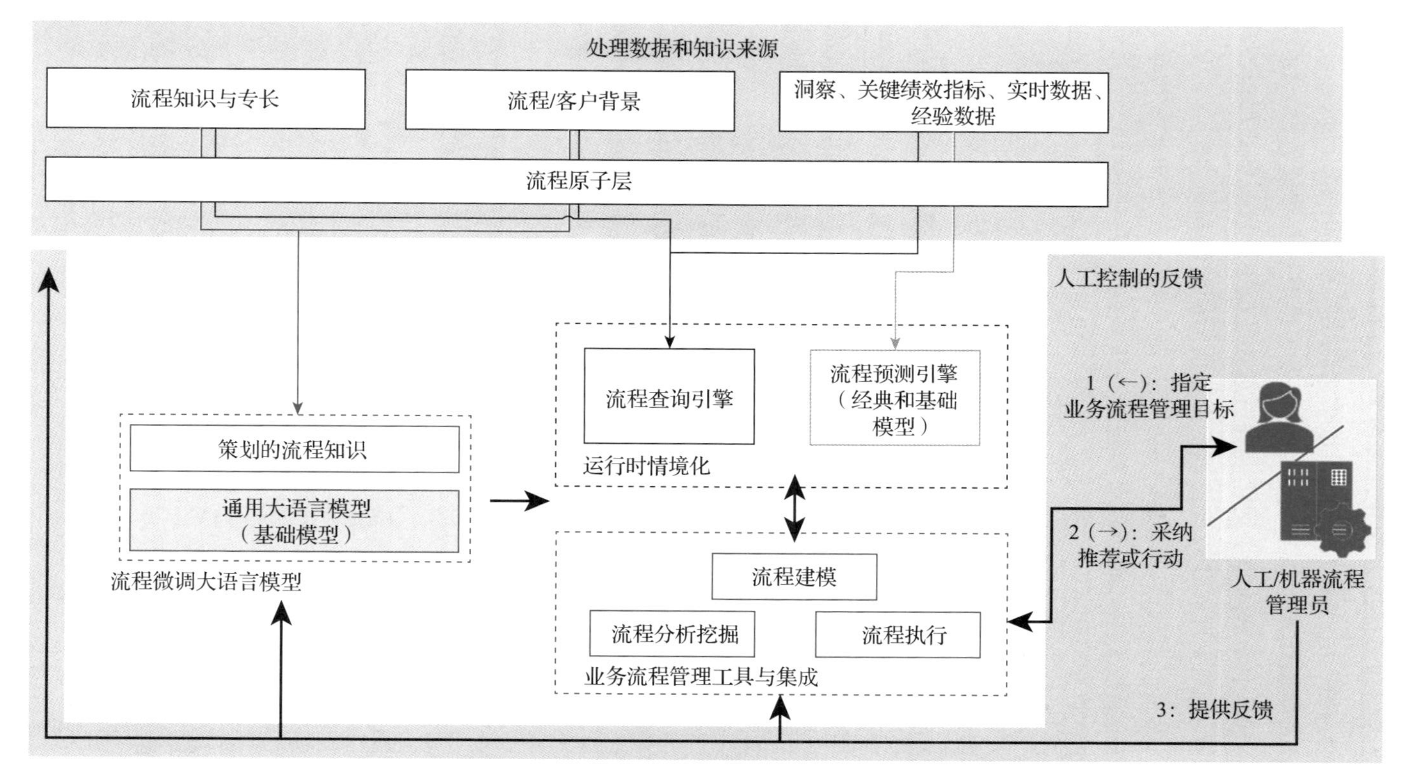

图 14-3　LPM 的概念架构

- 利用情境化知识促进自动化流程分析：LPM 能够利用大量的组织知识增强流程分析能力，例如生成流程自动化建议以及结构流程改进建议。
- 通过将非结构化流程信息转化为洞察力来扩展流程智能领域：LPM 可以直接从组织中丰富的非结构化流程信息和数据中生成业务流程模型和流程分析，大大减少理解和改进流程与操作所需的时间和精力。
- 在人为控制下实现持续改进的自动化：基于 LPM 的方法数量激增，这些方法自动生成人工可解释和可验证的分析查询，将它们编译为自动定制的深入过程调查。基于此，流程变更操作可以自动推断并以人机交互的方式触发，以在更短的时间内改进流程操作。

4. 面向企业的通用人工智能

围绕 LPM 的算法工具箱不断扩展，以便 LPM 可以根据过去的表现自动调整推理，并进一步丰富数据和知识语料库，实现由企业通用智能实现的完全自动化组织的愿景。随着 LLM 的不断发展与完善，BPM 领域已经出现很多有意思的应用程序。借助生成式 AI，用户无需任何特殊专业技能即可快速、轻松地生成内容，使用自然语言执行任务可能比学习和引导系统要容易得多。

虽然生成式 AI 与 BPM 的融合刚刚开始，但就现在的新型技术架构、产品及应用情况而言，生成式 AI 已经成为业务流程管理和流程智能领域的革命性力量，尤其是其优化、自动化和数据驱动型洞察能力，带来了前所未有的价值和效率提升。从 LLM 到大流程模型，人工智能正逐步渗透到企业和组织的各个层面，重塑着我们的工作方式和业务流程。

大流程模型的出现，不仅是对现有技术的升级，更是对未来工作模式的深刻预见。它将语言理解、任务自动化和流程优化相结合，为企业提供了全新的运营视角和决策工具。随着生成式 AI 的不断发展，它对 BPM 和流程智能的影响将会在规模和范围上不断扩大。大流程模型将成为推动企业数字化转型和智能化升级的关键力量。

14.4.4 当业务流程可以像文本一样生成

AI Agent 已经展现出了强大的能力，尤其是在生成文本方面。而随着技术的进步，AI Agent 已将这种能力扩展到生成自动化业务流程，即可以像生成文本一样生成自动化业务流程。现在，AI Agent 不仅能够以前所未有的精确度创建和优化文本内容，也开始渗透到企业的基础架构中，通过自动生成和调整业务流程，极大地加快了企业的数字化转型步伐。这种转变不仅可能改变我们对 AI 的理解，也可能对企业和组织的运营方式产生深远影响。

1. 使用 AI Agent 生成自动化业务流程

在业务流程的生成和执行中，AI Agent 展现出了惊人的潜力。基于 LLM 的 AI Agent 通过集成功能强大的 RPA 等工具，不但实现了通过自然语言解析根据任务目标进行规划与分解任务，还实现了替代人力资源的“拖拉拽”构建各种自动化业务流程，并能够生成必要的组件程序，让业务流程的自动化构建就像生成文本一样简单。想要像生成文本一样使用 AI Agent 生成自动化业务流程，可以通过以下几个步骤实现。

（1）利用 LLM AI Agent 进行自动化执行。通过引入如 GPT 这样的 LLM 技术，AI Agent 能够自动执行业务流程任务。这种方法不仅可以自动生成完整的业务流程文档，还能进行业务流程的优化实施，从而提高工作效率并节省时间成本。GPT-3 模型就被用于 AI Agent 与业务流程自动化中，通过生成策略和优化策略，以及自定义语料库，提高了业务流程执行的效率和准确性。

（2）集成生成式 AI 与自动化流程。结合 ChatGPT 等生成式 AI 工具，可以将生成的指令或图片、视频等内容发送给 RPA，再由 RPA 触发更多应用程序执行后续动作，完成流程自动化操作。这种方式不仅能够提升生成内容的质量，还能在业务流程中实现更高的自动化水平。

（3）构建基于自然语言交互的 AI Agent。在 Coze、SkyAgents、实在 Agent 等机器人 / 智能体构建平台，可以通过自然语言输入和可视化拖拽来快速构建服务于具体业务场景的 AI Agent。这些 AI Agent 深度集成了 LLM，能够感知用户意图并采取行动，做出更智能的决策，从而提高任务执行的准确性和效率。

（4）利用 AI Agent 的规划能力。AI Agent 通过目标理解与工作流自动化技术，精准地识别和解析复杂的业务目标，自动生成定制化的工作流程，甚至预测并建议潜在的优化方案。这种能力使得 AI Agent 不仅能够理解业务需求，还能够根据这些需求自动生成或优化业务流程。

通过 LLM 技术、生成式 AI 与 RPA 的集成，以及构建基于自然语言交互的 AI Agent，可以有效地将业务流程的生成过程简化为类似文本生成的过程，从而实现业务流程的高效自动化执行。

2. AI Agent 如何利用目标理解和工作流自动化技术优化业务流程

AI Agent 正在成为业务流程优化的重要力量。通过目标理解和工作流自动化技术，AI Agent 能够显著提升流程效率和服务质量。

首先，AI Agent 的独立性使它能够根据具体的业务场景和需求，自主地进行决策和执行动作，而不是仅仅作为人类的辅助工具。这种独立性使得 AI Agent 能够更好地理解业务目标和流程，从而实现更加精准和高效的自动化操作。其次，AI Agent 在工作流自动化方面的应用，可以显著提高工作效率。例如，通过自动生成代码、优化对话策略，以及与其他系统和平台集成等，AI Agent 不仅能够提高服务质量和效率，还能实现数据共享和协同工作，进一步提高业务流程和决策的效率。此外，AI Agent 还能够深入某个垂直领域，理解该领域的工作流程和专业知识，快速积累用户数据，为业务流程提供更加专业和定制化的解决方案。

AI Agent 通过独立的目标理解能力和工作流自动化技术，能够在提高工作效率、优化服务质量和实现数据协同工作等方面，为业务流程带来显著的优化效果。随着 AI 技术的不断发展，AI Agent 有望成为驱动业务流程变革的核心引擎。企业应积极拥抱 AI Agent，深入探索它在不同场景中的应用潜力，用智能重塑业务流程，提升运营效率和创新力，在数字时代保持领先优势。

当然在技术层面，AI Agent 还面临着一些挑战。例如，如何确保决策和执行的独立性、如何处理复杂的业务场景等。为了克服这些挑战，AI Agent 需要不断地进行技术创新和优化，以适应不同行业和业务场景的需求。

3. 生成式 AI 与 RPA 集成的最佳实践

ChatGPT 等生成式 AI 与 RPA 的结合正在成为企业实现智能自动化的重要途径。随着人工智能技术的快速发展，ChatGPT 等生成式 AI 与 RPA 的深度融合，有望重塑业务流程，带来显著的效率提升和成本节约。生成式 AI 与 RPA 集成的最佳实践，可以从以下几个方面来理解。

- **需求理解与解构。**生成式 AI 能够理解用户的需求，并对需求进行解构，最终返回用户想要的结果。这意味着用户不需要了解具体的系统操作或 RPA 系统操作，而是通过告诉 ChatGPT 要做什么，由 ChatGPT 与 RPA 来配合完成任务。
- **生成式 AI 与 RPA 的结合。**两者结合之下，生成式 AI 可以进行自然语言处理、对话和问答操作，RPA 则负责实现业务流程的自动化。随着 ChatGPT 等生成式 AI 的流行，许多 RPA 厂商和自动化厂商开始将 ChatGPT 或者自研 LLM 与 RPA 相集成。这种集成不仅可以提高自动化流程的效率，还能增强 AIGC 的价值。
- **API 接入与产品融合。**引入生成式 AI 相对容易，厂商只需拿到 API 并接入自身产品即可，尤其像 OpenAI Assistants API 之类的 API，可以让传统软件产品直接晋级为 Agent 产品。集成生成式 AI 技术会成为 RPA 及超自动化产品的标配，相应的解决方案也会在更多行业得到应用。

- **智能化流程的未来**。生成式 AI 与 RPA 的融合预示着智能化流程的未来。随着自然语言处理技术和机器学习技术的发展，生成式 AI 可以实现更加智能化的问答和交互，应用范围也将扩大到医疗、教育、金融等领域。随着自动化技术和智能化技术的结合，RPA 的应用价值将进一步提升。

生成式 AI 与 RPA 集成的最佳实践是通过一系列的技术和策略结合，实现更高效、智能化和广泛应用的自动化流程。需求理解与解构、生成式 AI 与 RPA 的结合、API 接入与产品融合，以及自然语言处理和 RPA 的结合等，最终构成了基于 LLM 和 RPA 的 AI Agent 解决方案——RPA\ 超自动化 Agent。

这类 Agent 在自动化生成和优化业务流程方面，不仅为企业带来了效率上的飞跃，也开启了创新管理和战略策划的新纪元。随着 AI 的不断发展，像生成文本一样自动生成业务流程的 AI Agent，将能更精准地应对复杂和不断变化的市场需求。企业应当积极拥抱这一技术趋势，探索 ChatGPT 与 RPA 在业务场景中的最佳结合方式，用 AI 重塑流程，激发数字化转型的无限潜能。AI Agent 未来的发展将改变业务流程的构建方式，还将重塑企业的工作方式，加速企业朝着更高效、更智能的运营模式进步。

14.4.5 AI Agent 与复杂业务流程

在当今快速演变的商业世界中，企业面对的挑战愈发复杂，业务流程也随之变得越来越多样化和细致。为了保持竞争力，企业必须寻找提高效率和优化决策的新途径。在这个寻求解决方案的过程中，AI Agent 技术为处理复杂业务流程提供了一种创新的视角和工具。AI Agent 不仅具备处理大量数据和复杂计算的能力，更能通过学习和优化，不断提升自身在业务流程中的表现。它们能够深入企业运营的各个环节，从数据分析到决策支持，从客户服务到供应链管理，展现出前所未有的灵活性和适应性。

当前 AI Agent 还处于初期阶段，以 GPTs 而言，一些人并不认为 GPTs 算是真正的 Agent，因为现在的大多数 GPTs 仅是实现特定功能的聊天机器人。而当前大部分 Agent 平台构建的产品都是类 GPTs 产品。从现在已经推出的各种 GPTs 来看，诸如使用 Zapier 插件的 GPTs 已经能够处理稍微复杂一些的业务流程，但大部分 GPTs 仅是聊天机器人，还无法实现复杂任务的执行。

也就是说，还无法用 GPTs 直接操作 SAP 或者金蝶等 ERP 系统，因为其中涉及了 API 的应用、授权、维护以及无 API 管理软件的连接问题，并且在程序联动与操作方面还有很大差距，无法操作复杂业务流程。

1. AI Agent 如何操作复杂流程

想要让 AI Agent 操作复杂业务流程，对规划能力、目标分解与任务编排、工作流自动化、多 Agent 协同、自适应优化、异常处理与人机协作、工具调用等方面都有较高要求。

- 规划能力：AI Agent 通过目标理解与工作流自动化技术，精准地识别和解析复杂的业务目标，自动生成定制化的工作流程。这种规划能力使得 AI Agent 能够在复杂环境中自主进行操作，提高工作效率，降低成本。
- 目标分解与任务编排：面对复杂业务流程，AI Agent 首先需要对总体目标进行分解，将目标拆解为多个可执行的子任务。然后，AI Agent 会根据任务之间的依赖关系和优先级，自动生成最优的任务执行方案和编排策略。通过合理的任务分工，AI Agent 可以并行处理多个子任务，显著提升流程效率。
- 工作流自动化：AI Agent 可以利用 RPA、NLP 等技术，实现复杂业务流程的自动化。例如，AI Agent 能够自动提取和识别非结构化数据，如发票、合同等，并将它们转化为结构化信息输入业务系统；同时，AI Agent 还可以自动完成各种重复性的流程操作，如数据录入、报表生成等，大大减轻人工工作量。
- 多 Agent 协同：涉及多个部门或环节的复杂流程往往需要多个 AI Agent 协同工作。不同的 AI Agent 可以负责流程中的特定环节，通过 API 实现数据共享和交互。多 Agent 协同可以打破部门间的信息壁垒，实现流程的端到端自动化，提高整体运转效率。
- 自适应优化：AI Agent 还具备持续学习和优化的能力。通过收集流程执行数据，AI Agent 可以自动发现流程中的瓶颈和改进机会，例如识别耗时最长的环节、分析退回率高的原因等。基于这些分析结果，AI Agent 能够自主调整流程参数和任务策略，实现流程的自适应优化。
- 异常处理与人机协作：尽管 AI Agent 能够自动处理大部分流程环节，但对于一些复杂异常情况，可能仍需人工介入。这时，AI Agent 会及时将问题上报给人类员工，提供相关信息和处理建议，与人类协作完成流程异常处理。通过人机协作，AI Agent 可以更好地应对复杂多变的业务场景。

- 工具调用：AI Agent 具备在执行业务流程或任务时利用和整合各种外部工具与服务的能力。这些工具和服务可能是为了完成特定功能而开发的，如数据分析、文本处理、图像识别、通信交互等。AI Agent 通过调用这些工具，能够扩展自身的功能范围，更灵活地应对复杂的业务场景。

AI Agent 通常通过 API（应用程序接口）实现与外部工具的对接。通过有效地整合和利用外部工具，AI Agent 能够更高效地处理复杂的业务流程，提供更智能、更灵活的服务。这意味着，所调用的外部工具越强，执行能力也就越强。AI Agent 正在成为驱动企业流程自动化变革的重要力量。面对日益复杂的业务运营挑战，企业应积极引入 AI Agent，并形成紧密的人机协同，共同推进业务流程的智能化升级。

2. RPA Agent 操作复杂业务

目前 AI Agent 产品虽普适性高，但存在效果不稳定和外部生态融合度低的问题。对于复杂任务，其解决能力有限，且多步推理能力不足。同时，由于第三方 API 支持有限，覆盖范围不广，影响了跨应用生态的完整性。在 2C 场景中，这些问题可能导致用户体验下降，而在 2B 场景中，尽管 AI Agent 凭借自动化生成应用及业务流程的能力提升了效率，但 API 的不足仍限制了其执行能力。

对于大型企业而言，现有的 API 无法满足个性化、安全性等需求，且开发成本高，导致 AI Agent 在跨部门、跨领域应用时受阻。因此，要打造一款适用于复杂业务流程的企业级 Agent，除了 API 调用，还需借助 UI 自动化实现软件连接。鉴于当前 API 调用工具的一些缺陷，一些组织重新把目光聚焦到 RPA 身上。

RPA 和 AI Agent 有着很强的关系。接口的设计原则是“高内聚、低耦合”，实际上很多软件很难有接口，这时候 RPA 的作用就尤为重要。把 API 和 RPA 封装起来作为“手和脚”，结合 LLM“大脑”，Agent 才能真正实现无所不能的智能自动化。使用 RPA 通过基于 LLM 的 AI Agent 自动执行业务流程任务企业级应用，并构建自动化流程的长期维护机制，也成为更多组织在智能自动化方面新的研究课题。

同时，Agent 的执行能力落点到 RPA，也使得已经积累大量数据、经验、技术以及生态能力的 RPA 厂商所推出的 Agent 产品受到更多关注。尤其是发布相关领域模型的厂商，更是广大企业与投资机构关注的重点。由 RPA/超自动化厂商推出的基于 RPA 构建的 AI Agent，或者将 RPA 作为工具的 Agent，本书将其称为 RPA Agent/ 超自动化 Agent。

目前已经出现很多 Agent 构建平台，也出现了大量 Agent 产品。这些封装了 LLM 产品能力的类智能体产品，或者说是智能体的早期产品，跟欧美技术圈所定义的智能体还有一些差距，它们在能力上缺少了调用 API 的灵活性，也缺少了用 RPA 去连接更多管理软件的通用性。

具备内容生成、推理分析及反馈等功能的智能体，对于一些不需要太多企业管理系统的中小微企业的大部分业务运营基本够用。但在执行层面就要差很多，它们不能在生成内容后执行其他业务流程的任务自动化，缺少了对长流程的支持，无法调用工具去完成复杂业务流程的自动化执行。

与这类 Agent 相比，RPA Agent 恰好可以解决上述 Agent 难以解决的问题。RPA 本身就为解决 UI 自动化而生，用于弥补 API 自动化覆盖范围小、开发难度大等方面的不足。为了保证 RPA 运行的稳定性，厂商们在技术及产品上都下了很大的功夫，比如屏幕语义识别、IPA 模式等，这样的产品作为 Agent 的调用工具，天然具备操作大型企业复杂业务流程的属性。

从目前市面上大多数 AI Agent 以及用户反馈来看，AI Agent 想要真正在 B 端实现量级业务场景的落地及更好地商用，不仅需要综合考量本身的安全性、技术发展周期是否成熟以及与 B 端的场景是否密切贴合，更需要考虑接口成本、隐私、管理、授权等诸多因素。从具体需求来看，比如金融领域的 B 端大客户对查询和拆解指标、项目数据查看分析、推送报表 / 报告等功能的需求，看起来简单却不是简单的 GPTs 或者知识内容类 Agent 能够实现的。其中的业务流程涉及了深入企业管理系统的复杂流程自动化构建，更涉及了数据库读取、API 管理及 UI 自动化连接等。

目前仅是基于 API 读取数据及调用工具插件的 Agent，难以实现这样的流程应用，而基于 LLM 并同时兼顾 API 与 UI 自动化的 RPA Agent 是不错的解决方案。在广大企业关注的数据安全方面，相较于 API 模式，RPA 模式的优势在于对系统的无侵入。通过结合 ISSUT（智能屏幕语义理解技术）等技术，RPA 能够对人类操作系统的行为进行模仿，并通过识别屏幕上的软件进行操作，全流程不会对系统和数据造成任何损害。

此外对于系统设计而言，对外暴露的 API 越多，安全风险越高。系统的设计原则是“高内聚，低耦合”，即用 LLM 去构建 Agent 时，软件暴露的 API 越少越好。能够操作负责业务流程的 RPA Agent 不只是一种行之有效的 Agent 解决方案，更是当下 LLM 时代企业应用 Agent 的新范式。

3. 案例：实在 Agent 智能体

实在智能在 2023 年 8 月所推出的实在 Agent，是一个典型的企业级智能体产品。实在 Agent 智能体是既支持私有化部署，又支持无须部署就可以方便用户使用的 LLM 的超自动化智能体，它基于“自研垂直大语言模型 TARS 和 ISSUT（智能屏幕语义理解技术）”双模引擎打造。

该产品实现了“你说 PC 做，所说即所得”，能够自主拆解任务、感知当前环境、执行并且反馈、记忆历史经验。自研基座大语言模型 TARS 的最大特点是被投喂了大量的行业知识、KNOW-HOW 和自动化流程数据，有利于 TARS 对客户业务流程的理解和拆解，使得实在 Agent 能够更好地规划与执行复杂的业务流程。

实在 Agent 能够听懂业务用户的所有指令，更能准确地把指令任务自主拆解成方便后续自动化流程去执行的“生成式、懂业务的智能数字员工”。只需简单说一句话，实在 Agent 就能帮用户操作电脑软件完成各种工作和任务，每个流程中的步骤百分之百可视，用户可以边查看执行的每一个步骤，边判断整个自动化流程是否准确，并可以随时进行调整。实在 Agent 生成可执行流程的运行界面如图 14-4 所示。

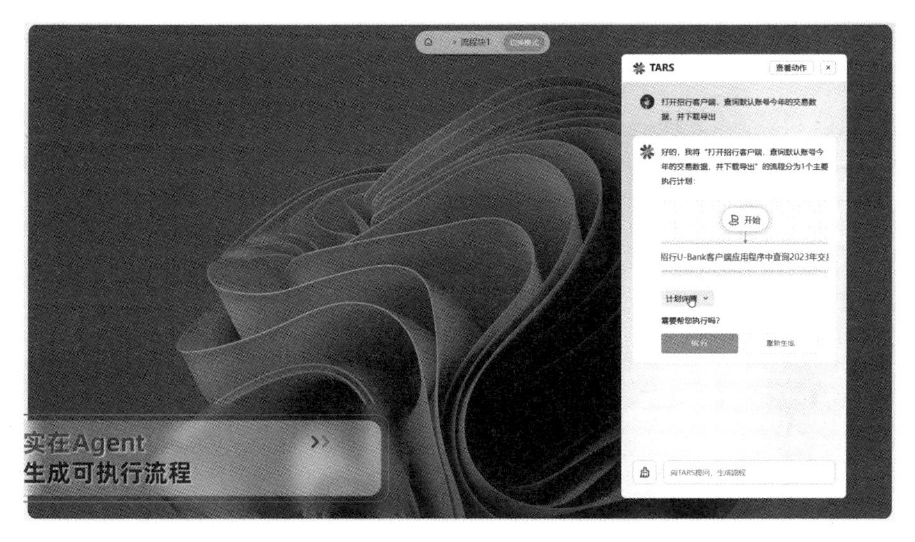

图 14-4　实在 Agent 生成可执行流程的运行界面

使用智能体可以替代手工作业，实现至少 300% 的效率提升，并且保证数据处理准确无误，防止人为因素风险，还能将个人智慧转化为企业组织智慧，沉淀人机协同经验。

作为一款企业级 AI Agent 平台，实在 Agent 具备识别与理解、系统方案、深入匹配、专有部署、更加可信、自主可控、持续迭代等多种特性，可以为企业打造无须额外配置、开箱即用且效果立竿见影的智能体助理，帮助员工提升工作效率和创造力，赋能企业增效降本。

实在 Agent 为超自动化厂商以及 To B 领域产品的未来发展提供了一个方向，对 RPA 行业的发展具有里程碑的意义。它能够大幅降低使用门槛，突破接口能力边界，使数字员工具备自主完成任务的能力，成为每个人的智能数字助理。这对于加速企业实现部门或全局数字化转型具有重要价值。

在管理和优化复杂业务流程方面，AI Agent 已经能够发挥重要作用。一些实际应用已经证明，AI Agent 不仅能够提升企业流程管理的效率，还能够带来策略上的革新。企业通过 AI Agent 重构业务流程，不仅能改善现有操作，还能打开创新的大门，探索前所未有的业务模式。随着人工智能技术的持续进步，在不远的将来，AI Agent 将与企业流程融合得更为紧密，共同筑起更加智能、高效且响应迅速的商业生态系统。

14.4.6 AI Agent 带来的自动化无处不在

生成式 AI 和基于 LLM 的 AI Agent，正在以前所未有的智能和创造力，将自动化的触角延伸到社会的每个角落，开启了一个“自动化无处不在”的全新时代。生成式 AI 和基于 LLM 的 AI Agent，将会快速改变我们的生活和工作。这些先进的技术不仅提供了强大的计算能力，更重要的是，它们带来了无处不在的自动化，使得从日常生活的琐事到复杂的业务流程，都可以得到高效、精准的处理。

下面将深入探讨生成式 AI 和基于 LLM 的 AI Agent 如何带来全面的自动化，以及这种自动化对我们的生活和工作可能产生的深远影响。让我们一起踏上探索之旅，看看这些先进的技术将如何塑造我们的未来。

1. 传统流程自动化的挑战

传统的流程自动化，如 RPA（机器人流程自动化）等，虽然在过去的几十年里为企业效率提升做出了重要贡献，但随着业务环境日益复杂，其局限性愈发明显。

这些局限性主要表现为：规则驱动导致灵活性不足，难以应对多变需求；侧重结构化数据处理，无法有效利用非结构化信息；缺乏业务理解能力，难以实现智能自动化；孤立运行形成信息孤岛，阻碍端到端流程自动化；可扩展性差，难以规模化应用；缺乏自我学习和优化能力，无法适应变化需求。因此，传统流程自动化在智能化、灵活性、可扩展性等方面亟待提升。

面对日益复杂的业务环境，传统自动化已难以满足企业的数字化转型需求。这也正是以 AI 为代表的新一代智能自动化技术兴起的背景。但在 AI 与业务流程自动化的融合应用中，尽管很多科技公司早已在很多业务场景中实现了 AI 驱动的流程自动化，但过去这些公司面临的最大问题是 ROI 很不理想。传统 AI 技术虽然在图像识别、语音交互等领域取得了重要进展，但在应用于流程自动化时仍面临诸多问题和挑战。表 14-8 详细阐述了传统流程自动化目前遇到的主要挑战。

表 14-8　传统流程自动化目前遇到的主要挑战

遇到的挑战	具体原因
领域知识欠缺，缺乏对业务的理解	传统 AI 主要基于特定领域的算法和模型，如计算机视觉、自然语言处理等，这些模型往往缺乏对业务领域知识的深入理解。它们难以把握业务场景下的语义信息，难以理解复杂的业务规则和逻辑，导致传统 AI 在流程自动化中常常捉襟见肘，无法准确理解业务需求，难以给出符合实际的处理方案
难以处理复杂多变的业务场景	企业业务流程往往涉及多个环节，存在大量异常和变化。传统 AI 模型通常针对特定任务训练，缺乏灵活处理能力。当面临超出训练范围的异常情况时，它们往往难以给出合理的应对，使得传统 AI 在处理复杂多变的业务流程时捉襟见肘，难以实现全面的自动化覆盖
数据依赖强，对数据质量要求高	传统 AI 模型的训练和优化高度依赖大量高质量的数据。但企业内部的业务数据往往质量参差不齐，存在噪声、不完整、不一致等问题。同时，很多业务场景缺乏足够的历史数据积累，导致传统 AI 在企业级应用中经常面临数据瓶颈，难以发挥应有的效能
可解释性差，决策过程不透明	传统 AI 模型，尤其是深度学习模型，往往是一个“黑箱”，其内部决策逻辑难以解释。这在业务流程自动化中可能造成风险。当 AI 做出某个关键决策时，业务人员难以理解背后的原因，也难以评估其合理性。这种不透明性可能导致错误决策，引发合规风险，影响自动化的可信度
通用性差，难以跨场景复用	传统 AI 模型通常针对特定任务开发，其架构和参数高度适应具体场景。但不同企业、不同业务部门的流程千差万别。这导致某个场景下训练的 AI 模型难以直接迁移到其他流程，需要重新开发和调试。这种通用性差的问题，限制了传统 AI 在流程自动化中的规模化应用
缺乏持续学习能力，难以适应变化	企业业务流程是动态演进的，规则和模式也在不断变化。但传统 AI 模型通常采用一次性训练的方式，缺乏持续学习的能力。当业务规则发生变化，或出现新的异常情况时，已训练的模型难以自适应调整，需要重新人工训练，导致传统 AI 难以在动态变化的业务环境中持续发挥作用

尽管传统 AI 在流程自动化方面已有应用，但受限于业务理解能力的欠缺、处理复杂场景的难度、数据质量的要求、可解释性的不足、通用性的缺乏、持续学习能力的缺失等问题，它在企业级流程自动化中面临诸多挑战。这也凸显了发展新一代 AI 技术的必要性。一直以来，厂商们都在探索更加通用、灵活、可解

释、可持续优化的AI范式，深度融合业务知识，实现真正的智能流程自动化。这需要业界的共同努力和持续创新。

2. LLM 带来的新一代自动化

生成式AI席卷而来，所有流程自动化厂商都在积极探索。目前，大多数RPA厂商都在用生成式AI补充以RPA为中心的自动化流程，比如更好的文档处理或代码原生平台等。如UiPath和Automation Anywhere等厂商，正在通过更多的端到端自动化工作流程以及添加支持生成式AI的功能，以弥补传统RPA的缺点。

当然，也不排除一些厂商会基于AI Agent重新构建超自动化产品。比如，专注低代码的超自动化厂商Torq已将其AI Agent添加到安全超自动化平台，还有前面提到的实在Agent以及金智维、壹沓科技等企业推出的基于RPA的Agent产品。这些厂商已经成为流程自动化领域探索AI Agent的先行者。

而一些新的创业公司，则以自主智能体为中心提供"新一代流程自动化"工具，这些工具的应用通常从电子商务等不受监管的领域及业务场景开始。下面一些厂商是来自欧洲的已推出AI智能体产品的佼佼者。

- Robocorp：代码原生和开源RPA平台，其愿景是通过GenAI代码解释器将Python的灵活性与低代码的易用性相结合；
- DeepOpinion：采用尖端NLP实现企业工作流程自动化；
- Automaited：高度灵活的自动化，适用于任何任务，具有自学功能；
- Workfellow：通过插入各种工作流程实现下一代流程卓越；
- Levity：用于电子邮件、调查、客户支持等方面的AI文本和文档处理；
- Invofox：人工智能数据输入，最初关注账单和发票等财务工作；
- Go Autonomous：在报价和销售订单等领域以电子商务为重点的自动化；
- Virtuoso：使用NLP和AI进行QA与自动化测试以减少维护开销；
- Workist：使用AI实现B2B交易的订单处理自动化。

3. 由 RPA 进化的自主 Agent

当代RPA的快速发展得益于人工智能技术的不断突破。随着AI技术的进步，RPA从技术架构到功能都在不断进化，LLM的突破与应用为RPA的未来发展指明了新方向。从智能流程自动化（IPA）的进化角度，数字化转型博客DeltalogiX将IPA的进化发展分为四个阶段，分别是RPA、认知自动化（Cognitive Automation）、数字助理（Digital Assistants）和自主智能体（Autonomous Agent）。从IPA进化到自主Agent的四个阶段如图14-5所示。

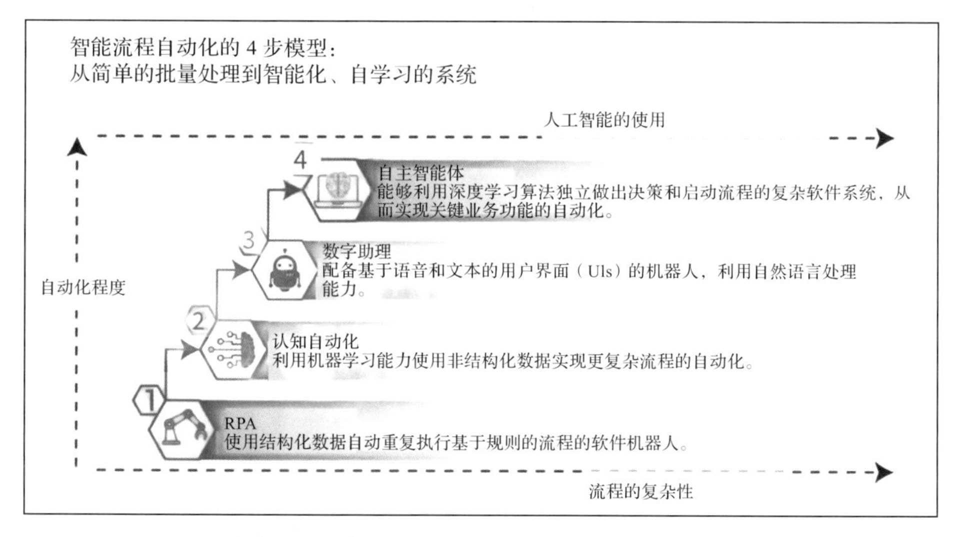

图 14-5　从 IPA 进化到自主 Agent 的四个阶段

（图片来源：DeltalogiX）

首先是 RPA 阶段，适用于简单、重复性任务，如阅读电子邮件等，RPA 机器人遵循预定义规则和说明执行任务，可大幅提高工作效率。随着 AI 技术的加持，RPA 进化为认知自动化，能够处理来自电子邮件、文档和图像的非结构化数据。认知自动化基于对过去经验的分析，整合历史数据和新数据，使自动化流程具备适应能力，可应用于需求预测等场景，实现更准确、高效的预测。

进一步深度融合 AI 后，IPA 发展成为基于自然语言交互的数字助理，如 ChatGPT 等。这些数字助理能够理解和处理人类语言，实现与聊天机器人、语音助手等相关的任务自动化，提升客户体验和工作效率。最终阶段则是用于决策的自主智能体。

最高水平的智能自动化涉及复杂的决策过程。在这个过程中，深度数据分析（包括深度学习）提供了广泛的概述，并在此基础上进行分析或预测以指导短期和长期活动。这种深入分析功能包括多个变量和相关因素，允许机器人或者更确切地说是数字智能体自主做出决策。该类型特别适用于人力资源管理、供应链优化、财务规划和风险分析。由于不断增加的处理能力和知识，该机器人能够提供及时准确的建议，以支持业务主管的决策过程。

4. 超自动化智能体时代到来

可以看到，最终阶段的自主智能体正好对应于前文讲的新一代自动化。按照

IPA 的发展路径，第四阶段的自主智能体更多指的是基于 LLM 的 RPA 智能体或者超自动化智能体。毕竟，立足流程自动化的 RPA 厂商们，一般不会放弃现有产品形态，以自主智能体为中心去开拓全新的 AI Agent 产品体系。

短时间内，AI Agent 还无法用于操作成百上千的企业管理系统。更大的可能是，企业级运营管理层面的自主智能体，将由更懂企业经营的 RPA、流程挖掘、BPA、ERP 等企管软件厂商，在不同 LLM 和已有管理软件的基础上构建。所以，厂商们在自研 LLM 及现有产品架构中引入 AI Agent，或者开辟一条 AI Agent 能够联动已有自动化技术的产品路线是完全有可能的。并且智能体也已成为 RPA 未来发展的终极目标，而 AI 智能体也是通往通用人工智能（AGI）的必经之路。

事实上，即使厂商们不去做 AI Agent 融合，出于降本增效提质的需求，客户也会自行在已引入 LLM 及 RPA 的基础上去做进一步探索。在市场需求的牵引下，技术供应商们早晚都会迈出智能体这一步。2024 年 LLM 开始流行之后，随着 RPA 厂商们纷纷引入生成式 AI，目前的主流厂商都已发展到第三阶段数字助理，少部分厂商则已经开启了第四阶段对 AI 智能体的探索。目前国内已有数家 RPA 厂商着手这方面的研究，应该很快也能推出相应产品。

Gartner 表示，到 2025 年，90% 的 RPA 供应商将提供有生成式 AI 辅助的自动化服务。同时在生成式 AI 的加持下，RPA 市场将继续保持高速增长。从 IPA 的发展趋势而言，今后每一家 RPA 厂商及超自动化厂商都有可能进化为 RPA\ 超自动化智能体厂商。

5. AI Agent 带来的智能流程自动化

随着 LLM 的快速发展，AI Agent 正迅速成为推动企业实现自主流程自动化的关键力量。澜码科技 CEO 周健对此有很深的理解，他指出，这些技术为企业带来了三大革新，正在重塑我们的工作方式。

首先，LLM 的高效语言理解能力极大地简化了自动化应用和 AI Agent 的开发。对话式 UI 的普及意味着机器不再只是执行命令，它们能真正理解人类的意图，甚至可以根据简短的描述独立完成任务。这种人机交互的变革使机器更智能、更主动。其次，LLM 强大的语言处理能力使得整合各类数据成为可能，包括处理高难度的半结构化文档。在商业环境中，这显著提高了文档传递效率和任务准确性，无论是合同分析、报告生成还是数据整合，AI Agent 都表现得游刃有余。

更重要的是，LLM 提升了逻辑推理能力。现在，它们能通过文本生成 SQL 查询，或在众多 API 中精准选择所需选项。这使得 AI Agent 在业务流程的各个环节都能发挥巨大作用。与传统的 RPA 相比，现代 AI Agent 能更全面地实现流程自动化。无论是数据、文档还是应用流程，它们都能提供智能解决方案，例如文本生成 SQL 查询、利用文本操作 BI 工具、智能提取文档信息以及自动比对和统计文档等。

尽管一些大型互联网公司已实现了 AI 驱动的流程自动化，但投资回报率常常不尽如人意。然而，在 LLM 时代，企业可以采用更具性价比、更智能的基础设施，推动业务流程的自动化，降低成本，提高效率。以企业中的典型场景为例，业务人员往往需要手动浏览大量信息以了解项目详情或客户需求。如今借助 AI 技术，企业可以轻松实现信息的自动化整理和分析，使业务人员能更快速地获取所需信息并做出决策。

此外，AI Agent 还能通过模仿专家行为来提高企业管理效率。过去因资源和成本限制无法完成的任务，现在可以通过 AI Agent 来实现。它们能在各环节中发挥专家作用，为员工提供智能支持。这不仅提高了流程效率，还降低了企业对人力资源的依赖。周健还强调，AI Agent 在业务流程自动化中扮演着关键角色。过去企业依赖 BPM 或工作流引擎推动业务，但现在利用 AI Agent 可以设计更多自动化功能来优化或替代原有工作流引擎。例如在澜码科技，开发人员已探索性地利用 AI 实现自动订阅、预订、监测项目等功能。

Gartner 报告也将增强型互联劳动力列为未来的战略技术趋势之一，预示着更智能的工作方式即将到来。为实现这一目标，员工需要与 AI Agent 紧密合作，共同推动业务流程的全面自动化和智能化。麦肯锡全球研究院（MGI）数据显示，随着生成式 AI 的推广，自动化时代将提前 10 年到来；中国预计在 2030 年前将有 50% 左右的工作内容实现自动化，这意味着约 2 亿劳动者（相当于中国整体劳动者队伍的 30%）必须实现技能转型或升级。生成式 AI 和基于 LLM 的 AI Agent，有机会为人类带来自动化无处不在的社会。

6. 自动化无处不在

“自动化无处不在（Automation Everywhere）”是指在人类的生产、生活和管理的一切过程中，通过采用一定的技术装置和策略，使得仅用较少的人工干预甚至没有人工干预，就能使系统达到预期目的的过程。这个概念由华裔科学家、斯坦福大学教授李开复在 2018 年提出。他认为，随着生成式 AI 和 LLM 的快速发展，AI 正在以前所未有的广度和深度渗透到社会的方方面面，推动自动化进入一个全新的阶段。

“自动化无处不在”有以下几层含义：

- 自动化的领域更加广泛。传统自动化主要集中在制造业等领域，而如今，在 LLM 等技术的加持下，自动化正在渗透到知识工作、创意产业、专业服务等几乎所有行业，触及组织运转的方方面面。
- 自动化的程度更加深入。以往的自动化主要替代人力完成重复性、规则驱动的任务，而基于生成式 AI 的自动化，正在逐步涉及需要认知、判断、创造的高级任务，不断突破人工智能的边界。
- 自动化的形态更加智能。传统自动化主要是刚性的、规则驱动的，而新一代自动化系统具备持续学习能力，可以从数据和反馈中自主优化，不断进化出更加智能、灵活的自动化形态。
- 自动化的影响更加广泛。新一轮自动化浪潮正在重塑生产方式、工作方式、生活方式，对就业格局、技能需求、社会结构等带来全方位影响，催生数字化时代的新经济形态、新社会形态。

现在来看，生成式 AI、LLM、AI Agent 等新技术将会进一步加速“自动化无处不在”时代的到来。

LLM 让 AI 具备了更强大的语义理解和知识提炼能力，使 AI 可以处理非结构化数据，完成需要认知和判断的复杂任务，大幅拓展了自动化的边界。生成式 AI 让机器具备了内容生成、方案设计等创造性能力，使得自动化开始涉足需要创意和想象力的领域，进一步突破了传统自动化的局限。AI Agent 则让 AI 系统具备更加主动、持续、个性化的服务能力。它们可以通过对话理解用户需求，提供智能决策建议，优化业务流程，扮演用户贴身助理的角色，将自动化嵌入业务的每个环节。

LLM、生成式人工智能和 AI Agent 之间的相互作用，是推动自动化技术发展的关键。首先，LLM 通过提供类似 ChatGPT 的对话式功能，为自动化技术的发展提供了新的可能性。这种对话式功能使得机器能够以更自然的方式与人类交互，从而提高了自动化系统的效率和用户体验。其次，生成式人工智能通过生成新颖的数据和解决方案，极大地提升了机器人的能力，包括泛化任务处理能力、对新环境的适应能力以及自主学习与进化的能力。这表明生成式人工智能不仅能够提高机器人的性能，还能够扩展其应用范围。

AI Agent 作为连接人类和机器的重要桥梁，其发展显示了从简单的嵌入式工具型 AI 向更加独立、能够参与人类工作流的助理型 AI 转变的趋势。这种转变使得 AI Agent 能够更好地理解和执行复杂的任务，如编写代码、策划活动和优化流程等，进一步推动了自动化技术的发展。LLM 提供更加自然的交互方式，生成式人工智能增强机器人的能力和扩展其应用范围，而 AI Agent 则提高机器人的独立性和参与度，三者相互作用共同推动了自动化技术的发展。这些技术的进步不仅提高了自动化系统的效率和性能，也为未来的技术创新和应用开辟了新的道路。

LLM、生成式 AI、AI Agent 等新技术范式的兴起，共同推动了“自动化无处不在”时代的到来。它们让自动化系统具备前所未有的认知、创造、进化、服务能力，不断拓展自动化的深度和广度，重塑人机分工和协作模式，进而对整个社会经济形态产生全方位、深层次的影响。

“自动化无处不在”可以说是新一代人工智能浪潮带来的必然趋势。它标志着人类社会正在步入一个全新的自动化时代，也预示着人类将面临前所未有的机遇和挑战。当然，我们也需要以开放、审慎、负责任的态度拥抱这一趋势，在发展中不断探索人机共荣之道，让智能自动化成为造福全人类的福祉之源。这需要全社会的共同努力和深度合作。

14.5　AI Agent 工作流的 4 种设计模式

2024 年 4 月，在红杉 AI Ascent 2024 的活动上，人工智能领域领军人物吴恩达教授[⊖]发表了题为“ What’s Next for AI Agentic Workflows”的前瞻性分享，深入探讨了 AI Agent 的最新发展趋势和设计模式，为与会者提供了关于人工智能未来方向的深刻见解。吴恩达教授的分享，突出了 AI Agent 在重塑工作流程方面的潜力。与传统的单向指令响应不同，AI Agent 通过迭代和对话式的方法，展现出自我反思和规划的能力。这种新模式，让 AI 从单纯的执行者转变为能够自我评估和调整的主动参与者。

在传统的工作流程中，AI 模型接收指令并生成回答，但缺乏反思和修正的机会，这限制了它在复杂任务中的应用。相对地，AI Agent 的工作流程是动态和迭代的。它不仅接收任务，还自主制定和执行工作计划，并在过程中不断自我评估和调整，类似于人类在创造性任务中的思考和修正过程。

吴恩达教授通过编程任务的案例研究，展示了 AI Agent 使用代理工作流能够

⊖ 吴恩达，英文名为 Andrew Ng，华裔美国人，斯坦福大学计算机科学系和电子工程系副教授，人工智能实验室主任。是国际上人工智能和机器学习领域最权威的学者之一，也是在线教育平台 Coursera 的联合创始人和 DeepLearning.AI 的创始人。

产出更高质量的代码，并具备自我修正错误的能力，这不仅提升了成果质量，也减少了人为干预。他的研究还表明，即使是早期版本的 GPT 模型，在采用 Agent 工作流后，性能也能超越已更新但未使用该工作流的模型。

在分项中，吴恩达教授提到了 AI Agent 的四种关键设计模式，实现高效执行复杂任务的基础。这些模式包括反思、工具使用、规划和多 Agent 协作，共同构成了 AI Agent 的能力框架。

- 反思：LLM 检查自己的工作，以提出改进方法。
- 工具使用：LLM 使用网络搜索、代码执行或任何其他功能来帮助收集信息、采取行动或处理数据。
- 规划：LLM 提出并执行一个多步骤计划来实现目标。
- 多 Agent 协作：多个 AI 智能体一起工作，分配任务并讨论和辩论想法，提出比单个智能体更好的解决方案。

1. 反思

如图 14-6 所示，反思模式允许 AI Agent 在完成任务后对自身的输出进行再次审视和评估。在这种模式下，AI Agent 不仅能执行任务，还能像人类专家一样，对自己的工作进行批判性思考。

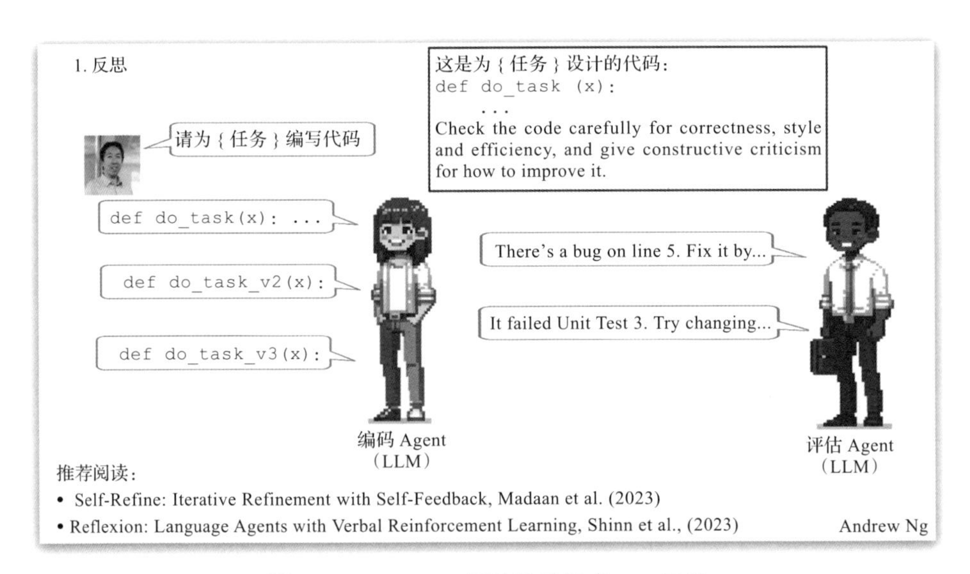

图 14-6　AI Agent 四种设计模式——反思

（图片来源：吴恩达教授分享的 PPT）

案例：AI Agent 可能会生成一段代码，然后根据预设的标准或反馈，自我检查代码的正确性、效率和结构，并提出可能的改进措施。这种自我监督和修正的能力，使得 AI Agent 在执行任务时能够不断提高准确性和效率。

2. 工具使用

工具使用如图 14-7 所示，它赋予 AI Agent 使用外部工具和资源的能力，以此来扩展其功能和提高生产效率。该模式下，AI Agent 可以进行网络搜索、生成和运行代码、分析数据等，利用各种工具来收集信息、执行操作。

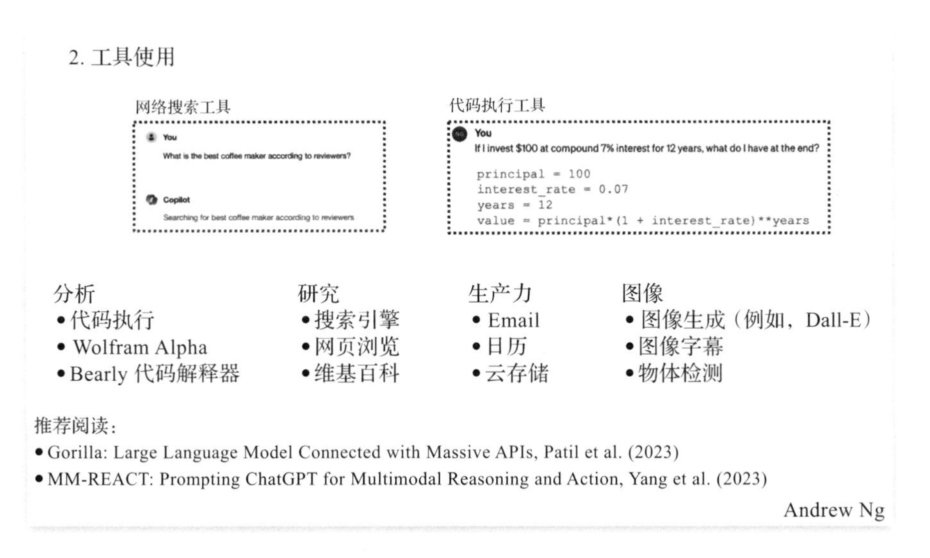

图 14-7　AI Agent 四种设计模式——工具使用

（图片来源：吴恩达教授分享的 PPT）

案例：AI Agent 可能会使用图像处理工具来分析和处理图像数据，或者调用 API 来获取和整合外部信息。这样的能力使得 AI Agent 不再局限于内置的知识库，而是能够与外部系统交互，从而更好地适应多变的任务需求。

3. 规划

规划模式强调 AI Agent 在面对复杂任务时，能够进行系统性的规划和步骤分解。如图 14-8 所示，AI Agent 不仅能够理解任务的整体目标，还能够制定出详细的行动计划，并按照计划逐步推进任务流程。该模式下，AI Agent 能够展现出类似人类的前瞻性和策略性思维。例如，AI Agent 可能会在进行项目管理时，先确定项目的主要里程碑，然后为每个里程碑制定具体的执行步骤和时间表，确保项目能够有序进行。

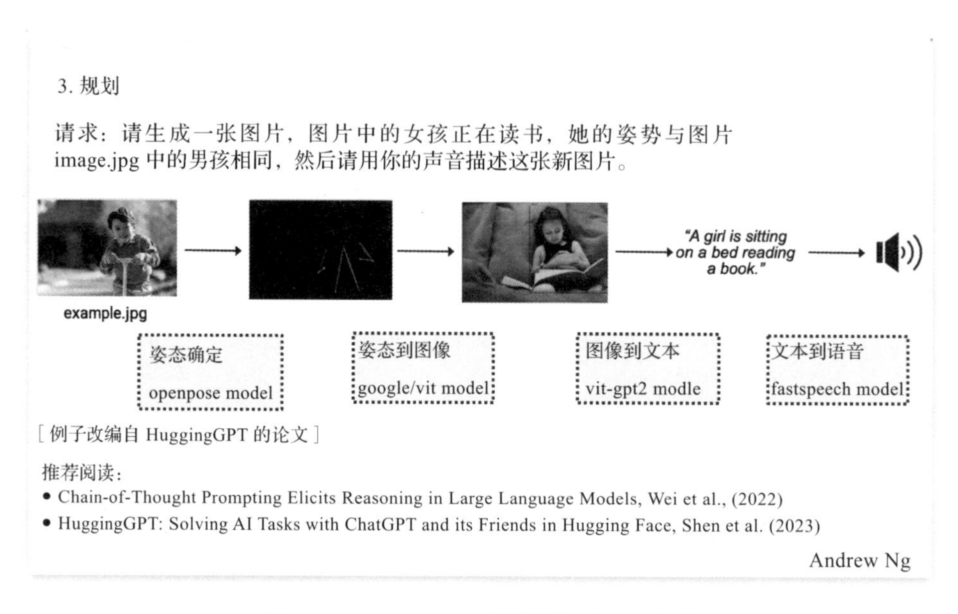

3. 规划
请求：请生成一张图片，图片中的女孩正在读书，她的姿势与图片 image.jpg 中的男孩相同，然后请用你的声音描述这张新图片。
example.jpg
"A girl is sitting on a bed reading a book."
姿态确定
openpose model
姿态到图像
google/vit model
图像到文本
vit-gpt2 modle
文本到语音
fastspeech model
[例子改编自 HuggingGPT 的论文]
推荐阅读：
• Chain-of-Thought Prompting Elicits Reasoning in Large Language Models, Wei et al., (2022)
• HuggingGPT: Solving AI Tasks with ChatGPT and its Friends in Hugging Face, Shen et al. (2023)
Andrew Ng

图 14-8　AI Agent 四种设计模式——规划

（图片来源：吴恩达教授分享的 PPT）

案例：AI Agent 可以根据给定的目标自动规划出实现路径，比如在开发一个新项目时，它能够规划出研究、设计、编码、测试等一系列步骤，并自动执行这一计划，甚至在遇到问题时重新规划以绕过障碍。

4. 多 Agent 协作

Agent 协作突出了多个 AI Agent 之间的合作和协调。如图 14-9 所示，在这种模式下，每个 AI Agent 都可以扮演特定的角色，并与其他 AI Agent 共同协作以完成复杂的任务。这种合作可以模拟真实世界中的团队工作流程，通过代理间的互补和协同作用，提高整体的执行效率和创新能力。

案例：在一个开源软件开发项目中，一个 AI Agent 可能负责编写代码，另一个 AI Agent 则负责代码审查和测试，通过这样的分工合作来共同推动项目的成功完成。

在吴恩达教授看来，AI Agent 智能工作流在多个行业中展现出实际应用的巨大潜力，吴恩达教授提到了这些智能体在编程、研究和多模态任务处理等领域的应用，智能体工作流将在未来几年内极大扩展 AI 的能力边界。此外他还强调了快速的 token 生成的重要性，认为这将支持更有效的迭代和改进过程，并提到对于即时反馈期望的调整，指出在使用 AI Agent 工作流时，需要学会耐心等待。

4. 多 Agent 协作

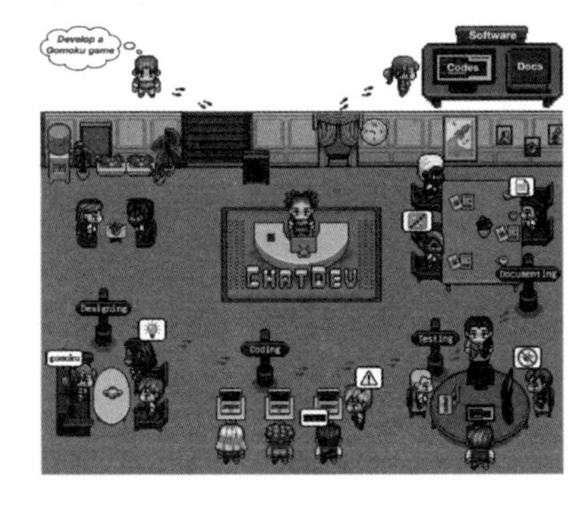

多 Agent 辩论

任务	单 Agent	多 Agent
文章撰写	66.0%	73.8%
多模式理解	63.9%	71.1%
思考决策	29.3%	45.2%

（Du et al., 2023）

推荐阅读：
- Communicative Agents for Software Development, Qian et al., (2023)
- AutoGen: Enabling Next-Gen LLM Applications via Multi-Agent Conversation, Wu et al. (2023)

Andrew Ng

图 14-9　AI Agent 四种设计模式——多 Agent 合作

（图片来源：吴恩达教授分享的 PPT）

无疑，这四种设计模式的结合使用，不仅能够提升 AI Agent 在单个任务中的执行能力，还为它在更广泛的应用场景中进行协作和创新提供了可能。随着这些模式的进一步发展和完善，AI Agent 将在未来的工作流程中发挥更加关键的作用，推动各行各业向智能化转型。

到这里，本书第三部分已经完结。

接下来我们将进入第四部分“创投启示”，引导读者探索 AI Agent 与创业精神、投资智慧相结合的全新天地。我们将进一步透视 AI 技术如何塑造未来的商业领袖和投资环境，如何引领企业和投资者挖掘新的成长点，如何驱动着商业模式的革新和成为创新动力的源泉。

| 第四部分 |

创投启示

在前三部分中，我们深入探讨了 AI Agent 的技术原理、应用场景以及商业价值，揭示了它作为新一代人工智能技术的代表，在自动化、智能化方面所展现的巨大潜力和无限可能。这一部分内容将从创投的角度出发，探讨 AI Agent 在创投领域的现状、机遇与挑战，带领读者深入了解为何 AI Agent 会成为当代投资者眼中的新星，以及它如何激励和塑造下一个时代的企业家精神。

第 15 章将详细探讨 6 个议题，这些议题不仅为投资者提供了评估 AI Agent 市场格局的细致视角，也为创业者提供了明确的行动指南，期望能够为读者提供一个全面、深入的视角，以更好地理解和把握 AI Agent 在创投领域的发展脉络与未来趋势。

第 15 章 CHAPTER 15

AI Agent 行业的创业与投资

要了解 AI Agent 的发展现状，可以从关注科技大厂的布局与动态开始。同时创投领域对于新技术比较敏感，它们的动向也能展现行业发展情况。本章将从行业现状的宏观视角出发，透视投资市场的纷繁图谱，深入了解投资机构参与 AI Agent 赛道的布局；剖析 AI Agent 行业的现状，探寻其快速发展的背后逻辑；还将从投资角度，分析这个领域的市场格局，洞察投资机构在 AI Agent 方面的布局和动作。

15.1 从创业角度看 AI Agent 行业

作为 LLM 落地应用的主要方向，AI Agent 正以独特的能力和魅力，引领着一场智能化变革的浪潮。从虚拟助手到智能客服，从智能客服到个性化推荐，其身影越来越多，正逐步塑造我们的生活和工作方式。AI Agent 行业究竟呈现出怎样的现状，又将迎来怎样的未来？本节将深入探讨 AI Agent 行业的现状，包括主要的技术趋势、市场动态和竞争格局。

15.1.1 AI Agent 行业初期阶段的特征

基于 LLM 的 AI Agent 已经有了很大的技术突破，尤其是自主 Agent 已经表现出了很强的自主性、主动性、反应性乃至社会性，但从 AI Agent 的技术发展与行业应用来看目前仍然处于初期阶段。为何这么说呢？因为从技术的成熟度、应用场景的广泛性、生态环境的完善度、社会认知的深度、伦理治理的同步性，到商业模式的明确性，都显示出 AI Agent 还有很长的路要走。

1. AI Agent 行业初期阶段

之所以说是 AI Agent 的初期阶段，主要有以下几个原因：

- 技术尚不成熟。尽管 AI 技术取得了长足进步，但在智能程度、稳定性、安全性等方面还有很大的提升空间。目前的 AI Agent 更多是在特定领域或场景下发挥作用，离通用型智能还有不小的差距。
- 应用场景有限。AI Agent 在客服、推荐、助理等领域初显身手，但在许多传统行业的应用还处于起步阶段。如何将 AI Agent 与各行业的业务流程深度融合，创造出更多实际价值，还需要大量的探索和实践。
- 生态尚未形成。一个成熟的 AI Agent 生态需要海量的数据、模型、算法等要素，以及完善的开发框架、交易市场、激励机制等配套设施。虽然 Fetch.ai 等项目已经迈出了重要一步，但离生态繁荣还有很长的路要走。
- 认知有待提升。大部分企业和个人对 AI Agent 的认识还比较模糊，对其能力、局限、风险等缺乏全面了解。这种认知鸿沟制约了 AI Agent 的采纳和应用。提升全社会对 AI Agent 的认知水平，是推动其发展的重要因素。
- 伦理治理滞后。AI Agent 的发展速度远超过伦理、法律、监管等方面的进步速度。关于如何确保 AI Agent 的公平性、透明性、可解释性，如何避免隐私侵犯、算法歧视等问题，还没有形成成熟的指导原则和监管框架。
- 商业模式待探索。AI Agent 颠覆了传统的开发模式和商业逻辑，如何实现有效盈利和可持续发展还是挑战。探索基于 AI Agent 的新型商业模式，对于其长期发展至关重要。

尽管如此，AI Agent 蕴藏的巨大潜力已经初现端倪。随着技术的不断突破、应用的不断深化、生态的不断完善，AI Agent 必将进入快速发展的黄金期。

2. AI Agent 行业初期阶段特征

见表 15-1，AI Agent 行业正处于快速发展的初期阶段，展现出一些鲜明特征。

表 15-1　AI Agent 行业初期阶段特征

特征	说明
技术进步推动应用爆发	近年来，以 LLM、生成式 AI 为代表的关键技术取得重大突破，使得 AI Agent 的感知、认知、交互和创造能力大幅提升。这为 AI Agent 在各行各业的应用落地奠定了坚实基础，推动行业进入爆发式增长期
科技巨头加速布局	谷歌、微软、亚马逊、苹果等科技巨头纷纷加大对 AI Agent 的投入，将其作为未来发展的战略重点。它们凭借雄厚的技术积累和数据资源，在 AI Assistant、智能音箱等细分领域引入 AI Agent 技术以抢占先机，引领行业发展方向
创业公司异军突起	一大批专注于 AI Agent 技术和应用的创业公司正在崛起，如 Anthropic、Adept 等。它们敏锐洞察行业痛点，快速迭代产品，用创新的解决方案抢占细分市场，成为行业发展的新生力量
垂直行业深度应用	AI Agent 正加速渗透到金融、医疗、教育、零售、制造等垂直行业，为行业的数字化、智能化转型赋能。领先企业正在将 AI Agent 与行业知识相结合，打造更加专业、高效、人性化的行业解决方案
商业模式多元探索	如何通过 AI Agent 实现商业价值变现，是行业亟待探索的问题。目前主流的商业模式包括订阅服务、交易分成、数据增值等。不同企业根据自身定位和目标市场，采取差异化的盈利策略
生态建设全面铺开	AI Agent 企业正加速构建开放、多元的生态体系，通过开放平台、API、开发者社区等方式，与开发者、合作伙伴建立广泛合作，促进技术和应用创新。行业正在形成“平台 + 生态”的发展格局
人才争夺日益激烈	AI Agent 的发展离不开顶尖的人工智能人才。各大企业都在全球范围内争夺 AI 领域的高端人才，人才成本不断攀升。如何吸引、留住并充分激发人才的创造力，成为企业面临的重大挑战
伦理安全备受关注	AI Agent 可能带来隐私泄露、决策偏差等伦理安全风险。如何确保 AI Agent 的公平性、可解释性、安全性，成为行业亟待解决的问题。领先企业正在积极开展负责任的 AI 实践，以推动行业可持续发展
政策环境有待明朗	世界各国对 AI Agent 的监管政策还处于探索阶段，行业发展面临一定的政策不确定性。企业需要持续关注政策动向，积极参与政策讨论，推动形成有利于创新且兼顾安全的政策环境
全球化竞争加剧	AI Agent 领域的竞争正在成为全球化的竞争。以中国和美国为代表的科技强国，凭借技术优势和市场规模，在 AI Agent 领域展开激烈角逐。全球化竞争格局下，如何实现差异化发展，成为各国企业的重要课题

尽管 AI Agent 行业潜力巨大，但仍需面对技术、商业、伦理和政策等方面的不确定性。随着技术进步和应用深入，AI Agent 有望进一步释放数字化时代的生产力，重塑人类的生产和生活方式。AI Agent 行业预计将在变革中逐步成熟，形成一个更加开放、平衡和可持续的发展生态。对于企业而言，把握行业发展规律、洞察市场需求、加强核心技术研究和打造差异化竞争优势是保持领先地位的关键。

15.1.2　海外科技大厂的 AI Agent 动作

在第 1 章的 AI Agent 发展简史中已经提到过一些科技巨头对待 AI Agent 的态度。这里，我们再来看一些大公司在 AI Agent 方面的动作。纵观一众海外科技大厂，微软与 Meta 在 AI Agent 上的动作最为激进，当然一直在引领 LLM 的 OpenAI 也在持续发力。

1. OpenAI 的 AI Agent 布局与动作

- OpenAI 在 2023 年 3 月 14 日发布了 GPT-4，并于 3 月底推出了火爆全球的 AutoGPT。在创始人 Sam Altman 表示关注如何使用聊天机器人来创建自主 AI Agent 后，Lilian Weng 在 6 月底发表了“LLM Powered Autonomous Agents”一文，详细介绍了基于 LLM 的 AI Agent。
- 2023 年 11 月，OpenAI 举办首个开发者大会，发布其 LLM 最新版本 GPT-4 Turbo，推出 GPT 定制化服务 GPTs、用于创建和管理 GPTs 的 GPT Builder 和便于企业构建 AI Agent 的 Assistants API，并发布了 GPT Store（GPT 商店）。
- 由 OpenAI 投资的 Humane AI 公司，也在 2023 年 11 月发布了一款 LLM 原生智能硬件 AI Pin，它能独立联网，支持使用 ChatGPT，可以触控交互、语音互动，甚至是手势互动，以及拍照、拍视频。这款智能硬件类似于手机却没有屏幕，内置了一个投影仪，可以将内容投影到手掌，方便用户获取信息。这个硬件可以看作 AI Agent 与硬件产品的融合应用。
- OpenAI 还投资了挪威的人形机器人公司 1X Technologies，推动 LLM 与具身智能的融合，进一步显示了 OpenAI 在 AI Agent 领域的深入研究和实际应用的尝试。图 15-1 为 1X Technologies 推出的集成 ChatGPT 的具身智能人形机器人。
- 2024 年 1 月，OpenAI 宣布正式推出 GPT 商店（GPT Store）和 ChatGPT Team 服务，全网 GPTs 的数量已经超过 300 万个。
- 海外科技媒体 The Information 在 2024 年 2 月报道，OpenAI 正在开发两款 Agent 软件。一款 Agent 通过有效接管客户的设备来自动执行复杂任务，客户可要求 Agent 将数据从文档传输到电子表格进行分析，或者自动填写费用报告并输入到会计软件。另一款 Agent 处理基于网络的任务，例如收集有关公司的一组公共数据、在一定预算下创建行程或预订机票。目前还不清楚 OpenAI 计划何时发布其 Agent 产品。

图 15-1　1X Technologies 推出的集成 ChatGPT 的具身智能人形机器人
（图片来源：1X Technologies 官网）

2. Meta 的 AI Agent 布局与动作

- 早在 2023 年 4 月，Meta 首席执行官马克·扎克伯格（Mark Zuckerberg）就曾表示，通过技术进步，它们有机会用 AI Agent 服务数十亿人。
- 在 Meta，除了扎克伯格发布能为用户提供帮助或娱乐功能的具备不同个性和能力的 AI Agents 外，它们也发布了一系列相关的产品与解决方案，并且 Meta 的 AI 智能体方案更倾向于软硬结合。
- 2023 年 8 月，Meta AI 开发了一个名为 MyoSuite 的平台，可以模拟人体的肌肉骨骼系统，训练 AI 智能体以类似人类的灵活性和敏捷性来控制模拟的手臂和腿部。
- 2023 年 12 月，Meta 发布了接入多模态 AI 的“雷朋 xMeta 智能眼镜”。用户戴上眼镜能够召唤出一个虚拟助手，它能看到并听到周围发生的一切，能为照片写段说明，能描述物品，能翻译，还会搭配衣服。这款 VR 眼镜的产品形态，更像是 AI Agent。
- 也是在 2023 年 12 月，Meta AI 应用强化学习团队开发了 Pearl，这是一个开源框架㊀，旨在支持研究人员和实践者开发适用于各种环境的强化学习 AI Agent，包括部分可观测性、稀疏反馈和安全关键等环境。

㊀ 详见“Pearl: A Production-ready Reinforcement Learning Agent”，访问链接为 https://arxiv.org/abs/2312.03814。

- 2024 年 2 月，Meta 发布了 AI 自动剪辑视频工具 LAVE。这是一个专用于视频剪辑的 AI Agent，采用 AI 技术实现简单短视频和广告视频的自动生成，不需要人工干预。工具界面包括输入提示、素材库和视频时间轴，而 Agent 则指导编辑行动计划的执行。
- 2024 年 4 月，有消息曝光 Meta 正致力于开发能够规划和预订旅程的全过程 AI Agent，并计划将其整合到 WhatsApp 和 Ray-Ban 智能眼镜中。

3. 微软的 AI Agent 布局与动作

- 作为 OpenAI 的大股东，微软在基于 LLM 的 AI Agent 方面的布局基本与 OpenAI 保持了同步。在 AutoGPT 火爆之后，微软也在 2023 年 3 月发布了 Microsoft 365 Copilot，其中 Copilot Studio 已经支持自定义 ChatGPT 助手无缝集成在 CRM、ERP、OA 等日常办公系统中，这种基于 LLM 的新的应用开发范式其实就是 AI Agent。
- 2023 年 8 月，微软研究院推出多智能体框架 MindAgent，利用 LLM 赋予游戏 NPC 规划和协作的能力。MindAgent 框架给了游戏 NPC 规划复杂任务、相互协作、与人类玩家协作的能力，简单地说就是将它应用于沙盒游戏《我的世界》可以让 NPC“活”起来。
- 2023 年 10 月，微软推出了允许多个 LLM 智能体通过聊天来完成任务的 AI Agent 框架 AutoGen，短短两个星期就在 GitHub 上收获了 10k 星标，更是在 Discord 上吸引了 5000 多名成员。
- 2023 年 12 月，微软发布了一个以代码为中心的 AI Agent 框架 TaskWeaver（Autogen 升级版），支持丰富多样的数据结构、灵活的插件使用和动态插件选择。
- 2024 年 1 月，微软发布面向个人用户的 Copilot Pro，C 端用户可在 Word、PowerPoint 等应用中使用 Copilot Pro 提升效率。B 端服务 Copilot for Microsoft 365 取消了最低订阅席位数要求（300 个），未来企业客户可根据需求进行购买。微软在 AI+ 办公领域的业务布局持续完善。
- 2024 年 2 月，微软推出了名为 UFO[㊀] 的 Windows Agent。这是一款用于构建用户界面（UI）交互智能体的 Agent 框架，能够快速理解和执行用户的自然语言请求。UFO 可以在 Windows 内自主回答用户查询，可在单个或

㊀ 详见“UFO：A UI-Focused Agent for Windows OS Interaction”，访问链接为 https://arxiv.org/abs/2402.07939。

者跨多个 App 中无缝导航和操作来满足 Windows 操作系统上的用户请求，可以更加智能地理解用户的意图，不需要人工干预，自动执行相应的操作。未来，UFO 大概率会成为 Windows 系统的核心。UFO 架构如图 15-2 所示。

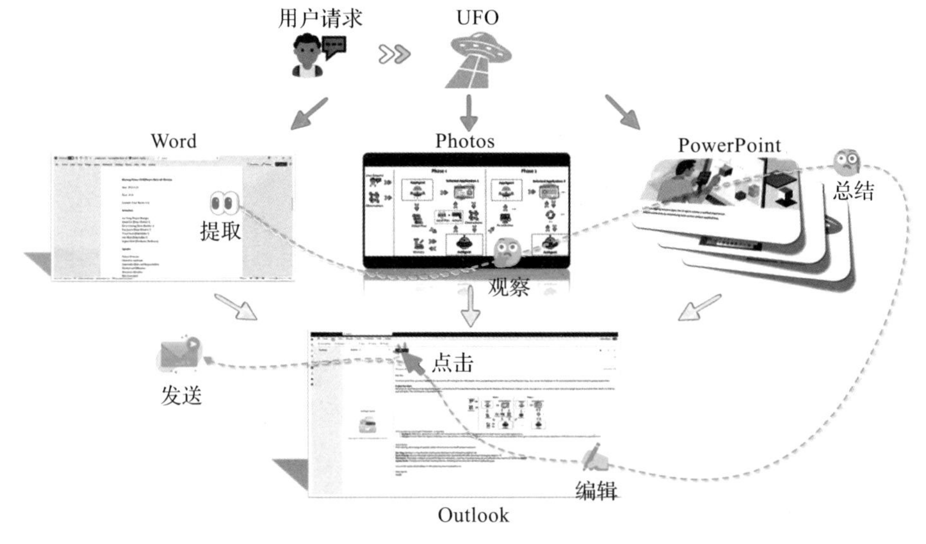

图 15-2　UFO 架构

- 2024 年 3 月 21 日，微软发布视频生成多 AI Agent 框架 Mora[㊀]，利用 Agent 还原 Sora 能力，实现了文本到视频生成、文本 + 图像到视频生成、扩展生成视频、视频到视频编辑、连接视频和模拟数字世界等功能，目前支持生成 1024 × 576 像素分辨率的 12 秒视频。

4. 谷歌的 AI Agent 布局与动作

- 2023 年 11 月，谷歌旗下 DeepMind 开发的 AI Agent 能够在几分钟内模仿人类专家的行为。相关研究论文以“Learning few-shot imitation as cultural transmission”为题，已发表在 *Nature* 子刊 *Nature Communications* 上。该 AI Agent 通过在 3D 模拟环境中使用神经网络和强化学习，实现了对人类专家行为的实时模仿。这项技术允许 AI 智能体在第一次遇到新任务时，

㊀ 详见“Mora：Enabling Generalist Video Generation via A Multi-Agent Framework”，访问链接为 https://arxiv.org/html/2403.13248v1。

从第三人称视角实时可靠地获取来自人类搭档的知识，并在几分钟内成功模仿专家行为，同时记住所学的所有知识。

- 2024 年 3 月，DeepMind 宣布推出了一个可扩展指令多世界智能体（Scalable Instructable Multiworld Agent，SIMA），其特点是可扩展、可指导、多世界。这是首个能在广泛 3D 虚拟环境和视频游戏中遵循自然语言指令的通用 AI Agent，可根据自然语言指令在各种视频游戏环境中执行任务，可以成为玩家拍档，帮忙干活打杂。
- 2024 年 4 月，谷歌推出了 Vertex AI Agent Builder，这是一个旨在帮助公司构建和部署 AI Agent 的新工具，使用户能够轻松创建和管理生成式 AI 驱动的 AI Agent。这是一款无代码产品，建立在谷歌之前发布的 Vertex AI 搜索和对话产品的基础上。它还建立在该公司最新的 Gemini 之上，并依赖 RAG API 和向量搜索。

除了这几家科技大厂，更多的科技公司及创业团队在 2023 年下半年也开启了对 AI Agent 的探索和应用。早期项目多是基于 GPT 采用第三方 Agent 框架的产品，其中既有可以上手即用的 AI Agent 产品，也有 AI Agent 构建平台。

伴随着 LLM 的出现，针对更自主、更智能的 AI Agent 的探索越来越多。数据显示，过去两年间，针对 AI Agent 的研究投入增长幅度高达 300%。现在随着 LLM 的应用方向已经确定为 AI Agent，从 LLM 厂商到创业团队再到企业应用，都在关注并尝试 AI Agent 的研发与应用。

当然，OpenAI GPTs 和 Assistants API 的推出，还是给第三方 Agent 构建框架及工具造成了不小的冲击，就连之前开发者一直在用的 LangChain、LlamaIndex（两个都是 AI Agent 构建框架）等框架的价值都被看低。GPTs 推出后在创投领域引起了很多争议，很多创业者认为 OpenAI 不该既做底层技术又做上层应用。这直接“杀死”了相当数量的基于 GPT 模型的 Agent 相关产品，虽然大量项目都是 Sam 所说的“简单模仿、套壳 OpenAI”的项目。

但在 LLM 时代，LLM 厂商的商业逻辑已经改变，想做不再如传统云计算那样的 IaaS 或者 PaaS 平台，而是直接构建一个一步到位的 AaaS 平台，要让所有人通过自然语言就能一步到位地构建自己的 Agent 应用，以构建自己的 Agent 生态。在 OpenAI 的领衔之下，越来越多的“类 GPTs”平台出现，LangChain 也在 GPTs 发布不久后，推出了一个名为 OpenGPTs 的开源项目，通过整合 LangServe 和 LangSmith，为用户提供与 OpenAI GPTs 相似的服务体验。

在 OpenGPTs 平台，用户可以通过选择不同的语言模型、自定义工具以及控制提示，实现对聊天机器人更灵活的控制。而对多语言模型的支持，现在也渐渐成为很多第三方 Agent 构建平台的标配。不同的 LLM 有不同的优势与特点，毕竟不是所有人只用 GPT 来构建 Agent，同时多模型能够为 Agent 带来更强的能力。

15.1.3 海外创业公司的 AI Agent 现状

随着 2023 年第一波 AI 应用程序在对话式 AI、写作和编码辅助等领域获得关注，很多人表示 AI Agent 将是该行业的下一件大事。一些创业项目也已经走出来，开始被更多人关注，下面是几个比较有代表性的企业和项目。

- AutoGPT 是一个实验性的开源应用程序，展示了现代 LLM 的功能。作为历史上增长最快的 GitHub 项目，AutoGPT 已经获得了融资。
- Relevance AI 是一家澳大利亚初创公司，致力于通过其低代码平台帮助各种规模的公司为不同应用场景定制 AI Agent，以显著提升公司的生产力。该平台可以帮助企业在几分钟内创建自定义 AI 应用程序和 Agent 且无须编码。
- Cohere 是一家以企业为中心的 AI 初创公司，为用户提供了一套自然语言处理（NLP）工具，包括用于构建对话 Agent 的 LLM Toolkit。该厂商的愿景是开发能够自主执行任务的 AI Agent，其产品和解决方案已经被 Jasper、Helvia、Glean 等多个行业的客户采用。
- Lindy.ai 是一家专注于无代码 AI Agent 的初创公司，允许用户创建并定制名为“Lindies”的 AI 员工，以执行超越基础文本生成的复杂任务。该平台的核心功能包括快速创建 AI 代理、组织 AI 团队以优化工作流程、通过触发器激活 AI 代理以自主执行任务，以及 AI 代理的持续学习和自主适应。
- Spell.so 是一家无代码 AI 代理初创公司，提供创建具有网络访问、插件集成和并行执行能力的自治代理的平台。它基于 GPT-4 构建，能够处理包括股票研究和竞争分析在内的多种任务。用户可以轻松创建能够独立操作的 AI 代理，并通过并行任务执行提高工作效率。
- Fixie.ai 是一个无代码平台，专注于创建被称为 Sidekicks 的对话式 AI Agent。这些 Agent 是可定制的、面向行动的，能够与外部世界交互，执行 API 调用和获取实时信息，同时基于用户数据提供相关和准确的响应。
- Adept 是一家成立于 2022 年的公司，致力于开发能够与计算机上所有内容交互的机器学习模型。它的旗舰产品是 Action Transformer（ACT-1），这是一个专为响应自然语言命令而在计算机上执行操作的模型。它的愿景是为每个人创建一个“AI teammate”（人工智能队友），通过这种人工智能，用户可以使用自然语言与计算机进行交互，执行各种操作和任务。

虽然 OpenAI 的估值已经超过千亿美元，却仍旧是一个创业型公司。2023 年 OpenAI 发布的 GPT-4 Turbo 和 Assistants API，会在未来几年赋能 AI Agent 初创公司爆炸式增长。并且，OpenAI 自己也正在开发相关的 AI Agent 产品。

有趣的是，2024 年 2 月 OpenAI 主席布雷特·泰勒（Bret Taylor）也推出了一家名为 Sierra 的新创业公司，专注于为企业构建对话式 AI Agent。在泰勒看来，这项技术将很快与移动应用程序或网站一样重要。Adept、Imbue、Luda 等初创公司，已经凭借其 AI Agent 获得数百万美元的融资。关于这些 AI Agent 公司的融资情况，我们会在 15.2 节详细列出。

上面仅列举了一部分 AI Agent 公司，还有更多初创公司已经推出了 Agent 产品，并有部分公司已经获得融资。我们来看一下当前投资机构眼中的 AI Agent。2023 年 12 月 30 日，来自科技行业知名风险投资机构 a16z（Andreessen Horowitz）的消费领域合伙人 Olivia Moore 在 X 平台分享了她整理的 AI Agent 行业地图及正在追踪的 60 家 Agent 产品清单。图 15-3 展示了 Olivia Moore 正在追踪的 60 家 AI Agent 产品。

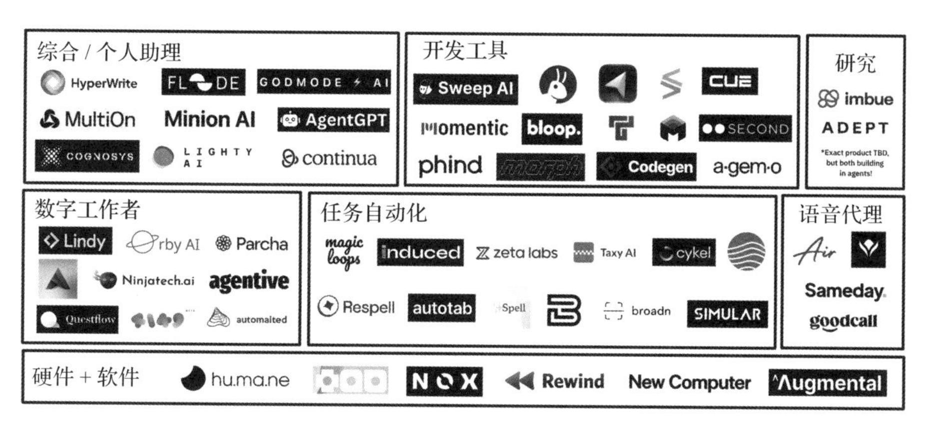

图 15-3　Olivia Moore 正在追踪的 60 家 AI Agent 产品

（图片来源：Olivia 推特内容）

在 Olivia 看来，AI Agent 就是跨系统工作并为用户执行任务的 bot，所以整个行业地图都是从生产力角度构建的。

可以看到，Olivia 将她关注的 60 个知名 Agent 分为综合 / 个人助理、开发工具、数字工作者、任务自动化、语音代理、研究、硬件 + 软件等几个领域，由此可见 Agent 已经逐步在更多的领域开始扎根。

需要说明的是，这 60 个产品只是代表性项目，目前国外的 AI Agent 产品及项目数量已经很多，单是 GitHub 上的项目就已经有 100 多个。特别是多个 AI Agent 构建平台的出现，可以让更多普通人构建专用的 AI Agent。

外媒 MattSchlicht 数据显示，至少有 100 个项目正致力于将 AI Agent 商业化，近 10 万名开发人员正在构建自主 Agent。“几乎每周都有新的 Agent 公司诞生。”AI 应用云服务厂商 E2B 用这句话来形容 Agent 创业的盛况。

15.1.4 国内科技大厂的 AI Agent 动作

在 GPTs 发布后，国内也陆续出现了很多类似的 Agent 项目与 Agent 构建平台。

1. 阿里巴巴魔搭 GPT 与钉钉 AI 助理

- 2023 年 7 月，阿里云魔搭社区推出了国内首个大型模型调用工具魔搭 GPT（ModelScopeGPT）。使用这款工具，用户可以一键发送指令调用魔搭社区中的其他人工智能模型，从而实现大大小小的模型共同协作，进而完成复杂的任务。
- ModelScopeGPT 基于开源 LLM 的 AI Agent 开发框架 ModelScope-Agent。这是一个通用的、可定制的 Agent 框架，用于实际应用程序，以基于开源的 LLM 为核心，包含记忆控制、工具使用等模块。
- 2024 年 1 月 9 日，钉钉在 7.5 产品发布会上正式发布了基于 70 万家企业需求共创的 AI 助理产品，推动 AI 的使用门槛进一步降低，让人人都能创造 AI 助理。钉钉 AI 助理具备感知、记忆、规划和行动能力，具备跨应用程序的任务执行能力，可以和钉钉上丰富的第三方应用、企业自建应用无缝结合。
- 钉钉 AI 助理分为企业 AI 助理和个人 AI 助理，用户可以在 AI 助理页面一键创建个性化的 AI 助理，是阿里巴巴 AI Agent 产品的实际落地。

2. 字节跳动发布豆包与 Coze

- 2023 年 8 月，字节跳动推出了基于云雀模型开发的 AI 工具豆包，提供聊天机器人、写作助手以及英语学习助手等功能，它可以回答各种问题并进行对话，帮助人们获取信息，支持网页 Web、iOS 以及安卓平台。

- 豆包定位是用户的智能伙伴，既能帮助用户提升效率、完成各种工作任务，又能高情商聊天提供各种感情建议，还能创建 AI 智能体进行自由对话。目前该产品主打智能体创建，打开应用就能看到项目的“创建 AI 智能体”字样，用户可以在这里简单创建并发布面向各种应用场景的 AI 智能体。
- 在 11 月 22 日的 2023 秋季飞书未来无限大会上，飞书智能伙伴正式发布，这是一个类似 GPTs 的产品。飞书还同步发布了飞书智能伙伴创建平台，支持企业在没有专业 AI 工程师、没有能力进行 AI 开发的情况下，创建个性化的智能伙伴。
- 在海外市场，字节跳动于 2023 年 12 月底上线了一款名为 Coze 的 AI 产品，这是一个用来创建新一代 AI 聊天机器人的应用开发平台。用户可以通过这个平台快速创建各种类型的聊天机器人，并将它发布到各类社交平台和通信软件上，所创建的聊天程序与 OpenAI 的 GPTs 类似，该产品由字节跳动旗下的 Flow 部门研发。
- 字节跳动的 Coze 中文版“扣子”，也已于 2024 年 2 月 1 日正式上线。

3. 百度升级文心 LLM 智能体平台

2023 年 12 月，百度将其在同年 9 月发布的“灵境矩阵”平台全新升级为“文心智能体平台”。文心智能体平台基于文心 LLM，为开发者提供多样化的开发方式，支持广大开发者根据自身行业领域、应用场景，选取多样化的开发方式，打造 LLM 时代的原生应用。

数据显示，文心智能体平台已有超过 3 万名开发者申请入驻，并能依托百度全域场景，获得更多的流量分发路径和商业机会。目前，已有法律智能助手、TreeMind 树图、职场密码 AI 智能简历等众多智能体通过文心智能体平台跑通从开发到分发再到变现的路径。其中“法律智能助手”上线 3 个月，已有累计超过 230 万的用户访问。

文心智能体平台上的智能体类型已经覆盖了办公、生活服务等多个领域，智能体应用也在飞速增长。

4. 腾讯发布 AppAgent 项目

腾讯通过与得克萨斯大学达拉斯分校合作，推出了一个名为 AppAgent 的项目。

该项目可以通过自主学习和模仿人类的点击与滑动手势，在手机上执行各种任务，包括在社交媒体上发帖、帮助用户撰写和发送邮件、使用地图、在线购物，甚至进行复杂的图像编辑。AppAgent 在 50 个任务上进行了广泛测试，涵盖了 10 种不同的应用程序。AppAgent 的主要功能包括多模态 Agent、直观交互、自主学习和构建知识库。作为一个基于 LLM 的多模态代理，AppAgent 能够处理和理解多种类型的信息，从而能够理解复杂的任务并在各种不同的应用程序中执行这些任务。

5. 华为推出 Pangu-Agent

华为诺亚方舟实验室、伦敦大学学院（UCL）、牛津大学等机构的研究者，提出了盘古智能体框架 Pangu-Agent。这是一种通用的、可微调的、具有结构化推理能力的智能体模型。在多个单智能体和多智能体的任务上，研究者使用不同的通用语言模型和提示方法，对盘古智能体进行了广泛的评估，展示了它在结构化推理和微调方面的优势。

6. 昆仑万维推出天工 SkyAgents

昆仑万维在 2023 年 12 月 25 日正式开放测试其 AI Agents 开发平台——“天工 SkyAgents” Beta 版。“天工 SkyAgents” 基于昆仑万维的“天工 LLM”，具备自主学习和独立思考能力。用户可以通过自然语言构建自己的私人助理，并将不同任务模块化，以执行各种任务。该平台支持模块化任务组件、智能知识库构建、第三方工具调用和个性化 AI Agent 一键分享。

7. 360 推出 Agent 智能营销云方案

360 旗下的智能营销云曝光了“LLM+ 企业知识库 + Agent”的解决方案。360 的 Agent 模式要求 LLM 不仅要作为“大脑”识别人类的意图，智能化地思考分解任务，还要能够长出“手脚”，自动化地使用工具、调用各种 API 来执行任务和解决问题，从而达成目标结果，并成为一种通用的智能体系统。依托 LLM 能力、知识库训练能力、Agent Studio、数字人等技术，360 智能营销云已陆续推出了 AI 数字人、AI 数字员工、360 智绘等多种产品。

8. 联想推出个人智能体

2023 年 12 月 27 日，联想宣布推出个人智能体，并同时开放本地 LLM API。该智能体主要面向开发者，定位是混合模型中的新型人机交互方式，同时支持跨端服务。在 2024 年国际消费类电子产品展览会（CES）期间，联想表示上半年将陆续发布嵌入个人 Agent、个人 LLM 的 AI PC。

15.1.5　国内创业公司的 AI Agent 现状

不只是科技大厂紧锣密鼓地研发 Agent，专注应用层的创业公司也都瞄准了 Agent。创业公司“船小好调头”，尤其是专注垂直领域的企业更容易快速创新并推出相应的产品与解决方案。2023 年，国内创投领域至少有 4 种 AI Agent 产品获得了融资。

- 实在智能在 2023 年 8 月发布了基于自研领域大语言模型 TARS 的产品级落地产品——实在 RPA Agent 智能体（TARS-RPA-Agent），并于当年 12 月拿到了 C 轮融资。
- 澜码科技在 2023 年 8 月拿到 A 轮融资，于 12 月 20 日正式发布了 AskXBOT 平台，这是一款自主研发的基于 LLM 的 Agent 与工作流设计、开发、使用、管理、知识沉淀的一站式平台。
- 生成式 AI 驱动的多 Agent 营销 SaaS 平台 WorkMagic 拿到了天使轮融资，已推出 1.0 版本“WorkMagic Copilot”。
- AutoAgents.ai 也拿到了天使轮融资，并将推出三种 Agent 产品：工作助手（Copilot）、业务自巡航及自主智能体（Autonomous Agent）。
- 壹沓科技推出了基于 LLM 的数字员工平台 CubeAgent，能够为企业提供基于 LLM 技术的数字员工聚合及训练服务，帮助企业轻松构建专有的“数字员工团队”。
- 面壁智能推出三款 AI Agent 产品：XAgent 是能够自行拆解复杂任务的超强 AI 智能体应用框架；AgentVerse 是 Agent 扮演角色彼此互动的通用平台；ChatDev 则是一个基于群体智能的 AI 原生应用智能软件开发平台。这家公司还联合清华自然语言处理实验室等机构，发布了新一代流程自动化范式 Agentic Process Automation（APA，相关项目为 ProAgent）。
- 智谱 AI 在 2023 年 10 月迭代的 ChatGLM3，集成了自研的 AgentTuning 技术，激活了模型智能代理能力。该厂商还于 2023 年 12 月 15 日联合清华发布了 CogAgent-Chat，这是一个基于 180 亿参数规模的视觉语言模型（VLM）的图形用户界面（GUI）智能体，专注于 GUI 的理解和导航。智谱推出的 AI Agent 被称为 GPTs/GLMs 智能体，是一种基于 LLM 的 AI 助理，具备一般智能体的特性，能根据用户的需求和偏好进行定制化，可以在多种场景下应用。智谱 CogAgent 架构如图 15-4 所示。

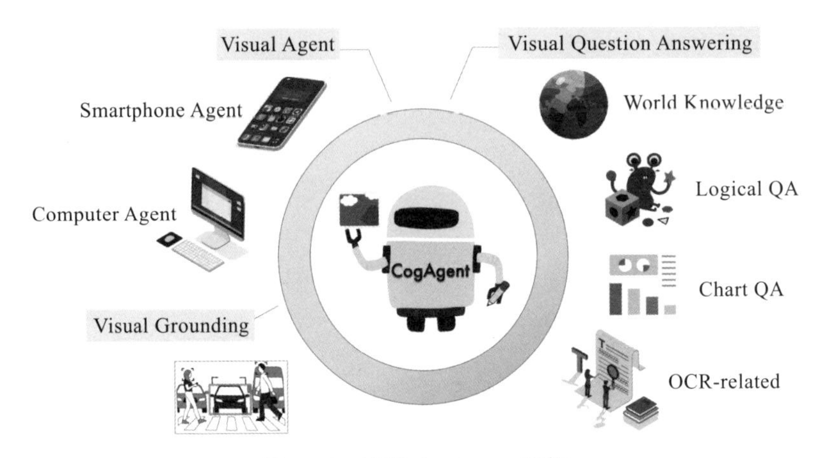

图 15-4 智谱 CogAgent 架构

（图片来源：CogAgent GitHub 项目页面）

- 汇智智能推出了 Gnomic 智能体平台，该平台允许用户进行定制化的智能体创作、部署、分享和推广。汇智智能还提供了汇智 AI 开放平台，这是一个面向开发者的一站式 API 集成与调用平台。公司还建立了微言大义 AI 课程研发中心，旨在提供 AI 人才培训和认证服务。
- 金智维将 LLM 与 RPA 技术相结合，打造了智能平台 K-Agent。这个平台集成了 LLM 的先进算法和 RPA 的灵活性，解决了传统业务流程自动化在自然语言理解与处理、自动化流程管理、文档处理、代码生成等方面的能力问题。用户基于 K-Agent 平台，可以快速开发、部署各类智能助手型数字员工，应对不同的业务场景需求。

除了这些已曝光的 AI Agent 产品，还有更多团队已经推出 Agent 产品或者即将发布相关产品。在国内，截至 2023 年 11 月中旬，AI Agent 赛道共发生融资事件 13 起，总融资金额约 735 亿元，公司融资均值约 56.54 亿元。

2023 年，AI Agent 已经达到“十个 AI 应用里面，五个办公 Agent，三个 AIGC”的创业境况。Agent 的创业项目正在快速涌现。作为 AI Agent 元年，2024 年刚开年就有几个新项目宣布完成融资。可以预见，随着投资机构对于 AI Agent 的认知的提升以及市场对于 Agent 需求的增加，将会有大量 Agent 项目出现。

15.2 从投资角度看 AI Agent 行业

LLM 正在蓬勃发展，AI Agent 作为实现智能交互与服务的关键技术，正逐渐成为资本市场的新宠。投资者们纷纷将目光投向这个充满无限可能的新兴行业，寻找着下一个颠覆性的商业机会。从技术进步到市场应用，从商业模式到生态构建，AI Agent 行业的每一个细节都牵动着投资者的神经。

本节将从投资角度，深入探讨 AI Agent 行业的发展现状、市场格局、产业结构与技术路径，帮助投资者和创业者把握行业脉搏，做出明智的投资决策与创业选择。

15.2.1　海外 AI Agent 投资现状

从区域分布来看，北美和亚太是 AI Agent 投资的两大高地。美国凭借科技和资本优势，涌现出最多的明星项目，硅谷更是聚集了 Anthropic、Adept 等一批独角兽。亚太地区中，中国、日本、新加坡、印度表现抢眼，形成了北京、上海、东京、新加坡等创新高地，Agent 初创公司不断涌现。欧洲虽然体量较小，但英国、德国、法国等国也展现出强劲的后发优势，涌现出 Deepmind、Aleph Alpha 等佼佼者。

1. 海外 AI Agent 融资现状

部分海外 AI Agent 项目融资情况见表 15-2。

表 15-2　部分海外 AI Agent 项目融资情况

时间	项目名称	轮次	金额	项目简介
2022 年 3 月	HyperWrite（OthersideAI）	Series B	280 万美元	HyperWrite 是一款网页端 AI 写作助手，为用户提供个性化、情境感知的写作建议和补全功能。HyperWrite 通过两轮融资共筹集了 540 万美元，目前估值为 1177 万美元
2022 年 12 月	Imbue	未披露	2 亿美元	Imbue 致力于构建能够进行推理和编码的 AI 系统。Imbue 在 4 轮融资中共筹集了 2.2 亿美元，目前估值为 10 亿美元
2023 年 3 月	Adept	Series B	3.5 亿美元	Adept 成立于 2022 年，开发了 Action Transformer（ACT-1）模型，可根据自然语言命令操作计算机。Adept 通过两轮融资共筹集了 4.15 亿美元，上一轮融资后估值为 10 亿美元
2023 年 6 月	Relevance AI	Series A	1500 万美元	一个无代码 AI Agent 构建平台，供财富 500 强企业和快速发展的初创公司使用，总共筹集了 1800 万美元
2023 年 6 月	Cohere	Series C	2.7 亿美元	一个面向企业的 AI 初创公司，提供 NLP 工具套件，已筹集资金总计 4.45 亿美元，最近 C 轮融资后估值超过 21 亿美元

（续）

时间	项目名称	轮次	金额	项目简介
2023 年 6 月	Inflection AI	未披露	13 亿美元	Inflection AI 旨在为每个人创造“个人 AI”，新一轮融资后估值达 40 亿美元
2023 年 7 月	Inverted AI	Seed	400 万美元	Inverted AI 从事无监督机器学习研究和开发基于 LLM 的人工智能产品
2023 年 8 月	Dropzone AI	Seed	350 万美元	Dropzone AI 提供自主 AI 安全 Agent 平台，可自动执行调查安全警报所需的工作，利用 LLM 让人类分析师可以专注于主要安全威胁和更高价值的工作
2023 年 8 月	11xAI	Pre-seed	200 万美元	11xAI 正在开发自主 AI Agent，可以作为独立单元工作，执行各种任务
2023 年 8 月	Horizon3.ai	Series C	4000 万美元	Horizon3.ai 提供自动化网络安全和渗透测试解决方案，其 NodeZero 平台无需任何 Agent 或攻击脚本即可评估攻击面
2023 年 8 月	Dropzone AI	Series B	350 万美元	Dropzone 开发自主安全 AI Agent，利用 LLM 协助人类安全分析师处理重复性任务和调查警报
2023 年 10 月	Lakera	未披露	1000 万美元	Lakera 致力于增强生成式 AI 应用程序的安全性，推出了 Lakera Guard 解决方案，满足保护生产中 LLM 的迫切需求
2023 年 11 月	Qevlar AI	Seed	预估 450 万美元	Qevlar 专注于利用 AI 技术提高安全运营中心（SOC）的生产力，开发了能够在最少人工干预下进行全面调查的自主 Agent
2023 年 11 月	AutoGPT	未披露	1200 万美元	一个由 GPT-4 驱动的开源应用，可以自主完成设定的目标
2023 年 12 月	Respell	Seed	475 万美元	Respell 提供无代码 AI 优先平台
2024 年 2 月	OpenAI	Series E	未披露	已融资 8 轮，其中 2023 年至今融资 4 轮，共筹集 140 亿美元资金，估值达 1000 亿美元。2023 年发布了 GPT-4 Turbo 和 Assistants API，引发了大量 AI Agent 创业公司涌现，目前正在研发两款自有 AI Agent
2024 年 3 月	Nanonets	Series B	2900 万美元	Nanonets 正在利用深度学习构建世界上最无摩擦的业务工作流自动化平台，由自主 AI Agent 驱动
2024 年 3 月	SuperAGI	未披露	未披露	SuperAGI 致力于构建可解释、透明、安全的 AGIAgent 模型

从融资阶段来看，早期融资最为活跃，不少明星项目获得亿元级别的种子轮或 A 轮融资，如 Anthropic、Inflection AI、Adept 等。同时 B 轮及以后的后期融资也十分活跃，Uniphore、Eruditus 等顶尖企业均获得了亿元级别的 C 轮、D 轮甚至更高轮次的融资，这表明市场对头部企业的认可度日益提高。海外创投界对 AI Agent 的持续看好，反映出这一领域广阔的发展前景。随着技术的不断迭代和应用场景的持续拓展，AI Agent 必将延伸到经济社会的方方面面，成为数字时代的新型基础设施。

从创投行业的视角来看，当前基于 LLM 的 Agent 领域初创公司可大致划分为两大类别。

- 中间层基础设施类

这类公司专注于提供实用且易于复用的 Agent 框架，旨在降低开发 Agent 的复杂性，并为 Agent 之间的协作设计有效的机制。它们的核心创新点主要体现在模块化设计、高度适配性以及协同工作等方面。其中，已获得知名机构投资的代表性项目有 AutoGPT、Imbue、Voiceflow、Fixie AI、Reworked、Cognosys 以及 Induced ai 等。

- 垂直领域 Agent 类

这类公司则深耕于某一特定垂直领域，深入理解该领域专家的工作流程，并运用 Agent 理念打造出 Copilot 式产品。在这类产品中，用户的介入使得 Agent 的决策过程更为可控，从而满足特定领域的需求。目前，已获得知名机构投资的代表性项目包括专注于安全领域的 Dropzone、致力于提升 LLM 可观察性的 Middleware、在金融科技领域有所作为的 Parcha、深耕游戏领域的 Luda、在医疗领域发挥作用的 Outbound AI 以及在软件开发领域表现突出的 Fine 等。

2024 年 4 月 4 日，Y Combinator W2024 Batch Demo Day 正式开始。这次共亮相 260 个项目，由 YC 从 2.7 万份申请中筛选出来，通过率低于 1%。Y Combinator（YC）是硅谷最著名的创业加速器之一，每年会有冬季（W）和夏季（S）两个录取批次，YC 具有强大的校友网络和品牌优势。需要说明的是，截至 2024 年 4 月，YC 已经投资了 69 家 AI Assistant 类企业，其中 13 家主打 AI Agent 产品，其他企业的 AI Assistant 产品也很容易向 AI Agent 模式过渡。

从此次亮相的项目来看，AI Agent 应用发展有两个新趋势：

- 从 Task 走向 Job。AI Worker 概念产品已经出现，虽然还有很大挑战，但已摆脱简单工具的束缚，走向了可以独立工作的自主 Agent。
- 领域知识库的构建，从简单的 RAG 技术走向知识的学习和使用。知识的核心表达也从 embedding 变成自然语言，而向量数据库最终将只是一个检索加速的技术。

这两大趋势，将是接下来 AI Agent 发展的重点方向。

2. 海外 AI Agent 投资趋势

海外 AI Agent 领域的投资趋势显示，投资规模持续扩大，投资案例数量快速增长，垂直领域成为新风口，后期融资回归理性，而早期阶段的投资活动比较活跃，见表 15-3。

表 15-3　海外 AI Agent 投资趋势

趋势	特点	简介
趋势一	投资规模持续扩大	近年来，随着 AI 技术的快速发展和应用场景的不断成熟，全球对 AI Agent 的投资规模持续扩大。2021 年全球 AI 领域融资总额超过 1700 亿美元，其中不乏对 Agent 初创企业的大额投资，动辄数亿美元。预计未来随着技术进一步突破，投资规模还将持续攀升
趋势二	投资案例数量快速增长	得益于 AI 技术的快速发展和资本的持续关注，全球 AI Agent 初创公司如雨后春笋般涌现。CB Insights 的数据显示，2021 年全球 AI 初创企业数量达到 14 000 家，这一数字还在以每年数百家的速度快速增长
趋势三	垂直领域成为新风口	最初资本更多关注通用 AI Agent 平台，如今垂直领域的细分赛道正在成为新的投资风口。企业服务、商业智能、医疗健康、教育科技等领域有越来越多的 Agent 初创公司脱颖而出，获得资本市场的高度认可。这表明 AI 正在加速与传统行业的深度融合，催生出大量创新机会
趋势四	后期融资回归理性	早期阶段的天使轮、A 轮融资依然最为活跃，不少初创企业获得亿元级别融资。但随着“烧钱”大战的结束，B 轮及以后的融资呈现回归理性的态势。投资人更加关注企业的商业模式、市场表现和成长性，对估值提出更高要求。头部企业依然备受资本追捧，但泡沫化趋势得到遏制
趋势五	早期阶段比较活跃	海外创投领域的 AI Agent 在早期融资阶段最为活跃，主要包括种子轮和 A 轮融资。种子轮融资通常是初创企业获得的第一笔外部投资，融资金额相对较小，一般在几十万到几百万美元之间。对于 AI Agent 初创企业而言，种子轮融资主要用于产品开发、团队组建和早期市场验证等

全球 AI 领域融资总额在 2021 年超过 1700 亿美元，显示出全球对 AI Agent 初创企业的投资规模较大。随着技术进步，预计投资额将继续上升。另外，AI Agent 公司的增长速度迅猛，CB Insights 数据显示，2021 年全球 AI 初创企业数量达到 14 000 家，且仍在持续增长。投资者的关注点从通用 AI 平台转向垂直领域的细分市场，如企业服务、医疗健康等，这些领域的 AI Agent 初创公司正获得市场的高度认可。这反映了 AI 与传统行业的深度融合，带来了创新机遇。

在融资阶段方面，尽管早期的天使轮和 A 轮融资依然频繁，但 B 轮及之后的融资开始趋于理性。投资者更注重企业的商业模式、市场表现和成长潜力，对估值有更高的要求，避免了泡沫化趋势。AI Agent 初创企业在种子轮和 A 轮融资中表现活跃。种子轮通常为初创企业获得的首笔外部资金，金额相对较小，主要用于产品开发、团队建设和早期市场验证等。这些早期投资对于 AI Agent 公司的成长至关重要。

LLM 技术获得突破以来，不少 AI Agent 初创企业在种子轮就获得了千万美元级别的融资。如 Anthropic 在 2021 年获得了 1.24 亿美元的种子轮融资，Inflection AI 在 2022 年获得了 2.25 亿美元的种子轮融资，如此高的融资金额引发行业震动，也表明资本市场对 AI Agent 领域的早期项目寄予厚望。

A 轮融资通常在种子轮之后进行，融资金额从几百万到几千万美元不等。对于 AI Agent 企业来说，A 轮融资主要用于扩大团队、优化产品、拓展市场和建立商业模式等。例如，2022 年 Adept 完成了 6500 万美元的 A 轮融资，Cohere 完成了 1.25 亿美元的 A 轮融资，这些都成为行业瞩目的融资事件，也标志着头部 AI Agent 企业正在加速成长。

当然,B 轮及以后的融资在 AI Agent 领域也十分活跃。领先的 AI Agent 企业，如 Anthropic 和 Inflection AI 等，在后期融资中都获得了数亿美元的巨额投资。但总体来看，早期融资无疑是目前 AI Agent 领域最受关注、最具活力的阶段。

这种现象的产生，主要基于以下几点原因：

- 技术突破

首先，AI Agent 领域的技术迭代速度极快，颠覆性创新层出不穷，资本市场希望通过早期布局发现和投资那些具有革命性技术潜力的初创企业，从而实现超额回报。其次是赛道争夺。AI Agent 被公认为是人工智能领域最有前景的细分赛道之一，因此众多科技巨头和创投机构都在抢滩布局，争夺未来的制高点，而早期融资恰恰是布局新赛道的关键窗口期。

- 估值洼地

尽管 AI Agent 初创企业的融资金额屡创新高，但与其长期发展潜力相比，目前的估值水平仍处于相对洼地，投资机构希望通过早期低估值介入，随着企业成长获得丰厚回报。

- 人才红利

AI Agent 领域高度依赖顶尖的技术人才，不少初创企业由业内知名科学家创办，拥有全球一流的人才团队，而投资机构也看重这些早期项目的人才红利。种子轮和 A 轮融资已成为海外 AI Agent 投资领域的热点。随着 AI 技术的不断发展和应用场景的持续拓展，预计未来该领域的早期融资将进一步升温。与此同时，也需要警惕泡沫化的风险。对于创业者而言，在追求融资的同时更要注重核心技术的研发和商业模式的创新；对于投资人而言，在面对众多早期项目时也需要更加谨慎地筛选和评估。

15.2.2 国内 AI Agent 投资现状

中国 AI Agent 投融资现状呈现出复杂多变的特点。一方面，整体上中国 AI 领域的投融资总额在 2023 年出现了显著下降，同比下降 70%，其中第四季度的投融资总额仅为 4 亿美元，远低于美国的 38 亿美元融资额。

这一数据反映了全球 AI 行业投资进入了一个所谓的“退烧期”，特别是在中国，这种趋势更为明显。此外，2023 年中国 AI 领域投融资数量约为 232 笔，同比下降 38%；融资总额约为 20 亿美元（约合 142.45 亿元），同比下降 70%。尽管面临整体资本寒冬的挑战，但仍有部分 AI Agent 项目能够获得融资。例如，AutoAgents.ai 完成了数千万元天使轮融资，斑头雁智能科技也完成了近千万美元的 A 轮融资。

这些案例表明，在资本寒冬中，仍有一些具有潜力的 AI Agent 项目能够吸引投资者的关注和资金的支持。同时，中国 AI 领域的投融资活动并未完全停滞。据报道，2000 年以来，人工智能产业投融资数据总体趋势是向上发展的。此外，AIGC 领域的投资主体主要以投资类为主，代表性投资主体有高领资本、红杉资本、高领创投等；实业类的投资主体有百度、腾讯、华为、字节跳动等。这说明在特定细分领域内（如 AIGC）仍然存在着活跃的投资活动。

尽管中国 AI 领域的投融资总额在 2023 年大幅下降，显示出整体市场的冷却迹象，但在某些细分领域和具有潜力的项目中，融资活动仍然存在，并且得到了投资者的认可和支持。这表明在中国创投领域，AI Agent 的投融资现状是多元化的，既有整体市场的挑战，也有部分领域和项目的活跃表现。

1. 投融资总额下降的原因

中国 AI 领域投融资总额下降的原因是多方面的，是技术商业化难题、盈利模式不清晰、融资事件数量和金额减少以及单笔投融资金额下降等因素共同作用的结果。

- 技术商业化难题：一些 AI 企业面临技术转化为实际商业价值的挑战，这导致投资者对这些企业的长期回报持谨慎态度。
- 盈利模式不清晰：部分 AI 企业的盈利模式尚不明确，这使得投资者难以评估投资的潜在收益，从而降低了投资意愿。

- 融资事件数量和金额减少：根据公开数据，2023 年上半年，中国创投市场披露的融资事件数量和金额同比分别减少了 38.73% 和 24.92%，显示出整个行业的融资活动明显减少。
- 单笔投融资金额下降：从 2016 年到 2021 年，AI 算力行业的单笔投融资金额呈现上升趋势，但到了 2023 年，这一趋势发生了逆转，单笔投融资金额下降至 2 亿元人民币，反映出市场对大额投资的需求减少。

自 2022 年以来，尽管面临资本寒冬的挑战，但仍有一些 AI Agent 项目获得了融资，从中还是能看出一些创投的趋势。

国内已曝光的 AI Agent 项目融资情况见表 15-4。

表 15-4　国内已曝光的 AI Agent 项目融资情况

时间	名称	轮次	金额	项目简介
2023 年 8 月	澜码科技	A 轮	数千万元人民币	澜码科技是一家基于 LLM 的数据飞轮公司，提供新一代自动化平台，通过“AskXBot”平台，复现专家的专业技能，提升业务流程质量和效率
2023 年 10 月	WorkMagic	天使轮	数百万美元	WorkMagic 提供生成式 AI 驱动的多 Agent 营销 SaaS 平台，运用多 Agent 技术，结合 AI 与营销，旨在提高企业营销效率和业务成果
2023 年 12 月	弋途科技	天使轮	数千万元人民币	弋途科技是一家专注于汽车智能化软件解决方案的提供商，瞄准基础中间件、服务中间件、AI 中间件的研发和商业化落地
2023 年 12 月	AutoAgents.ai	天使轮	数千万元人民币	AutoAgents.ai 是一家 AI 技术公司，提供自主智能体（AI Agents）以及智能助理（Copilot）软件服务，公司旨在解决 LLM 到场景化落地应用的“最后一公里”
2023 年 12 月	实在智能	C 轮	近 2 亿元人民币	实在智能从 AI+RPA 领域发轫，为多个领域大型客户部署“数字员工”，推出了基于自研 LLM 的 Agent 智能体，结合了视觉理解技术与 RPA 技术
2024 年 1 月	极易科技	Pre-IPO 轮	超亿元人民币	极易科技是中国丝路电商的重要参与者，提供一站式的 AI 开发平台和封装好的 Agent，公司主要将 AI 技术应用于销售、客服和营销场景，提高企业效率和增加收入
2024 年 1 月	Buysmart.ai	天使轮	数千万元人民币	Buysmart.ai 是一家专注于 AI 电商导购的创业公司，旨在通过 AI 技术帮助用户实现快乐消费，公司通过 LLM 和商品推荐系统打造智能购物 Agent

（续）

时间	名称	轮次	金额	项目简介
2024 年 1 月	斑头雁智能科技	A 轮	近千万美元	斑头雁智能科技是一家 AI 公司，专注于企业级 AI Agent 产品 BetterYeah AI 的开发，该公司旨在帮助企业以低成本快速应用 AI 技术
2024 年 2 月	波形智能	Pre-A 轮	数千万元人民币	波形智能是一家 AI 公司，专注于内容创作领域的长文本生成，发布了能生成长文本的 LLM“Weaver”和 AI 辅助创作工具“蛙蛙写作 1.0”
2024 年 4 月	Babel	天使轮	550 万美元	Babel 为用户提供软件开发和运维的 AI 全流程服务，公司旨在通过 AI Agent 自动开发应用，提高软件开发效率
2024 年 4 月	面壁智能	未明确	数亿元人民币	面壁智能是一家人工智能公司，专注于 LLM 技术的开发和应用。公司将 LLM 与 Agent 技术部署于金融、教育、政务等领域

首先，虽然有报道称 2023 年国内 AI Agent 项目的融资情况并不算多，但这并不意味着没有项目获得融资。

实际上，从 OpenAI、Anthropic、Adept AI、Inflection AI、Aleph Alpha 等海外生成式 AI 公司在 2023 年筹集了大笔资金来看，尽管整体环境艰难，但仍有部分 AI Agent 项目成功吸引了投资者的关注。2024 年开始，随着创业者与投资人对 AI Agent 的认知越发深入，投资频率将会得到提升。2023 年至 2024 年 4 月上旬，从已曝光的融资信息来看，至少已经有 11 个 AI Agent 项目拿到了融资，其中斑头雁这种贴上“钉钉副总裁创业”标签的项目颇受关注。

这些项目的融资可能用于支持它们在产品、技术、市场、生态、团队乃至愿景方面的进一步发展。例如，资金可能被用于研发更先进的 AI 技术，扩大市场份额，构建更加完善的生态系统，或是加强团队建设以推动项目的长期发展。

生成式 AI 技术应用大概率会向 AI Agent 模式迁移，这些获得融资的公司都会进一步做与 AI Agent 相关的布局，比如 OpenAI 已经被曝出要推出两款重量级 Agent 产品，其中一款能够实现完全自动化操作 PC。

2. 资本寒冬下的 AI Agent

自 2022 年 11 月 30 日 ChatGPT 推出以来，因为 LLM 的爆发以及时而涌现的各类现象级应用，由人工智能大突破带来的“C 端狂嗨”现象让 2023 年全年看起来都十分热闹。但实际上，在经济下行与复杂国际形势的影响之下，2023 年延续下来的资本寒冬比以往更加严重。

根据清科的统计，2022 年中国股权投资市场新募集金额为 21 582.55 亿元人民币，同比下滑 2.3%；投资总金额为 9 076.79 亿元人民币，同比下滑 36.2%。2023 年前三季度，新募集基金总规模为 13 521.53 亿元人民币，进一步下滑了 20.2%；投资总金额为 5 070.94 亿元人民币，同比下滑 31.8%。不论是早期投资，还是 VC、PE 市场的活跃度都呈现不同程度的缩减。

现在的资本市场有一个最明显的标志，即市场化的钱越来越少。这种情况下，资本机构自然会将手头上有限的资金投给市场潜力大、成长速度快的“好项目”。即便现在的 AI Agent 项目已经不少，按照某投资人的说法，已经达到“十个 AI 应用里面，五个办公 Agent，三个 AIGC”的境况，但这样的项目越多，实际能获得投资的占比就越小，几年前的同一家机构投资多个相同赛道项目的情况已不多见。

面对大量做办公应用及垂直场景解决方案的应用层 C 端 Agent 产品，执行能力欠佳的 Agent 短期内难以触达企业深层运营，资本机构反而更加期待已投资的 B 端企业服务类创业项目在 LLM 及 AI Agent 方面的表现。

换言之，由企业服务厂商在原有企业级产品基础上打造的 Agent 产品，可能更有机会获得新一轮投资。背后的大趋势，实则还是消费互联网向产业互联网的迁移。以前投资机构研究企服类项目如何用技术创新改变某些行业，现在则进一步观察这些企业如何用最新的 Agent 技术改变各个领域。所以，在 AI Agent 的应用早期，能够拿到融资的项目都是在产品、技术、市场、生态、团队乃至愿景方面能够经受得住考验的。

这些厂商往往在行业经验、技术积累、产品打磨、数据储备、生态建设、市场拓展、需求洞悉、客户维护、行业前瞻等方面做得比较到位或者具备得天独厚的优势，才能在更加酷寒的资本寒冬期捕获资本芳心，拿下新一轮融资。当然，即便资本寒冬继续延续，随着 AI Agent 产品的逐步成熟以及更多企业对 AI 智能体认知的加深，加上 LLM 落地应用的趋势，2024 年也会有更多 AI Agent 项目拿到融资。

15.2.3 投资人看 AI Agent

从 Anthropic 到 Adept，从 Character.AI 到 Jasper，一批备受瞩目的 AI Agent 项目获得亿元美元量级的融资，背后站着红杉、a16z、Tiger Global 等行业顶级投资机构。这些动向清晰地勾勒出资本市场对 AI Agent 的巨大期许。AI Agent 作为 LLM 应用的关键组成部分，正吸引着越来越多投资者的目光。对于投资人而言，AI Agent 不仅代表着一种全新的技术趋势，更是未来商业模式和市场格局的潜在颠覆者。

AI Agent 正成为最耀眼的新星，吸引着无数投资人的目光。站在投资人的视角，他们是如何看待和布局这一前沿赛道的呢？下面，我们来看几个投资人对 AI Agent 的看法。

1. Fellows Fund 创始合伙人 Alex Ren

硅谷先锋投资人、Fellows Fund 创始合伙人 Alex Ren 认为，当前 AI 的投资可以从四个维度出发：一是生产力的释放，即 AI 驱动的工具自动执行任务并提供输出；二是对产业的改变，即使用人工智能优化流程以提高效率、降低成本并改善结果；三是 AI 中间层，AI 中间层连接 LLM 以构建可扩展和可定制的 AI 应用程序；四是 AI Agent，由 AI 代替人与机器进行互动并学习。

2. Founders Spaces 创始人 Captain Heff

对于人工智能领域，尤其是像 ChatGPT 等自然语言处理技术的创新，硅谷重量级创业教父、天使投资人、Founders Spaces 创始人 Captain Heff 强调了它在不同行业中的应用潜力。他指出，未来最大的机会在于开发能够自行解决问题的智能代理（Intelligent agent），而不仅仅是回答问题。他认为，技术本身并不是最关键的，如何将技术应用于解决实际问题才是最具价值的。

3. 微软联合创始人比尔 · 盖茨

在比尔 · 盖茨看来，AI Agent 不仅会改变人与计算机交互的方式，还将颠覆软件行业，带来自人类从键入命令到点击图标以来最大的计算革命，智能体会成为继 Android、iOS 和 Windows 等之后的下一个平台。比尔 · 盖茨预计，未来 5 年内，我们将迎来 AI Agent 这个“下一个平台”，它将整合现有的电商、搜索引擎、广告等业务。用户将不再需要为不同任务选用不同的应用程序，而只需用日常用语将需求告知设备，然后设备会根据软件获取的信息，做出为用户量身定做的反应。

比尔 · 盖茨还展望了 AI Agent 在旅游规划、医疗保健、教育、生产力、娱乐与购物等多个领域的应用。他认为，AI Agent 不仅可以帮助我们更高效地完成任务，还可以提供个性化的服务，预测我们的需求，甚至在我们提出要求之前就提出建议。

4. 华兴资本投资银行事业部董事总经理、产业和科技负责人徐锟

中国人工智能领域在 2023 年上半年的融资总额接近 150 亿元人民币，从融资轮次来看，天使轮和 A 轮融资事件数量多，占总融资数量的 48%；从资本参与

视角来看，相比应用层，目前一级市场投资更集中于底层 LLM 上，多模态、具身智能、Infra、Agent 也是重点关注方向，但目前这些赛道项目主要处于早期阶段。

他认为一个相对来说能够快速实现商业落地和场景落地的细分赛道是 Agent。现在的 LLM“有眼有嘴没有手”，实现流程和操作执行的落地会是非常明确的商业化途径。但从 AI Agent 在国内的发展进度看，底层 LLM 这波百模大战还没有结束，Agent 又相对依赖 LLM 的发展落地，同时还有数据管理、长期记忆等待解决问题。我们在耐心等待头部的公司出现，同时也很积极地关注水下公司。

5. BV 百度风投在 AI 应用领域的投资副总裁温永腾

BV 百度风投在 AI 应用领域的投资副总裁温永腾，对 AI Agent 领域的初创企业前景表达了乐观态度。他认为，未来的应用生态将百花齐放，而非一家独大。AI Agent 的崛起标志着一次重大的变革机遇，许多传统应用都面临着被彻底改造的可能性。在这个过程中，初创公司将拥有无数机会去开拓新天地。对于每一项具体任务，AI Agent 都拥有巨大的优化潜力，包括特定算法与服务的构建、用户数据的利用以及产品设计的创新等方面，这些都是初创公司可以塑造自身独特优势的关键领域。

温永腾还指出，当前 AI Agent 的生态尚处于“混沌初开”阶段，这为初创企业提供了宝贵的发展契机。它们无须在既定的规则框架内与大公司竞争，从某种意义上说，初创企业与大公司在这一新领域站在了同一起跑线上。而且，初创企业凭借其灵活性，能够更迅速地调整产品策略，适应市场变化。

6. 真格基金的管理合伙人戴雨森

真格基金的管理合伙人戴雨森则将 AI 与人类协作的程度比作自动驾驶的不同级别，他认为 AI Agent 相当于自动驾驶的 L4 级别。尽管 L4 级别的自动驾驶在理论上容易想象和演示，但实际应用却充满挑战。同样地，AI Agent 的真正广泛应用也仍是一个未知数。戴雨森强调，要实现真正可用的 AI Agent，还需要在 LLM 的能力上取得显著突破。即使是行业领先的 OpenAI，在延迟和性能方面也仍有很大的提升空间。他用一个生动的比喻来说明这一点：“就像蒸汽机需要水烧到 100 摄氏度才能产生蒸汽一样，如果 AI Agent 的智力水平没有达到一定的高度，即使已经投入了大量的资源和努力，也仍然无法产生实质性的成果。”

7. 清科资本投资总监李睿

AI Agent 现阶段的应用都还是比较有前景，但由于其成本较高，推动落地的进度暂时不会太快。李睿认为落地可以从两个场景来探索。第一种是人机交互，例如广义的“客服机器人”，它在各类购物、交易、咨询等与用户对话的情境下，专注于完成用户的具体任务，应用场景相对集中，并且维护相对容易。

第二种可能的场景是用户操作流程智能化。前台是单向的，但后台可以利用 AI Agent 更好地执行。比如，一家银行要求客户在开户时提交个人信息以及身份证明，类似于这种局限性的任务，机器人不需要与用户进行过多的交互。相较于原有的 SOP，AI Agent 更为高效。这个场景下，AI Agent 未来一定会引领工作流程的革新。

专题：AI Agent 投资与应用调查

为更好地展现投资人眼中的 AI Agent 行业，笔者在写这一部分时，与一些投资人进行了交流并做了相应调查。这里，感谢英诺天使基金合伙人王晟、超声波创始人杨子超、清科资本合伙人李睿、讯飞创投高级投资经理杨春雄及义柏资本投资经理林相宇等投资人的参与。

下面是这项调查的基本情况，希望能为创业者提供一些帮助。注意，此次调查采用了调查问卷的形式，多个问题涉及多项选择。

首先在行业发展前景方面，有 50% 的人非常看好 AI Agent 行业，认为它是最具潜力的技术和应用方向之一，另有 50% 的投资人看好但认为行业仍有不确定性，需要审慎评估。

如图 15-5 所示，在 AI Agent 行业发展面临的主要挑战方面，66.7% 的投资人认为是技术瓶颈，如算法性能、数据质量等，50% 的投资人认为是应用落地难，缺乏成熟的商业模式，还有 50% 的人认为是人才短缺，尤其是复合型人才缺乏。

选项	人数	比例
技术瓶颈，如算法性能、数据质量等	4	66.7%
应用落地难，缺乏成熟的商业模式	3	50%
市场认知度低，用户接受度有待提高	1	16.7%
人才短缺，尤其是复合型人才缺乏	3	50%
行业监管政策不明朗，存在合规风险	2	33.3%
其他：________	1	16.7%

图 15-5　AI Agent 行业发展面临的主要挑战

如图 15-6 所示，在 AI Agent 的商业应用主要因素方面，有 50% 的投资人看重技术成熟度与稳定性、行业应用场景的广泛性、数据安全与隐私保护及投资回报与盈利能力、技术创新与持续迭代能力等四项因素。

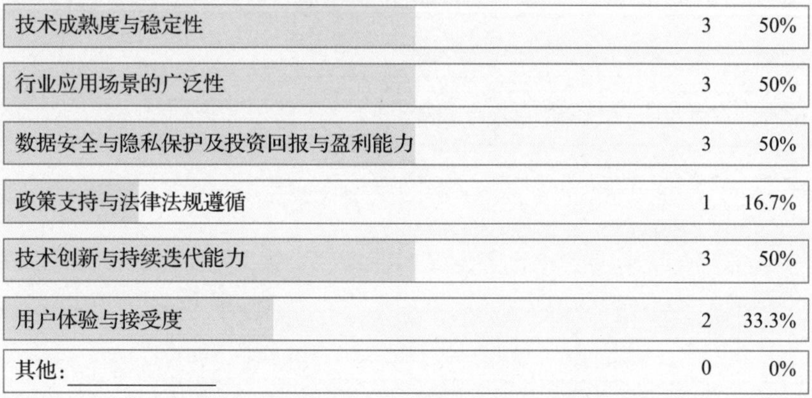

选项	人数	比例
技术成熟度与稳定性	3	50%
行业应用场景的广泛性	3	50%
数据安全与隐私保护及投资回报与盈利能力	3	50%
政策支持与法律法规遵循	1	16.7%
技术创新与持续迭代能力	3	50%
用户体验与接受度	2	33.3%
其他：________	0	0%

图 15-6　AI Agent 的商业应用主要因素

如图 15-7 所示，在 AI Agent 商业应用面临的最大挑战方面，83.3% 的投资人认为是技术瓶颈与研发难度，50% 的投资人认为是竞争格局与市场份额分配。

选项	人数	比例
技术瓶颈与研发难度	5	83.3%
市场接受度与用户教育成本	1	16.7%
法律法规限制与政策不确定性	2	33.3%
竞争格局与市场份额分配	3	50%
数据获取与处理难度	1	16.7%
跨行业合作与整合挑战	2	33.3%
其他：________	1	16.7%

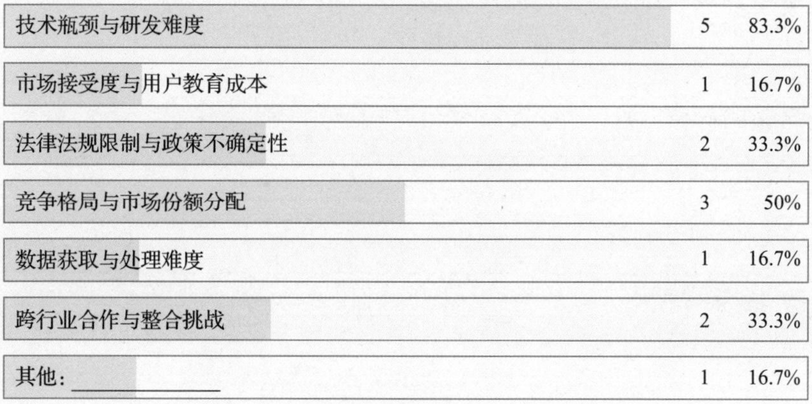

图 15-7　AI Agent 商业应用面临的最大挑战

如图 15-8 所示，在 AI Agent 最具应用前景的行业和场景方面，教育行业被认为是 AI Agent 最具应用前景的领域，占比最高达到 100%，其次是金融和医疗健康各占83.3%，零售和交通出行各占50%。

选项	数量	比例
金融（智能投顾、风控反欺诈、保险定价等）	5	83.3%
医疗健康（辅助诊断、药物研发、健康管理等）	5	83.3%
教育（智能教学、作业批改、个性化学习等）	6	100%
零售（智能客服、个性化推荐、需求预测等）	3	50%
制造（设备故障预测、工艺优化、供应链管理等）	2	33.3%
交通出行（智能导航、路况预测、自动驾驶等）	3	50%
其他：____________	2	33.3%

图 15-8　AI Agent 最具应用前景的行业和场景

在未来3～5年的发展趋势中，投资人们给出的看法包括：搭建和训练成本大幅降低，数据价值越来越高；行业通用型应用被大厂占据，但垂类细分场景仍有创业机会；游戏、教育、医疗行业出现颠覆性的应用；AI Agent会和LLM能力融合，调用更加简单和智能；更强的能力，如思考力、规划能力，以及灵活、便利、完善的Frame Work。

如图15-9所示，在具体投资与相关项目方面，大部分投资人倾向于投资天使轮/种子轮和A轮/B轮等早期阶段。

选项	数量	比例
天使轮/种子轮	5	83.3%
A轮/B轮等早期阶段	3	50%
C轮/D轮等中后期阶段	0	0%
上市公司股票投资	1	16.7%
参与战略投资或并购	1	16.7%
其他：____________	0	0%

图 15-9　具体投资与相关项目

如图15-10所示，在重点关注的AI Agent项目属性方面，投资人重点关注创始团队背景与能力、商业模式与变现能力，其次关注的是行业应用深度与市场规模和技术路线与竞争壁垒。

属性	数量	比例
创始团队背景与能力	6	100%
技术路线与竞争壁垒	4	66.7%
商业模式与变现能力	6	100%
行业应用深度与市场规模	5	83.3%
发展阶段与融资需求	2	33.3%
其他:______________	0	0%

图 15-10　重点关注的 AI Agent 项目属性

投资人们给予 AI Agent 创业者的建议包括：找寻真正的刚需场景，结合自身优势积极探索商业闭环；行业够大，纵深更深，技术加速效率提升；做好初期盈利的准备，否则很难活下来；建议形成数据壁垒。

AI Agent 投资既充满机遇，也面临挑战。泡沫与价值、短期与长期、技术与伦理，都是必须直面的问题。以上投资人的观点和看法对于投资和创业都有很大的参考价值。对于投资者和创业者来说，关键在于如何在这片蓝海中找准定位，发现那些既有创新技术又能解决实际问题的 AI Agent 项目，从而在实现自身价值的同时，推动整个社会向更高层次的智能化迈进。

15.2.4　AI Agent 产业格局

对于自主智能体这个新兴领域，资本市场已经用独到的投资眼光将 AI 智能体产业划分为三层架构。如图 15-11 所示，它将整个 Agent 产业自下而上划分三层，最下面为用于智能体运营的模块插件层，中间为程序应用层，最上面为服务层。

可以明显观察到，智能体运营层借鉴了 OpenAI 官方给出的 AI Agent 架构，该架构也是当前最为流行的 Agent 架构之一。

1. 智能体运营层

如图 15-11 所示，智能体运营层主要分为七个部分，分别为智能（Intelligence）、记忆内存（Memory）、工具和插件（Tools and plugins）、多智能体游乐场和协议（Multi-agent playgrounds and protocols）、多智能体通信模式（Multi-agent communication schemas）以及监控、安全和预算（Monitoring, security and budgetary）及智能体运营市场（AgentOps marketplace）。

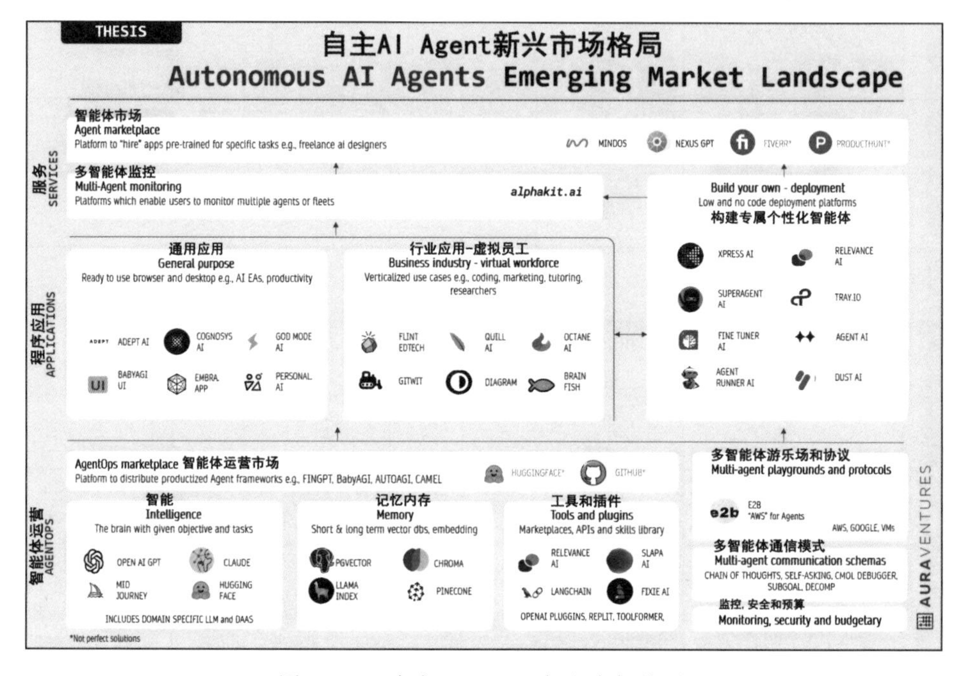

图 15-11　自主 AI Agent 新兴市场格局

（图片来源：Aura Ventures）

- 智能：智能体的“大脑”，由负责任务创建、规划和上下文的 LLM 提供支持。它们理解并产生自然语言，拥有广阔的世界知识，并且能够学习，LLM 一般通过 API 或开源被使用。OpenAI 的 GPT、Claude 等 LLM 都在这个部分，更先进的案例包括 HuggingGPT 及 Falcon 等，其中也包括特定领域的 LLM 和 DAAS，比如为心理健康数据提供 API 的 Sahha 。分销优势、成本、社区护城河和模型质量，将是这个部分的制胜关键。
- 记忆内存：获取、存储、保留和检索数据。分为短期记忆、长期记忆和感觉记忆。向量数据库和嵌入框架的激增是其中的关键。参与者包括 Pinecone 和 Chroma 以及像 Perplexity AI 一样具有集成优势的 Text to SQL 初创公司。

- 工具和插件：能够提供工具与插件的市场、API 和技能库，用于创建、修改和利用外部对象来执行超出 LLM 限制的事情。外部工具可以显著扩展模型功能，例如浏览器扫描和桌面支持等。目前，这些实用程序主要存在于提示和技能库中。典型的产品有 Openai 插件、Replit 及 Toolformer 等。其他如 SLAPA 等可以自学习的 API 系统，是早期的产品化应用案例。Relevance AI 也是该领域另一个快速发展的参与者，它在 UX 和“用低代码轻松创建智能体链”的能力方面颇具优势。
- 多智能体游乐场和协议：智能体网络之间应该应用什么通信协议，该问题将在这部分得到解答。PumaMart 和 SIM Gen Agents 一直在做这方面的攻关，E2B 是这个领域的新兴参与者。E2B 已与 OpenAI 等 LLM 厂商建立合作，其 Playgrounds 沙盒环境可以让用户构建各种基于 LLM 的智能体及相关应用。
- 多智能体通信模式：由 AgentOps 混合组成的 Agent，需要能够使它们以尽可能最佳的方式进行交互的服务。多智能体通信协议，更有益于多智能体学习、反思和解释。目前该部分主要作为提示技术存在，更多是在论文中提及。这一部分主要提供思维链、自我询问、cmol 调试器子目标以及分解相关的功能。这个细分市场也会在接下来迎来一些参与者。
- 监控、安全和预算：在智能、内存、工具和插件、通信和协议、安全和安保方面，Agent 都应受到监管。目前而言，如何对工具级别或智能体级别的 AI 进行监控，仍然是一个悬而未决的问题。这是 Agent 商业落地最重要的部分，能够通过跨多个平台的监控（错误的数据沿袭）、安全性和预算来优化智能体的参与者将会胜出，也会催生很多与智能体安全相关的初创项目。
- 智能体运营市场：被定义为智能体框架产品发布平台，FinGPT、BabyAGI、AutoAGI、CAMEL 等都在这一层。HuggingFace 和 Github 也被放在这一层，主要因为这两个平台提供并托管了大量的模型和相关项目。HuggingFace 是模型分发的主要参与者，有机会为 Agent 创建一个类似市场的产品，就像 Smol-ai Developer 所做的，AI 工程师可以轻松地为任务选择最佳的 Agent 基础设施。

2. 程序应用层

程序应用层主要包括通用应用（General purpose）和行业应用（Business industry）两部分。

- 通用应用：这些 Agent 提供了前所未有的数据驱动智能水平，并为个人用户实现了智能应用的民主化。通用应用将围绕“待完成的工作”框架展开。病毒式传播、建立分销优势的能力，以及利用更多可抵御大型科技公司的“利基”用例将是获胜的关键。目前主要案例是个人编程类工具，如 GitWit、GPT-Engineer 等，Embra AI（MAC 个人助理）、Dust（生产力助手）等个人生产力领域的项目数量也在不断增长。
- 行业应用：垂直领域的 Agent，比如用于编程、营销、辅导及研究等领域的智能体，使用特定于上下文的业务规则或数据进行微调，可以有效降低成本和提高绩效。预计进入 AgentOps 的行业下游参与者将在这个市场中占据优势，因为其技术堆栈更具防御性。当然，敏捷构建的现有企业也有可能获胜。关于应用层的其他 Agent 产品，感兴趣的读者可以按图索骥，这里不再赘述。

3. 服务层

服务层包括构建专属个性化智能体（Build your own-deployment）、智能体市场（Agent marketplace）和多智能体监控（Multi-Agent monitoring）三部分。

- 构建专属个性化智能体：大量厂商正在涌入这个领域，目前主要是低代码或无代码平台，包括 RPA 等超自动化平台。这些厂商在原有产品基础上构建的基于 LLM 的平台，可以使任何企业或消费者用户都能够轻松创建和部署智能体。差异化、用户体验、客户支持以及针对特定领域的（例如 B2B、B2C、行业）可用性定制能力，将是厂商们获胜的关键。值得一提的是，这些平台的一个关键销售参数是客户保留，而集成和用户体验将是提高用户黏性的关键。这部分的参与者包括 Relevance AI、XpressAI、SuperAgentAI 和 AgentRunnerAI 等。
- 智能体市场：随着市场规模的爆炸式增长，为了在市场中上市推广应用程序，将会出现更多为特定任务“雇佣”预先训练的应用程序的平台，不管是在 B2C 领域还是 B2B 领域。现有的此类产品中，GitHub 和 Fiverr 开始扮演这个角色。NexusGPT 正在通过自由智能体市场和 MindOS 来颠覆这一点，并且已经获得广泛关注。未来，我们可能会看到特定行业或功能领域的“捆绑”，或大批人工智能工人作为产品出售。
- 多智能体监控：多智能体的控制室引擎是一个即将被颠覆的新兴开放类别，企业和个人级别都有用例。采用更简单的方式构建集成和 API 的能力将是这个领域的企业获胜的关键。目前该领域尚处于萌芽阶段，但也有适用于企业和个人的项目，如这一领域的先行者 Alphakit.AI，已经实现通过手机监控个人 Agent。

需要说明的是，这张图绘制于 2023 年 7 月之前，所以读者要注意并不是现在只有这些 Agent 相关产品及架构。最近 7 个多月里又出现了大量的 Agent 产品与项目，并且有了 OpenAI 的 Assistant API 这样的工具，传统 AI 厂商想要构建 Agent 应用也是相当简单。国内也正在出现越来越多的 Agent 项目，2023 年 11 月奇绩论坛的一场路演据说有 30 多个 Agent 项目，这预示着 AI Agent 即将进入井喷期。所以这张 Agent 市场格局图并不是用来看有哪些产品的，主要是为了让大家熟悉 Agent 产业结构。这样才能在创业时找到自己的位置，清楚自己的项目处于哪个层次，并能够了解国外有哪些对标产品。

除了自主 AI Agent 新兴市场格局图，我们还可以参考投资机构 activantcapital 对 AI Agent 的行业解读。

图 15-12 展现的是 AI Agent 系统结构，图 15-12a 展示的是一个 Agent 的构成。activantcapital 认为未来的 Agent 生态系统有四个关键组成部分：

- LLM：在 AI Agent 中提供“有意识的思想”，并接受过文本数据的训练。
- 工具：外部 API，以促进任务完成和 Agent 与现实世界的交互。
- 内存：包括各种数据存储机制，以及用于保留和调用信息。
- 自我批判：在完成任务时纠正错误的能力。

LLM 分为开源 LLM 和闭源 LLM；工具分为单一工具和工具聚合器（低 / 无代码）；内存分为感官记忆、短期记忆和长期记忆；自我批判包括提示工程、自我批评和人机交互。图 15-12b 展示的是 Agent 团队协作（Teaming-Agent Coordination），也就是多代理系统（Multi-Agent Systems，MAS）。在执行具体任务时，一般的结构是在策划 Agent 下面有多个执行 Agent，执行 Agent 会使用不同的工具去执行各种被分解的目标任务。

根据 AI Agent 系统结构图，activantcapital 绘制了一张 AI Agent 生态系统图，如图 15-13 所示。

在图 15-13 中，横坐标为技术成熟度，最左为经过验证的，最右为创新的；纵坐标为市场增长信念，自下而上为从低到高；将目前涉及的技术供应商分为基本模型、工具制造商、单一工具、工具聚合器、多模态数据存储、图形存储、向量存储、自我批评等 8 个类别，并根据其技术成熟度和市场增长信念，放置到这张行业生态系统图中。通过这种生态图，对于 AI Agent 的产业链上下游的认知，读者可以一目了然。

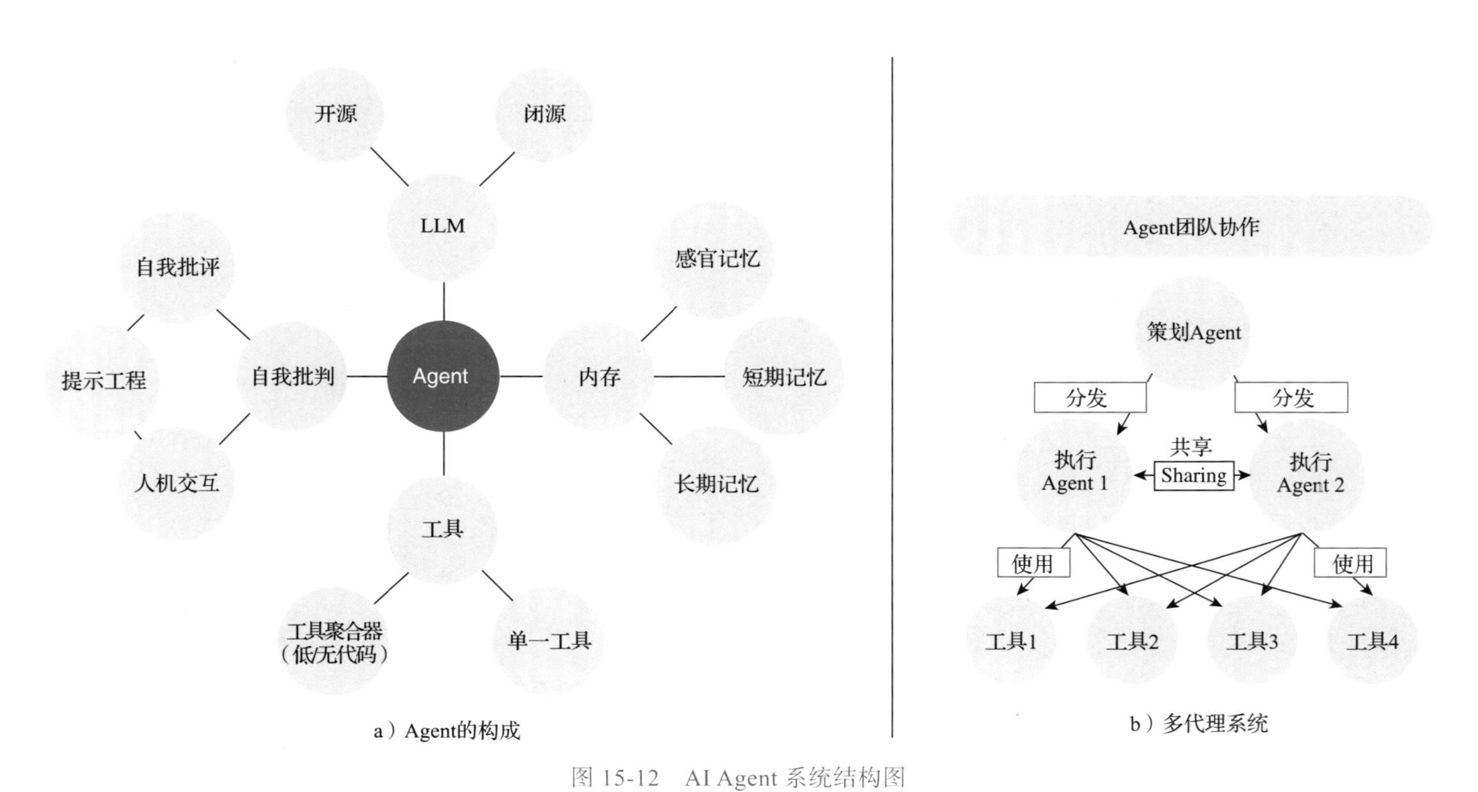

图 15-12　AI Agent 系统结构图

（图片来源：activantcapital）

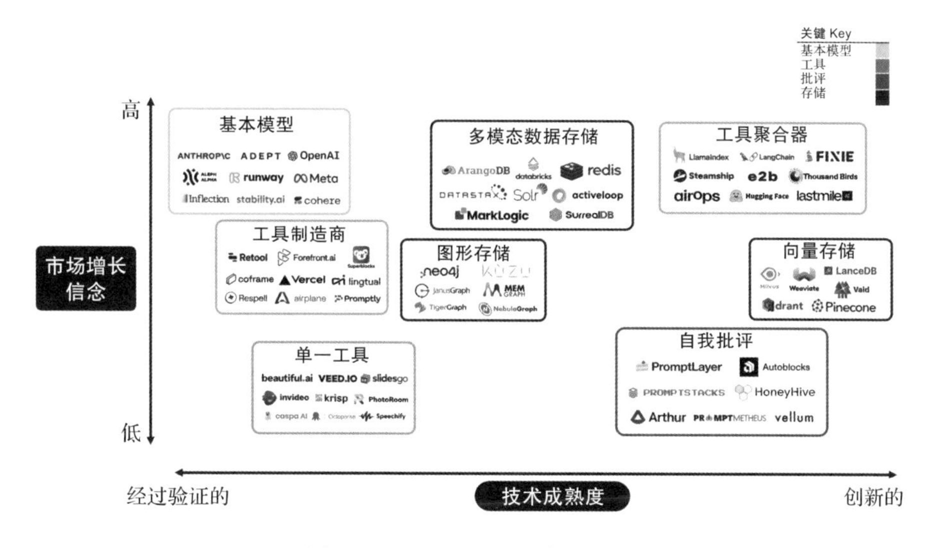

图 15-13　AI Agent 生态系统图

（图片来源：activantcapital）

当然，需要说明的是这张图中只放了部分公司，对于涉及的更多企业以及更多解读，感兴趣的读者可以访问 activantcapital 的官网查看相关文章[㊀]。

15.2.5　AI Agent SDK、框架与库

前面提到现在已发展出很多 Agent 架构，下面我们也通过一张图来了解。在智能体的构建上，开发人员为解决可靠性、标准化、数据安全等问题而选择的范式各不相同。目前的智能体要么建立在现有工具之上，要么创建自己的内部解决方案，要么采用一些专门为智能体构建的产品，其中许多仍处于早期阶段或 alpha/beta 版本。一些开发人员为传统软件中智能体问题的等效问题提供了解决方案，比如：

- 用于智能体编排和调试的 Inngest；
- 用于可观测性的 Sentry；
- 用于数据集成的 LlamaIndex。

传统的软件解决方案仍然无法应对由 LLM 的性质所带来的特定于智能体的挑战。一个例子是调试智能体，它本质上是在处理提示，但缺少与实时调试等效的智能体。更多开发人员在构建智能体时会使用新的框架和 SDK，而不是在现有

㊀ 访问地址为 https://activantcapital.com/research/ai-agents。

技术之上进行构建。所以，现在的一些厂商完全摒弃了传统软件构建智能体的逻辑，有的选择构建完全自定义的基础设施，有的则使用现有技术构建至少以某种方式适合它们的智能体。

其中一种理念是多智能体系统的基础设施补充，即面向智能体的专有云，如 E2B 为智能体或 AI 应用程序构建的 AI playground、沙盒云环境，这些环境对于智能体的编码案例很有用。还有更多为 AI 智能体或 LLM 应用程序量身定制的项目，最常见的是用于构建、监控和分析的框架。这些构建 AI Agent 产品所需要的特定 SDK 和框架，如图 15-14 所示。

图 15-14 展示了目前已有的用于创建、监控、调试和部署 AI Agent 产品的 SDK、框架、库和工具的数据库。按照不同作用及功能，将这些框架及工具分为九个部分：监控、可观察性及分析（Monitoring, Observability, Analytics），前端（Frontend），大语言模型运行时（Runtime for LLMs），构建框架及平台（Building Frameworks & platforms），数据集成与内存管理（Data integration, memory management），大语言模型 API 和路由器（API and routers for LLMs），AI 产品构建库（Libraries for building AI products），编排（Orchestration），构建和部署大语言模型（Building & deploying LLMs）。

其中在构建框架及平台中，我们看到了 OpenAI 的 Assistants API、Langchain、AutoGen、OpenGPTs、Hugging Face Agents 等知名 Agent 构建框架。有意思的是，GPTs 与 Assistants API 推出后，被网友认为已死的 Langchain 和它推出的全新框架 OpenGPTs 都在其中，这也间接证明了 Langchain 的生命周期并没有传言中那么惨。

对于创业者而言，这张图点明了 Agent 的技术发展路线。想要打造 AI Agent 的团队，可以根据该图来选择产品所需的框架及相关组件，或者寻找相应的替代品，不用再为选择什么框架与技术而大费周章。

15.2.6 开源 AI Agent 和闭源 AI Agent

图 15-15 是由 E2B 出品的 AI Agent 行业全景图，该图按照云运行时（Cloud Run-time）将目前主流的 AI Agent 项目及产品分门别类地进行划分，涉及多个领域和行业。该图把目前的 Agent 产品分为开源和闭源两个部分，并按照项目属性及面向用户群体将这些产品放到了不同领域及行业，其中还涉及了 Agent 构建架构及运营支持的部门。它被 E2B 放在名为 awesome-ai-agents 的 GitHub 项目上，此项目是开放性的，创业者可以在 GitHub 页面提交相关项目。

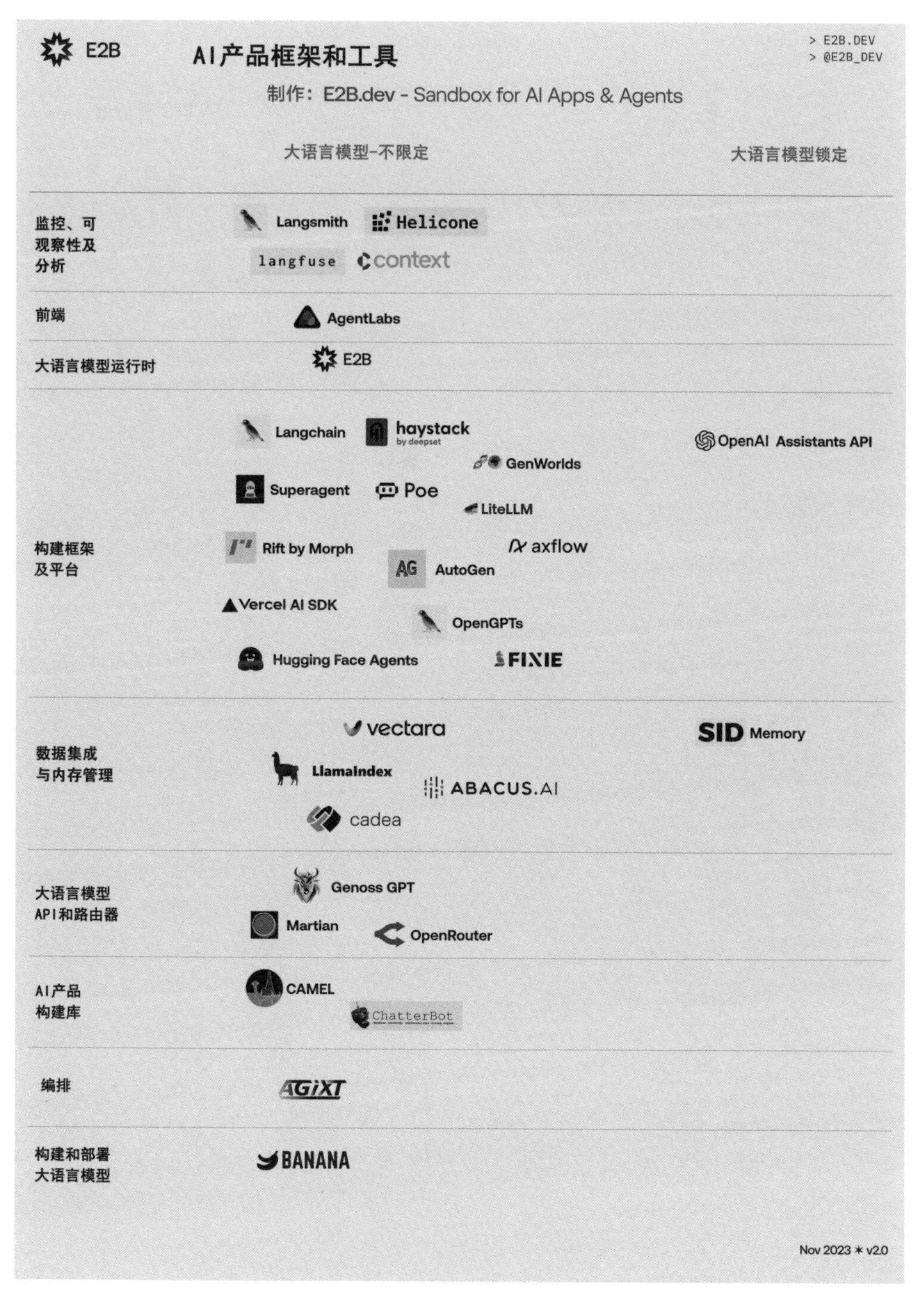

图 15-14　构建 AI Agent 产品所需要的特定 SDK 和框架

（图片来源：E2B GitHub 主页）

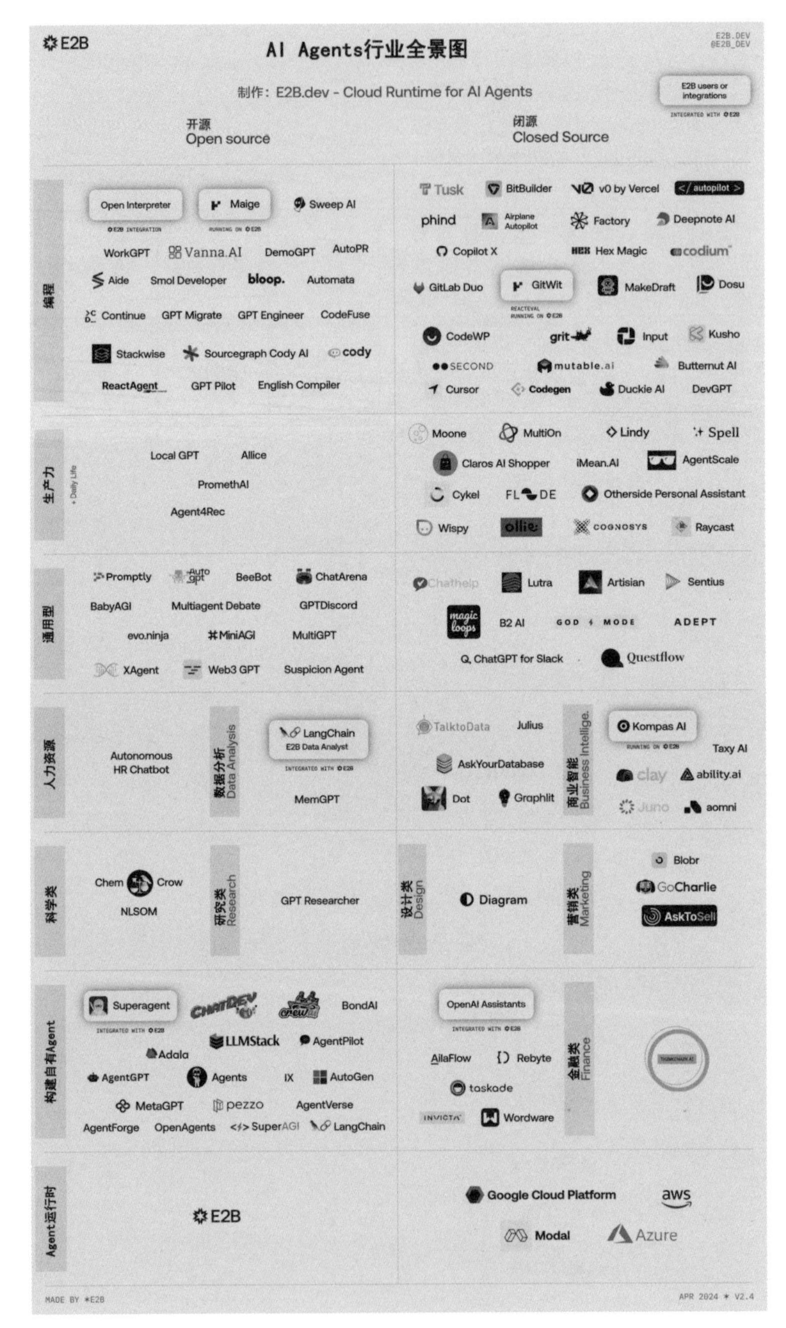

图 15-15 AI Agent 行业全景图

（图片来源：E2B GitHub 主页）

E2B 一直在持续更新 AI Agent 行业全景图，图 15-15 所示为 2024 年 4 月的 2.4 版本。此版本与之前版本的最大区别是加入了“Agent 运行时”单元，原因大概是入选这张图的项目标准在持续更新，或者是迭代速度跟不上项目提交速度。目前图片上的 Agent 相关项目（包括智能体构建框架及运行支持，云平台除外）为 139 个，其中开源项目 63 个，闭源项目 76 个，但项目页面提交的项目展示数量要远超这些。

- 编程类 Agent 项目数量最多达到 47 个，其中开源项目 21 个，闭源项目 26 个。
- Agent 构建框架类项目数量仅次于编程类 Agent，总数量为 24，其中开源项目 18 个，闭源项目 6 个，包括 OpenAI Assistans API。
- 生产力类 Agent 总数为 18 个，以闭源项目居多，数量为 14 个，开源项目 4 个。
- 通用型 Agent 数量为 23 个，开源项目数量为 13 个，闭源项目 10 个。
- 数据分析类 Agent 总共 7 个，其中闭源项目 5 个，开源项目 2 个。
- 商业智能类 Agent 数量为 6 个，都是闭源项目。
- 科学类 Agent 有 2 个，研究类 Agent 有 1 个，人力资源类 Agent 有 1 个，都为开源项目。营销类 Agent 有 3 个，设计类 Agent 有 1 个，金融类 Agent 有 1 个，都为闭源项目。

从中可以看出，垂直领域类的 Agent 数量很少，也就意味着比较广阔的市场，创业的话可以往相关的方向走。Agent 运行时主要是云计算机等基础设施，国外目前主要有 5 种产品，一是闭源项目，以谷歌云、亚马逊 AWS、微软 Azure、Modal 为代表的云服务，二是开源项目，专为 Agent 和 AI 应用打造的安全沙盒云环境 E2B。

当然，还有很多 Agent 项目这里并没有放上，另外各领域的传统企业管理软件也正在发力，AI 智能体的列表必然会越来越长。对于创业者而言，一方面这张图上的相关项目可以用来参考，另一方面也可以为创业项目的技术选型提供一个参考。

关于详细的开源与闭源 AI Agent 项目清单，可以参考本书配套资源库中的“AI Agent 构建平台”部分。

AI Agent 行业正处在技术、商业和资本的交汇点，它不仅承载着人工智能技术落地应用的希望，也孕育着巨大的商业价值和投资机会。对于投资者和创业者而言，既要看到行业发展的广阔前景和潜在收益，也要清醒认识到其中的技术风险、市场不确定性以及伦理安全等问题。只有深入了解行业动态，准确把握市场需求，才能在这个充满变数的领域中找到真正的投资机会。

15.3 AI Agent 创业机会与动力

作为能够自主学习、智能决策并与人互动的智能体，AI Agent 可在各种领域从事实质性的自动化任务，正迅速成为推动商业模式转型和产业创新的引擎。它不仅为创业者提供了前所未有的商业机会，还激发了他们不断突破技术边界、创造新价值的强大动力。下面我们将尝试探索与分析 AI Agent 领域的创业机会及背后的驱动力，分析这一趋势为创业者和投资者所带来的前所未有的潜在利益。

15.3.1 AI Agent 创业的机会

AI Agent 不仅拥有强大的自主学习和决策能力，还能够深入洞察用户需求，为企业提供更精准、个性化的服务。它们被设计来执行各种任务，从基础的数据处理到复杂的决策制定，AI Agent 的能力正扩展到商业活动的各个领域。如果创业者们能够洞察到人工智能领域的细微变化，并迅速适应这些变化，将有机会引领市场，创造新的用户体验和解决方案。接下来，我们将探讨 AI Agent 提供的创业机会，并分析怎样的商业模式和策略能够最大化这些机会的潜力。

1. 从产业链看 Agent 创业机会

AI 应用涵盖了人工智能技术在各行各业的所有应用场景，例如智能制造、智慧城市、智能金融等。AI Agent 是 AI 应用中一种特殊的交互形态，属于 AI 应用的一个子集，它通过拟人化的交互界面，如对话、语音、图像等，使 AI 系统以类似人的方式与用户进行交互。未来的 AI 应用都将借助 LLM 向 AI Agent 变迁，或者引入 AI Agent 技术架构，以 AI 产品应用的方式服务组织与个人。所以，如果从产业链看 AI Agent 的创业机会，就需要从 AI 应用产业链的整体入手。

2. AI 应用产业链

在 AI 应用产业链方面，可以参考图 15-16，该图出自艾瑞咨询《2023 年中国 AIGC 产业全景报告》中的 2023 年中国 AIGC 产业图谱。

可以看到，人工智能应用产业链可以分为三个主要部分：上游、中游和下游。

- 上游部分主要包括芯片、算力、半导体、CPO、光模块等关键技术。这些技术是构建和运行 AI 系统的基础，为 AI 的发展提供了必要的硬件支持。例如，AI 芯片可以分为终端 AI 芯片、云端 AI 芯片和边缘 AI 芯片三种，它们分别满足不同应用场景的需求。
- 中游部分涉及的是 AI 的核心技术和算法模型的研发与迭代。这一阶段的工作重点在于不断进行技术创新和模型优化，提高 AI 系统的性能和效率。随着深度学习等技术的发展，AI 技术已经经历了多次迭代更新，形成了以模型更新、算力芯片迭代和单位 tokens 成本降低为核心的循环往复的三元素动态。

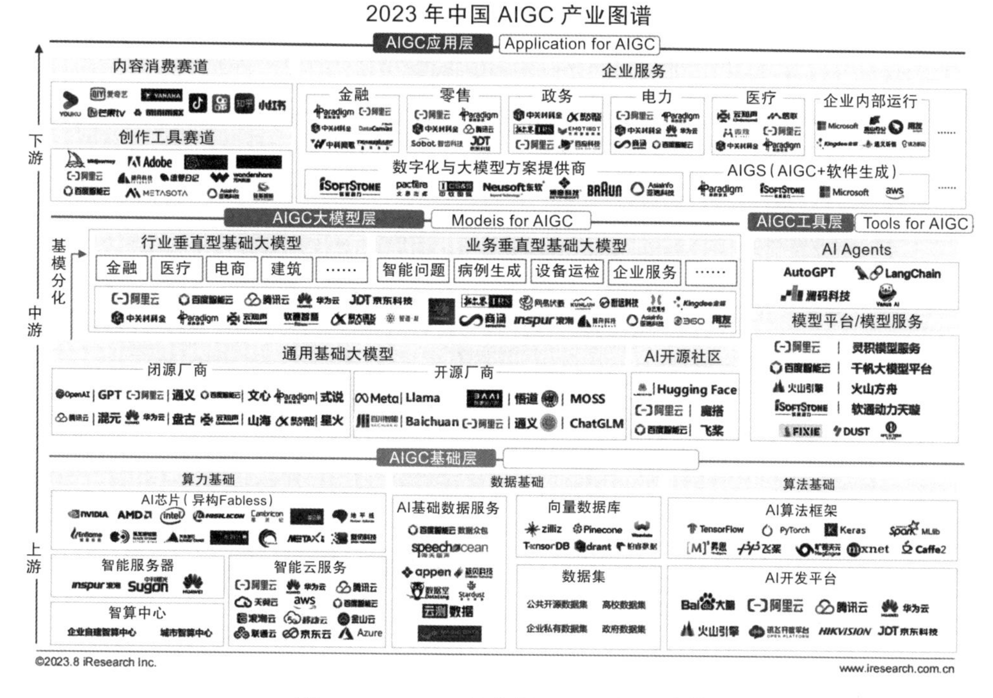

图 15-16　2023 年中国 AIGC 产业图谱

- 下游部分则是 AI 技术的应用场景，包括但不限于医疗保健、金融、制造、文娱等行业。在这一阶段，AI 技术被广泛应用于解决实际问题，如智能辅助诊断系统、机器人手术等，以及生成式 AI 在各行业的应用案例。这些应用不仅展示了 AI 技术的强大能力，也推动了 AI 技术与各行各业的深度融合。

整体而言，AI 应用产业链是一个涵盖多个环节、多种角色的复杂体系。从技术研发到商业应用，每一个环节都有不同的参与者在发挥作用。AI 产业链的发展还受到多种因素的影响，包括政策支持、市场需求和技术进步等。例如，全球大力布局智能化基础设施建设和传统基础设施智能化升级，为人工智能的应用提供了广阔的舞台。随着 AI 技术的不断成熟和应用场景的不断拓展，AI 产业链也将迎来更多的发展机遇和挑战。

3. AI 应用生态架构

AI 应用产业链由多个层面的参与者组成，形成了一个互相依存的生态系统。AI 应用生态架构如图 15-17 所示。随着 AI 技术的不断突破和行业数字化转型的持续推进，AI 应用产业链还将向更广、更深的方向延伸。未来，AI 或将渗透到经济社会的每一个角落，与各个行业实现深度融合，催生出更多颠覆性的创新应用。

用户层	最终用户	最终用户是AI应用的受益者。无论是企业用户还是个人消费者，AI应用都能带来实实在在的价值，如效率提升、成本节约、体验优化等。同时，用户的反馈和需求也推动着AI应用不断迭代优化。用户价值的实现是检验整个AI应用产业链成效的标尺。
服务层	系统集成商和咨询顾问	系统集成和咨询服务是AI应用落地的“最后一公里”。系统集成商帮助企业规划AI系统架构，选择合适的软硬件产品，实施系统的部署、集成、测试、运维等工作，确保AI系统与企业原有IT环境的无缝对接。咨询顾问则提供AI战略规划、流程再造、变革管理等咨询服务，帮助企业制定AI转型路线图，实现管理创新和业务重塑。
应用层	行业解决方案提供商	行业解决方案是AI应用的落脚点。不同行业有着不同的业务特点和需求，需要针对性的AI解决方案。行业解决方案提供商深入了解行业痛点，将AI技术与行业知识相结合，为企业量身打造智能化解决方案。例如智能制造、智慧医疗、智能金融等，都是AI在垂直行业的典型应用。这些提供商是AI价值变现的关键力量。
平台层	AI平台服务商	AI平台是连接技术和应用的纽带。平台服务商提供AI开发、部署、管理的一站式服务，让企业能够快速将AI技术集成到自己的业务系统中。例如，亚马逊的AWS、微软的Azure、阿里云的ET大脑等，都是业界知名的AI平台。这些平台大大降低了企业使用AI的门槛，加速了AI应用的普及。
算法层	数据服务商	算法开发者是AI应用的“大脑”。他们基于特定的业务场景，选择合适的算法模型，并使用行业数据对模型进行训练和调优，最终开发出可以部署的AI算法模型。算法开发者既包括科技公司的AI工程师，也包括高校和研究机构的AI科研人员。他们的创新成果是AI应用不断进化的源动力。
数据层	数据服务商	数据是AI的生命之源。专业的数据服务商通过多种渠道获取海量数据，并对数据进行采集、清洗、标注、存储等处理，为AI模型训练提供高质量的数据支持。数据服务商还提供数据管理平台，帮助企业进行数据治理和价值挖掘。优质的数据资源是AI应用落地的基石。
基础层	技术供应商	AI应用产业链的根基。基础技术主要包括芯片、算法、框架等。芯片厂商提供AI专用芯片，如GPU、FPGA、ASIC等，为AI系统提供强大的算力支持;算法供应商研发机器学习、深度学习算法，如TensorFlow、PyTorch等，为AI应用开发提供工具；框架供应商提供AI开发框架和平台，如Keras、Caffe等，让开发者能够快速搭建AI模型。这些技术供应商是AI应用的“幕后英雄”。

贯穿各层（左侧）：投融资机构　孵化器

贯穿各层（右侧）：标准化组织　行业联盟　监管机构

图 15-17　AI 应用生态架构图

4. AI Agent 产业链

AI Agent 产业链是一个包含多个关键环节的复杂网络，涉及从基础技术研发到具体应用实施的全过程。根据上面的 AI 应用生态架构，本书也简单梳理了 AI Agent 产业链。AI Agent 的产业链构成见表 15-5。

表 15-5 AI Agent 的产业链构成

产业链角色	定位与职责
底层技术供应商	这是 AI Agent 产业链的源头。底层技术主要包括芯片、算力、算法等。芯片厂商为 AI 系统提供专用的处理器和加速卡，如 GPU、FPGA、ASIC 等；云计算厂商提供灵活且强大的算力支持；算法平台提供机器学习、深度学习、自然语言处理等通用工具包和开发框架。这些技术供应商是整个产业链的基石
数据和知识服务商	数据是 AI 的核心驱动力。专业的数据服务商通过爬虫、采购、众包等方式，收集和标注各类结构化和非结构化数据，为 AI 模型训练提供数据支撑。知识服务商则利用知识图谱、语义网络等技术，将数据转化为机器可理解的结构化知识体系。优质的数据和知识资源是 AI Agent 落地的关键
通用 AI 平台提供商	通用 AI 平台是连接技术和应用的重要桥梁。平台提供商在技术层面完成了 AI 能力的抽象和封装，使得开发者无需具备深厚的 AI 背景，就能调用 API，快速搭建 AI 应用。例如微软的 Azure AI、谷歌的 TensorFlow、百度的飞桨等，都是业界知名的 AI 开放平台。这些平台大大降低了 AI Agent 的开发门槛
垂直领域解决方案提供商	垂直领域解决方案是 AI Agent 的主战场。不同行业有着不同的业务场景和数据特点，需要定制化的 AI 解决方案。垂直领域提供商深耕细分行业，充分理解行业需求，并将通用 AI 能力与行业知识相结合，打造出例如智能客服、智能投顾、工业质检、医疗影像等各类行业专属的 AI Agent 产品
系统集成和咨询服务商	系统集成和咨询服务是 AI Agent 落地的重要一环。这些服务商帮助行业客户梳理业务流程，提供端到端的 AI 解决方案，协助客户完成 AI 系统的部署、集成、运维等工作。咨询服务商还提供战略规划、流程再造、变革管理等服务，全面赋能行业客户的智能化转型
最终用户	最终用户是 AI Agent 价值实现的终点。无论是个人用户还是行业客户，优质的 AI Agent 产品都能带来显著的效率提升和成本节约。反过来，用户的反馈和需求也将持续推动 AI Agent 产品的迭代优化。用户体验是检验 AI Agent 成败的试金石
支持性环节	AI Agent 产业链还包括众多支持性环节，例如投资机构为产业发展提供资金，孵化器为创业团队提供资源，标准化组织为产业规范提供指引，监管机构为行业发展提供法律保障等。这些环节共同构成了一个生机勃勃的产业生态

随着人工智能技术的不断进化，AI Agent 产业链还将持续演进。未来，我们将看到更多的跨界融合和协同创新，AI 与 5G、区块链、量子计算等前沿技术的交叉融合，都将激发出更多创新的火花。

对 AI Agent 产业链中的参与者而言，立足自身优势，深化专业能力，构建开放生态，将成为制胜之道。无论是初创企业、科技巨头，还是传统行业，把握产业链分工，实现优势互补，方能在激烈的市场竞争中占据一席之地。创业者们可以在产业链的每个部分以及更细分的应用领域去发现市场需求，无论是直接服务最终用户还是以技术及服务供应商的身份服务下游生态参与者，都是不错的创业机会。

5. 应用角度看创业机会

从应用角度看，创业者可从以下领域寻找创业机会，详情见表 15-6。

表 15-6　从应用角度看 AI Agent 的创业机会

序号	应用领域	具体方向与价值
1	个人助理和生产力工具	智能助理是 AI Agent 最直接的应用场景之一。随着 LLM 等技术的成熟，AI 助手已经能够提供日程管理、邮件处理、信息检索等一系列个人助理服务。未来，随着算法的升级，AI 助理有望成为真正的“私人秘书”，为用户节省时间、提升效率。同时，AI 驱动的生产力工具也将走向成熟，例如 AI 写作助手、AI 设计助手、AI 编程助手等，为知识工作者和创意工作者赋能
2	AI 驱动的内容生成	随着生成式 AI 技术的崛起，AI Agent 在内容创作领域也将扮演越来越重要的角色。例如，AI 写作助手可以根据用户输入的关键词，自动生成文章、脚本、评论等各类内容；AI 绘画引擎可以根据文字描述，生成逼真的图像和艺术作品；AI 音乐生成器可以自动编曲、作词，创作原创歌曲。AI 将与人类创作者形成更紧密的协作关系，为内容产业带来高质量、低成本、多样化的全新解决方案
3	企业级智能解决方案	AI Agent 在企业服务领域也有广阔的应用前景。客户服务是一大突破口，AI 客服可以 24 小时无休地响应用户咨询，大幅降低人力成本。营销方面，AI 算法可以根据用户画像和行为数据，实现精准推荐和个性化服务。在企业内部管理中，AI 系统可以协助完成员工培训、绩效考核、人力资源管理等任务，提升组织效能。未来，越来越多的企业将把 AI Agent 纳入数字化转型的核心战略
4	教育培训和智能教学	教育是 AI Agent 的又一大应用蓝海。得益于自然语言处理和知识图谱技术的进步，AI 已经能够从海量学习材料中提炼知识，有针对性地进行教学和答疑。个性化是智能教育的一大特点，AI 系统可以根据学习者的基础、习惯、进度等因素，定制专属的学习方案和内容推送。此外，AI 还可用于作业批改、试题生成、学情分析等教学环节，为教师减负增效。随着教育需求的不断升级，智能教学有望成为“AI+ 教育”的
5	智能医疗和健康管理	医疗健康领域对 AI Agent 的需求也在不断提升。在医疗诊断方面，AI 算法可以辅助医生进行医学影像分析、病理学检测等，提高诊断的速度和准确性。在医疗咨询方面，AI 问答系统可以为患者提供自助式的医疗指导和建议，缓解医疗资源紧张的问题。在健康管理方面，AI 可以根据用户的身体数据和生活习惯，提供个性化的饮食、运动、用药等健康指导。未来，AI Agent 有望成为智慧医疗的重要组成部分

（续）

序号	应用领域	具体方向与价值
6	游戏娱乐和虚拟社交	AI Agent 正在重塑人们的休闲娱乐方式。在游戏领域，AI 不仅可以扮演逼真的游戏角色，还能根据玩家的行为实时生成游戏内容和剧情，带来沉浸式的游戏体验。在虚拟社交方面，AI 驱动的数字人将成为元宇宙的重要载体，人们可以与 AI 进行无障碍的交流互动。同时，AI 还将催生虚拟主播、虚拟偶像等新型娱乐形态，为泛娱乐产业注入新的活力
7	智能硬件和物联网	AI Agent 与硬件结合，将开启万物智联的新时代。未来，越来越多的家居、办公、出行等场景将嵌入 AI Agent。例如，智能音箱可以通过语音交互，实现家电控制、信息查询等功能；智能汽车可以通过 AI 系统，提供导航、安全辅助、娱乐等服务；智能穿戴设备可以通过 AI 算法，对人体健康数据进行分析和预警。AI Agent 将成为物联网时代人机交互的重要入口
8	智能金融和风控	金融领域对 AI Agent 的需求也在不断提升。智能投顾是一大应用场景，AI 算法可以根据投资者的风险偏好、财务状况等因素，提供个性化的理财方案和投资组合。在风险控制方面，AI 系统可以实时监测交易行为，识别异常模式，预防金融欺诈等违规行为。保险行业也将从 AI Agent 中受益，例如，AI 可以辅助客户画像、精准定价、自动理赔等。未来，AI 将为金融行业注入更多智能化活力
9	智慧城市和公共服务	AI Agent 在城市治理和公共服务领域大有可为。在交通管理方面，AI 可以优化交通信号灯的配时方案，缓解拥堵；在公共安全方面，AI 可以对监控视频进行智能分析，协助预防和打击犯罪；在环境监测方面，AI 可以分析各类传感器数据，对污染情况进行预警和溯源；在政务服务方面，AI 可以为市民提供 24 小时不间断的咨询和办事指南。AI Agent 将成为智慧城市建设的重要抓手，推动城市管理和服务的精细化、高效化
10	智能制造和产业升级	制造业是 AI Agent 的又一大应用领域。在工业生产中，AI 可以通过对设备和工艺参数的智能调优，提升产品质量和生产效率；在供应链管理中，AI 可以进行需求预测、库存优化、物流规划等，降低成本和风险；在产品研发中，AI 可以辅助设计仿真、优化迭代、测试验证等，缩短创新周期。AI Agent 将为制造业的数字化、智能化转型赋能，推动产业向高质量发展迈进
11	绿色环保和可持续发展	AI Agent 在应对气候变化、保护生态环境等方面也将发挥重要作用。在能源管理方面，AI 可以优化电网调度，提高可再生能源利用效率；在资源循环方面，AI 可以优化废弃物分类和回收利用方案；在生态保护方面，AI 可以对濒危物种、森林火灾等进行智能监测和预警。AI 驱动的可持续发展解决方案，将为人类应对环境挑战提供新的思路和工具

对创业者而言，AI Agent 或者说基于 LLM 的 AIGC 应用是一片潜力无穷、充满无限可能的价值高地。把握核心技术，洞察行业趋势，发掘市场痛点，将成为创业成败的关键。当然也需要创业者以审慎和负责的态度对待 AI Agent 创新，处理好效率与公平、便利与隐私、增强与替代等复杂的权衡取舍，确保这项技术沿着正确的方向发展。

6. 因应用场景而生的 AI Agent

因应用场景而生的 AI Agent，指的是根据特定场景和业务需求量身定制的智能交互系统。这类系统综合考虑了目标场景中的用户特性、业务流程和数据环境，以“因地制宜”的设计理念，完美融入各类场景，旨在为用户提供最自然、最高效的智能服务。这类 AI Agent 具有几个显著特点，详情见表 15-7。

表 15-7　因应用场景而生的 AI Agent 的特点

序号	特点	说明
1	场景驱动的需求挖掘	开发因应用场景而生的 AI Agent，首先需要深入分析目标场景，充分挖掘用户需求和业务痛点。只有准确把握场景特点，才能让 AI Agent 的功能设计真正契合用户需求
2	面向场景的知识建模	因应用场景而生的 AI Agent 需要具备该场景下的专业知识和业务逻辑。这就要求开发者对目标场景有深刻理解，并将场景知识进行系统梳理和结构化建模，形成可供 AI 系统学习和应用的知识库。例如，面向法律场景的 AI Agent 需要掌握法律条文、案例、解释等知识；面向医疗场景的 AI Agent 则需要掌握疾病、药物、诊疗等知识。高质量的场景知识库是 AI Agent 赋能的基础
3	基于场景的交互设计	不同场景对 AI Agent 的交互方式有不同要求。因应用场景而生的 AI Agent 需要根据场景特点，设计最自然、最友好的交互方案。例如，车载场景可能更适合语音交互，而客服场景可能更多采用文字交互。同时，还要考虑与场景原有系统的界面集成，做到“无缝衔接”。合理的交互设计可以大幅提升用户体验和任务效率
4	联系场景的多轮对话管理	现实场景中的人机对话往往是多轮进行的，涉及上下文理解、意图识别、槽位填充等复杂技术。因应用场景而生的 AI Agent 需要根据场景流程，精心设计多轮对话策略，灵活处理各类用户请求。例如，面向医疗问诊的 AI Agent 要能进行连贯的问诊对话，准确获取病情信息并给出合理建议。多轮对话能力是 AI Agent 从简单问答走向真正智能服务的关键
5	依托场景的持续优化	因应用场景而生的 AI Agent 需要与场景“同呼吸、共成长”。一方面，要跟进场景业务的更新迭代，及时更新知识库和对话策略；另一方面，要持续学习场景中的真实人机交互数据，通过机器学习不断完善自身的语言理解和生成能力。只有建立场景化的持续优化机制，AI Agent 才能在实践中不断进化，变得越来越智能
6	融入场景的价值评估	因应用场景而生的 AI Agent 最终要在场景中实现价值。需要建立科学的评估指标体系，全面评测 AI Agent 在真实场景中的表现，如用户满意度、业务转化率、成本节约等。只有将 AI Agent 的发展与场景价值紧密关联，才能真正发挥人工智能的潜力，实现技术与业务的共赢

因应用场景而生的 AI Agent，代表了人工智能应用的一个重要方向。它突破了通用 AI 技术的应用局限，真正将 AI 技术与业务场景深度融合，走向了更加专

业化、定制化的智能服务，这对于推动行业的智能化变革具有重要意义。

受限于技术、算力等因素，目前的 AI Agent 还无法完成大型通用场景及复杂业务流程的任务执行。AI Agent 应用前期的解决方案是尽量切入细分领域的单一应用场景，比如办公中的信息搜索与整合等，以提升 AI Agent 的执行能力和响应速度，从而提升运行效率和用户体验。更多厂商也在将多智能体架构引入到 AI 应用中，将面向单一场景的 Agent 串联、并联及融合，就能逐步解决相对大一些的场景应用问题。

目前，因场景尤其是细分场景而生的 AI Agent 对于解决业务流程中的实际问题非常重要，并且也是创业的一个重要方向或者解决方案。**因此在具体应用上，AI Agent 面向的场景越小越好，应用的业务流程越具体越好。**

因应用场景而生的 AI Agent 为创业者提供了一个思路和方向。聚焦特定场景，洞察用户需求，构建知识壁垒，打造端到端的解决方案，营造共生共荣的场景生态，将是未来 AI 创业的制胜法宝，也为创业者提供了广阔的机会和发展空间。随着人工智能技术的不断进步，以及各行各业数字化转型的深入推进，针对特定场景定制开发 AI Agent 将成为一种新兴的商业模式和服务方式。

如果创业者能抓住这一趋势，深耕细分场景，为用户提供有温度、有深度的智能服务，就很有可能在未来的 AI 应用市场中占得一席之地。只有将 AI Agent 的发展与场景价值紧密结合，才能充分发挥人工智能的潜力，实现技术与业务的共同发展和繁荣。

7. 每个领域都需要 AI Agent

在当今数字化时代，各行各业都面临着转型升级和智能化改造的需求与挑战。而 AI Agent 作为人工智能技术赋能业务场景的桥梁和纽带，正在成为驱动各领域创新发展的重要引擎。

AI Agent 的崛起，源于数字化时代对提高业务效率和智能化的迫切需求。随着数据量的激增和业务场景的复杂化，传统的人力处理方式已无法满足高效、精准的要求。而 AI Agent 凭借强大的数据处理能力和智能化决策水平，可以与人的智慧形成互补，在更大范围、更深层次上拓展智能化服务的疆域。

AI Agent 在提升业务效率方面表现出色。通过自动化和智能化的业务流程，AI Agent 能够大幅减少人工操作，提高工作效率。同时，基于数据的决策优化功能，可帮助企业更合理地配置资源，降低成本。在增强用户体验方面，AI Agent 同样功不可没。它能够深入洞察用户需求，提供个性化、贴心的服务。无论是购物网站的智能推荐，还是智能客服的即时响应，AI Agent 都在为用户带来更加便捷、舒适的体验。

此外，AI Agent 还是业务创新的重要驱动力。它能够帮助企业挖掘新的增长点，开拓新的市场。比如，在金融领域，AI Agent 可以协助进行风险评估和投资建议；在医疗领域，它可以帮助医生进行更精准的诊断和治疗。

面对行业变革，AI Agent 也为企业提供了应对之策。它不仅能帮助企业适应市场变化，还能助力企业在竞争中脱颖而出。通过引入 AI Agent，企业可以构筑起自身的技术壁垒，提升核心竞争力。

从宏观角度看，AI Agent 在推动产业升级、构建智能新生态方面同样发挥着举足轻重的作用。它将人工智能技术融入各行各业的业务场景，推动了整个社会的智能化进程。这不仅有利于提升行业整体效能、优化资源配置，也为行业内的企业提供了新的发展空间和合作机遇。随着 AI Agent 在各领域的不断渗透和演进，必将催生一个个充满活力的智能产业集群，成为经济高质量发展的新引擎。

AI Agent 之所以在各领域备受青睐，原因在于人工智能正在为传统行业的智能化、数字化变革提供新的路径和可能，推动生产方式、服务方式、组织方式、商业模式的全面重塑。在这个过程中，AI Agent 可以作为人与 AI 协同的桥梁，将人的需求和 AI 的能力无缝连接，让人工智能真正服务于实体经济、服务于社会民生、服务于每一个生活场景。

在人工智能时代，每个领域都需要因应用场景而生的 AI Agent，用智能连接人与业务、用创新重塑发展逻辑、用变革开启未来篇章。对于广大企业而言，AI Agent 不仅仅是一种技术工具，更是驱动组织变革、赋能业务创新的战略抓手。

可以预见，随着人工智能技术的不断突破和行业应用的持续深化，定制化、场景化的 AI Agent 将成为各领域的“标配”。这是科技浪潮席卷而来的必然，更是产业变革创新的呼唤。未来每个领域都将形成自己的 AI Agent，这也将为创业者提供更多的机会。

8. 现在的 APP，未来的智能体

随着人工智能技术的加速成熟和行业应用的深入推进，以 APP 为代表的移动互联网正在悄然改变着人们的日常工作和生活方式。传统的 APP 应用已难以满足用户日益提升的对个性化、场景化、智能化服务的需求。因此，APP 向 AI Agent 演进，成为新一轮移动应用创新变革的必由之路。

（1）大势所趋，APP 向 AI Agent 加速演进

当前，人工智能正以前所未有的速度渗透到社会生活的方方面面，重塑着各行各业的内在逻辑。在这一大背景下，APP 作为连接用户和服务的重要载体，加速向 AI Agent 演进成为必然趋势。这主要基于以下几点原因：

- 技术驱动：人工智能技术的飞速突破，为 APP 的智能化升级提供了坚实的技术底座。从自然语言处理到知识图谱，从计算机视觉到语音交互，前沿 AI 技术正加速与移动应用的深度融合，极大拓展了 APP 理解、分析、决策、服务的能力边界。
- 需求牵引：用户对 APP 服务的需求正从单一走向多元，从被动走向主动，从泛化走向个性化、情景化。这就要求 APP 从功能导向转为智能导向，利用 AI 深度理解用户行为、挖掘用户需求、匹配场景语义，提供更加智能、精准、贴心的服务。
- 行业变革：随着越来越多的行业开启数字化、智能化的变革，APP 也面临着从通用服务向行业智能服务转变的需求。这就需要 APP 充分运用行业数据、知识和业务逻辑，结合先进的 AI 算法，打造面向细分行业的 AI Agent 解决方案，为行业发展赋能。
- 生态协同：APP 智能化不是单打独斗，而是开放协同的结果。APP 通过与人工智能企业、数据提供方、行业伙伴等开展生态化合作，既可借力领先的 AI 技术和优质数据资源，加速自身的智能化进程，又可反哺行业智能生态，实现多方共赢。

由此可见，在人工智能时代，APP 向 AI Agent 演进已成为大势所趋。无论是前沿技术的驱动，还是用户需求的牵引；无论是行业变革的需求，还是生态协同的机遇，都在为 APP 的智能化升级提供强大动力。未来，AI 必将成为 APP 的标配，基于 AI Agent 的智能服务也将成为移动应用的核心竞争力。

（2）机遇无限，AI Agent 开启 AI 应用创业新蓝海

APP 向 AI Agent 演进的浪潮，也为创新创业者开辟了一片全新的蓝海。创业者若能敏锐把握这一趋势，积极运用 AI 技术赋能各行业的转型升级，必将迎来广阔的发展机遇。

具体而言，AI Agent 为创业者带来了以下创业新机：

- 智能化服务创新：利用 AI Agent 重塑服务流程、创新服务模式，为用户提供更加智能、高效、个性化的服务体验，是创业者的重要突破口。例如，创业者可在教育领域开发 AI 智能教学助手 APP，为学生提供个性化

学习方案和辅导服务；在医疗领域打造 AI 健康管理平台，提供智能问诊、用药指导等一站式健康服务。

- 行业数字化赋能：通过开发面向特定行业需求的 AI Agent 应用，帮助企业实现数字化、智能化转型，是创业者的另一大机遇。例如，在制造业，创业者可打造工业 AI Agent，赋能设备预测性维护、质量缺陷检测等应用；在零售业，创业者则可开发 AI 导购助手，优化客户洞察、智能推荐等环节。
- 数据价值盘活：AI Agent 的核心驱动力在于数据。创业者可发挥数据思维，积极整合特定行业的数据资源，通过 AI Agent 盘活数据价值，形成差异化竞争优势。比如在金融领域，创业者可整合各类金融市场数据，开发智能投顾 APP，为用户提供智能投研分析服务；在交通领域，创业者则可汇聚车辆、路况等多源数据，打造 AI 交通大脑，为行业优化调度、辅助决策。
- 智能生态构建：AI Agent 必须立足开放协同的生态体系。创业者应积极构建并融入 AI Agent 的行业生态圈，与产业伙伴协同发力，打造行业领先的智能化解决方案。例如，创业者可联合行业龙头企业，共建 AI 开放平台，吸引各路开发者加入，丰富和完善 AI 应用生态；也可携手高校、科研机构等，引入前沿 AI 技术，提升智能应用创新力。

AI Agent 正成为 APP 创新变革的新引擎，开启了移动应用的智能化新时代。这为创业者带来了服务创新、行业赋能、数据盘活、生态协同等诸多创业新机。

9. 垂直细分领域

AI Agent 在垂直细分领域的应用正迎来前所未有的发展机遇，这些机遇源于垂直行业的独特需求与 AI 技术的深度结合以及行业数据资源的丰富性。AI Agent 在垂直细分领域的机会见表 15-8。

表 15-8　AI Agent 在垂直细分领域的机会

序号	机会	说明
1	领域知识深度融合	垂直细分领域往往有着特定的业务场景、领域知识和行业规则。这些要素与 AI 技术的深度融合，是打造领先的行业 AI Agent 的关键。在垂直领域，创业者更容易获取行业专家知识，并将它转化为 AI 模型的训练数据和知识库。同时，对行业痛点和业务流程的深刻理解，也有助于创业者开发出更加贴合行业需求的 AI 应用场景和解决方案。相比通用领域，垂直行业的 AI Agent 更能实现领域知识与 AI 技术的紧密结合，形成独特的竞争壁垒

（续）

序号	机会	说明
2	数据资源禀赋优势	数据是 AI 的核心驱动力。垂直细分领域往往拥有相对垄断的行业数据资源，这是发展行业 AI Agent 的先天优势。一方面，垂直行业经过长期的数字化积累，沉淀了大量的业务数据，这些数据对于 AI 模型的训练至关重要。另一方面，特定垂直领域的数据具有相对的结构化、标准化特征，数据质量普遍较高，更有利于 AI 算法的应用。专注于垂直行业的创业者，更容易获取这些行业数据资源，用于 AI Agent 的开发和升级迭代
3	行业需求迫切度高	当前，以智能制造、智慧医疗、智慧城市、智慧金融等为代表的传统行业正面临数字化、智能化的转型升级压力。这些行业迫切需要利用 AI 重构业务流程、优化资源配置、创新服务模式，以实现降本增效和价值创造。这为行业 AI Agent 的应用落地提供了广阔的需求空间。越是传统的行业，往往积累了越多的低效流程和数据孤岛，蕴藏着巨大的变革潜力。创业者瞄准垂直行业，开发出直击业务痛点、契合场景需求的 AI 解决方案，将迎来更大的市场机遇
4	跨界融合协同加速	AI Agent 在垂直领域的应用创新，很大程度上依赖于跨界融合、多方协同的生态体系。在垂直行业，创业者往往需要与领域专家、行业龙头、数据提供方、技术伙伴等展开深度合作，共同推进 AI 在行业的应用落地。这种跨界融合有利于行业资源的整合共享，推动产业链上下游协同创新。例如，AI 创业公司与医院合作开发智能医疗助手，既可借力医院的数据资源和专家智慧，又可通过 AI 赋能提升医院运营效率；AI 企业与工厂合作，将 AI 嵌入生产设备，既能改善产品优良率，又能帮助工厂提升智能化水平。正是基于与行业伙伴的生态协同，AI Agent 在垂直领域的落地才会不断加速
5	想象空间巨大	人工智能技术日新月异，AI Agent 在垂直行业的应用正呈现出无限可能。许多传统行业当下尚处于数字化、智能化的初级阶段，亟待利用 AI 实现变革式创新，这为创业者提供了广阔的想象空间。从感知、认知到决策，从流程再造到管理重塑，AI 正在为行业的方方面面赋能。而行业数字化转型也往往是一个循序渐进的过程，这意味着即使切入了细分领域，创业者仍有巨大的拓展空间

AI Agent 在垂直细分领域的应用前景广阔，不仅能够满足行业特定的需求，还能够利用丰富的数据资源和跨界合作的优势，推动行业的数字化转型和智能化升级。随着技术的不断进步，AI Agent 将为各行各业带来深远的影响。创业者可围绕行业需求，持续拓展 AI Agent 的功能边界和应用场景，实现纵深化发展。而随着 AI 与行业知识的不断融合，跨界融合的创新机会也层出不穷。敢于打破边界、勇于想象未来，才能在更广阔的视野下探索行业与 AI 的融合之道。

在具体的 AI Agent 产品类别上，下面有一些类型供大家参考。

- 办公类 Agent：随着科技大厂如阿里、腾讯、华为等推出 Agent 项目，办公类 Agent 的需求日益增长。这类 Agent 能够提高工作效率，优化工作流程，为用户提供更加个性化和便捷的服务。

- 医疗保健领域的 Agent：AI Agent 在医疗保健领域的应用包括自主与医疗系统和患者交互沟通，模拟人类的语言和行为，为患者提供个性化的医疗服务。这表明 AI Agent 在医疗健康领域具有巨大的发展潜力和创业机会。
- 编程、营销、辅导及研究人员等垂直领域的 Agent：这些领域的 Agent 使用特定于上下文的业务规则或数据进行微调，可以有效提升相关工作的效率和质量。这说明 AI Agent 在专业服务和教育辅导等领域也有广泛的应用前景。
- 智能网联车、AR 眼镜、数字人、社交软件、电商直播等领域的 Agent：围绕这些领域的 LLM 应用场景多点开花，为人工智能产业跃升发展注入更多动能。这表明 AI Agent 在多个行业都有潜在的创业机会，尤其是在新兴技术和消费趋势中。
- 娱乐类 Agent 之上，更多严肃领域的 Agent：在大厂都在自研 Agent 时，垂直行业 Agent 是重要的、创业公司可积累壁垒的方向。这表明除了娱乐领域外，更多严肃领域的 Agent 也是创业者们试图攻克的目标。

AI Agent 在垂直细分市场的创业机会广泛，涵盖了办公、医疗保健、专业服务、教育辅导以及新兴技术和消费趋势等多个领域。这些机会不仅体现了 AI 技术的广泛应用潜力，也彰显了创业者在不同垂直市场中的创新和探索空间。知识融合、数据禀赋、需求迫切、生态协同、想象空间等多重因素，使得 AI Agent 在垂直细分领域迎来了更多的机遇，也为创业者在垂直行业深耕细作、做专做精 AI 应用开辟了无限的发展可能。关键点则在于创业者要立足行业特点、发挥自身优势，以开放心态拥抱跨界、以敏锐洞察捕捉需求、以执着韧劲攻克难题。

需要说明的是，AI Agent 的垂直领域场景可以无限地细分，配合前面提到的场景催生的 Agent 这个逻辑，也就意味着每个领域及行业都会有无限的创业机会。

10. AI Agent 出海

AI 应用及 AI Agent 出海，是中国人工智能企业走向国际化的战略选择，蕴含着巨大的创业机遇。随着全球数字化转型的深入推进，AI 技术正成为各国抢占新一轮科技和产业变革制高点的关键赛道。中国 AI 创业者应立足全球视野，发挥技术、产品、服务等优势，积极开拓海外市场，在更大的舞台上实现创新创业梦想。

（1）为何出海是 AI Agent 创业机会？

AI Agent 的国际化，为国内 AI 企业开辟了广阔的发展机遇。表 15-9 总结了国内 AI Agent 适合出海的原因。

表 15-9　国内 AI Agent 适合出海的原因

原因	说明
全球市场空间广阔	与国内市场相比，海外市场的体量更大、增长空间更为广阔。据预测，到 2030 年，全球 AI 市场规模将达到 1.5 万亿美元，是当前的 10 倍。特别是随着各国数字化转型的纵深推进，AI 的应用场景将不断拓展，市场需求持续旺盛。国内 AI 企业若能及时切入海外市场，必将迎来更多的发展机遇。相比国内激烈的同质化竞争，拥抱全球市场能让 AI 企业获得更大的成长空间。尤其对于 AI Agent 创业而言，出海意味着服务对象从国内数亿用户扩展到全球数十亿用户，市场规模增长数十倍甚至数百倍，发展前景不可限量
需求差异化带来新机会	由于各国在经济发展阶段、产业结构、社会文化等方面存在差异，对 AI 技术的需求也呈现多样化趋势。一些发达国家聚焦前沿技术创新，更青睐通用 AI 平台；发展中国家则偏重实用性应用，更需要行业 AI 解决方案。这种差异化需求为国内 AI 企业提供了错位竞争、弯道超车的机会。例如，将人脸识别技术出口到安全需求旺盛的国家，将智能客服系统销往呼叫中心集中的地区，将工业机器人方案输出到制造业大国。创业者可精准把握海外市场的差异化需求，提供有针对性的 AI Agent 产品和服务，在全球市场精耕细作、独树一帜
融入全球创新网络	出海有利于国内 AI 企业更好地嵌入全球创新链条，整合全球范围内的优势资源。一方面，国内 AI 企业可通过在海外设立研发中心、收购技术公司等方式，吸纳先进理念，补齐基础研究短板。另一方面，它们还可借助海外创新平台，与各国人才开展交流合作，共同推进技术突破和应用创新。正所谓“窥一斑而知全豹”，置身于全球科技创新第一线，必能开阔国内 AI 企业的全球视野，擦出“跨界融合”的创新火花。对 AI Agent 创业者而言，出海不仅是推广产品的过程，更是整合创新要素、提升核心实力的机会
布局未来发展制高点	从更长远来看，AI 出海是抢占未来发展制高点的战略选择。纵观历史，每一次科技革命都伴随着全球化进程的加速，领先企业将无一例外地走向世界、引领时代。当前，新一轮科技革命正在重塑全球经济版图，AI 正是这场变革的“主角”。中国要实现向创新型国家的跨越，AI 企业责无旁贷。只有立足全球，深度参与前沿技术研发和产业生态构建，国内 AI 企业才能形成“话语权”，真正成为引领未来的力量。对于立志成为行业领袖的 AI Agent 创业者而言，必须着眼全球，提前谋划、超前布局，方能在下一个十年乃至更长时间内赢得发展先机
提升企业综合实力	出海是对国内 AI 企业国际化能力的全方位考验，不仅需要过硬的技术实力，更需要在商业模式、服务生态、品牌影响等方面达到全球一流水准。一方面，在海外市场这个“大熔炉”中，唯有不断打磨产品、优化服务、提升体验，才能立于不败之地。另一方面，适应海外市场规则，还需要强大的跨文化管理能力、灵活的本土化运营策略以及良好的社会责任形象

出海将倒逼中国 AI 企业全面升级综合实力，练就“十八般武艺”。对 AI

Agent 初创企业而言，出海既是挑战，也是难得的成长机遇，唯有在市场的淬炼中砥砺前行，才能真正实现品牌价值、核心竞争力的全面跃升。AI 出海大潮势不可挡。对中国 AI 企业，特别是 AI Agent 创业者而言，全球化发展既是大势所趋，也是难得的发展良机。

（2）AI Agent 出海创业的机会

AI 应用及 AI Agent 出海是中国人工智能企业走向国际化的战略选择，这一战略蕴含着巨大的创业机遇，而且随着全球数字化转型的深入推进，AI 技术正成为各国抢占新一轮科技和产业变革制高点的关键赛道。中国 AI 创业者应立足全球视野，发挥技术、产品、服务等优势，积极开拓海外市场，在更大的舞台实现创新创业梦想。具体而言，AI 出海的机会主要体现在以下几个方面：

- 技术优势：中国 AI 企业在硬件方面具有明显优势，如大疆在无人机领域的全球领先地位。此外，中国企业在 AI 技术的研发和应用上也取得了显著进展，如百度在 AI 时代的技术范式打造、全球化人才交流共建等方面的表现。
- 市场需求：随着数字化转型的深入，全球对于 AI 技术的需求日益增长。中国 AI 企业可以通过提供定制化的 AI 解决方案，满足不同国家和地区在教育、医疗、金融等领域的特定需求。
- 营销策略：利用 AI 的数据驱动决策能力，可以帮助品牌更好地理解不同国家和地区的消费者需求与行为，精准定位目标受众，为品牌传播和产品定制提供指导。同时，AI 的个性化营销策略优势也是品牌出海的重要机遇。
- 国际合作：中国 AI 企业可以通过与国际合作伙伴建立合作，共同开发新的市场和业务模式。例如，OpenAI 与微软的合作展示了跨公司合作在推动 AI 技术发展和应用方面的潜力。
- 政策支持：中国政府对人工智能产业的支持力度不断加大，为 AI 企业的国际化提供了良好的政策环境。这包括对 AI 技术研发的支持、对海外市场开拓给予的税收优惠等。

中国 AI 企业出海面临着多方面的机遇，包括利用自身的技术优势、满足全球市场的需求、采用先进的营销策略、寻求国际合作以及享受政策支持等方面。这些机遇为中国 AI 企业提供了广阔的发展空间，使它们能够在国际舞台上展现出更大的影响力。

11. LLM 移动终端化

在移动互联网时代，智能手机等移动终端设备已然成为我们生活和工作中难以或缺的伴侣。随着移动设备算力的持续跃升以及用户需求日趋多样化，人工智能技术正迅速向移动终端领域渗透，其中 LLM 在移动终端的应用尤为引人注目。将 LLM 与移动终端深度融合，有望开启人机交互的全新篇章，为用户带来更为智能、个性化且沉浸式的服务体验。这一变革趋势不仅为 AI 应用的创新提供了广阔的舞台，也为创业者带来了前所未有的机遇与挑战。从应用端来看，LLM 的终端化至少能为用户带来以下 5 点好处。

- 多端通用与跨应用业务连接：随着 LLM 在具体应用方面的多端通用，以及 MAS 和 SaaS 模式的推广，AI Agent 能够在移动端构建平台及个体应用成为必然。这为创业者提供了跨端跨应用业务连接的新场景。
- 提升用户体验：LLM 具备泛化能力，能够帮助手机智能助手提升理解能力，从而提供更加智能化的服务。例如，通过自然语言处理技术，实现与移动 UI 的对话式交互，提高用户体验。
- 降低运营成本：MediaTek 等公司基于 LLM 成功实现在终端设备上运行生成式 AI 应用，这不仅为开发者和用户提供了无缝的使用体验、更强的用户信息安全和可靠性、更低的延迟以及离线运算，还显著降低了运营成本。
- 创新应用场景：LLM 的应用将重塑人机交互的方式，为智能手机等移动设备带来新的创新趋势。例如，华为、荣耀、OPPO、vivo、小米等品牌纷纷推出基于 LLM 技术的智能手机，这些产品通过融合自然语言处理、视觉识别等多种技术，提供了“智慧搜图”等功能。
- 面向不同领域的 AI Agent：随着 LLM 技术的发展，面向不同领域不同业务场景和功能的 AI 智能体将成为 LLM 创业者的全新机会。已有的 Agent 产品涉及电商、零售、教育等领域，显示了 AI Agent 广泛的适用性和潜力。

LLM 向移动终端的迁移，为 AI Agent 创业者带来了前所未有的机遇，具体表现在多个方面，具体见表 15-10。

表 15-10 LLM 终端化与 AI Agent 创业机会

序号	机会	说明
1	降低开发门槛	移动端 SDK 和 API 的推出允许创业者直接使用预训练的 LLM，这些模型在大量数据上训练，具备强大的语义理解和逻辑推理能力。通过简单的 prompt 优化和微调，AI Agent 能迅速适应特定领域，大大降低了技术门槛，使创业者能专注于应用创新和场景价值的实现

（续）

序号	机会	说明
2	拓展应用场景	移动设备的普及带来了丰富的应用场景，如出行、工作和教育。结合 LLM，创业者可以开发出满足个性化需求的 AI Agent 应用，例如智能行程规划、邮件助手、AI 家教等，这些应用覆盖了用户的日常需求，为 AI Agent 的实际应用提供了广阔的空间
3	获取海量用户数据	移动应用收集的大量用户数据，包括文本、语音、图像和视频，为 AI Agent 的模型优化提供了丰富的资源。通过 A/B 测试和数据挖掘，创业者可以深入分析用户反馈，持续提升 AI Agent 的性能，增强用户体验和粘性
4	触达更广泛用户	智能手机的普及为 AI Agent 提供了广泛的用户触点。通过移动应用商店、内容分发平台和社交媒体，AI Agent 能触及全球不同年龄、职业和区域的用户群体，利用社交裂变和分享推荐机制，实现用户的快速积累和规模化增长
5	融合多模态交互	移动设备的多模态交互能力，如语音识别和图像识别，与 LLM 结合为 AI Agent 提供了更自然的交互方式。用户可以通过自然语言对话、上传图片查询或通过 AR 动画学习，多样化的交互方式提升了用户的使用体验
6	设备端部署应用	随着移动端计算能力的提升，创业者可以在设备端部署优化的 AI 模型，实现快速的本地化推理。这种方式不仅加快了响应速度，减少了网络延迟，还保护了用户隐私，支持了离线应用，为 AI Agent 的应用提供了新的可能性
7	生态合作	移动应用生态的成熟为 AI Agent 提供了丰富的分发渠道和商业变现途径。创业者可以通过应用商店上架、小程序平台输出、与内容和社交平台合作，以及通过 SDK、API 赋能更多开发者，加速 AI Agent 的产品分发和价值实现
8	智能硬件融合	结合智能硬件，AI Agent 能提供更便捷的服务。例如，智能手机的 AI 聊天助手 App、智能音箱的语音交互、智能车载的导航服务等，都是通过硬件与 LLM 结合为用户提供的创新服务
9	探索商业模式创新	移动端 AI Agent 服务的商业潜力巨大。创业者可以通过订阅制、增值服务、创新广告等多种模式实现盈利。结合数字孪生和智能制造技术，AI Agent 能为用户提供个性化服务，创造产品和服务的智能化附加值，抢占市场先机

LLM 在移动终端的应用，一方面可以借助手机、可穿戴设备等移动设备的算力和传感器，增强用户交互体验；另一方面也可以通过手机端的海量用户数据反哺和优化模型。创业者应紧抓移动终端的软硬件升级机遇，利用 LLM 的语义理解、知识表达、多模态交互等能力，在垂直领域深度融合行业知识，打造移动端的 AI Agent 创新应用，为用户提供更加智能、高效、沉浸式的服务体验。

当然，也要注重数据隐私保护，兼顾模型的效率、安全与可解释性等方面。相信随着移动端 LLM 的不断发展，必将涌现出更多融合前沿科技与行业场景的 AI Agent 创业项目，推动移动智能服务迈向新的台阶。

15.3.2　AI Agent 创业的动力

基于 LLM 的 AI Agent 正逐渐崭露头角，智能化、自主化的特性不仅打破了传统业务的限制，还为各行各业注入了新的活力，同时也催生了新一轮的创业热潮。许多创业者积极投身于这股浪潮中，期望借助 AI Agent 的技术优势，为现实生活解决实际问题，创造更多的社会价值。

究竟是哪些力量在推动这些创业者勇往直前，加入 AI Agent 的创业大军呢？结合创业需求的原动力来分析，这一轮 AI Agent 创业热潮主要受到以下几方面动力的驱使：

1）对 AI 技术变革机遇的敏锐捕捉。人工智能的突飞猛进，为创业者们提供了一个充满无限可能的创新舞台。AI Agent 结合了先进的算法与行业应用，助力创业者们开发出更为智能、高效的产品和服务，例如智能客服、个人助手等，从而引领着产业的发展方向。

2）对用户需求和行业痛点的深刻理解。成功的 AI Agent 创业项目必须紧密围绕用户需求展开，为行业中的棘手问题提供有效的解决方案。例如，针对中小企业管理混乱和物流派送的难题，创业者们可以开发出智能的管理系统和配送平台，从而提升管理效率和服务质量，赢得市场的广泛认可。这种来自市场的正向反馈，无疑是创业者们继续前行的重要动力。

3）对广阔市场空间的无限憧憬。随着 AI 技术的持续进步，AI Agent 作为其中的重要应用形态，正展现出巨大的市场潜力。创业者们凭借自身的技术优势，积极满足市场的多样化需求，努力开拓新的业务领域。

4）对技术理想和价值追求的坚守。许多创业者对人工智能技术怀有深厚的热情，他们希望通过自己的技术创新，让机器更好地服务于人类。因此，他们致力于开发出贴近生活的 AI Agent 应用，如智能养老助手、学习系统等，既实现了技术的价值转化，又彰显了企业的社会责任。

5）创业激情和自我挑战的精神。AI Agent 领域的蓬勃发展和充满机遇的市场环境，正吸引着越来越多的创业者展现自己的才华、迎接各种挑战。在这个行业标准和商业模式尚未成熟的阶段，创业者们可以凭借自己的敏锐洞察力和果断行动力，在激烈的市场竞争中脱颖而出。

从更宏观的角度来看，AI Agent 创业的动力还包括技术进步和市场需求的推动、应用场景的不断拓展、安全性和效率的提升、生成式 AI 的快速发展以及资本市场的支持等。这些因素共同为 AI Agent 创业提供了强大的动力和广阔的发展前景。

除了以上创业的共性因素，对于 AI Agent 的创业动力，本书还提出了以下几个观点，供读者参考。

- 自动化、智能化的长期愿景：AI Agent 创业与实现自动化、智能化的宏伟愿景紧密相连。AI Agent 在智能语音助手、自动驾驶等领域的应用，正引领产业变革。技术突破和规模化应用的加速，不断拓展 AI 的边界，将 AI 转化为现实生产力。AI Agent 作为人机交互界面，其友好性和可解释性对于构建智能社会至关重要，为自动化、智能化的实现提供了动力。
- 企业降本增效的永恒需求：企业对成本降低和效率提升的持续追求为 AI Agent 创业提供了市场空间。AI Agent 通过自动化流程和资源优化，显著降低企业成本，如智能客服和供应链优化。同时，AI 辅助决策和个性化推荐可以提升效率，也受到企业青睐。市场需求推动 AI 技术突破，促进 AI Agent 技术创新和应用落地。
- 新技术新模式改变社会：新技术如 AI、大数据深刻改变了社会经济结构，为 AI Agent 提供应用场景。AI Agent 为零售、制造、金融等行业提升效率和用户体验。平台经济、共享经济等新模式为 AI Agent 创造应用场景，推动社会治理变革。AI Agent 通过赋能传统行业，深化社会变革。
- 技术进步带来的商业效应：AI Agent 创业与技术进步紧密相关，催生了商业效应。技术进步带来新业态、新场景，AI Agent 引领商业模式创新。商业模式创新对 AI Agent 应用形成牵引力，如社交电商、网约车。AI Agent 推动企业运营理念和盈利模式变革，如金融业的 AI 投顾和风控。
- 更好的商业创富方式：AI Agent 作为智能经济的“新基建”，重塑了生产要素组合，创造高效、智能的财富路径。AI Agent 为传统行业提供新价值空间，如制造业的成本降低、零售业的服务模式重构。平台经济中的 AI Agent 通过智能调度和定价优化，实现供需匹配。AI 与传统行业的融合催生新商业模式，为创业公司提供竞争优势。

AI Agent 不仅为创业者提供了一个广阔的竞技场，更为他们呈现了一个塑造未来的工厂。无论是改善消费者体验、优化企业操作流程，还是打造全新的服务和产品，AI Agent 都有着不可估量的潜力。

15.4 AI Agent 创业的方法、路径与流程

在前面的章节里，我们已经从投资角度解读了 AI Agent 市场格局，相信很多

有创业想法的读者在看完后已经有一些头绪。但面对纷繁复杂的市场环境和瞬息万变的技术图景，创业者们无不在寻找最优路径，希望以敏锐的洞察力和务实的行动力，在这场智能经济的盛宴中占据一席之地。

要在这一领域取得成功，不仅需要大胆的想法，还需要有清晰的创业方法和流程。AI Agent 创业究竟有哪些可行的方法？又该如何选择最佳的发展路径？本节尝试提出一些面向 AI Agent 的创业方法和步骤，旨在为那些准备踏入这片未知领域的创业者们提供一个实用的行动路线图。

15.4.1 AI Agent 创业方法与路径

在这场由生成式 AI 和 AI Agent 引领的智能革命中，如何以技术之力撬动商业价值？如何在纷繁复杂的市场中找准定位？如何将前沿科技转化为成熟的商业应用？这已成为每一个 AI 创业者不得不面对的问题。AI Agent 的创业方式多种多样，垂直行业、通用平台、C 端应用、企业服务等不同路径各有千秋，创业者究竟该如何选择？本书提出以下创业方法，供各位读者参考。

1. 通用创业方法

AI Agent 的创业方式多种多样，不同路径各有优势。关键是要找准定位，聚焦核心价值，把握技术趋势和行业需求。总的来说，可以概括为以下几种思路和方法：

（1）切入垂直行业，提供端到端解决方案

这是目前 AI Agent 创业的主流方式。创业者聚焦特定行业，如金融、医疗、教育、制造等，深入理解行业需求和业务逻辑，在此基础上研发端到端解决方案，例如工业领域的智能排产系统、物流领域的智慧调度平台等。这种模式的优势在于：市场空间大，需求迫切；难度相对较低；竞争壁垒高。当然，垂直行业 AI 也面临着一些挑战，如需求多样化带来的研发压力、渠道建设难度大、产品同质化风险高等。创业者需审慎评估自身条件，甄别行业机会，探索差异化路径。

（2）聚焦通用技术，打造底层平台和工具

与垂直行业 AI 不同，部分创业者选择从通用技术切入，研发面向不同行业的 AI 开发平台和工具，例如深度学习框架、人工智能开放平台等。这种模式的特点是：技术门槛高，研发投入大；市场教育成本高；放量速度快，增长空间大。这一模式对创业者的技术实力和战略眼光提出了较高要求。只有立足技术前沿，紧跟产业趋势，持续打磨产品，才能在竞争中突围，最终成长为行业的“基础设施”。

（3）面向 C 端用户，探索创新应用和商业模式

随着人工智能的不断普及，AI Agent 在 C 端用户市场也孕育着巨大的创业机会，聊天机器人、智能音箱、AI 助手等创新应用层出不穷。这一领域有几个显著特点：用户需求多样，场景碎片化；技术更新迭代快；变现方式多元。这一赛道机会与挑战并存，市场尚未成熟，商业模式仍在探索中。创业者需把握用户痛点，洞察行业趋势，细分市场，快速试错，方能在与巨头的竞争中获得一席之地。

（4）提供专业 AI 解决方案和服务

随着各行各业对 AI 技术的需求日益强烈，为客户提供定制化的 AI 解决方案和专业服务，逐渐成长为一种新兴的创业方向。相比自主研发，更多中小型企业倾向于通过采购第三方服务的方式对业务和产品进行 AI 赋能，这为创业者提供了广阔的市场空间。这一模式的特点是：切入门槛低；市场需求广泛；竞争日益激烈。这一模式对技术能力、行业理解、客户服务能力等方面都提出了较高要求。创业者需深耕细分领域，持续打磨服务，在客户黏性和品牌溢价等方面构筑竞争壁垒。

（5）AI+ 业务场景双轮驱动

这是一种“自上而下”的创业路径。创业者首先聚焦特定业务场景，如办公协同、客户服务、教育培训等，从业务切入开发端到端产品；然后将 AI 技术作为驱动业务创新的“引擎”，实现 AI 与业务的双轮驱动和螺旋式上升。这种模式的优势在于成长路径清晰、商业模式先行、延展空间广阔。当然，AI+ 业务的融合之路也面临诸多挑战，如业务能力和技术能力难以平衡、AI 转化周期长、组织协同困难等。这对创业者的全局视野和长期规划提出了更高要求。

AI Agent 创业路径繁多，但万变不离其宗。技术是内功，场景是外功，商业是落脚点。创业者需立足自身条件，把握技术趋势，拥抱行业变革，在动态的市场中探索新的机会，持续打磨产品，快速迭代模式，最终实现长远发展。

2. 五种具体的 AI Agent 创业路径

在具体的创业操作层面，结合当前创业项目的情况，本书提出以下五种 AI Agent 创业方法，对每个创业方法的介绍包括方法说明和实施步骤两部分。限于篇幅，这里仅做创业方法说明，读者可以在本书配套的知识库中查看创业方法的具体实施步骤部分。

（1）借鸡生蛋——基于平台打造 AI Agent

在人工智能的浪潮中，许多创业者选择“借鸡生蛋”的策略，即利用现有的大型平台或框架来构建自己的 AI Agent。这种方法允许他们站在巨人的肩膀上，

快速启动并扩展自己的业务，而无需从头开始搭建整个基础设施。基于平台打造 AI Agent 的核心理念是充分利用现有资源。这些平台通常提供了丰富的预训练模型、强大的计算能力和易于使用的开发工具。创业者只需根据自己的需求进行定制和优化，就能快速构建出功能强大的 AI Agent。

这种创业方式还能带来诸多优势。首先，平台通常拥有庞大的用户群体和活跃的开发者社区，这意味着创业者可以轻松获取反馈、分享经验并寻求帮助。其次，平台会不断进行技术更新和迭代，从而确保 AI Agent 始终保持在行业前沿。此外，通过利用平台的规模效应，创业者可以降低成本、提高效率，并在竞争激烈的市场中迅速脱颖而出。

当然，“借鸡生蛋”策略也存在一定的挑战。例如，创业者可能需要面临平台锁定风险、隐私和安全问题等。因此，在选择合适的平台和构建 AI Agent 时，创业者需要仔细权衡利弊，并制定出相应的应对策略。

基于平台打造 AI Agent 是一种高效且实用的方法，可以帮助创业者在人工智能领域快速取得突破。但创业者也需要保持警惕，确保在利用平台资源的同时，维护好自己的核心竞争力和长期发展目标。基于平台打造 AI Agent 分为两种情况，一是通过云服务厂商等提供的 AI 平台打造 AI Agent 产品及解决方案，二是基于专业的 AI Agent 构建平台去打造 AI Agent。

1）基于 AI 平台打造 AI Agent。基于 AI 技术开放平台打造 AI Agent，从选择合适的平台、明确应用场景，到利用模型和算法快速搭建、定制化开发，再到部署上线和优化服务质量，每一步都需精心策划，以确保最终打造出一个能够满足用户需求、实现持续进化的 AI Agent。打造过程中，要注重发挥平台的技术优势，聚焦行业需求，为用户创造价值，将前沿技术与行业知识相结合，把握创新机会。

2）基于构建平台打造 AI Agent。为了充分发挥 AI Agent 的能力，基于构建平台打造 AI Agent 需要确立一个功能全面、服务定位明确的平台，通过精心设计架构、选择合适的技术栈，以及人性化的交互方式，构建开放生态，最终形成数据闭环，夯实核心竞争力。

需要说明的是，AI Agent 平台的出现，也为非技术人员从业务层面构建 AI Agent 提供了更多可能。使用 Coze 创建 AI 应用的步骤，见本书配套知识库。对某个行业及领域了解足够多的人，可以结合自己的知识库在 GPTs、coze、天工 SkyAgents 等平台构建一个 AI Agent 并开放给其他客户，成为创作者参与平台的收入分成。这样，任何人只要愿意都可以成为 AI Agent 创业者。

（2）无中生有——通过 API 升级或迭代 AI 智能体

在人工智能领域，API（应用程序接口）扮演着至关重要的角色，它允许不同的软件应用程序相互通信和共享数据。对于 AI 智能体来说，API 不仅是一种与外部世界交互的桥梁，还是实现升级和迭代的关键途径。

“无中生有”这一理念在这里指的是通过 API 的巧妙运用，赋予 AI 智能体新的能力或提升现有性能，仿佛从无到有地创造出新的价值。通过 API，创业者可以轻松地将新的功能、算法或数据集成到 AI 智能体中，从而使它具备更强的学习能力、更准确的决策能力和更高的适应性。

具体来说，当 AI 智能体需要升级或迭代时，创业者可以利用 API 来接入新的服务、获取更多的数据或引入更先进的算法。例如，通过接入自然语言处理 API，AI 智能体可以更好地理解和生成人类语言；通过接入图像识别 API，它可以更准确地识别和解析图像信息；通过引入新的机器学习算法，它可以更高效地学习和优化自身性能。

API 还使得 AI 智能体的升级和迭代变得更加灵活与可控。创业者可以根据实际需求和市场变化，随时通过 API 对 AI 智能体进行调整和优化，以满足不断变化的用户需求和市场环境。通过 API 升级或迭代 AI 智能体是一种高效、灵活且富有创造性的方法，不仅提升了 AI 智能体的性能和适应性，还为创业者带来了更多的商业机会和创新空间。

对于已有软件产品的创业者而言，通过 LLM 的 API 接入，可以赋予原有系统智能交互的新能力，实现产品的 AI 化升级。通过此方法，创业者可以有效地利用 LLM 的 API 来升级或迭代自己已有的软件，使它成为具有自主执行任务能力的 AI Agent。

（3）自食其力——基于自研领域 LLM 开发 AI Agent

在人工智能的时代，自研领域 LLM 已经成为很多创业者和研究团队追求的目标。与此目标并行的是，他们希望在这些 LLM 的基础上进一步开发出智能的 AI Agent，使它能够在特定领域内自主决策、执行任务。

“自食其力”强调了自主研发和自主控制的重要性。通过自研领域 LLM，创业者可以深入了解领域内的数据、知识和规则，从而构建出更加符合实际需求的 LLM。这样的模型不仅能够更好地适应领域内的各种任务，还能在不断地学习和优化中持续提升性能。

当拥有了一个强大的自研领域 LLM 后，创业者可以进一步在此基础上开发 AI Agent。这样的 Agent 将继承 LLM 的所有优点，并能够根据具体的任务需求进行自主决策和行动。无论是在处理日常任务、响应用户查询，还是在面对复杂问题时，这些 Agent 都能展现出出色的智能和适应性。此外，自研领域 LLM 和 AI Agent 的结合还可以为创业者带来更多的商业机会。他们可以将这些技术应用于各种产品和服务中，如智能客服、智能家居、自动驾驶等，从而为用户提供更加便捷、智能的体验。

对于有 AI 技术积累的创业团队而言，在自研领域 LLM 基础上开发 AI Agent，可以最大限度地满足特定行业应用的需求，形成更强的差异化竞争力，也可以让创业者在垂直行业获得更强的竞争优势。相比直接使用开放平台的通用 LLM API，自研的领域模型可以更好地理解行业知识，生成更专业、准确的内容。通过此方法，创业者可以在自研领域 LLM 基础上成功开发出高效的 AI Agent，满足市场需求并推动行业发展。

（4）博采众长——以开源架构基于多 LLM 打造 AI Agent

为了充分发挥 LLM 的潜力，并满足各种复杂任务的需求，创业者们正转向开源架构，并基于多个 LLM 来打造强大的 AI Agent。随着 AI 开源社区的不断发展，创业者已经可以利用多个成熟的开源 AI Agent 框架，快速构建基于多个 LLM 的智能对话系统。这种“AI Lego”式的开发模式，可以显著降低技术门槛，加速产品迭代。

这种方法的核心理念是“博采众长”，即结合多个 LLM 的优势，通过开源架构的灵活性和可扩展性，来构建一个全面、高效的 AI Agent。这样的 Agent 不仅能够处理各种复杂的任务，还能适应不断变化的环境和需求。

具体来说，创业者可以利用现有的开源 AI 框架和库，如 Hugging Face Transformers、TensorFlow 等，来构建自己的 AI Agent。这些框架提供了丰富的预训练模型和工具，可以大大加速开发过程。通过结合多个 LLM，创业者可以充分利用不同模型的优势，提高 Agent 的性能和适应性。此外，开源架构还提供了与其他开发者交流和合作的机会。通过参与开源社区和项目，创业者可以获取最新的技术和知识，共同推动 AI Agent 技术的发展。这种开放、协作的精神正是“博采众长”的体现。

通过此方法，创业者可以有效地基于开源 AI Agent 架构打造基于多 LLM 的 AI Agent，从而在竞争激烈的市场中脱颖而出。

（5）道生万物——打造原生 Agent 构建平台

“道生万物”这一理念强调从基础出发，构建一个灵活、高效、原生的 Agent 平台。通过整合各种技术和资源，为创业者提供一个全面、易用的解决方案，帮助他们快速构建和部署基于 LLM 的 AI Agent。这样的平台将推动 AI 技术的普及和发展，促进各行各业的创新和进步。

原生 Agent 构建平台的核心在于其自主性和适应性。这样的平台不仅要能够支持创业者从零开始构建 AI Agent，还要能够提供丰富的工具和资源，帮助他们根据实际需求进行定制和优化。平台应该具备强大的底层架构，能够支持多种算法和模型的集成，从而实现 AI Agent 在复杂环境中的高效决策和行动。

原生 Agent 构建平台还应注重开放性和协作性。它应该支持与其他系统和平台的无缝对接，允许创业者轻松引入外部数据和服务，从而丰富 AI Agent 的功能。同时，平台还应该拥有一个活跃的开发者社区，鼓励创业者之间的交流和合作，共同推动 AI Agent 技术的发展。打造原生 Agent 构建平台，不仅能够降低 AI Agent 的构建门槛，提高开发效率，还能为创业者带来更多的创新机会和商业价值。最终，它将推动人工智能技术的普及和发展，助力各行各业实现智能化升级。

对于希望引领 AI 智能化浪潮的创业者，构建一个功能全面、灵活可扩展的原生 AI Agent 开发平台是至关重要的。这样的平台不仅有助于企业快速构建智能化应用，还能为众多开发者和垂直行业客户提供支持。构建成功的原生 AI Agent 开发平台，需要在技术、产品、运营、商业等多个维度统筹布局，形成生态型创新闭环。创业者需要具备扎实的人工智能技术内功，对行业趋势和市场需求有敏锐洞察，并在平台构建过程中始终坚持开放、灵活、安全的设计理念。

AI Agent 创业方法的核心在于技术积累、行业洞察、用户理解和商业模式创新。创业者需要立足技术前沿，紧跟行业趋势，深入理解用户需求，同时不断探索和创新商业模式，才能在激烈的市场竞争中脱颖而出。

15.4.2 AI Agent 创业的流程

越来越多的有志之士投身到 AI Agent 的创业热潮中，期望通过技术创新和产品创意，打造出深刻改变行业和生活的智能化应用。AI Agent 作为智能化服务的关键载体，正成为创业者争相追逐的热点。想要在这一领域站稳脚跟并非易事，成功的 AI Agent 创业项目，不仅需要深厚的技术积累，还需要对市场趋势有敏锐的洞察力以及对商业模式有精心的设计。

一个成功的 AI Agent 创业流程究竟应该如何展开？创业者又该如何在关键节点做出正确抉择、最大化成功概率？下面将尝试解答这几个问题。

1. 创业的基本流程

创业项目通常经历几个关键阶段，从市场调研到持续创新，每个阶段都对 AI

Agent 的成功至关重要。通常而言，整个创业流程大概可以分为六步。

第一步：市场调研与需求分析是创业的基石。创业者需深入了解目标市场，包括规模、趋势、竞争状况以及用户需求。与专家和潜在用户的交流，可以揭示市场动态和用户的真实需求，为 AI Agent 的开发提供精确的指导。此外，分析 AI Agent 在不同场景下的价值，有助于明确市场定位和产品功能。

第二步：技术研究与方案设计阶段。创业者需组建专业团队，探索自然语言处理、机器学习等技术，并设计 AI Agent 的架构和技术方案。这包括数据管理、模型训练、用户界面设计等，确保产品既能满足市场需求又具备稳定性和可扩展性。

第三步：产品开发与迭代阶段。根据技术方案，团队将实现后端算法、开发前端界面，并进行集成测试。通过用户反馈和数据分析，不断迭代产品，修复问题、添加功能、优化体验，提升竞争力。

第四步：市场验证与商业模式构建阶段。创业者通过试点或小规模推广验证产品的市场接受度和价值。同时，构建包括定价、销售渠道、合作伙伴关系在内的商业模式，确保盈利并为扩张打下基础。

第五步：资本筹集与扩张计划阶段。创业者需制定融资策略，通过自筹、天使投资或风险投资等方式获得资金。同时，制定扩张计划，包括市场拓展、团队扩充和产品线丰富，加速公司成长。

第六步：规模化运营与持续创新阶段。创业者通过提升生产能力、优化供应链和加强市场营销进行规模化运营。同时，持续创新是保持竞争力的关键，创业者需不断探索新技术和市场趋势，以实现公司的长期发展和成功。

创业永远是一个充满挑战和变化的过程。创业者还需要持续跟踪行业动态和技术发展，进行产品创新和升级。这包括探索新的应用场景、引入新的技术、优化用户体验等。通过持续的创新和升级，创业者可以保持公司的竞争优势，并持续为用户提供有价值的产品和服务。

2. AI Agent 的创业流程

AI Agent 的创业流程是一个复杂而系统的过程，需要在战略规划、技术研发、产品设计、商业落地等多个维度协同推进。结合创业的基本流程以及 AI Agent 技术、产品及用户特性等，本书提出了相对完整的 AI Agent 创业 10 步流程，具体内容见表 15-11。

表 15-11　AI Agent 创业 10 步流程

步骤	事项	说明
1	创意构思与需求分析	创业者需要深入分析目标行业和用户群体，发掘真实应用场景下的痛点需求。这需要对市场有深入的了解，以便找到创新的解决方案。通过市场调研和用户访谈，创业者可以评估其想法的技术可行性和商业可行性，从而确保解决方案的落地实施
2	团队组建与早期规划	一个优秀的创业团队对于项目的成功至关重要。团队应该在人工智能、产品设计、业务开发等领域各有所长，并能形成互补。团队成立后，应明确公司的使命、愿景和发展战略，并制定阶段性目标。此外，合理的组织架构和科学的股权结构也是确保项目顺利进行的关键因素
3	原型设计与技术选型	基于需求分析，团队需要快速完成 AI Agent 的概念设计和原型构建。原型应突显 AI Agent 的核心价值和功能亮点。同时，技术团队需要深入研究各种主流技术，并评估它们在性能、成本和易用性等方面的优劣，以选择最适合项目需求的技术路线
4	数据准备与模型训练	高质量的数据和先进的算法模型是 AI Agent 的核心竞争力。数据团队需要明确所需的数据类型和规模，并进行数据清洗、标注和增强等处理。算法团队则需要选择合适的机器学习模型，并通过各种技术手段不断提升模型效果
5	产品开发与测试	产品开发是项目执行的关键阶段。团队需要进行详细的需求梳理和开发排期，并采用敏捷开发模式。在开发过程中，团队应重点关注 AI 交互的流畅性和准确性，以提供优质的对话体验。同时，严格的测试和质量把控也是必不可少的环节
6	营销推广与获客	市场团队需要制定有效的营销策略，以触达目标用户。线上和线下营销手段的结合有助于构建品牌认知并拉近与用户的距离。在初创阶段，团队应聚焦于种子用户，并通过精细化运营实现高转化率。此外，构建用户社群并鼓励种子用户主动传播也是提升品牌影响力的有效方式
7	商业变现与规模增长	创业者需要设计合理的盈利模式，并找准付费场景和价格策略。同时，建立以 LTV、CAC 等为核心的增长模型，以确保在获客成本可控的前提下实现规模化增长。制定详细的增长计划并明确阶段性增长目标和关键举措也是至关重要的
8	持续迭代与能力拓展	产品和算法团队需要建立完善的数据反馈机制，以便评估每一个功能点和算法迭代的效果。团队应以数据和用户反馈为依据，不断精进模型和功能，并拓展 AI Agent 的实际应用价值。此外，战略层面的拓展也是必不可少的，包括有计划地在垂直领域进行广度和深度的拓展
9	生态建设与行业拓展	创业公司需要适时推出开放平台战略，以吸引第三方开发者并实现共创共赢。制定合理的分成机制和孵化计划也是关键所在。同时，积极拓展行业合作伙伴、深度融入行业应用场景，有助于打造标杆案例并提升品牌影响力。此外，参与行业论坛和会议以及主导或参与行业标准制定等活动也有助于引领行业发展方向并构筑行业生态护城河
10	资本运作与公司治理	创业团队需要根据业务发展节奏和资金需求制定合理的融资策略。对接不同类型的投资者并积极参与创投圈层活动有助于树立良好的品牌形象并获得资金支持。在融资过程中，需要综合考虑资金成本和未来发展空间以优化资本结构和股权布局。此外，借助外部资源和经验完善公司治理结构并建立现代企业管理制度，也是确保项目长期稳健发展的关键所在

整个创业流程要求创业者在多个维度上协同推进，确保 AI Agent 项目能够在市场中成功落地并实现长期发展。通过这一系列精心策划的步骤，创业者可以有效地将 AI Agent 从概念转化为实际产品，为用户提供价值，并实现商业成功。这 10 个创业步骤，不一定非要按顺序执行，一般而言只要具备基本要素就能实现相对成功的创业。所以这 10 点更多的是帮助创业者进行查漏补缺。

除此之外，在整个创业过程中，创业者还需密切关注市场动态和技术进步，灵活调整策略，不断迭代和优化自己的产品和服务，构建开放、灵活的生态系统，以适应快速变化的市场环境，确保 AI Agent 能够在竞争激烈的市场中脱颖而出。AI Agent 的创业之路复杂且充满挑战，创业者要始终坚持以用户价值为核心，以技术创新为驱动，以行业洞察为指引，高瞻远瞩、脚踏实地，一步步将宏伟蓝图变为现实。

15.5　快速打造 AI Agent 项目的 7 个要点

AI Agent 的创业之路并非坦途，它对创业者的技术实力、产品思维、商业嗅觉提出了更高的要求。如何在激烈的市场竞争中快速打造一款高效、智能且用户友好的 AI Agent 项目，成为摆在创业者面前的一道关键命题。快速打造 AI Agent 项目的 7 个要点见表 15-12。

表 15-12　快速打造 AI Agent 项目的 7 个要点

序号	要点	描述
1	聚焦场景，快速验证	选择一个痛点明确、需求强烈的应用场景，用最小可行性产品（MVP）快速呈现 AI Agent 解决方案，验证场景需求和技术可行性
2	借力平台，提升效率	利用 AI 开发平台和工具，如 Alink、飞桨、TensorFlow 等，快速完成数据处理和算法建模，通过集成成熟的算法提升开发效率
3	轻装上阵，验证场景	以轻量化的技术架构和团队配置启动项目，采用 WebApp、小程序等形式打造简易版产品，重点验证 AI Agent 的交互体验和实际价值
4	数据驱动，持续优化	坚持数据驱动理念，通过埋点、日志等方式采集应用数据，搭建数据分析和反馈优化机制，不断优化算法模型和交互流程
5	开放合作，借力发展	引入外部力量，与高校、科研机构合作，对接行业资源，与领域专家、行业用户深度合作，促进 AI Agent 的技术落地和规模应用
6	生态思维，探索变现	发掘 AI Agent 与行业生态的融合机会，探索商业变现路径，如智能对话服务、知识库构建、数据智能分析等，打造利益共同体
7	文化塑造，凝聚人心	重视企业文化塑造，营造开放包容的组织氛围，树立以人为本的人才理念，打造专注技术创新的优秀团队，激发团队潜能

AI Agent 创业要把握时代机遇，聚焦应用场景，以创新技术和产品思维快速启动。要借助外部力量、数据反馈不断迭代优化，加速 AI 能力的行业渗透和规模化应用。创业者要以开放的心态拥抱市场变化，在不确定中探索商业化路径，持续为用户和行业创造价值。同时要高度重视团队建设和企业文化塑造，凝聚力量以应对创业路上的艰难险阻，驱动 AI Agent 行业生态的繁荣发展。

当然，在创业的实际操作中也不能一味地为了快而快。打造 AI Agent 创业项目是一项涉及多个关键要素的复杂任务。创业者需在技术评估、数据安全和隐私保护、用户体验、市场定位、商业模式探索、生态合作以及团队建设和文化塑造等方面进行周密规划和执行。

- 技术评估：创业者要理解 AI 技术的现状和潜力，确保所选技术方案与项目目标相匹配。数据的可获得性和质量直接影响 AI Agent 的性能，因此必须确保数据的充足和准确性。
- 数据安全和隐私保护：构建用户信任的基础。创业团队需遵守相关法规，确保用户信息安全。
- 用户体验：AI Agent 成功的关键。创业团队应以用户为中心，设计直观、易用的界面和流畅的交互体验。深入理解用户需求，不断优化产品功能，以提升用户满意度和市场竞争力。
- 市场定位：创业者应聚焦细分市场，开发符合特定用户需求的解决方案。通过快速迭代和持续优化，根据用户反馈调整产品，以在竞争中脱颖而出。
- 商业模式探索：商业模式的探索对 AI Agent 的商业化至关重要。创业团队需深入了解目标市场，挖掘潜在的商业机会，设计并测试多种盈利模式，以验证市场接受度和盈利潜力。
- 生态合作：AI Agent 长期发展的关键。通过构建开放的合作伙伴网络，鼓励第三方开发者参与，可以加速产品的创新和市场渗透。同时，与行业领导者建立战略合作，有助于扩大市场影响力。
- 团队建设和文化塑造：对于创业项目的成功同样重要。一个多元互补、创新驱动的团队是推动项目前进的核心力量，创业团队应营造一种鼓励创新、包容失败的文化氛围，以激发团队潜能，共同迎接挑战。

AI Agent 创业要在把握技术前沿、应用创新的同时，兼顾数据安全、产品体验、商业探索等多重维度，快速搭建原型，与市场需求紧密对接。创业团队要始终以开放进取的心态，广泛连接行业资源，加速生态布局，实现规模化发展。同时要高度重视团队能力建设与文化塑造，以人才优势和凝聚力应对创业过程中的不确定挑战，驱动 AI Agent 行业持续繁荣。

快速打造 AI Agent 项目不仅是一场技术竞赛，更是一场关于战略、执行与创新的全方位挑战。只有能够紧跟时代步伐、勇于探索未知的创业者，才能在这场智能革命中赢得未来。

15.6　融资项目案例分析

2023 年，人工智能的浪潮席卷全球，AI Agent 领域成为资本追逐的热点赛道。它正以前所未有的速度渗透到人类生活和商业社会的方方面面。一批具有前瞻视野和技术实力的创业公司脱颖而出，吸引了投资人的高度关注。

这些备受瞩目的 AI Agent 项目究竟有何独特之处？它们的融资故事对行业格局有何启示？我们将通过分析几个典型案例，洞悉 AI Agent 的发展趋势和创业逻辑，了解这些创业项目的特色、价值以及能够解决哪些问题，从而理解它们为何能够获得融资。

本书精选了 5 个融资案例，其中包括 3 个国外项目和 2 个国内项目，它们分别是 Reworkd AI、Nanonets、Fetch.ai、AutoAgents.ai、斑头雁智能。关于案例详情，参见本书配套资源库中的“AI Agent 融资案例”部分。

通过这些典型的 AI Agent 融资项目，我们可以看到，技术创新、场景落地、商业探索是决定项目成败的关键要素。同时，这些创业项目紧密贴合用户需求，在特定场景下打造极致的应用体验，实现了技术价值与商业价值的完美融合。AI Agent 领域的创业充满无限可能。随着人工智能技术的日益成熟，AI Agent 将为越来越多的行业赋能，重塑人机协作的边界。对于有志于此的创业者而言，坚持创新、把握机遇、快速迭代，是立于潮头、引领变革的制胜法宝。

本章从 AI Agent 的行业现状出发，分析了该领域蕴藏的巨大投资价值和创业机会，就 AI Agent 创业的方法、流程以及快速打造 AI Agent 项目等关键问题给出了建议，并通过分析融资项目案例，为创业者提供经验借鉴。

本章向读者传达的一个启示是：AI Agent 不仅是当下，更是未来。虽然行业竞争异常激烈，但机会也是与日俱增。正确的策略、坚实的技术基础、清晰的商业模式以及对市场需求的敏锐洞察是创业成功的关键元素。正如本书中展示的成功案例，通过对这一具备巨大变革潜力领域的深度投资和布局，投资者和创业者们都有机会成为引领未来发展的重要力量。

纵观全书，我们探讨了 AI Agent 的发展历程、关键技术、典型应用、产业生态等方方面面，力求为读者全面剖析这一前沿技术领域。AI Agent 代表了人工智能从感知智能、计算智能走向认知智能、协同智能的重大演进，它正在开启人机交互和行业智能化的新时代。作为通用智能技术的集大成者，AI Agent 正在逐步从科学实验走向规模产业化，并加速向各行各业渗透，推动传统产业变革和新兴业态创新。

对创业者和投资人而言，AI Agent 蕴藏着巨大的创业机会和投资价值。随着自然语言处理、知识图谱、多模态交互等核心技术的持续突破，以及数据规模增长、算力成本下降等发展红利的持续释放，AI Agent 正迎来产业爆发的拐点。

创业者可以从智能对话、行业知识图谱、虚拟员工、智能 RPA、跨模态 LLM 等热点方向切入，针对细分场景打造差异化解决方案，通过技术创新、数据积累、场景融合等手段构筑竞争壁垒，并借助开源社区、开放平台等资源加速产品开发和推广，从而快速抢占市场先机。

对于投资人而言，把握 AI Agent 产业链关键环节，发掘技术领先、场景契合、商业模式清晰的优质项目，助力其加速成长和生态构建，是分享 AI Agent 产业红利的有效路径。投资人还应关注 AI Agent 在技术、产品、应用等层面的新趋势、新动向，积极布局潜力赛道和创新方向，推动行业健康有序发展。

站在新一轮科技革命和产业变革的浪潮之巅，AI Agent 正引领人工智能走向更加普惠和智能的未来。技术的进步从来都伴随着阵痛和挑战，AI Agent 的发展也面临着伦理、安全、就业等诸多难题。但只要我们坚持以人为本、确保安全可控、优化人机协作，就一定能创造出 AI Agent 技术造福人类的美好明天。期待着越来越多的创业者能够心怀梦想、脚踏实地地投身于 AI Agent 产业，用智能技术重塑生活、赋能产业、书写数字经济的崭新篇章。

人工智能浪潮波澜壮阔，唯创新者方能勇立潮头。希望本书能够为企业管理者、各行业开发者、学生与研究者、广大创业者和投资人把握 AI Agent 发展机遇提供思路指引，成为大家创业路上的良师益友。让我们共同期待，那些尚处在蓝图阶段的项目如何转变为现实中不可或缺的助力，为人类社会的进步添砖加瓦。

到这里，本书的旅程已然结束，但 AI Agent 所开启的 AGI 之路才刚刚开始。

后记

亲爱的读者：

当你合上这本书的时候，希望你的脑海中已经构建起了一幅 AI Agent 的全景图。从技术到应用，从商业到投资，我们一同探索了 AI Agent 的方方面面，领略了它的魅力和潜力。从 2023 年 3 月底 AutoGPT 横空出世开始，借着 LLM 高速发展的东风，仅仅一年时间，AI Agent 行业便已经取得飞速的发展。从实验室的概念模型到商业应用的落地实践，AI Agent 正以前所未有的速度渗透到社会生活的方方面面。它重塑了人们的生活方式，革新了商业运作的模式，也为产业升级注入了澎湃的动力。

AI Agent 正以前所未有的速度重塑着我们的生活和商业。它不仅是一种工具，更是一种思维方式，一种创新动能，一种变革力量。无论技术研究者、产业实践者、商业开拓者还是投资先行者，都不可避免地要面对 AI Agent 带来的机遇和挑战。

作为 AI Agent 的关注者、研究者与践行者，笔者在研究行业与撰写这本书的过程中，越发认识到了 AI Agent 的发展之路绝非坦途。技术瓶颈、应用落地、商业变现、伦理治理……每一个环节都充满了挑战和不确定性。所以我们必须以敏锐的洞察力、严谨的科学精神、务实的创新思维和强烈的社会责任感来应对这些挑战。

本书梳理了 AI Agent 发展的脉络，分析了技术突破的路径，总结了应用实践的经验，探讨了商业实现的逻辑，也展望了行业未来的图景，但这只是一个开始。AI Agent 的未来，还有无限可能等待我们去探索和创造。

机遇和挑战从来都是并存的。正如这本书所展现的，AI Agent 虽然可能颠覆许多传统行业，但也必将催生出更多新的可能性。关键是，我们要以开放的心态拥抱变革，以敏锐的眼光捕捉机会，以创新的思路应对挑战，以坚韧的意志砥砺前行。

希望本书成为你迈向 AI Agent 世界的指路明灯。但我更希望，它能激发你的好奇心和想象力，鼓舞你去探索、去创造、去实践，在 AI Agent 的广阔天地里书写属于自己的篇章。因为未来从不属于循规蹈矩的人，而永远属于那些敢于变革、敢于创新的人。

让我们携手并进，以 AI Agent 为翼，在智能化、自动化的浪潮中乘风破浪，共同开创人机共生的美好未来。

这场智能革命的号角已经吹响，你准备好接受这个时代的召唤了吗？

未来，终将属于那些志存高远、脚踏实地的人。

推荐阅读

文心一言
BARD
ChatGPT时代的教育和学习指南
AIGC
重塑教育
AI大模型驱动的教育变革与实践
CLAUDE
ChatGPT

AIGC
重塑金融
AI大模型驱动的金融
变革与实践
AIGC RESHAPING
FINANCE

AIGC辅助
数据分析与挖掘
基于ChatGPT的方法与实践

AIGC辅助软件开发
ChatGPT10倍效率
编程实战
AIGC ASSISTED
SOFTWARE
DEVELOPMENT

推荐阅读

ChatGPT
原理与架构
大模型的预训练、迁移和中间件编程
机械工业出版社

AI绘画大师
Stable Diffusion
快速入门与实战技巧
机械工业出版社

PROMPT MAGIC
Prompt魔法
提示词工程
与ChatGPT行业应用
机械工业出版社

O'REILLY
Transformer
自然语言处理实战
使用Hugging Face Transformers库构建NLP应用
Natural Language Processing with Transformers
Building Language Applications with Hugging Face
机械工业出版社